Analysis I

von
Prof. Dr. Friedmar Schulz

2., überarbeitete Auflage

Oldenbourg Verlag München

Prof. Dr. Friedmar Schulz war – nach Studium, Promotion und Habilitation in
Mathematik an der Universität Göttingen – von 1985-1994 zunächst als Professor an
der University of Iowa, Iowa City (USA), tätig. Seit 1994 ist er Professor und Direktor
des Instituts für Analysis an der Universität Ulm, wo er von 1995-1997 auch Dekan
der Fakultät für Mathematik und Wirtschaftswissenschaften war. Seit 2011 ist er dort
zudem Studiendekan. Außerdem hat Professor Schulz verschiedene längere Auslands-
aufenthalte u.a. an der University of Kentucky, Lexington (USA), Australian National
University, Canberra (Australien), Universidad Nacional de Cuyo, Mendoza (Argen-
tinien) und der Zhejiang University, Hangzhou (China), verbracht. Professor Schulz
ist Hauptherausgeber der im Oldenbourg Verlag erscheinenden Zeitschrift *Analysis.
International mathematical journal of analysis and its applications.*

Bibliografische Information der Deutschen Nationalbibliothek

Die Deutsche Nationalbibliothek verzeichnet diese Publikation in der Deutschen
Nationalbibliografie; detaillierte bibliografische Daten sind im Internet über
http://dnb.d-nb.de abrufbar.

© 2011 Oldenbourg Wissenschaftsverlag GmbH
Rosenheimer Straße 145, D-81671 München
Telefon: (089) 45051-0
www.oldenbourg-verlag.de

Lektorat: Kathrin Mönch
Herstellung: Constanze Müller
Einbandgestaltung: hauser lacour
Gesamtherstellung: Grafik + Druck GmbH, München

Dieses Papier ist alterungsbeständig nach DIN/ISO 9706.

ISBN 978-3-486-70677-2

Vorwort zur ersten Auflage

Dieses Lehrbuch ist hervorgegangen aus Vorlesungen, welche ich an der Universität Ulm im Wintersemester 1994/95 und im Wintersemester 1998/99 für Studierende der Mathematik und Wirtschaftsmathematik und im Wintersemester 1999/2000 für Physikstudenten gehalten habe. Erkennbar ist sicherlich der Stil meines akademischen Lehrers Professor E. Heinz, dessen Anfängervorlesung ich im Wintersemester 1971/72 an der Universität Göttingen als Student selber gehört und im Wintersemester 1981/82 als Assistent betreut habe.

Zum Inhalt hat der vorliegende Text den Standardlehrstoff der Analysis einer Variablen, nämlich die Grundlagen der Analysis, das System der reellen Zahlen, die Theorie der unendlichen Reihen, die stetigen Funktionen, die Differential- und Integralrechnung und das Riemann-Integral. Die wesentlichen Inhalte und Methoden der Analysis werden an Hand von vielen durchgerechneten Beispielen illustriert. Weil sich die elementaren transzendenten Funktionen dazu besonders eignen, werden sie in den Beispielen ausführlich behandelt, um die abstrakten Definitionen und allgemeinen Sätze der Theorie praktisch anzuwenden und einzuüben; nachdem der Apparat der Differentialrechnung bereitsteht, werden sie anschließend noch einmal in einem separaten Kapitel dargestellt.

Das vorliegende Buch soll dem Studierenden als Hilfestellung und ständigen Begleiter beim Übergang von der Schul- zur Hochschulmathematik dienen, auf welches er auch im späteren Studium immer wieder zurückgreifen mag. Deshalb werden zunächst die Grundlagen der Analysis und in einem vorangestellten nullten Kapitel die Grundlagen der Mathematik schlechthin ausführlicher dargestellt als dies in der Vorlesung selber möglich ist. Mathematische Ideen streng und systematisch zu fassen wird dabei – im Gegensatz zu bloßer Stoffvermittlung – als das eigentliche Ziel des Grundstudiums angesehen. Um dem Studierenden den Zugang zu erleichtern, werden dabei allerdings einige Kompromisse eingegangen: Anfänglich werden Beispiele aus der Schulmathematik zugelassen, und damit der rote Faden nicht verloren geht, werden Vertiefungen in der Mengenlehre und der konstruktive Aufbau des Zahlensystems in entsprechende Anhänge verwiesen.

Ganz bewusst beschränkt sich dieser Text auf die Analysis lediglich einer reellen Variablen. Es wird darauf verzichtet, die reell-eindimensionale, die reell-mehrdimensionale und die komplex-eindimensionale Theorie gemeinsam zu ent-

wickeln, wie ich es noch gelernt und anfänglich in meinen Vorlesungen dargestellt habe. Dadurch ergeben sich in den anschließenden Vorlesungen „Analysis
II" und „Funktionentheorie" Wiederholungen, welche nicht als unnötig, sondern
welche sogar als didaktisch sinnvolle Vertiefungen erachtet werden. Meist werden die Begriffsbildungen jedoch so eingeführt, dass sie verallgemeinungsfähig
sind: Beispielsweise wird aus genau diesem Grund als Vollständigkeitsprinzip das
Cauchysche Konvergenzprinzip dem Supremumsprinzip vorgezogen. Auch werden allgemeine Verfahren bevorzugt: So wird beispielsweise der Weierstraßsche
Satz 4.5.3 vom Minimum mit Hilfe des Weierstraßschen Auswahlprinzips bewiesen, weil dies in der Variationsrechnung zu einem allgemeinen Prinzip führt. Auf
topologische Begriffsbildungen, welche hier einen sehr eleganten Beweis liefern
würden, welche aber erst in der mehrdimensionalen Theorie eine entscheidende
Rolle spielen und den Anfänger nur verwirren, wird gänzlich verzichtet.

Besonders ausführlich wird auf Reihenentwicklungen von Funktionen eingegangen, welche eine entscheidende Rolle für das Verständnis der Analysis spielen.
Hier kommt im sechsten Kapitel die Differentialgleichungsmethode zum Tragen;
verzichtet wird allerdings auf die Darstellung der Theorie der Differentialgleichungen und die der Fourier-Reihen.

Im dritten Kapitel ist die Theorie der unendlichen Reihen so dargestellt, dass
sie sofort auf das Komplexe übertragen werden kann. Allerdings ist der gesamte
Text reell, die elementare komplexe Analysis wird in einem Steilkurs in An-
hang C behandelt. Der Leser sollte unbedingt den Abschnitt C.1 über komplexe
Zahlen studieren sowie, wenn die Zeit dafür reif zu sein scheint, die komplexe
Exponentialfunktion C.6 und die Eulersche Formel in Abschnitt C.7.

Danken möchte ich an dieser Stelle Frau H. Runckel für ihre unermüdliche Ge-
duld und ihre Mühe bei der Erstellung des Manuskripts und Herrn Dr. M.
Bochniak für seine kundige Unterstützung und sein Engagement bei der An-
fertigung der Abbildungen und der endgültigen LATEX-Gestaltung. Auch danke
ich den Hörern meiner Vorlesungen, dass sie mir Korrekturlisten meiner Vorle-
sungsskripten haben zukommen lassen; und ich bitte die Leser dieses Buches,
mir durch die Zusendung von Verbesserungsvorschlägen und Korrekturen an
„friedmar.schulz@uni-ulm.de" bei der Verbesserung des Textes behilflich zu sein.

Ulm, September 2001   Friedmar Schulz

Vorwort zur zweiten Auflage

Nach dem Erscheinen der Aufgabensammlung[1] freue ich mich, nun auch eine gründlich überarbeitete Neuauflage des Lehrbuchs Analysis 1 vorlegen zu können, welche bald durch einen zweiten Teil ergänzt sein wird.

Frau A. Lesle und Herrn Dr. J.-W. Liebezeit danke ich herzlich für ihre Hilfe bei der Neubearbeitung. Jan hat die Abbildungen, die Korrekturen und die endgültige LATEX-Gestaltung übernommen. Für sein Engagement danke ich ihm besonders.

Ulm, August 2011   Friedmar Schulz

---

[1]F. Schulz, Aufgabensammlung Analysis 1, Oldenbourg Wissenschaftsverlag, 2011

Inhaltsverzeichnis

Vorbemerkungen zur axiomatischen Methode

In der Mathematik werden die Begriffe und Sätze üblicherweise auf ein System von wenigen Grundbegriffen und Grundgesetzen, ein Axiomensystem, zurückgeführt, das heißt logisch deduziert. Axiome werden in der Sprache der Mengenlehre formuliert. Alle aus den Axiomen abgeleiteten Begriffe gelten erst dann als definiert, wenn sie auf den Mengenbegriff reduziert sind.

Zur Problematik der axiomatischen Methode sei bemerkt: An ein Axiomensystem werden folgende Anforderungen gestellt: Ein Axiomensystem soll widerspruchsfrei sein, das heißt, durch logisches Schließen soll niemals sowohl eine Aussage, als auch ihre Negation gefolgert werden können. Es soll vollständig sein, das heißt, jede einschlägige Aussage (die nur die Axiome benutzt) soll entscheidbar, also entweder die Aussage oder ihre logische Negation logisch deduzierbar sein. Außerdem sollen die Axiome unabhängig sein, das heißt, keines der Axiome soll aus den übrigen herleitbar sein.

Betrachten wir zum Beispiel die Peanoschen Axiome, welche das naive Abzählen wiedergeben beziehungsweise präzisieren und welche die Arithmetik der natürlichen Zahlen begründen. Wir müssen davon ausgehen, dass sie widerspruchsfrei sind. Dem steht aber Gödels Untersuchung „Über formal unentscheidbare Sätze der Prinzipia Mathematica und verwandter Sätze" entgegen: Man kann in der Arithmetik der natürlichen Zahlen einschlägige Sätze formulieren, die unentscheidbar, das heißt aus den Peanoschen Axiomen logisch nicht ableitbar sind. Es ist unmöglich, die Widerspruchsfreiheit des Peanoschen Axiomensystems zu beweisen. Genauer gilt: Ist das Peanosche Axiomensystem widerspruchsfrei, dann ist die Aussage „das Peanosche Axiomensystem ist widerspruchsfrei" aus den Peanoschen Axiomen logisch nicht deduzierbar.

Damit ist ein zwei Jahrtausende alter Glaube an die Möglichkeit einer streng axiomatischen Begründung der Mathematik endgültig verloren gegangen. Man hat erkannt, dass das Funktionieren eines mathematischen Formalismus prinzipiell ein Operieren außerhalb dieses Formalismus voraussetzt.

Mit den Bemühungen der Mathematiker, die Mathematik aus sich selbst zu begründen, scheint es eine ähnliche Bewandtnis zu haben, wie mit den Bemühungen, als physikalischer Beobachter das Geschehen der optischen Wahrnehmung von dem beobachteten objektiven Geschehen prinzipiell zu unterscheiden

(Heisenbergsche Unschärferelation), oder wie mit unseren Bemühungen als psychologische Betrachter, unser innerstes Selbst, von dem wir in der ersten Person sprechen, zum Gegenstand der Betrachtung zu machen, um uns unseres eigenen Ich-bin denkend zu bemächtigen (Descartes).

Sapere aude! das heißt, habe den Mut, deinen Verstand zu benutzen.

Vereinbarungen

Wir vereinbaren, dass folgende Ausdrücke in verkürzter Schreibweise wie folgt zu verstehen sind:

- In Definitionen werden die Wörter „wenn" beziehungsweise „falls" anstelle des Ausdruckes „per definitionem genau dann, wenn" verwendet, in Zeichen: „$:\Leftrightarrow$".

- Das Zeichen „$\Rightarrow$" bedeutet „wenn ..., dann ...".

- Das Zeichen „$\Leftrightarrow$" bedeutet „genau dann, wenn".

- Das Ende eines Beweises kennzeichnen wir mit „$\square$".

- Zur Illustration der Begriffsbildungen gehen wir in den Beispielen gelegentlich unsystematisch vor: Dort werden dem Grunde nach undefinierte Begriffe verwendet, die oft aus der Schulmathematik vertraut sind.

0   Mengen, Relationen und Abbildungen

In der Mathematik ist es üblich, viele Aussagen in der Sprache der Mengenlehre zu formulieren. Dies ist das wenigste, was man über die Mengenlehre sagen kann, will man sie nicht schlechthin als die Grundlage der Mathematik ansehen. Deshalb stellen wir in diesem propädeutischen Kapitel einige Grundbegriffe der Cantorschen naiven Mengenlehre vor und behandeln den für die Analysis wichtigen Abbildungsbegriff. Im Anhang A finden sich einige weitere Tatsachen über Mengensysteme und Relationen, insbesondere über den in der linearen Algebra unabdingbaren Begriff einer Äquivalenzrelation.

0.1   Naive Mengenlehre

Wir gehen von einem intuitiven Mengenbegriff aus, wonach die Grundbegriffe „Menge" und „Element einer Menge" im Wesentlichen undefiniert sind und eine ähnlich unbestimmte Bedeutung wie im gewöhnlichen Sprachgebrauch haben. Zum Einüben der mathematischen Methode gehen wir bei der Formulierung der Begriffe und Aussagen in den Definitionen und Sätzen so systematisch vor, wie es in der Mathematik üblich ist. Zur Illustration der Begriffsbildungen verwenden wir in den Beispielen jedoch häufig Begriffe aus der Schulmathematik, welche dem Grunde nach in der systematischen Theorie noch undefiniert sind.

0.1.1 „Definition" (G. Cantor). Unter einer **Menge** X verstehen wir jede Zusammenfassung von bestimmten, wohlunterschiedenen Objekten $x, y, \ldots$ unserer Anschauung oder unseres Denkens, welche die **Elemente** von X genannt werden, zu einem Ganzen, einem neuen Objekt $X = \{\, x, y, \ldots \,\}$ unseres Denkens.

Für „x ist Element von X" schreiben wir $x \in X$ und für „x ist nicht Element von X" $x \notin X$.

Diese „Definition" ist nicht so exakt, wie sonst in der Mathematik üblich. Die Begriffe „Zusammenfassung", „Wohlunterschiedenheit" und „Objekt unseres Denkens" sind zum Beispiel nicht erklärt. Wir wählen als Ausgangspunkt den Mengenbegriff und wollen ihn nicht auf noch elementarere Begriffe zurückführen; letztlich, weil die Mathematik nicht aus sich selbst streng axiomatisch begründet werden kann. Wir stellen uns auf den naiven Standpunkt, dass Mengen, die

wir bilden, sinnvoll sind. Dies ist im Wesentlichen durch die Forderung sicherge-
stellt, dass die Elemente einer Menge X bestimmt, das heißt wohlbestimmt sind,
was wir so interpretieren, dass die Aussage „$x \in X$" für jedes Objekt x entscheidbar, also wahr oder falsch ist. Es gilt also $x \in X$ oder $x \notin X$. In Anhang A wird
gezeigt, dass der intuitive Mengenbegriff tatsächlich zu logischen Widersprüchen
führen kann.

0.1.2 Einfache Mengenbeziehungen. (i) Zwei Mengen X und Y sind genau
dann **gleich**, in Zeichen

$$X = Y,$$

wenn sie aus denselben Elementen bestehen, das heißt x ist **genau dann**
Element von X, **wenn** x auch Element von Y ist, in Zeichen

$$x \in X \iff x \in Y.$$

(ii) Eine Menge X heißt genau dann **Teilmenge** der Menge Y oder in der Menge
Y **enthalten**, in Zeichen

$$X \subset Y,$$

wenn alle Elemente von X auch Elemente von Y sind, das heißt **wenn** x
Element von X ist, **dann** ist x auch Element von Y, in Zeichen

$$x \in X \implies x \in Y.$$

0.1.3 Bemerkung. Die Mengengleichheit $X = Y$ gilt genau dann, wenn die
Mengeninklusionen $X \subset Y$ und $Y \subset X$ erfüllt sind. Das heißt, die Äquivalenz

$$x \in X \iff x \in Y$$

gilt genau dann, wenn die Schlüsse

$$x \in X \implies x \in Y \quad \text{und} \quad x \in Y \implies x \in X$$

wahr sind.

0.1.4 Definition. Mit $\emptyset$ wird die **leere Menge** bezeichnet, die per definitionem
kein Element enthält, das heißt, für alle Objekte x gilt $x \notin \emptyset$.

0.1.5 Lemma. *Für jede beliebige Menge X gilt*

$$\emptyset \subset X.$$

Beweis. Die Aussage $x \in \emptyset$ ist für alle Objekte x falsch. Also ist die Aussage
$x \notin \emptyset$ oder $x \in X$ immer wahr, der Schluss $x \in \emptyset \implies x \in X$ also gültig, und somit
ist die leere Menge Teilmenge einer jeden beliebigen Menge X. $\qquad\square$

0.1.6 Bemerkung. Formal logisch bedeutet der Schluss

$$x \in X \;\Rightarrow\; x \in Y,$$

dass die Aussage

$$x \notin X \text{ oder } x \in Y$$

wahr ist. Dies bedeutet, dass man für diejenigen x, welche tatsächlich zu X gehören, auch zeigen muss, dass sie wirklich zu Y gehören. In diesem Fall gilt dann $x \in Y$. Für diejenigen x, welche nicht zu X gehören, braucht man das nicht zu zeigen, denn für diese x gilt schon $x \notin X$. In beiden Fällen gilt dann $x \notin X$ oder $x \in Y$.

Insbesondere ist der Schluss $x \in X \;\Rightarrow\; x \in Y$ wahr, wenn die Voraussetzung, nämlich $x \in X$, falsch ist. Das bedeutet allerdings nicht, dass in diesem Fall die Behauptung, $x \in Y$, wahr ist. So ist beispielsweise der Schluss „wenn die Sonne viereckig ist, dann geht die Welt unter" deshalb wahr, weil die Sonne rund und nicht viereckig ist. Ob die Welt dann untergeht, ist für die Richtigkeit des Schlusses irrelevant.

0.1.7 Charakterisierende Eigenschaft. Statt durch **Auflistung** der Elemente ($X = \{\, x, y, \ldots \,\}$), wobei die Reihenfolge keine Rolle spielt, werden Mengen allgemeiner durch eine **kennzeichnende Eigenschaft** der Elemente angegeben. So bedeutet

$$X := \{\, x \mid \mathcal{E}(x) \,\},$$

dass x per definitionem genau dann zu X gehört, wenn x die Eigenschaft $\mathcal{E}(x)$ zukommt, in Zeichen

$$x \in X \;:\Leftrightarrow\; \mathcal{E}(x) \text{ ist wahr.}$$

Damit ist der Mengenbegriff auf einen ähnlich allgemeinen Begriff zurückgeführt, welcher keineswegs einfacher festzulegen ist. Wir wollen immer annehmen, dass unsere Mengen einwandfrei durch charakterisierende Eigenschaften festgelegt sind. Die folgenden Beispiele sollen diese Art der Darstellung illustrieren:

0.1.8 Beispiele. (i)   Für die Menge $X = \{\, 5, 6, 7, 8 \,\}$ kann man auch schreiben

$$X = \{\, x \mid x \text{ ist eine natürliche Zahl und } 5 \le x < 9 \,\}.$$

(ii) $X = \{\, 2, 3, 5 \,\} = \{\, x \mid x \text{ ist Primzahl und } x \text{ teilt } 120 \,\}$ ist die Menge der Primteiler von 120.

(iii) Wir verwenden die folgenden Bezeichnungen der **Zahlbereiche**:

$\mathbb{N} = \{\, 1, 2, 3, \ldots \,\}$ (**natürliche Zahlen**),

$\mathbb{N}_0 = \{\, 0, 1, 2, \ldots \,\}$ (**nicht-negative ganze Zahlen**),

$\mathbb{Z} = \{\, \ldots, -2, -1, 0, 1, 2, \ldots \,\}$ (**ganze Zahlen**),

$\mathbb{Q} = \left\{\, x \;\middle|\; x = \dfrac{p}{q},\ p \in \mathbb{Z},\ q \in \mathbb{N} \,\right\}$ (**rationale Zahlen**),

$\mathbb{R} = \{\, x \mid \text{„}x \text{ ist ein Punkt auf der Zahlengeraden``} \,\}$ (**reelle Zahlen**).

0.1.9 Elementare Mengenoperationen. (i)   Die **Vereinigung** zweier Mengen X und Y ist die Menge

$$X \cup Y := \{\, x \mid x \in X \text{ oder } x \in Y \,\}.$$

(ii)   Der **Durchschnitt** von X und Y ist die Menge

$$X \cap Y := \{\, x \mid x \in X \text{ und } x \in Y \,\}.$$

(iii) Die **Differenz** von Y und X ist

$$Y \smallsetminus X := \{\, y \mid y \in Y \text{ und } y \notin X \,\}.$$

Falls $X \subset Y$ gilt, dann heißt die Differenz $Y \smallsetminus X$ auch **Komplement** von X in Y, in Zeichen

$$\mathcal{C}X = \mathcal{C}_Y(X) := Y \smallsetminus X.$$

0.1.10 Definition. Zwei Mengen X und Y heißen **disjunkt**, wenn sie keine gemeinsamen Elemente besitzen, wenn also $X \cap Y = \varnothing$ gilt.

0.1.11 Vereinbarung. Wir wollen vereinbaren, dass wir in Definitionen wie oben künftig die verkürzten Schreibweisen „wenn`` oder „falls`` anstelle von „per definitionem genau dann, wenn`` verwenden. Ausführlich geschrieben sind also zwei Mengen genau dann disjunkt, wenn $X \cap Y = \varnothing$ gilt.

0.1.12 Veranschaulichung. Man kann sich Mengen und deren Operationen anhand von **Venn-Diagrammen** bildlich veranschaulichen. In Abbildung 1 sind X und Y durch schraffierte und von Kurven umschlossene Bereiche dargestellt. Die Mengen $X \cup Y$, $X \cap Y$ und $Y \smallsetminus X$ sind durch sie umschließende fettgedruckte Konturen dargestellt.

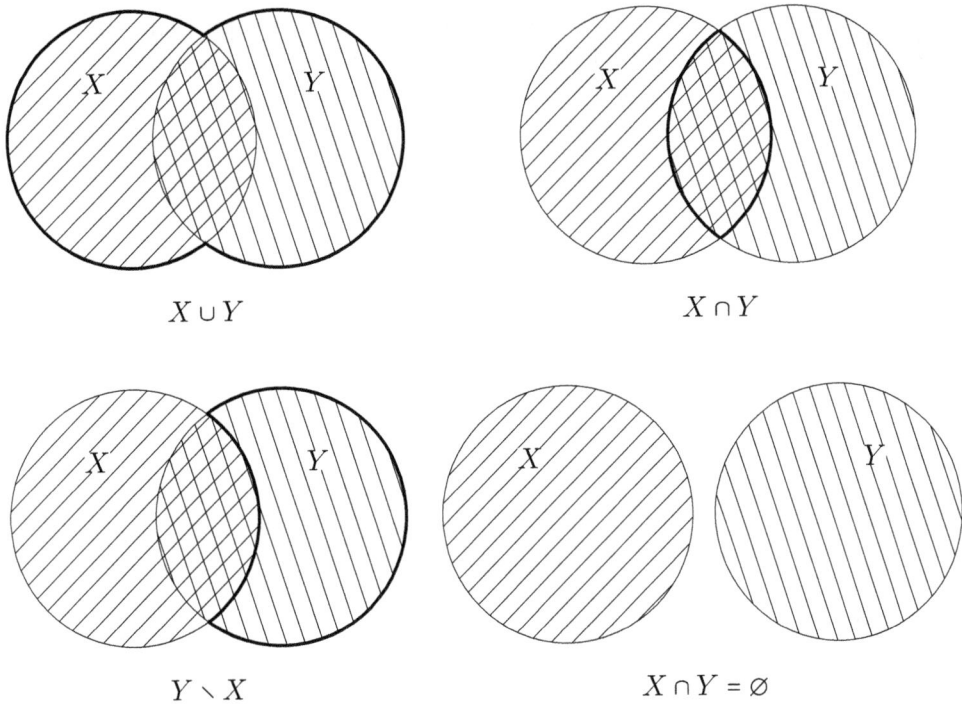

Abbildung 1: *Venn-Diagramme zur Veranschaulichung der elementaren Mengenoperationen*

0.1.13 Elementare Mengengesetze. *Seien X, Y, Z Mengen. Dann gelten die folgenden Gesetze:*

(i) $X \cup Y = Y \cup X$
     $X \cap Y = Y \cap X$ *(Kommutativgesetze),*

(ii) $(X \cup Y) \cup Z = X \cup (Y \cup Z)$
     $(X \cap Y) \cap Z = X \cap (Y \cap Z)$ *(Assoziativgesetze),*

(iii) $X \cup (Y \cap Z) = (X \cup Y) \cap (X \cup Z)$
     $X \cap (Y \cup Z) = (X \cap Y) \cup (X \cap Z)$ *(Distributivgesetze),*

(iv) $Z \smallsetminus (X \cup Y) = (Z \smallsetminus X) \cap (Z \smallsetminus Y)$
     $Z \smallsetminus (X \cap Y) = (Z \smallsetminus X) \cup (Z \smallsetminus Y)$ *(de Morgansche Regeln).*

(v)   *Gilt $X, Y \subset Z$, so lauten die de Morganschen Regeln:*

$$\mathcal{C}(X \cup Y) = \mathcal{C}X \cap \mathcal{C}Y,$$
$$\mathcal{C}(X \cap Y) = \mathcal{C}X \cup \mathcal{C}Y.$$

Diese Gesetze lassen sich leicht unter Heranziehung der entsprechenden Gesetze der Prädikatenlogik beweisen. Dann muss man sich aber überlegen, warum diese Gesetze gelten. Wir setzen sie nicht voraus und zeigen mit Hilfe von elementarer Logik die Inklusion

$$X \cap (Y \cup Z) \subset (X \cap Y) \cup (X \cap Z). \tag{1}$$

Die umgekehrte Inklusion und die weiteren Behauptungen seien dem Leser zur Übung überlassen:

Beweis. Sei x ein beliebiges Element von $X \cap (Y \cup Z)$, das heißt

$$x \in X \cap (Y \cup Z).$$

Dann gehört x zu X und zu $Y \cup Z$, das heißt

$$x \in X \text{ und } x \in Y \cup Z.$$

Insbesondere gilt $x \in Y$ oder $x \in Z$.

1. Fall: Ist $x \in Y$, so gilt

$$x \in X \text{ und } x \in Y,$$

also

$$x \in X \cap Y$$

und deshalb

$$x \in (X \cap Y) \cup (X \cap Z).$$

2. Fall: Gilt $x \in Z$, so schließt man analog, womit insgesamt die behauptete Inklusion (1) bewiesen ist.   □

0.1.14 Veranschaulichung. Man kann sich die Beziehung

$$X \cap (Y \cup Z) = (X \cap Y) \cup (X \cap Z)$$

anhand von **Venn-Diagrammen** veranschaulichen. Dies stellt zwar keinen Ersatz für einen formalen Beweis dar, aus bildlichen Darstellungen kann sich aber gelegentlich ein solcher ergeben: Zunächst bilden wir separat die Schnittmengen $X \cap Y$ und $X \cap Z$, vereinigen sie dann und erhalten so die rechte Seite der Gleichung $(X \cap Y) \cup (X \cap Z)$. Anschließend bilden wir die Vereinigungsmenge $Y \cup Z$ und schneiden sie dann mit X um die linke Seite der Gleichung $X \cap (Y \cup Z)$ zu erhalten und stellen fest, dass wir beide Male dieselbe Menge erhalten (vergleiche Abbildung 2).

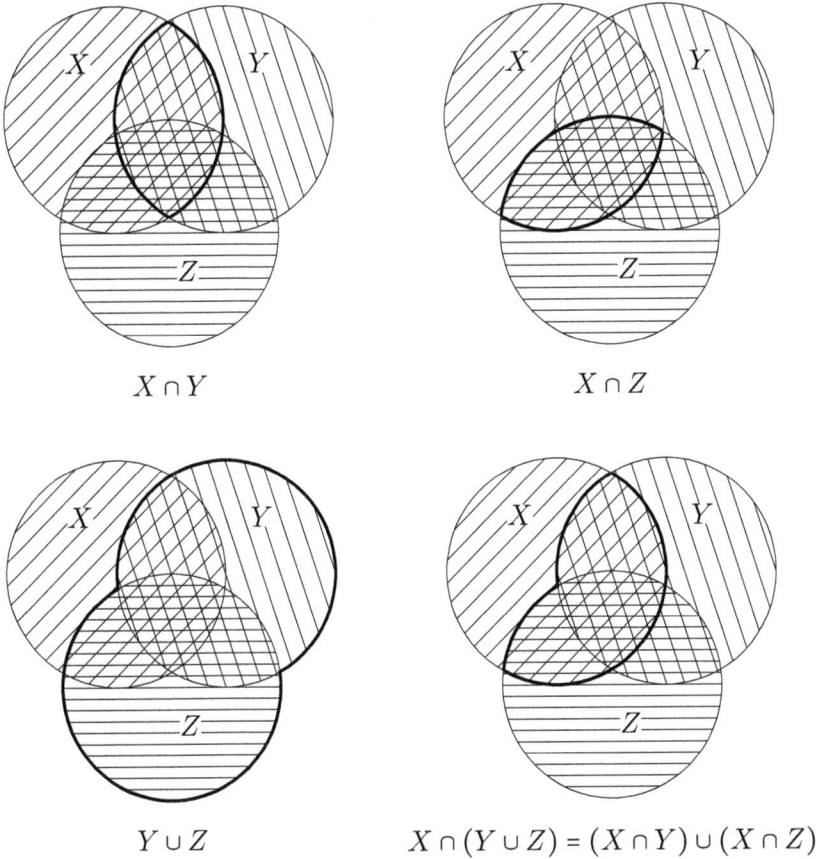

$X \cap Y$ $X \cap Z$

$Y \cup Z$ $X \cap (Y \cup Z) = (X \cap Y) \cup (X \cap Z)$

Abbildung 2: *Venn-Diagramm zur Veranschaulichung eines der Distributivgesetze*

0.2   Geordnete Paare und Relationen

Bei der Menge $\{\, x, y\,\}$ kommt es auf die Reihenfolge der Elemente x und y nicht an, das heißt, es gilt $\{\, x, y\,\} = \{\, y, x\,\}$. Wir wollen das geordnete Paar (x, y) von x und y so erklären, dass eine Reihenfolge festgelegt wird:

0.2.1 Definition. Seien X und Y beliebige nicht-leere Mengen. Das **geordnete Paar** der Elemente $x \in X$ und $y \in Y$ ist die Menge

$$(x, y) := \{\, \{\, x\,\}, \{\, x, y\,\}\,\}.$$

0.2.2 Lemma. *Zwei geordnete Paare (x, y) und (x', y') sind genau dann gleich, wenn ihre jeweiligen Komponenten gleich sind, das heißt*

$$(x, y) = (x', y') \iff x = x' \text{ und } y = y'.$$

Beweis. (I) „⇐" Sei $x = x'$ und $y = y'$, dann folgt $\{\,x\,\} = \{\,x'\,\}$ und $\{\,x, y\,\} = \{\,x', y'\,\}$. Somit gilt $(x, y) = (x', y')$.

(II) „⇒" Sei $(x, y) = (x', y')$, das heißt $\{\,\{\,x\,\}, \{\,x, y\,\}\,\} = \{\,\{\,x'\,\}, \{\,x', y'\,\}\,\}$. Wir unterscheiden zwei Fälle.

1. Fall: Angenommen, es gilt $x = y$. Dann ist $\{\,\{\,x\,\}, \{\,x, y\,\}\,\} = \{\,\{\,x\,\}\,\} = \{\,\{\,x'\,\}, \{\,x', y'\,\}\,\}$, und deshalb muss $\{\,x'\,\} = \{\,x\,\}$ und $\{\,x', y'\,\} = \{\,x\,\}$ gelten. Folglich ist $x' = x = y = y'$.

2. Fall: Falls $x \neq y$ gilt, so ist $\{\,x\,\} = \{\,x'\,\}$, denn anderenfalls wäre $\{\,x, y\,\} = \{\,x'\,\}$, also $x = y = x'$, ein Widerspruch. Also gilt $x = x'$. Es folgt $\{\,x, y\,\} = \{\,x', y'\,\}$, und hieraus folgt wiederum, dass $y = y'$ gilt.   □

Der Begriff „geordnetes Paar" ist damit auf den Mengenbegriff zurückgeführt und nicht auf undefinierte Begriffe wie „Reihenfolge" oder „Erst-" und „Zweitelement". Das Lemma besagt gerade, dass ein geordnetes Paar eindeutig durch Angabe eines Erst- und eines Zweitelements festgelegt ist.

0.2.3 Bemerkung. Man zeige zur Übung, dass das geordnete Paar von x und y nicht durch die Menge $\{\,x, \{\,y\,\}\,\}$ erklärt werden kann. Es ist also ganz und gar nicht klar, dass die obige Definition funktioniert.

0.2.4 Definition. Die Menge $X \times Y$ aller geordneten Paare (x, y) mit $x \in X$ und $y \in Y$,

$$X \times Y := \{\,(x, y) \mid x \in X,\ y \in Y\,\},$$

heißt **Cartesisches Produkt** der Mengen X und Y. Wir schreiben $X^2 := X \times X$.

0.2.5 Beispiele. (i)   Seien $X = Y = \mathbb{R}$. Dann ist

$$\mathbb{R}^2 = \{\,(x, y) \mid x, y \in \mathbb{R}\,\}$$

die **Ebene**. Die Elemente heißen **Punkte** der Ebene.

(ii)   Sind $X = [a, b] = \{\,x \in \mathbb{R} \mid a \leq x \leq b\,\}$, $Y = [c, d] = \{\,y \in \mathbb{R} \mid c \leq y \leq d\,\}$ Intervalle der Zahlengeraden, $a, b, c, d \in \mathbb{R}$, $a < b$, $c < d$, so ist ihr Cartesisches Produkt das **Rechteck** (vergleiche Abbildung 3)

$$[a, b] \times [c, d] = \{\,(x, y) \in \mathbb{R}^2 \mid a \leq x \leq b,\ c \leq y \leq d\,\}.$$

(iii)   Erklären wir das geordnete **Tripel** von $x, y, z \in \mathbb{R}$ durch

$$(x, y, z) := ((x, y), z),$$

so heißt

$$\mathbb{R}^3 := \{\,(x, y, z) \mid x, y, z \in \mathbb{R}\,\}$$

der (dreidimensionale) **Raum**, die Elemente heißen **Punkte** des Raums.

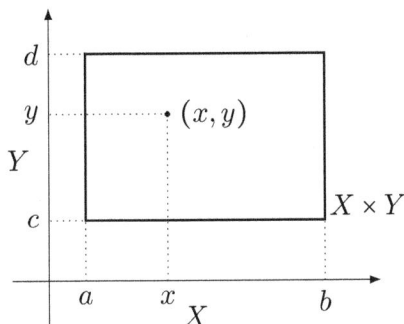

Abbildung 3: *Rechteck als Cartesisches Produkt zweier Intervalle*

0.2.6 Definition. Eine **Relation von** X **zu** Y ist eine Teilmenge $R \subset X \times Y$. $x \in X$ steht in R-Relation zu $y \in Y$, wenn $(x, y) \in R$ gilt, in Zeichen xRy.

Falls $X = Y$, so heißt R eine **Relation auf** X.

0.2.7 Beispiele. (i) Die Gleichheitsrelation $R := \,= $ auf X, das heißt, es gilt $(x, y) \in R :\Leftrightarrow x = y$,

$$R = \left\{\, (x, y) \in X^2 \mid x = y \,\right\} = \left\{\, (x, x) \mid x \in X \,\right\},$$

ist die **Diagonale** in X^2 (Abbildung 4).

(ii) Die Kleiner-oder-gleich-Relation $R := \,\leq$ auf $\mathbb{R}$, das heißt, es gilt $(x, y) \in R :\Leftrightarrow x \leq y$,

$$R = \left\{\, (x, y) \in \mathbb{R}^2 \mid x \leq y \,\right\}$$

ist die Menge aller Punkte der x, y-Ebene, welche „oberhalb" der Diagonalen $x = y$ liegen (Abbildung 4).

0.2.8 Definition. Ist R eine Relation von X zu Y, so ist die **inverse Relation** R^{-1} als Relation von Y zu X erklärt durch

$$R^{-1} := \left\{\, (y, x) \in Y \times X \mid (x, y) \in R \,\right\}.$$

0.2.9 Bemerkungen. (i)   Für alle $x \in X$ und alle $y \in Y$ gilt $(x, y) \in R$ genau dann, wenn $(y, x) \in R^{-1}$, das heißt, es gilt

$$xRy \;\Leftrightarrow\; yR^{-1}x \text{ für alle } x \in X, \, y \in Y.$$

(ii)   Hat man umgekehrt für zwei Relationen R von X zu Y und S von Y zu X die Äquivalenz

$$xRy \;\Leftrightarrow\; ySx \text{ für alle } x \in X, \, y \in Y$$

bewiesen, so gilt $S = R^{-1}$, das heißt, S ist die zu R inverse Relation.

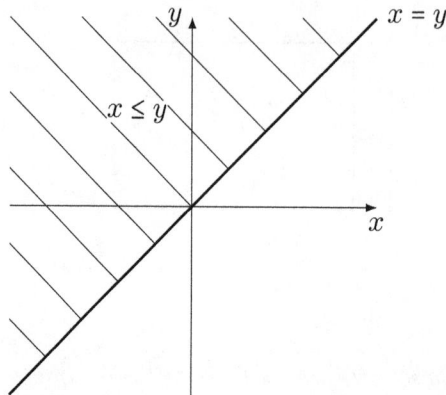

Abbildung 4: *Die Gleicheitsrelation und die Kleiner-oder-gleich-Relation*

(iii) Man vertauscht gerne die Rollen von x und y, insbesondere im Fall $X = Y$:

$$R^{-1} = \left\{ (y,x) \in X^2 \,\middle|\, (x,y) \in R \right\} = \left\{ (x,y) \in X^2 \,\middle|\, (y,x) \in R \right\},$$

denn x und y sind ja nur Namen für die Komponenten. Veranschaulicht man sich eine solche abstrakte Relation in der x,y-Ebene, so entsteht R^{-1} also durch Spiegelung an der Geraden $x = y$:

0.2.10 Beispiele. (i) Sei $R := \leq$ auf $\mathbb{R}$, dann ist R^{-1} die Größer-oder-gleich-Relation $\geq$ (Abbildung 5), denn für alle $x, y \in \mathbb{R}$ gilt

$$x \leq y \iff y \geq x,$$

beziehungsweise

$$R^{-1} = \left\{ (y,x) \in \mathbb{R}^2 \,\middle|\, x \leq y \right\} = \left\{ (x,y) \in \mathbb{R}^2 \,\middle|\, x \geq y \right\}.$$

(ii) Sei $R := \left\{ (x,y) \in \mathbb{R}^2 \,\middle|\, (x-2)^2 + (y-1)^2 \leq 4 \right\}$ die Kreisscheibe mit Mittelpunkt $(2,1)$ und Radius 2. Dann ist

$$R^{-1} = \left\{ (y,x) \in \mathbb{R}^2 \,\middle|\, (y-1)^2 + (x-2)^2 \leq 4 \right\}$$
$$= \left\{ (x,y) \in \mathbb{R}^2 \,\middle|\, (x-1)^2 + (y-2)^2 \leq 4 \right\}$$

die Kreisscheibe mit Mittelpunkt $(1,2)$ und Radius 2 (Abbildung 6).

0.2.11 Lemma. *Sei R eine Relation von X zu Y. Dann gilt $(R^{-1})^{-1} = R$.*

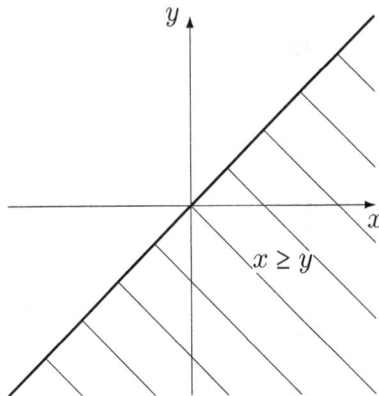

Abbildung 5: Die Größer-oder-gleich-Relation

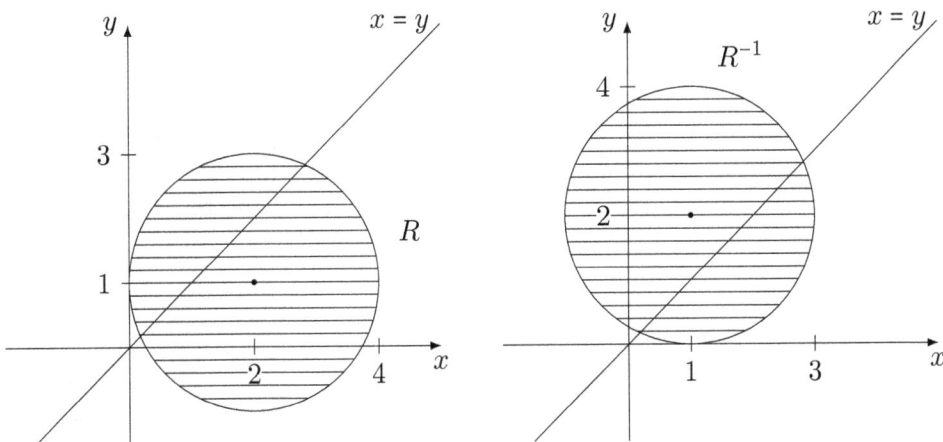

Abbildung 6: Eine Kreisscheibe als Relation und ihre inverse Relation

0.3 Abbildungen

0.3.1 Definition. Seien X und Y nicht-leere Mengen.

(i) Eine **Abbildung** f **von** X **in** oder **nach** Y ist eine Relation von X zu Y, das heißt $f \subset X \times Y$, für welche die folgende **Zuordnungseigenschaft** oder der **vertikale Linientest** gilt:

Zu jedem $x \in X$ gibt es genau ein $y \in Y$, so dass $(x, y) \in f$.

Wir schreiben $y = f(x)$, falls $(x, y) \in f$ gilt.

(ii) Die Menge X heißt **Definitionsbereich** und Y heißt **Wertebereich** von
f. $y = f(x) \in Y$ ist das **Bild** von $x \in X$ und x heißt **Urbild** von $y = f(x)$.

(iii) Eine Abbildung f von X in Y wird als **Zuordnung** mit $f : X \to Y$ bezeichnet und die Zuordnung der Elemente mit $x \mapsto y$.

Der Begriff „Abbildung" ist auf den Mengenbegriff zurückgeführt und nicht auf
den unbestimmten Begriff „Zuordnung". Unter einer Abbildung beziehungsweise
Funktion f verstehen wir gewissermaßen den „Graphen von f". Dennoch machen
wir uns die Sichtweise zu eigen, dass eine Abbildung $f \subset X \times Y$ „eigentlich" eine
Zuordnung wie im üblichen Sprachgebrauch ist und bezeichnen sie dann mit
$f : X \to Y$. Wir sprechen dann vom „Graphen von f", wenn wir die bildliche
Darstellung meinen.

Die Bezeichnung **Funktion** wird vor allem dann verwendet, wenn Y ein Zahl-
bereich ist. Ist zum Beispiel $X \subset \mathbb{R}$ (beziehungsweise $X \subset \mathbb{R}^2$) und $Y \subset \mathbb{R}$, so
heißt f eine **reellwertige Funktion einer** (beziehungsweise **zweier**) **reeller
Variablen**.

0.3.2 Veranschaulichung. Seien $X = [a, b]$ und $Y = [c, d]$ Intervalle der Zahlengeraden, $a, b, c, d \in \mathbb{R}$, $a < b$, $c < d$. Dann ist in Abbildung 7 der Graph einer
sinusähnlichen Funktion als Abbildung f von X in Y veranschaulicht.

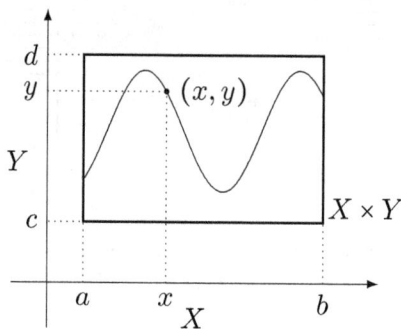

Abbildung 7: *Graph einer Abbildung*

0.3.3 Beispiele. (i) $f : \{x_1, x_2, x_3\} \to \{y_1, y_2, y_3\}$ mit $f(x_1) = y_1$,
$f(x_2) = y_1$, $f(x_3) = y_3$ (Abbildung 8).

(ii) $f : \mathbb{R} \to \{0, 1\}$ mit $f(x) = \begin{cases} 0 & \text{falls } x \text{ rational ist,} \\ 1 & \text{falls } x \text{ irrational ist.} \end{cases}$

(iii) Der Graph von $f : \{(x, y) \in \mathbb{R}^2 \mid x^2 + y^2 \leq 1\} \to \mathbb{R}$ mit

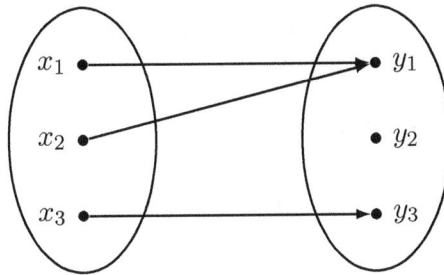

Abbildung 8: *Eine einfache Abbildung*

$$f(x,y) = \sqrt{1 - x^2 - y^2}$$

ist die obere Halbsphäre, welche die Relation $x^2 + y^2 + z^2 = 1$ erfüllt.

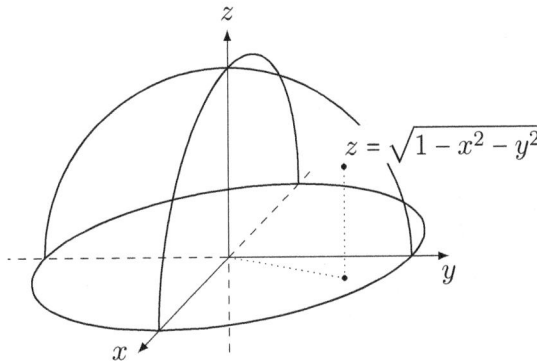

Abbildung 9: *Die obere Halbsphäre*

0.3.4 Definition. Die Abbildung

$$\mathrm{id}_X : X \to X \text{ mit } \mathrm{id}_X(x) = x \text{ für alle } x \in X$$

heißt **Identität** auf X.

0.3.5 Lemma. *Die folgenden zwei Aussagen sind äquivalent:*

(i) *Zu jedem $x \in X$ gibt es genau ein $y \in Y$ mit $(x,y) \in f$ (**Zuordnungseigenschaft**).*

(ii) *Für jedes $x \in X$ gibt es mindestens ein $y \in Y$ mit $(x,y) \in f$, und es gibt höchstens ein $y \in Y$ mit $(x,y) \in f$, das heißt, für alle $y, y' \in Y$, $x \in X$ gilt der Schluss*

$$(x,y), (x,y') \in f \implies y = y'.$$

0.3.6 Definition. (i)   Das **Bild** einer Teilmenge $A \subset X$ ist die Menge der Bilder von allen Elementen aus A:

$$f(A) := \{\, y \in Y \mid y = f(x) \text{ für ein } x \in A \,\}.$$

(ii)   Das Bild des gesamten Definitionsbereichs, $f(X)$, heißt **Bild** von f und wird mit $\operatorname{Im} f$ bezeichnet.

(iii)   Das **Urbild** von $B \subset Y$ ist die Menge aller Elemente $x \in X$, deren Bilder in B liegen:

$$f^{-1}(B) := \{\, x \in X \mid f(x) \in B \,\}.$$

0.3.7 Beispiel. Sei $f : \mathbb{R} \to \mathbb{R}^2$ mit

$$f(t) = (x(t), y(t)) = (\cos t, \sin t) \text{ für } t \in \mathbb{R}.$$

Dann gilt nach dem Satz von Pythagoras, dass

$$x^2(t) + y^2(t) = \cos^2 t + \sin^2 t = 1.$$

Deshalb ist $\operatorname{Im} f = \{\, (x, y) \in \mathbb{R}^2 \mid x^2 + y^2 = 1 \,\}$ die Einheitskreislinie, während der Graph von f eine räumliche Spirale über der Einheitskreislinie ist. Die Abbildung f beschreibt eine gleichförmige Bewegung eines Punktes auf der Einheitskreislinie der x, y-Ebene. Die Komponentenfunktion $x(t) = \cos t$ ist die Projektion von f auf die t, x-Ebene, und $y(t) = \sin t$ ist die Projektion auf die t, y-Ebene (Abbildung 10).

0.3.8 Definition. Sei $f : X \to Y$ und seien $A \subset X$ und $B \subset Y$. Eine Abbildung $g : A \to B$ mit $g(x) = f(x)$ und $f(x) \in B$ für alle $x \in A$ heißt eine **Restriktion** oder **Einschränkung** von f. Umgekehrt ist f eine **Erweiterung** von g. Die Abbildung

$$f\big|_A : A \to Y \text{ mit } f\big|_A(x) = f(x) \text{ für } x \in A$$

nennt man die **Restriktion** von f auf A.

0.3.9 Beispiele. (i)   Seien $X = Y = \mathbb{R}$ und sei durch

$$f : \mathbb{R} \to \mathbb{R}, \; y = f(x) = x^2 \text{ für } x \in \mathbb{R}$$

eine Parabel gegeben. Sei $A = B := \mathbb{R}_0^+ := \{\, x \in \mathbb{R} \mid x \geq 0 \,\}$. Dann ist durch

$$g : \mathbb{R}_0^+ \to \mathbb{R}_0^+, \; y = g(x) = x^2 \text{ für } x \geq 0$$

ein Zweig der Parabel gegeben (Abbildung 11).

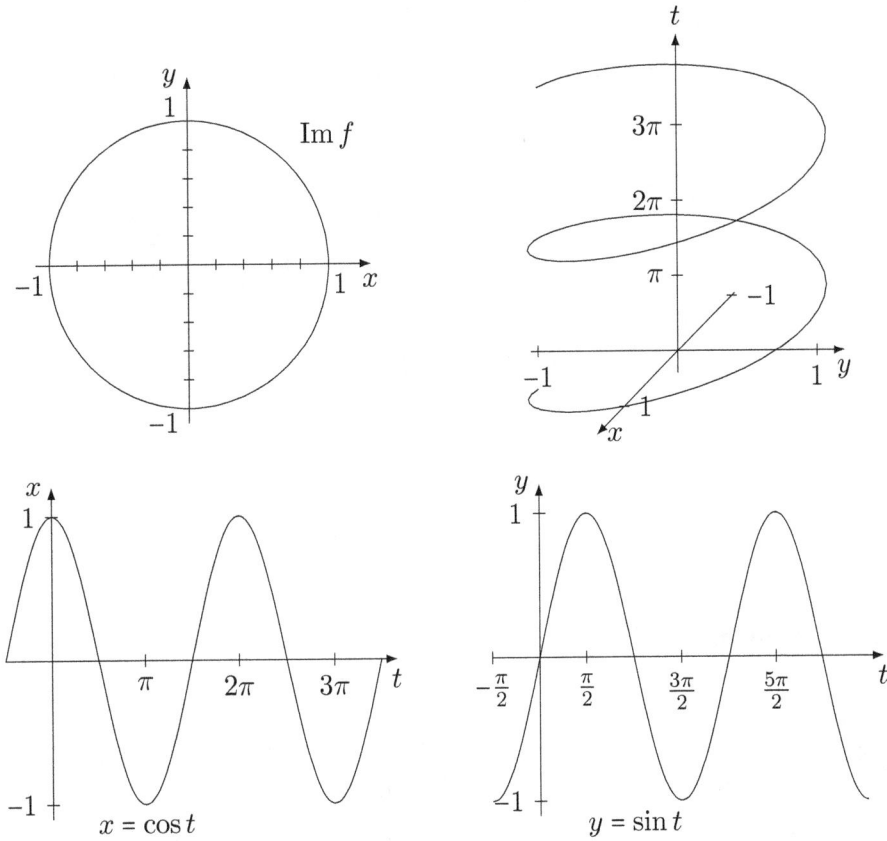

Abbildung 10: *Bild und Graph sowie die Komponentenfunktionen der Kreisbewegung*

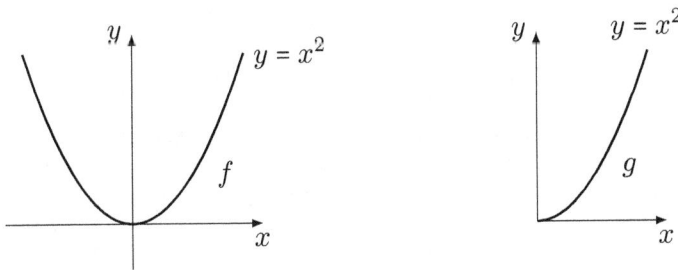

Abbildung 11: *Parabel auf $\mathbb{R}$ und eingeschränkt auf $\mathbb{R}_0^+$*

(ii) Die zu f inverse Relation

$$\left\{ (y,x) \in \mathbb{R}^2 \mid y = x^2 \right\} = \left\{ (x,y) \in \mathbb{R}^2 \mid y = \pm\sqrt{x},\ x \geq 0 \right\}$$

ist keine Abbildung, die zu g inverse Relation

$$\left\{ \, (y,x) \in (\mathbb{R}_0^+)^2 \mid y = x^2 \, \right\} = \left\{ \, (x,y) \in (\mathbb{R}_0^+)^2 \mid y = +\sqrt{x} \, \right\}$$

ist eine Abbildung (vergleiche Abbildung 12).

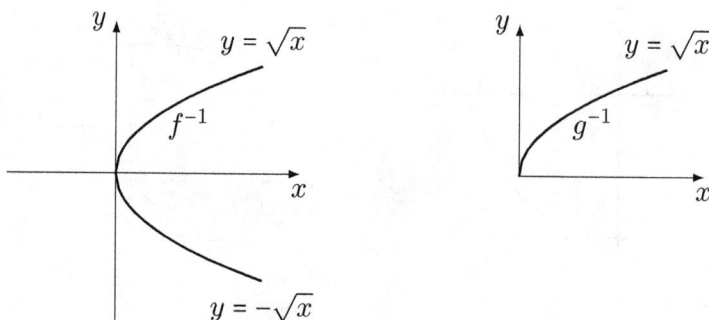

Abbildung 12: *Die inverse Relation einer Abbildung kann bei geeigneter Restriktion wieder eine Abbildung sein*

0.3.10 Definition und Lemma. Sei $f : X \to Y$ eine Abbildung. Die inverse Relation

$$f^{-1} = \{ \, (y,x) \in Y \times X \mid y = f(x) \, \}$$

ist genau dann eine Abbildung von Y in X, wenn die folgende **inverse Zuordnungseigenschaft** oder der **horizontale Linientest** gilt:

Zu jedem $y \in Y$ gibt es genau ein Urbild $x \in X$ mit $y = f(x)$.

In diesem Fall heißt f^{-1} die zu f **inverse Abbildung** und wird mit $f^{-1} : Y \to X$ bezeichnet.

0.3.11 Bemerkungen. (i)   Für alle $x \in X$ und alle $y \in Y$ gilt

$$y = f(x) \iff x = f^{-1}(y).$$

Gilt umgekehrt für zwei Abbildungen $f : X \to Y$ und $g : Y \to X$ die Äquivalenz

$$y = f(x) \iff x = g(y) \text{ für alle } x \in X,\, y \in Y,$$

so ist $g = f^{-1}$, das heißt, g ist die zu f inverse Abbildung.

(ii)   Man möchte die Inverse häufig gerne als „Vorwärtsabbildung" betrachten und vertauscht deshalb die Rollen von x und y. Im Fall $X - Y$ sieht das zum Beispiel so aus:

$$f^{-1} = \left\{ \, (y,x) \in X^2 \mid y = f(x) \, \right\} = \left\{ \, (x,y) \in X^2 \mid x = f(y) \, \right\}$$
$$= \left\{ \, (x,y) \in X^2 \mid y = f^{-1}(x) \, \right\},$$

beziehungsweise

$$f^{-1} : X \to X, \ f^{-1}(x) := y \ \Leftrightarrow \ f(y) = x \text{ für alle } x, y \in X.$$

0.3.12 Beispiele. (i) Wir betrachten noch einmal die Funktion

$$g : \mathbb{R}_0^+ \to \mathbb{R}_0^+, \ g(x) = x^2 \text{ für } x \geq 0.$$

Dann ist

$$g^{-1} = \left\{ (y, x) \in (\mathbb{R}_0^+)^2 \ \middle| \ y = x^2 \right\} = \left\{ (y, x) \in (\mathbb{R}_0^+)^2 \ \middle| \ x = \sqrt{y} \right\}$$
$$= \left\{ (x, y) \in (\mathbb{R}_0^+)^2 \ \middle| \ y = \sqrt{x} \right\},$$

beziehungsweise

$$g^{-1} : \mathbb{R}_0^+ \to \mathbb{R}_0^+, \ g^{-1}(x) = \sqrt{x} \text{ für alle } x \geq 0.$$

Für alle $x, y \geq 0$ gilt

$$y = g(x) = x^2 \ \Leftrightarrow \ x = g^{-1}(y) = \sqrt{y},$$

beziehungsweise

$$y = g^{-1}(x) = \sqrt{x} \ \Leftrightarrow \ x = f(y) = y^2.$$

(ii) Sei $\mathbb{R}^+ := \{ x \in \mathbb{R} \mid x > 0 \}$. Wir betrachten die aus der Schule bekannte Exponentialfunktion

$$f : \mathbb{R} \to \mathbb{R}^+, \ f(x) = e^x \text{ für } x \in \mathbb{R}.$$

Die Umkehrfunktion ist der Logarithmus

$$f^{-1} = \left\{ (y, x) \in \mathbb{R}^+ \times \mathbb{R} \mid y = e^x \right\} = \left\{ (x, y) \in \mathbb{R}^+ \times \mathbb{R} \mid y = \log x \right\},$$

beziehungsweise

$$f^{-1} : \mathbb{R}^+ \to \mathbb{R}, \ f^{-1}(x) = \log x \text{ für alle } x > 0.$$

Für alle $x \in \mathbb{R}$, $y \in \mathbb{R}^+$ gilt

$$y = f(x) = e^x \ \Leftrightarrow \ x = f^{-1}(y) = \log y,$$

beziehungsweise für alle $x \in \mathbb{R}^+$, $y \in \mathbb{R}$ gilt

$$y = f^{-1}(x) = \log x \ \Leftrightarrow \ x = f(y) = e^y.$$

0.3.13 Definition. Die **Hintereinanderausführung** oder **Komposition** $g \circ f$ von $f : X \to Y$ und $g : Y \to Z$ ist die Abbildung

$$g \circ f : X \to Z, \text{ wobei } (g \circ f)(x) := g(f(x)) = g(y)\big|_{y=f(x)} \text{ für alle } x \in X.$$

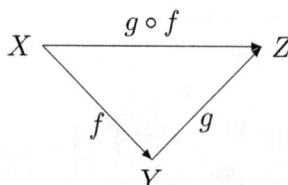

Abbildung 13: Komposition von Abbildungen

0.3.14 Beispiele. (i) Sei $x = f(t) = at + c$ für $t \in \mathbb{R}$ mit Konstanten $a \neq 0$ und $c \in \mathbb{R}$, und sei $y = g(x) = x^2$ für $x \in \mathbb{R}$. Dann ist

$$y = (g \circ f)(t) = g(x)\big|_{x=f(t)} = x^2\big|_{x=at+c} = (at + c)^2 \text{ für } t \in \mathbb{R}$$

eine verschobene Parabel, welche enger oder weiter geöffnet ist als die durch g beschriebene Parabel, je nachdem, ob a größer oder kleiner als 1 ist (Abbildung 14).

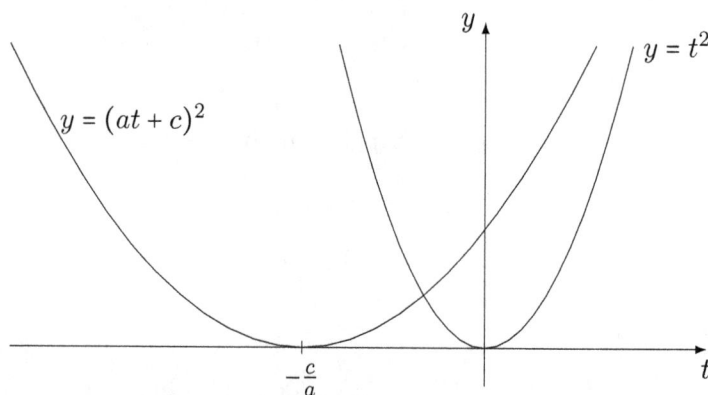

Abbildung 14: Parabel und verschobene Parabel

(ii) Sei $x = f(t) = \omega t + \alpha$ für $t \in \mathbb{R}$ mit $\omega > 0$ und $\alpha \in \mathbb{R}$ und sei $y = g(x) = \sin x$ für $x \in \mathbb{R}$. Dann ist

$$y = (g \circ f)(t) = \sin x\big|_{x=\omega t+\alpha} = \sin(\omega t + \alpha)$$

eine Schwingung mit Anfangsphase α, Frequenz ω und Wellenlänge $L = \frac{2\pi}{\omega}$. f ist eine Skalentransformation. Schaltet man eine weitere Skalentransformation, nämlich $z = h(y) = a \cdot y$ für $y \in \mathbb{R}$ mit $a > 0$ hinter, so ist

$$z = (h \circ (g \circ f))(t) = a\sin(\omega t + \alpha)$$

eine Oszillation mit Amplitude a.

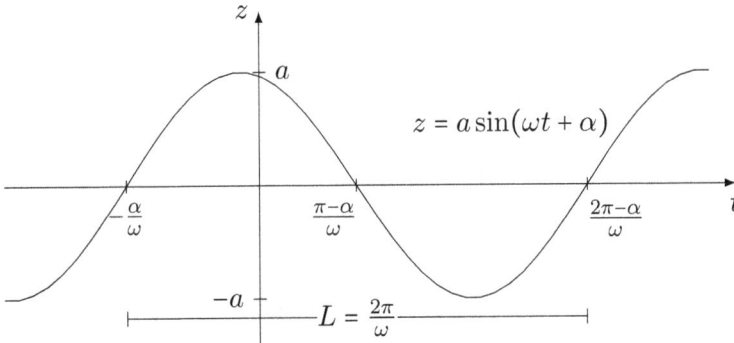

Abbildung 15: *Schwingung mit Anfangsphase α, Frequenz ω und Amplitude a*

0.3.15 Lemma. *Die Komposition von Abbildungen ist **assoziativ**, das heißt, es gilt*

$$h \circ (g \circ f) = (h \circ g) \circ f.$$

Beweis. Für alle $x \in X$ ist

$$(h \circ (g \circ f))(x) = h((g \circ f)(x)) = h(g(f(x)))$$
$$= (h \circ g)(f(x)) = ((h \circ g) \circ f)(x). \qquad \square$$

0.4 Injektive, surjektive und bijektive Abbildungen

0.4.1 Definition. (i) Eine Abbildung $f : X \to Y$ heißt **injektiv** oder **eineindeutig**, wenn jedes Element $y \in Y$ höchstens ein Urbild $x \in X$ besitzt, das heißt, für alle $x, x' \in X$ gilt:

$$f(x) = f(x') \implies x = x',$$

beziehungsweise

$$x \neq x' \implies f(x) \neq f(x').$$

(ii) $f : X \to Y$ heißt **surjektiv** oder Abbildung **auf** Y, wenn jedes $y \in Y$ mindestens ein Urbild $x \in X$ besitzt, das heißt:

$$\text{Zu jedem } y \in Y \text{ gibt es ein } x \in X \text{ mit } y = f(x),$$

mit anderen Worten, wenn die Menge X auf den gesamten Wertebereich Y abgebildet wird, das heißt $f(X) = Y$.

(iii) Eine Abbildung, welche sowohl injektiv, als auch surjektiv ist, heißt **bijektiv**, das heißt, es gilt die **inverse Zuordnungseigenschaft**:

$$\text{Zu jedem } y \in Y \text{ gibt es genau ein } x \in X \text{ mit } y = f(x),$$

mit anderen Worten f besitzt eine Inverse $f^{-1} : Y \to X$.

0.4.2 Beispiele. Wir betrachten die Parabel $y = x^2$ in der x, y-Ebene.

(i)   Wählen wir $X = Y = \mathbb{R}$, das heißt, betrachten wir die Abbildung

$$f_1 : \mathbb{R} \to \mathbb{R} \text{ mit } y = f_1(x) = x^2 \text{ für } x \in \mathbb{R},$$

dann ist f_1 weder injektiv noch surjektiv.

(ii) Wählen wir $X = \mathbb{R}$, $Y = \mathbb{R}_0^+ = \{\, y \in \mathbb{R} \mid y \geq 0 \,\}$, dann ist

$$f_2 : \mathbb{R} \to \mathbb{R}_0^+, \ f_2(x) = x^2,$$

surjektiv, aber nicht injektiv.

(iii) Wählen wir $X = \mathbb{R}_0^+ = \{\, x \in \mathbb{R} \mid x \geq 0 \,\}$, $Y = \mathbb{R}$, dann ist

$$f_3 : \mathbb{R}_0^+ \to \mathbb{R}, \ f_3(x) = x^2,$$

injektiv, aber nicht surjektiv.

(iv) Wählen wir schließlich $X = Y = \mathbb{R}_0^+$, dann ist

$$f_4 : \mathbb{R}_0^+ \to \mathbb{R}_0^+, \ f_4(x) = x^2,$$

injektiv und surjektiv, also bijektiv.

0.4.3 Lemma. *Seien $f : X \to Y$ und $g : Y \to Z$ Abbildungen. Sind sowohl f als auch g injektiv (beziehungsweise surjektiv oder bijektiv), dann ist auch $g \circ f$ injektiv (beziehungsweise surjektiv oder bijektiv).*

0.4.4 Lemma. *Sei $f : X \to Y$ eine bijektive Abbildung. Dann gelten die folgenden Aussagen:*

(i) f^{-1} *ist bijektiv.*

(ii) $\left(f^{-1}\right)^{-1} = f$.

(iii) $f^{-1} \circ f = \mathrm{id}_X, \; f \circ f^{-1} = \mathrm{id}_Y$.

Beweis von (iii). Sei $f : X \to Y$ bijektiv und sei f^{-1} die Inverse von f. Dann gilt für $x \in X$ mit $y = f(x)$, dass $x = f^{-1}(y)$. Also folgt

$$(f^{-1} \circ f)(x) = f^{-1}(f(x)) = f^{-1}(y) = x = \mathrm{id}_X(x),$$

das heißt, es gilt $f^{-1} \circ f = \mathrm{id}_X$. Genauso folgt, dass $f \circ f^{-1} = \mathrm{id}_Y$. $\square$

0.4.5 Satz. *Eine Abbildung $f : X \to Y$ ist genau dann bijektiv, wenn es eine eindeutig bestimmte Abbildung $g : Y \to X$ gibt mit*

$$g \circ f = \mathrm{id}_X, \quad f \circ g = \mathrm{id}_Y . \tag{2}$$

In diesem Fall gilt $g = f^{-1}$, das heißt, g ist eindeutig bestimmt und gleich der Inversen von f.

Beweis. Ist f bijektiv, so genügt die Inverse von f, $g = f^{-1}$, den Abbildungsbeziehungen (2). Sei also umgekehrt $g : Y \to X$ eine Abbildung, welche die Relationen (2) erfüllt. Wir zeigen, dass f dann bijektiv ist und dass dann $g = f^{-1}$ gilt:

(I) Seien $x, x' \in X$ mit $f(x) = f(x')$. Dann folgt

$$x = \mathrm{id}_X(x) = (g \circ f)(x) = g(f(x)) = g(f(x')) = (g \circ f)(x') = x'.$$

Also ist f deshalb injektiv. Wir zeigen, dass f surjektiv ist: Für jedes $y \in Y$ gilt

$$y = \mathrm{id}_Y(y) = (f \circ g)(y) = f(g(y)) = f(x),$$

wobei $x = g(y) \in X$. Also besitzt jedes $y \in Y$ ein Urbild $x \in X$ mit $f(x) = y$.

(II) Die Eindeutigkeit folgt so: Weil g und f^{-1} den Relationen (2) genügen, gilt

$$g = g \circ \mathrm{id}_Y = g \circ (f \circ f^{-1}) = (g \circ f) \circ f^{-1} = \mathrm{id}_X \circ f^{-1} = f^{-1}.   \square$$

0.4.6 Bemerkung. Sei f bijektiv und f^{-1} die Inverse von f. Für alle $x \in X$ und alle $y \in Y$ gilt dann

$$f^{-1}(f(x)) = x, \quad f(f^{-1}(y)) = y.$$

Gelten umgekehrt für zwei Abbildungen $f : X \to Y$ und $g : Y \to X$ die Beziehungen

$$g(f(x)) = x, \quad f(g(y)) = y \text{ für alle } x \in X, \ y \in Y,$$

so ist f bijektiv und es gilt $g = f^{-1}$, das heißt, g ist die zu f inverse Abbildung.

0.4.7 Beispiele. (i) Für alle $x, y \geq 0$ gilt

$$\sqrt{x^2} = x, \quad (\sqrt{y})^2 = y.$$

Deshalb ist die Wurzelfunktion

$$g : \mathbb{R}_0^+ \to \mathbb{R}_0^+, \ g(x) = \sqrt{x} \text{ für } x \geq 0,$$

die Inverse der quadratischen Funktion

$$f : \mathbb{R}_0^+ \to \mathbb{R}_0^+, \ f(x) = x^2 \text{ für } x \geq 0.$$

(ii) Für alle $x \in \mathbb{R}$, $y > 0$ gilt

$$\log(e^x) = x, \quad e^{\log y} = y.$$

Deshalb ist der Logarithmus die Inverse der Exponentialfunktion. Dies allerdings unter dem Vorbehalt, dass wir uns hier im 0. Kapitel noch auf Schulmathematik berufen und dass die Beispiele lediglich zur Veranschaulichung der abstrakten Begriffsbildungen dienen. Die Wurzel, die Exponentialfunktion und den Logarithmus werden wir noch erklären, das heißt präzise definieren. Auch die inversen Beziehungen sind ganz und gar nicht elementar, wir werden sie später beweisen.

1   Grundlagen der Analysis

1.1   Die natürlichen Zahlen

Wir setzen die natürlichen Zahlen $\mathbb{N}$ als bekannt voraus, sowie die üblichen Rechenoperationen Summe +, Produkt · und die Anordnung ≤, wollen jedoch die arithmetischen Eigenschaften der natürlichen Zahlen wenigstens erläutern. Zunächst behandeln wir die Peanoschen Axiome und üben den Umgang mit dem Induktionsprinzip ein. Zur Abrundung beschäftigen wir uns im zweiten Abschnitt mit dem Begriff der Abzählbarkeit.

1.1.1 Das Peanosche Axiomensystem. (i)   1 *ist eine natürliche Zahl.*

(ii)   *Jede natürliche Zahl $n \in \mathbb{N}$ hat genau einen Nachfolger $n' \in \mathbb{N}$, wobei 1 kein Nachfolger ist und*

$$n \neq m \;\Rightarrow\; n' \neq m'.$$

(iii) ***Prinzip der vollständigen Induktion.*** *Sei $A \subset \mathbb{N}$ mit $1 \in A$ und*

$$n \in A \;\Rightarrow\; n' \in A.$$

Dann ist $A = \mathbb{N}$.

1.1.2 Bemerkung. Genauer setzen wir die Existenz einer Menge $\mathbb{N}$ mit den oben genannten Eigenschaften voraus, welche sich präziser so formulieren lassen:

Es gibt eine injektive Abbildung $' : \mathbb{N} \to \mathbb{N}$ und ein $n_0 \in \mathbb{N}$ mit $n_0 \notin \mathrm{Im}(')$ mit der folgenden Eigenschaft: Ist $A \subset \mathbb{N}$ mit $n_0 \in A$ und gilt für alle $n \in A$, dass $n' \in A$, dann ist $A = \mathbb{N}$.

Die Peanoschen Axiome (R. Dedekind 1888, ein Jahr später G. Peano) listen die Eigenschaften des Abzählens auf. Aus ihnen lassen sich alle arithmetischen Eigenschaften der natürlichen Zahlen ableiten. Sie können als Fundament des gesamten Zahlensystems dienen. Wird die Mengenlehre als Ausgangspunkt gewählt, dann werden sie zu beweisbaren Sätzen.

Zur Illustration führen wir ohne Beweis einige Eigenschaften der natürlichen Zahlen an, welche sich aus den Peanoschen Grundeigenschaften herleiten lassen:

1.1.3 Lemma und Definition. *Es gibt genau eine Abbildung*

$$+ : \mathbb{N} \times \mathbb{N} \to \mathbb{N}, \ (n,m) \mapsto n+m,$$

*die **Summe** von n und m, so dass*

$$n+1 = n', \ n+m' = (n+m)' \ \text{für alle } n,m \in \mathbb{N}.$$

Für alle $n,m,k \in \mathbb{N}$ gelten die folgenden Gesetze:

(i) $(n+m)+k = n+(m+k)$ *(**Assoziativgesetz**).*

(ii) $n+m = m+n$ *(**Kommutativgesetz**).*

(iii) $n+m = n+k \ \Rightarrow \ m = k$ *(**Kürzungsregel**).*

(iv) *Seien $n,m \in \mathbb{N}$ mit $n \neq m$. Dann besitzt entweder die Gleichung*

$$n = m+k \ \text{oder } m = n+k$$

eine Lösung $k \in \mathbb{N}$, welche eindeutig bestimmt ist.

1.1.4 Lemma und Definition. *Es gibt genau eine Abbildung*

$$\cdot : \mathbb{N} \times \mathbb{N} \to \mathbb{N}, \ (n,m) \mapsto n \cdot m,$$

*das **Produkt** von n und m, so dass*

$$n \cdot 1 = n, \ n \cdot m' = n \cdot m + n \ \text{für alle } n,m \in \mathbb{N}.$$

Für $n,m,k \in \mathbb{N}$ gelten die folgenden Gesetze:

(i) $(n \cdot m) \cdot k = n \cdot (m \cdot k)$ *(**Assoziativgesetz**).*

(ii) $n \cdot m = m \cdot n$ *(**Kommutativgesetz**).*

(iii) $n \cdot m = n \cdot k \ \Rightarrow \ m = k$ *(**Kürzungsregel**).*

1.1.5 Lemma. *Für $n,m,k \in \mathbb{N}$ gilt*

$$n \cdot (m+k) = n \cdot m + n \cdot k \ \text{(**Distributivgesetz**)}.$$

1.1.6 Lemma und Definition. *Seien $n,m \in \mathbb{N}$. Gilt $n = m+k$ für ein $k \in \mathbb{N}$, so heißt m **kleiner** als n, in Zeichen*

$$m < n.$$

*Die Kleiner-Relation $<$ auf $\mathbb{N}$ genügt den Grundeigenschaften einer **Anordnung**, das heißt, für alle $n,m,k \in \mathbb{N}$ sind folgende Eigenschaften erfüllt:*

(i) *Es gilt genau eine der Relationen*

$$n = m, \ n < m \ \text{oder} \ m < n \ \textbf{(Trichotomie)}.$$

(ii) $n < m, \ m < k \ \Rightarrow \ n < k$ *(**Transitivität**)*.

(iii) $n < m \ \Rightarrow \ n + k < m + k$ *(**Monotonie bezüglich** +)*.

(iv) $n < m \ \Rightarrow \ n \cdot k < m \cdot k$ *(**Monotonie bezüglich** ·)*.

1.1.7 Bemerkungen. (i) Ist $m < n$, so bezeichnen wir die nach 1.1.3 (iv) eindeutig bestimmte Lösung k der Gleichung $n = m + k$ mit

$$n - m := k.$$

(ii) Ist m kleiner als n, so ist n **größer** als m, in Zeichen $n > m$. $m \leq n$ beziehungsweise $n \geq m$ bedeutet $m < n$ oder $m = n$.

Um die Beweismethoden kennenzulernen und das Induktionsprinzip einzuüben, wollen wir im Folgenden einige wichtige Aussagen herleiten:

1.1.8 Lemma. (i) *Für alle $n \in \mathbb{N}$ gilt $n \geq 1$.*

(ii) *Sei $n \in \mathbb{N}$. Dann gibt es kein $m \in \mathbb{N}$ mit*

$$n < m < n + 1,$$

das heißt, zwischen den natürlichen Zahlen n und $n + 1$ liegt keine weitere natürliche Zahl.

Beweis. (I) Sei

$$A := \{ n \in \mathbb{N} \mid n \geq 1 \}.$$

Dann gilt $1 \in A$. Angenommen, es ist $n \in A$, das heißt, es gilt $n \geq 1$. Dann folgt aus der Monotonie bezüglich + und der Definition 1.1.6 der Anordnung <, dass

$$n + 1 \geq 1 + 1 > 1$$

gilt und damit $n + 1 \in A$. Nach dem Induktionsprinzip ist $A = \mathbb{N}$, das heißt, für alle $n \in \mathbb{N}$ gilt $n \geq 1$.

(II) Wir führen den Beweis durch Widerspruch: Angenommen, es gäbe ein $m \in \mathbb{N}$ mit $n < m < n + 1$. Dann gibt es $k, \ell \in \mathbb{N}$, so dass

$$n + k = m, \ m + \ell = n + 1.$$

Es folgt
$$n + k + \ell = m + \ell = n + 1,$$
also nach der Kürzungsregel
$$k + \ell = 1,$$
das heißt
$$k < 1,$$
im Widerspruch zu Teil (i). Also ist die Annahme falsch und die Behauptung deshalb bewiesen. $\square$

1.1.9 Wohlordnungssatz. *Die Menge* $\mathbb{N}$ *der natürlichen Zahlen ist wohlgeordnet, das heißt, jede nicht-leere Teilmenge* $A \subset \mathbb{N}$ *besitzt ein kleinstes Element* a, *das* ***Minimum*** *von* A, *in Zeichen* $a = \min A$, *so dass*

$$a \leq n \text{ für alle } n \in A.$$

Beweis durch Widerspruch. Angenommen, A besäße kein kleinstes Element. Dann betrachten wir die Menge

$$B := \{\, n \in \mathbb{N} \mid n < m \text{ für alle } m \in A \,\}.$$

(I) Weil insbesondere $1 \in \mathbb{N}$ kein kleinstes Element von A ist, folgt aus Lemma 1.1.8 (i), dass
$$1 < m \text{ für alle } m \in A,$$
das heißt, es gilt $1 \in B$.

(II) Angenommen, es ist $n \in B$, das heißt, es gilt $n < m$ für alle $m \in A$. Aus Lemma 1.1.8 (ii) folgt dann

$$n + 1 \leq m \text{ für alle } m \in A,$$

denn für kein $m \in A$ kann $m < n+1$ gelten. Weil A kein kleinstes Element besitzt, muss
$$n + 1 < m \text{ für alle } m \in A$$
sein. Also ist dann $n + 1 \in B$.

(III) Nach dem Induktionsprinzip ist $B = \mathbb{N}$, also gilt

$$n < m \text{ für alle } n, m \in \mathbb{N},$$

was nicht sein kann. Deshalb muss die Annahme falsch sein, und die Wohlordnungseigenschaft der natürlichen Zahlen ist damit bewiesen. $\square$

Wählen wir die Mengenlehre als Fundament des Zahlensystems, so erweisen sich die natürlichen Zahlen unmittelbar als wohlgeordnet. Das Induktionsprinzip folgt dann so aus dem Wohlordnungsprinzip:

1.1.10 Beweis des Induktionsprinzips aus dem Wohlordnungsprinzip.
Sei $A \subset \mathbb{N}$ mit $1 \in A$ und $n \in A \Rightarrow n' \in A$. Zu zeigen ist, dass $A = \mathbb{N}$. Der Beweis wird durch Widerspruch geführt. Angenommen $A \neq \mathbb{N}$. Dann ist die Menge

$$B := CA = \{ n \in \mathbb{N} \mid n \notin A \}$$

nicht-leer. Da $\mathbb{N}$ wohlgeordnet ist, gibt es ein kleinstes Element $b \in B$. Wegen $b \neq 1$ ist $b - 1 \in A$, woraus $b \in A$ folgt. Dem widerspricht jedoch, dass $b \in B$. Also ist die Annahme $A \neq \mathbb{N}$ falsch und deshalb ist $A = \mathbb{N}$. $\qquad\square$

Das Induktionsprinzip eignet sich zum Beweis von arithmetischen Aussagen, welche für natürliche Zahlen gelten:

1.1.11 Beispiel. Die **Gaußsche Summenformel**

$$\sum_{k=1}^{n} k = \frac{n(n+1)}{2} \tag{1.1}$$

ist für alle $n \in \mathbb{N}$ durch vollständige Induktion zu beweisen, dabei ist die Summe

$$\sum_{k=1}^{n} k = 1 + 2 + \cdots + n$$

durch

$$\sum_{k=1}^{1} k := 1, \quad \sum_{k-1}^{n+1} k := \sum_{k-1}^{n} k + (n+1)$$

für alle $n \in \mathbb{N}$ rekursiv, das heißt induktiv definiert (siehe 1.1.14 und 1.3.9).

Beweis. Sei $A := \{ n \in \mathbb{N} \mid (1.1) \text{ gilt} \}$.

(I) $1 \in A$, denn $1 = \frac{1(1+1)}{2}$.

(II) Angenommen $n \in A$, das heißt, für dieses $n \in \mathbb{N}$ ist (1.1) erfüllt. Dann gilt

$$\sum_{k=1}^{n+1} k = \sum_{k=1}^{n} k + (n+1) = \frac{n(n+1)}{2} + (n+1) = \frac{(n+1)(n+2)}{2},$$

das heißt, (1.1) gilt für $n + 1$. Also ist $n + 1 \in A$.

(III) Nach dem Induktionsprinzip ist $A = \mathbb{N}$, das heißt, (1.1) gilt für alle $n \in \mathbb{N}$. $\qquad\square$

1.1.12 Beweismethode der vollständigen Induktion. Für alle $n \in \mathbb{N}$ sei $\mathcal{A}_n$ eine Aussage. Es soll bewiesen werden, dass $\mathcal{A}_n$ für alle $n \in \mathbb{N}$ wahr ist.

(I) Es wird nachgewiesen, dass $\mathcal{A}_1$ wahr ist (**Induktionsanfang**).

(II) Unter der Annahme, dass $\mathcal{A}_n$ für ein $n \in \mathbb{N}$ wahr ist (**Induktionsvoraussetzung**) beweist man, dass die Aussage $\mathcal{A}_{n+1}$ wahr ist (**Induktionsschluß**, Beweis der **Induktionsbehauptung**).

Dann ist die Aussage $\mathcal{A}_n$ für alle $n \in \mathbb{N}$ bewiesen. Dies folgt aus dem Induktionsprinzip, indem $A := \{\, n \in \mathbb{N} \mid \mathcal{A}_n \text{ ist wahr} \,\}$ gesetzt wird.

1.1.13 Beispiele. (i) $\displaystyle\sum_{k=1}^{n} k^2 = \frac{n(n+1)(2n+1)}{6}$.

(ii) $\displaystyle\sum_{k=1}^{n} k^3 = \left(\frac{n(n+1)}{2} \right)^2$.

(iii) $\displaystyle\sum_{k=1}^{n} (2k-1) = n^2$.

Beweis von (iii) **durch vollständige Induktion.** (I) *Induktionsanfang:* Wegen $\displaystyle\sum_{k=1}^{1} (2k-1) = 1 = 1^2$ gilt die Formel (iii) für $n = 1$.

(II) *Induktionsschluss:* Sei $n \in \mathbb{N}$ und sei die Formel (iii) für dieses n richtig. Wir zeigen, dass sie dann auch für $n + 1$ wahr ist: Aus der Induktionsannahme folgt nämlich, dass

$$\sum_{k=1}^{n+1} (2k-1) = \sum_{k=1}^{n} (2k-1) + (2(n+1)-1) = n^2 + 2n + 1 = (n+1)^2.$$

(III) Nach dem Induktionsprinzip ist (iii) daher für alle $n \in \mathbb{N}$ gültig. $\qquad\square$

1.1.14 Rekursive Definition oder Konstruktion. Sei X eine Menge. Um eine Funktion $f : \mathbb{N} \to X$ rekursiv zu definieren, nimmt man an, dass für alle $n \in \mathbb{N}$ ein System von Vorschriften (rekursiven Bestimmungsrelationen) gegeben ist, um $f(n+1)$ aus $f(k)$ für alle $k \le n$ zu bestimmen. Ist $f(1)$ bekannt, so gibt es genau eine Funktion, deren Werte die gegebenen Relationen erfüllen.

1.1.15 Beispiele. (i)   Durch

$$a_1 := 1, \ a_{n+1} := (n+1)a_n \text{ für alle } n \in \mathbb{N}$$

wird eine Funktion $f : \mathbb{N} \to \mathbb{N}$ mit $f(n) := a_n$ rekursiv definiert. Durch vollständige Induktion zeigt man, dass

$$a_n = n \cdot (n-1) \cdot \dots \cdot 1 = n! \text{ für alle } n \in \mathbb{N}$$

gilt. Damit haben wir $n!$, lies **n-Fakultät**, rekursiv definiert.

(ii)   Durch die Rekursion

$$f_0 := 0, \ f_1 := 1, \ f_{n+1} := f_n + f_{n-1} \text{ für alle } n \in \mathbb{N}$$

erhält man die **Fibonacci-Zahlen**

$$0, 1, 1, 2, 3, 5, 8, 13, 21, \dots.$$

In seinem Werk Liber Abbaci (1228) behandelt Leonardo von Pisa, welcher sich Fibonacci nennt, die Aufgabe, wieviele Kaninchenpaare im Laufe eines Jahres aus einem einzigen neugeborenen Paar entstehen, wenn jedes Paar jeden Monat ein neues Paar zeugt und dieses vom zweiten Monat an zeugungsfähig wird. Todesfälle sollen nicht auftreten. Ist f_n die Zahl der Kaninchenpaare im n-ten Monat, so gilt die obige Rekursionsformel.

(iii)   Die Annahme, dass ein Paar schon vom ersten Monat an zeugungsfähig wird, führt zur Rekursion

$$c_1 := 1, \ c_{n+1} := 2 \cdot c_n,$$

also zu den Zahlen

$$1, 2, 4, 8, 16, \dots.$$

Durch Induktion zeigt man, dass

$$c_n = 2^{n-1} \text{ für alle } n \in \mathbb{N}.$$

1.1.16 Beweismethode der vollständigen Induktion (zweite Version).
Will man eine Aussage $\mathcal{A}_n$ für alle $n \in \mathbb{N}$ als gültig nachweisen, so zeigt man:

(I) $\mathcal{A}_1$ ist wahr.

(II) Unter der Annahme, dass $\mathcal{A}_k$ für alle $k \leq n$ gültig ist, beweist man die Aussage $\mathcal{A}_{n+1}$.

Dass damit die Aussage $\mathcal{A}_n$ für alle $n \in \mathbb{N}$ bewiesen ist, folgt indirekt aus dem Wohlordnungssatz 1.1.9: Sonst wäre die Menge

$$B := \{\, n \in \mathbb{N} \mid \mathcal{A}_n \text{ gilt nicht} \,\}$$

nicht-leer. Sei b das kleinste Element von B. Dann ist $b \neq 1$ und $\mathcal{A}_k$ gilt für alle $k < b$. Aus (II) folgt, dass $\mathcal{A}_b$ wahr ist, was im Widerspruch zu $b \in B$ steht.

1.1.17 Beispiel. Folgendes Beispiel soll zeigen, dass der Induktionsanfang auf den Induktionsschluss abgestimmt sein muss. Sonst kann das Induktionsprinzip zu Fehlschlüssen führen:

Wir „beweisen" durch vollständige Induktion, dass alle Pferde gleichfarbig sind. Die Aussage $\mathcal{A}_n$ sei: „Alle Mengen von n Pferden sind einfarbig". Zu zeigen ist, dass $\mathcal{A}_n$ für alle n wahr ist.

Induktionsanfang: $\mathcal{A}_1$ ist wahr, alle Mengen von einem Pferd sind einfarbig.

Induktionsschluss: Angenommen $\mathcal{A}_n$ sei wahr, das heißt, alle Mengen von n Pferden sind einfarbig. Sei A eine beliebige Menge aus $n + 1$ Pferden. Man wähle zwei Elemente a_1 und a_2 aus A und betrachte folgende Zerlegung: $A = (A \setminus \{\, a_1 \,\}) \cup (A \setminus \{\, a_2 \,\})$. Die Mengen $A \setminus \{\, a_1 \,\}$ und $A \setminus \{\, a_2 \,\}$ sind nach Induktionsvoraussetzung einfarbig, wobei beider Farbe mit der Farbe von $\{\, a_1, a_2 \,\}$ übereinstimmt. Folglich ist A einfarbig.

Natürlich ist die Aussage $\mathcal{A}_n$ für beliebige n nicht wahr, da nicht alle Pferde gleichfarbig sind. Der Fehler liegt im unzureichenden Induktionsanfang, denn beim Induktionsschluss wird eine zweielementige Menge verwendet und $\mathcal{A}_2$ ist falsch.

1.2   Abzählbarkeit

1.2.1 Definition. (i)   Zwei Mengen X, Y sind **gleichmächtig**, wenn es eine bijektive Abbildung $f : X \to Y$ gibt.

(ii) X heißt **endlich**, wenn es ein $n \in \mathbb{N}$ und eine bijektive Abbildung $f : \mathbb{N}_n = \{\, 1, 2, \ldots, n \,\} \to X$ gibt. Die **Mächtigkeit** von X ist in diesem Fall die Anzahl der Elemente, in Zeichen $|X| := n$.

(iii)   Die Menge X heißt **abzählbar unendlich**, wenn es eine bijektive Abbildung $f : \mathbb{N} \to X$ gibt. Die Mächtigkeit von X bezeichnen wir in diesem Fall mit dem Symbol $+\infty$, lies +-unendlich.

(iv) X heißt **abzählbar**, falls X endlich oder abzählbar unendlich ist.

1.2.2 Lemma. *Sei X eine endliche Menge. Dann ist $|X|$ wohldefiniert, das heißt eindeutig bestimmt.*

Beweis. Seien $g : \mathbb{N}_n \to X$ und $h : \mathbb{N}_m \to X$ zwei bijektive Abbildungen. Zu zeigen ist, dass $n = m$ gilt:

Betrachte $f := h^{-1} \circ g : \mathbb{N}_n \to \mathbb{N}_m$. Dann ist f ebenfalls eine bijektive Abbildung. Einerseits folgt aus der Injektivität von f, dass $|\{ f(1), f(2), \ldots, f(n) \}| = n$, andererseits gilt wegen der Surjektivität von f, dass $|\{ f(1), f(2), \ldots, f(n) \}| = m$. Also ist $n = m$.   □

1.2.3 Bemerkungen. (i)   Sei X eine echte Teilmenge einer endlichen Menge Y, das heißt $X \subset Y$ und $X \neq Y$. Dann hat X eine geringere Mächtigkeit als Y: $|X| < |Y|$.

(ii)   Dies gilt nicht für unendliche Mengen: Die Menge aller geraden Zahlen $\{ 2n \mid n \in \mathbb{N} \}$, die Menge aller ungeraden Zahlen $\{ 2n + 1 \mid n \in \mathbb{N}_0 \}$ und die Menge $\mathbb{N}$ der natürlichen Zahlen sind gleichmächtig.

(iii)   Jede Teilmenge einer abzählbaren Menge ist abzählbar.

1.2.4 Lemma. *Seien X und Y zwei abzählbar unendliche Mengen. Dann ist das Cartesische Produkt $X \times Y$ eine abzählbar unendliche Menge.*

Beweisskizze. Seien $f : \mathbb{N} \to X$ mit $f(n) = a_n$ und $g : \mathbb{N} \to Y$ mit $g(n) = b_n$ zwei bijektive Abbildungen. Die Elemente von X und Y können also aufgelistet (abgezählt) werden in der Form

$$a_1, a_2, a_3, \ldots, \qquad b_1, b_2, b_3, \ldots .$$

Betrachte das Schema

$$
\begin{array}{llll}
(a_1, b_1) & (a_1, b_2) & (a_1, b_3) & (a_1, b_4) \ \ldots \\
\ \downarrow \quad \nearrow & \nearrow & \nearrow & \nearrow \\
(a_2, b_1) & (a_2, b_2) & (a_2, b_3) & (a_2, b_4) \ \ldots \\
\quad \nearrow & \nearrow & \nearrow & \\
(a_3, b_1) & (a_3, b_2) & (a_3, b_3) & (a_3, b_4) \ \ldots \\
\quad \nearrow & \nearrow & & \\
(a_4, b_1) & \quad \ldots & & \\
\ \vdots & & &
\end{array}
$$

Durch Abzählung in „Pfeilrichtung" (**Cauchysches Diagonalverfahren**) ergibt sich eine Auflistung der Elemente von $X \times Y$. Genauer ist die Komposition der in der folgenden Definition 1.2.5 angegebenen Cauchyschen Abzählung $\varphi : \mathbb{N} \to \mathbb{N}^2$ von $\mathbb{N}^2$ mit der bijektiven Abbildung

$$h = f \times g : \mathbb{N}^2 \to X \times Y, \ h(k, \ell) := (f(k), g(\ell)) = (a_k, b_\ell),$$

eine bijektive Abbildung

$$h \circ \varphi : \mathbb{N} \to X \times Y.$$

                                                                                       □

1.2.5 Definition. Die **Cauchysche Abzählung** $\varphi : \mathbb{N} \to \mathbb{N}^2$ von $\mathbb{N}^2$ ist rekursiv definiert durch $\varphi(1) := (1,1)$, und ist $\varphi(n) = (k,\ell)$, dann sei

$$\varphi(n+1) := \begin{cases} (k-1, \ell+1) & \text{für } k \neq 1 \\ (\ell+1, 1) & \text{für } k = 1. \end{cases}$$

$$
\begin{array}{llll}
(1,1)^{(1)} & (1,2)^{(3)} & (1,3)^{(6)} & (1,4)^{(10)} \ \ldots \\
\downarrow \quad \nearrow & \nearrow & \nearrow & \nearrow \\
(2,1)^{(2)} & (2,2)^{(5)} & (2,3)^{(9)} & (2,4) \quad \ldots \\
\quad \nearrow & \nearrow & \nearrow & \\
(3,1)^{(4)} & (3,2)^{(8)} & (3,3) & (3,4) \quad \ldots \\
\quad \nearrow & \nearrow & & \\
(4,1)^{(7)} & (4,2) & \quad \ldots & \\
\vdots & \vdots & &
\end{array}
$$

1.2.6 Lemma. *Die Cauchysche Abzählung φ von $\mathbb{N}^2$ ist bijektiv.*

Beweis. (I) Sei

$$\varphi(n) = (k,\ell) = (k(n), \ell(n)) = (k_n, \ell_n) \text{ für } n \in \mathbb{N}.$$

Sei $m \in \mathbb{N}$. Durch vollständige Induktion über n zeigt man zunächst, dass

$$k_n + \ell_n \geq k_m + \ell_m \text{ für alle } n > m.$$

(II) Durch vollständige Induktion über n zeigen wir, dass

$$\varphi(n) \neq \varphi(m) \text{ für alle } n > m.$$

Daraus ergibt sich sofort die Injektivität von φ.

Induktionsanfang: Ist $n = m + 1$, dann gilt die Behauptung.

Induktionsschluss: Gilt die Behauptung für ein n, $n > m$, dann folgt

$$\varphi(n+1) \neq \varphi(n), \ \varphi(n) \neq \varphi(m).$$

Außerdem gilt wegen Teil (I), dass

$$k_{n+1} + \ell_{n+1} \geq k_n + \ell_n \geq k_m + \ell_m.$$

Wäre $\varphi(n+1) = \varphi(m)$, dann hätte man

$$k_{n+1} + \ell_{n+1} = k_n + \ell_n = \ldots = k_m + \ell_m.$$

Hieraus ergibt sich, dass $k_m \neq 1, \ldots, k_n \neq 1$, also

$$k_{m+1} = k_m - 1, \ k_{m+2} = k_m - 2, \ldots, k_{n+1} = k_{m+(n-m+1)} = k_m - (n - m + 1) \neq k_m$$

im Widerspruch zu $\varphi(n+1) = \varphi(m)$. Es folgt die Injektivität von φ.

(III) Durch vollständige Induktion über m zeigen wir, dass

$$(k, \ell) \in \operatorname{Im} \varphi \text{ für alle } (k, \ell) \in \mathbb{N}^2 \text{ mit } k + \ell \le m + 1.$$

Hieraus folgt dann die Surjektivität.

Induktionsanfang: $(1, 1) = \varphi(1)$ ist das einzige Paar natürlicher Zahlen (k, ℓ) mit $k + \ell \le 2$. Deshalb ist der Induktionsanfang gesichert.

Induktionsschluss: Sei die Behauptung für ein $m \in \mathbb{N}$ wahr. Die Paare $(k, \ell) \in \mathbb{N} \times \mathbb{N}$ mit $k + \ell = m + 2$ können in der Form

$$(m - \ell + 2, \ell) \text{ für } \ell = 1, \dots, m + 1$$

geschrieben werden. Nach Induktionsvoraussetzung gilt $(1, m) \in \operatorname{Im} \varphi$. Aus der Konstruktionsvorschrift folgt, dass

$$(m + 1, 1) \in \operatorname{Im} \varphi$$

und hieraus, dass

$$(m, 2), (m - 1, 3), \dots, (1, m + 1) \in \operatorname{Im} \varphi,$$

womit die Behauptung bewiesen ist.   □

1.2.7 Satz (Cantor). *Die Menge der rationalen Zahlen* $\mathbb{Q}$ *ist abzählbar unendlich.*

Beweisskizze. Die positiven rationalen Zahlen $\mathbb{Q}^+ = \left\{ \frac{p}{q} \mid p, q \in \mathbb{N} \right\}$ können wie die geordneten Paare nach dem Cauchyschen Diagonalverfahren aufgelistet werden. Dabei ergibt sich eine surjektive Abbildung von $\mathbb{N}$ in $\mathbb{Q}^+$. Durch „Weglassen" von erweiterten Brüchen, die schon einmal aufgetreten sind (das heißt, wenn p und q einen gemeinsamen Teiler $m \ne 1$ haben), erhält man eine Liste der echten Brüche (wenn p und q teilerfremd sind). Aufgrund des folgenden Lemmas 1.2.8 gibt es also eine bijektive Abbildung von $\mathbb{N}$ auf $\mathbb{Q}^+$ und deshalb ist $\mathbb{Q}^+$ abzählbar unendlich.   □

1.2.8 Lemma. *Sei* $a : \mathbb{N} \to X$ *mit* $n \mapsto a(n) = a_n$ *eine surjektive Abbildung, das heißt, die Elemente von* X *können, eventuell mit Wiederholungen, in der Form* $a_1, a_2, a_3, \dots$ *aufgelistet werden. Dann ist* X *entweder endlich, oder es gibt eine streng monoton aufsteigende Abbildung* $n : \mathbb{N} \to \mathbb{N}$ *mit* $k \mapsto n(k) = n_k$, *das heißt* $n_k < n_{k+1}$ *für alle* $k \in \mathbb{N}$, *so dass die Abbildung* $a \circ n : \mathbb{N} \to X$ *mit* $k \mapsto a(n_k) = a_{n_k}$ *bijektiv ist. In diesem Fall ist* X *abzählbar unendlich und die Elemente können ohne Wiederholung in der Form* $a_{n_1} = a_1, a_{n_2}, a_{n_3}, \dots$ *aufgelistet werden.*

Beweis durch rekursive Definition. *Rekursionsanfang:* Wir setzen $n_1 := 1$, also $a_{n_1} := a_1$.

Rekursionsvoraussetzung: Sei $k \geq 1$. Angenommen, es gibt eine Abbildung $n : \{1, 2, \ldots, k\} \to \mathbb{N}$ mit $n_1 < n_2 < \cdots < n_k$, so dass $a_{n_1}, a_{n_2}, \ldots, a_{n_k}$ paarweise verschieden sind, das heißt, $a \circ n : \{1, 2, \ldots, k\} \to X$ ist injektiv.

Definition von n_{k+1}: Falls ein $a_n \in X$ mit $a_n \notin \{a_{n_1}, \ldots, a_{n_k}\}$ existiert, so setze man

$$n_{k+1} := \min \{ n \mid a_n \notin \{a_{n_1}, \ldots, a_{n_k}\} \}.$$

Damit ist $a_{n_{k+1}}$ definiert, es gilt $n_1 < n_2 < \cdots < n_k < n_{k+1}$ und $a_{n_1}, a_{n_2}, \ldots, a_{n_k}$, $a_{n_{k+1}}$ sind paarweise verschieden.

Falls eine der beiden Annahmen falsch ist, ist X endlich. Sonst wird $a_{n_{k+1}}$ rekursiv definiert, falls die $a_{n_1}, \ldots, a_{n_k}$ bekannt sind.   □

Die Liste $a_{n_1}, a_{n_2}, a_{n_3}, \ldots$ entsteht aus der Liste $a_1, a_2, a_3, \ldots$ durch „sukzessives Weglassen" von Elementen, die schon einmal vorgekommen sind.

1.3   Körper

In den folgenden Abschnitten werden wir die arithmetischen Eigenschaften der reellen Zahlen $\mathbb{R}$ behandeln. Alle Eigenschaften ergeben sich aus den vorzustellenden Grundeigenschaften oder Axiomen der reellen Zahlen, nämlich den Körper- und Anordnungsaxiomen sowie dem Archimedischen Axiom und dem Axiom der Vollständigkeit. Dabei setzen wir die Existenz der Menge der reellen Zahlen voraus. Genauer setzen wir die Existenz einer Menge voraus, welche alle Axiome erfüllt. Erst wenn alle Axiome vorgestellt sind, ist es gerechtfertigt, sich die reellen Zahlen als Punkte auf einer lückenlosen Zahlengeraden, dem Zahlenkontinuum, vorzustellen. Beispielsweise genügen die rationalen Zahlen $\mathbb{Q}$ den Körper- und Anordnungsaxiomen sowie dem Archimedischen Axiom, das Vollständigkeitsaxiom erfüllen sie allerdings nicht. Man kann sie sich deshalb auch nur als Punkte auf einer lückenhaften Zahlengeraden veranschaulichen.

Bei der Vorstellung der Axiome werden wir schrittweise vorgehen und jeweils nur diejenigen arithmetischen Eigenschaften betrachten, welche aus den schon angegebenen Axiomen folgen. Zunächst werden wir die Körperaxiome behandeln, aus welchen sich die Regeln für die vier Grundrechenarten Summe +, Differenz −, Produkt · und Division : herleiten lassen. Eine Anordnung ≤ ist noch nicht gegeben. Dass Vorsicht geboten ist, zeigt das Beispiel eines Körpers $\mathbb{K}$, das heißt einer Menge, welche den Köperaxiomen genügt, mit nur zwei Elementen, welcher nicht angeordnet werden kann. In diesem Abschnitt wollen wir und nur solche arithmetischen Eigenschaften akzeptieren, welche sich aus den Körperaxiomen herleiten lassen.

1.3.1 Definition. Eine Menge $\mathbb{K}$ mit mindestens zwei Elementen heißt ein **Körper**, falls es zwei **innere Verknüpfungen Summe** + und **Produkt** · gibt, das heißt zwei Abbildungen

$$+ : \mathbb{K} \times \mathbb{K} \to \mathbb{K}, \qquad\qquad (a, b) \mapsto a + b,$$
$$\cdot : \mathbb{K} \times \mathbb{K} \to \mathbb{K}, \qquad\qquad (a, b) \mapsto a \cdot b,$$

so dass die folgenden **Körperaxiome** erfüllt sind:

(A) Für alle $a, b, c \in \mathbb{K}$ gelten die **Axiome der Addition**:

    (i) $(a + b) + c = a + (b + c)$ (**Assoziativgesetz**).

    (ii) $a + b = b + a$ (**Kommutativgesetz**).

    (iii) Es gibt ein **Nullelement** $0 \in \mathbb{K}$, so dass $a + 0 = a$ für alle $a \in \mathbb{K}$.

    (iv) Zu jedem $a \in \mathbb{K}$ existiert ein **negatives Element** $-a \in \mathbb{K}$ mit $a + (-a) = 0$.

(B) Für alle $a, b, c \in \mathbb{K} \smallsetminus \{0\}$ gelten die **Axiome der Multiplikation**:

    (i) $(a \cdot b) \cdot c = a \cdot (b \cdot c)$ (**Assoziativgesetz**).

    (ii) $a \cdot b = b \cdot a$ (**Kommutativgesetz**).

    (iii) Es gibt ein **Einselement** $1 \in \mathbb{K}$, so dass $a \cdot 1 = a$ für alle $a \in \mathbb{K} \smallsetminus \{0\}$.

    (iv) Zu jedem $a \in \mathbb{K} \smallsetminus \{0\}$ existiert ein **inverses Element** $\frac{1}{a} = a^{-1} \in \mathbb{K}$ mit $a \cdot a^{-1} = 1$.

(C) Für alle $a, b, c \in \mathbb{K}$ gilt das **Distributivgesetz**

$$a \cdot (b + c) = a \cdot b + a \cdot c.$$

1.3.2 Bemerkung. Die Axiome der Addition (A) besagen, dass $\mathbb{K}$, zusammen mit der Addition +, eine **kommutative Gruppe** ist. Zusammen mit der noch zu zeigenden Abgeschlossenheit von $\mathbb{K} \smallsetminus \{0\}$ bezüglich der Multiplikation ·, das heißt, dass für alle $a, b \in \mathbb{K}$ die Eigenschaft

$$a, b \neq 0 \implies a \cdot b \neq 0$$

gilt (vergleiche 1.3.5 (iii)), besagen die Axiome der Multiplikation (B), dass $\mathbb{K} \smallsetminus \{0\}$, zusammen mit der Multiplikation ·, eine kommutative Gruppe ist. Dabei definiert man:

1.3.3 Definition. Eine **kommutative** oder **Abelsche Gruppe** ist eine nichtleere Menge $\mathbb{G}$ zusammen mit einer **Gruppenoperation** $\circ$,

$$\circ : \mathbb{G} \times \mathbb{G} \to \mathbb{G}, \quad (a, b) \mapsto a \circ b,$$

so dass für alle $a, b, c \in \mathbb{G}$ die folgenden **Gruppenaxiome** erfüllt sind:

(i) $(a \circ b) \circ c = a \circ (b \circ c)$ (**Assoziativgesetz**).

(ii) $a \circ b = b \circ a$ (**Kommutativgesetz**).

(iii) Es gibt ein **neutrales Element** $e \in \mathbb{G}$, so dass $a \circ e = a$ für alle $a \in \mathbb{G}$.

(iv) Zu jedem $a \in \mathbb{G}$ gibt es ein **Inverses** $a^{-1} \in \mathbb{G}$ mit $a \circ a^{-1} = e$.

1.3.4 Lemma. *Es gelten die folgenden **Eigenschaften einer Gruppe**:*

(i)   *Es gibt genau ein neutrales Element $e \in \mathbb{G}$.*

(ii)   *Zu jedem $a \in \mathbb{G}$ gibt es genau ein inverses Element $a^{-1} \in \mathbb{G}$.*

(iii) $e^{-1} = e.$

(iv) $(a^{-1})^{-1} = a.$

(v) $(a \circ b)^{-1} = b^{-1} \circ a^{-1}.$

(vi)   *Die Gleichung*

$$a \circ x = b$$

besitzt eine Lösung, nämlich $x = a^{-1} \circ b$.

(vii)   *Es gilt die **Kürzungsregel**:*

$$a \circ x = a \circ x' \;\Rightarrow\; x = x',$$

das heißt, die Gleichung $a \circ x = b$ besitzt höchstens eine Lösung.

(viii) *Die Gruppenaxiome 1.3.3 (iii) und (iv) können durch die folgende Forderung ersetzt werden:*
        Für gegebene $a, b \in \mathbb{G}$ ist die Gleichung

$$a \circ x = b$$

lösbar.

1.3.5 Lemma. *Seien $a, b \in \mathbb{K}$. Dann gelten die folgenden **Eigenschaften eines Körpers**:*

(i) $a \cdot 0 = 0.$

(ii) $0 \neq 1.$

(iii) $a, b \neq 0 \;\Rightarrow\; a \cdot b \neq 0$, *beziehungsweise es gilt die **Nullteilerfreiheit***

$$a \cdot b = 0 \;\Rightarrow\; a = 0 \; oder \; b = 0.$$

(iv) $(-a)b = -(ab)$.

(v) $(-1) \cdot a = -a$.

(vi) $(-a)(-b) = ab$.

Sämtliche Regeln über die vier Grundrechenarten ergeben sich.

1.3.6 Beispiele. (i)   Wir betrachten hauptsächlich den Körper $\mathbb{R}$ der reellen Zahlen sowie den Körper $\mathbb{Q} = \left\{ \frac{p}{q} \,\middle|\, p \in \mathbb{Z},\ q \in \mathbb{N} \right\}$ der rationalen Zahlen und in Anhang C den noch zu definierenden Körper $\mathbb{C} = \{ a + ib \mid a, b \in \mathbb{R} \}$, $i^2 = -1$, der komplexen Zahlen.

(ii) Sei $\mathbb{Z}_2 := \{ 0, 1 \}$ eine Menge von zwei verschiedenen Elementen. Dann ist durch

$$0 + 0 := 0, \qquad 0 + 1 = 1 + 0 := 1, \qquad 1 + 1 := 0,$$
$$0 \cdot 0 := 0, \qquad 0 \cdot 1 = 1 \cdot 0 := 0, \qquad 1 \cdot 1 := 1$$

eine Summe und ein Produkt so erklärt, dass die Körperaxiome erfüllt sind.

(iii) Weitere Körper mit unendlich vielen Elementen können beispielsweise dadurch konstruiert werden, dass dem Körper $\mathbb{Q}$ der rationalen Zahlen eine irrationale Zahl, das heißt eine reelle aber nicht rationale Zahl, zum Beispiel $\sqrt{2}$, hinzugefügt wird: Die Menge

$$\mathbb{Q}(\sqrt{2}) := \left\{ a + \sqrt{2}\, b \,\middle|\, a, b \in \mathbb{Q} \right\}$$

mit den Rechenoperationen

$$(a + \sqrt{2}\, b) + (c + \sqrt{2}\, d) := (a + c) + \sqrt{2}(b + d),$$
$$(a + \sqrt{2}\, b) \cdot (c + \sqrt{2}\, d) := (ac + 2bd) + \sqrt{2}(ad + bc)$$

ist ein Körper, genannt „$\mathbb{Q}$ adjungiert $\sqrt{2}$".

1.3.7 Bemerkung. Aufgrund des Assoziativgesetzes 1.3.1 (A)(i) kann drei Elementen $a, b, c \in \mathbb{K}$ eindeutig eine **Summe**

$$a + b + c := (a + b) + c = a + (b + c)$$

zugeordnet werden. Aufgrund des Kommutativgesetzes spielt sogar die Reihenfolge der Elemente keine Rolle.

Durch vollständige Induktion nach der Anzahl der Summanden zeigt man:

1.3.8 Lemma. *Seien $a_1, \ldots, a_n \in \mathbb{K}$, $n > 2$. Dann ist das Ergebnis der Additi-on dieser Elemente unabhängig davon, wie durch Beklammerung die Reihenfolge der auszuübenden Additionen festgelegt wird. Das Ergebnis der Addition ist un-abhängig von der Reihenfolge der Summanden.*

1.3.9 Definition. Die **Summe**

$$a_1 + \ldots + a_n = \sum_{k=1}^{n} a_k = \sum_{k=1,\ldots,n} a_k$$

von Elementen aus $\mathbb{K}$ ist rekursiv definiert durch

$$\sum_{k=1}^{1} a_k := a_1, \quad \sum_{k=1}^{n+1} a_k := \left(\sum_{k=1}^{n} a_k \right) + a_{n+1}.$$

1.3.10 Linearität des Summenzeichens. *Seien $a, a_1, \ldots, a_n, b_1, \ldots, b_n \in \mathbb{K}$. Dann gelten die folgenden Rechenregeln:*

(i) $\displaystyle\sum_{k=1}^{n} a_k + \sum_{k=1}^{n} b_k = \sum_{k=1}^{n} (a_k + b_k)$ *(**Additivität**).*

(ii) $\displaystyle a \sum_{k=1}^{n} a_k = \sum_{k=1}^{n} a a_k$ *(**Multiplikativität**).*

1.3.11 Lemma. *Seien $n, m \in \mathbb{N}$ und seien $a_1, \ldots, a_n, a_{n+1}, \ldots, a_{n+m} \in \mathbb{K}$. Dann gilt die **Summenformel***

$$\sum_{k=1}^{n} a_k + \sum_{\ell=1}^{m} a_{n+\ell} = \sum_{k=1}^{n+m} a_k.$$

1.3.12 Lemma. *Es gilt die Formel für das **Rückwärtssummieren**:*

$$\sum_{k=1}^{n} a_k = \sum_{k=1}^{n} a_{n-k+1}.$$

1.3.13 Lemma. *Für alle $m \in \mathbb{Z}$ gilt die Formel für das **Umsummieren***

$$\sum_{k=\ell}^{n} a_k = \sum_{k=\ell+m}^{n+m} a_{k-m}.$$

Insbesondere ist

$$\sum_{k=\ell}^{n} a_k = \sum_{k=1}^{n-\ell+1} a_{k+\ell-1},$$

dabei ist die Summe $\displaystyle\sum_{k=\ell}^{n} a_k$ in offensichtlicher Weise rekursiv definiert.

1.3.14 Beispiel. Wir wollen den Beweis des jungen Gauß der Summenformel

$$\sum_{k=1}^{n} k = \frac{n(n+1)}{2}$$

mit Hilfe des Summenzeichens für gerades $n = 2m$, $m \in \mathbb{N}$, führen. Es gilt:

$$\sum_{k=1}^{n} k = \sum_{k=1}^{m} k + \sum_{k=1}^{m} (k+m) = \sum_{k=1}^{m} k + \sum_{k=1}^{m} (2m - k + 1)$$
$$= \sum_{k=1}^{m} (2m + 1) = m(2m + 1) = \frac{n(n+1)}{2}.$$

1.3.15 Definition. Für $n \cdot m$ Zahlen $a_{k\ell}$, $k = 1, \ldots, n$, $\ell = 1, \ldots, m$, setzen wir

$$\sum_{\substack{k=1,\ldots,n \\ \ell=1,\ldots,m}} a_{k\ell} := \sum_{k=1}^{n} \left(\sum_{\ell=1}^{m} a_{k\ell} \right).$$

1.3.16 Lemma. *Seien $a_1, \ldots, a_n$, $b_1, \ldots, b_m \in \mathbb{K}$. Dann gilt das **Distributivgesetz***

$$\left(\sum_{k=1}^{n} a_k \right) \left(\sum_{\ell=1}^{m} b_\ell \right) = \sum_{\substack{k=1,\ldots,n \\ \ell=1,\ldots,m}} a_k b_\ell.$$

1.3.17 Definition. Das **Produkt**

$$a_1 \cdots a_n = \prod_{k=1}^{n} a_k = \prod_{k=1,\ldots,n} a_k$$

von Elementen aus $\mathbb{K}$ ist rekursiv definiert durch

$$\prod_{k=1}^{1} a_k := a_1, \quad \prod_{k=1}^{n+1} a_k := \left(\prod_{k=1}^{n} a_k \right) \cdot a_{n+1}.$$

1.3.18 Lemma. *Seien $a_1, \ldots, a_n$, $a_{n+1}, \ldots, a_{n+m} \in \mathbb{K}$. Dann gilt die **Produktformel***

$$\prod_{k=1}^{n} a_k \cdot \prod_{\ell=1}^{m} a_{n+\ell} = \prod_{k=1}^{n+m} a_k.$$

1.3.19 Definition. Sei $a \in \mathbb{K}$, und sei $n \in \mathbb{N}$.

(i) Die **n-te Potenz** a^n von a ist definiert als das n-fache Produkt der n gleichen Faktoren a:

$$a^n := \prod_{k=1}^{n} a.$$

Wir setzen $a^0 := 1$, insbesondere wird $0^0 = 1$ gesetzt.

(ii) Für $a \neq 0$ setzt man weiter

$$a^{-n} := (a^{-1})^n = (a^n)^{-1}.$$

1.3.20 Lemma. *Seien $a, b \in \mathbb{K}$ und seien $n, m \in \mathbb{N}_0 = \mathbb{N} \cup \{0\}$. Dann gelten die* **Potenzregeln**

(i) $a^n \cdot a^m = a^{n+m}$,

(ii) $a^n \cdot b^n = (a \cdot b)^n$,

(iii) $(a^n)^m = a^{n \cdot m}$.

Sind a und b von Null verschieden, so gelten diese Regeln für alle $n, m \in \mathbb{Z}$.

1.3.21 Lemma. (i) *Für alle $a, b \in \mathbb{K}$ und alle $n \in \mathbb{N}$ gilt die* **geometrische Summenformel**

$$a^n - b^n = (a - b)(a^{n-1} + a^{n-2}b + \cdots + ab^{n-2} + b^{n-1}) = (a - b) \sum_{k=1}^{n} a^{n-k}b^{k-1}.$$

(ii) *Für alle $q \in \mathbb{K}$, $q \neq 1$, gilt die* **Summenformel für die endliche geometrische Reihe**

$$\sum_{k=0}^{n} q^k = \frac{1 - q^{n+1}}{1 - q}.$$

Beweis von (ii). Dazu betrachten wir

$$s_n := 1 + q + q^2 + \cdots + q^n,$$
$$q \cdot s_n = \quad q + q^2 + \cdots + q^n + q^{n+1}.$$

Durch Subtraktion folgt

$$(1 - q)s_n = 1 - q^{n+1}$$

und hieraus die Behauptung. Genauer gilt

$$(1 - q)s_n = \sum_{k=0}^{n} q^k - \sum_{k=0}^{n} q^{k+1} = \sum_{k=0}^{n} q^k - \sum_{k=1}^{n+1} q^k = 1 - q^{n+1}. \qquad \square$$

1.3.22 Bemerkungen. (i) Sei $a \in \mathbb{K}$ und sei $n \subset \mathbb{N}$. Dann ist eine Verknüpfung $\cdot : \mathbb{N} \times \mathbb{K} \to \mathbb{K}$, $(n, a) \mapsto n \cdot a$, definiert als die Summe der n gleichen Summanden a:

$$n \cdot a = na := \sum_{k=1}^{n} a = a + \cdots + a.$$

(ii) Es ist Vorsicht geboten, denn es kann $n \cdot a = 0$ sein, also auch $n \cdot 1 = 0$ gelten, dabei ist 1 die Eins im Körper $\mathbb{K}$. In jedem endlichen Körper ist dies sogar notwendigerweise der Fall: Beispielsweise gilt in dem in 1.3.6 (ii) erklärten Körper $\mathbb{Z}_2 = \{0, 1\}$, dass $2 \cdot 1 = 1 + 1 = 0$. Dieses Problem löst sich erst mit der Einführung der Axiome der Anordnung $\leq$ im folgenden Abschnitt.

1.3.23 Lemma. *Für $a, b \in \mathbb{K}$ gelten die **binomischen Formeln***

(i) $(a + b)^2 = a^2 + 2ab + b^2$.

(ii) $(a - b)^2 = a^2 - 2ab + b^2$.

(iii) $(a + b)(a - b) = a^2 - b^2$.

1.3.24 Definition. Für $n, k \in \mathbb{N}_0$ heißt

$$\binom{n}{k} := \frac{n!}{k!(n-k)!} = \frac{n \cdot (n-1) \cdot \ldots \cdot (n-k+1)}{k \cdot (k-1) \cdot \ldots \cdot 1}$$

der **Binomialkoeffizient** „n über k". Für $n \in \mathbb{N}$ ist dabei

$$n! := \prod_{k=1}^{n} k = n \cdot (n-1) \cdot \ldots \cdot 1$$

n**-Fakultät**, und wir setzen $0! := 1$.

1.3.25 Bemerkung. Die Binomialkoeffizienten lassen sich im **Pascalschen Dreieck** so anordnen, dass jedes Element im Innern des Dreiecks gleich der Summe der beiden über ihm stehenden Elemente ist.

$$
\begin{array}{ccccccccccc}
 & & & & & 1 & & & & & \\
 & & & & 1 & & 1 & & & & \\
 & & & 1 & & 2 & & 1 & & & \\
 & & 1 & & 3 & & 3 & & 1 & & \\
 & 1 & & 4 & & 6 & & 4 & & 1 & \\
1 & & 5 & & 10 & & 10 & & 5 & & 1 \\
 & \vdots & & \vdots & & \vdots & & \vdots & & \ddots &
\end{array}
$$

1.3.26 Binomialsatz. *Seien $a, b \in \mathbb{K}$. Für alle $n \in \mathbb{N}$ gilt die **binomische Formel***

$$(a + b)^n = \sum_{k=0}^{n} \binom{n}{k} a^{n-k} b^k.$$

Beweis durch vollständige Induktion. Wir beweisen nur die Formel

$$(1 + a)^n = \sum_{k=0}^{n} \binom{n}{k} a^k.$$

Induktionsanfang: Sei $n = 1$. Dann ist $\binom{1}{0} a^0 + \binom{1}{1} a^1 = 1 + a$.

Induktionsschluss: Sei die Behauptung für ein $n \in \mathbb{N}$ wahr. Dann gilt

$$(1 + a)^{n+1} = (1 + a) \sum_{k=0}^{n} \binom{n}{k} a^k = \sum_{k=0}^{n} \binom{n}{k} a^k + \sum_{k=0}^{n} \binom{n}{k} a^{k+1}$$

$$= \sum_{k=0}^{n} \binom{n}{k} a^k + \sum_{k=1}^{n+1} \binom{n}{k-1} a^k$$

$$= 1 + \sum_{k=1}^{n} \left(\binom{n}{k} + \binom{n}{k-1} \right) a^k + a^{n+1}.$$

Wir berechnen

$$\binom{n}{k} + \binom{n}{k-1} = \frac{n!}{k!(n-k)!} + \frac{n!}{(k-1)!(n-k+1)!}$$

$$= \frac{(n+1)!}{k!((n+1)-k)!} = \binom{n+1}{k}.$$

Daraus folgt

$$(1 + a)^{n+1} = 1 + \sum_{k=1}^{n} \binom{n+1}{k} a^k + a^{n+1} = \sum_{k=0}^{n+1} \binom{n+1}{k} a^k. \qquad \Box$$

1.4   Angeordnete Körper

In diesem Abschnitt betrachten wir allgemeine angeordnete Körper $\mathbb{K}$ und wollen nur diejenigen arithmetischen Eigenschaften als gültig betrachten, welche sich aus den Körper- und Anordnungsaxiomen herleiten lassen.

1.4.1 Definition. Ein Körper $\mathbb{K}$ heißt **angeordnet**, wenn es eine **lineare Ordnung** $<$ auf $\mathbb{K}$ gibt, welche **monoton** bezüglich der Operationen $+$ und $\cdot$ ist, das heißt, für alle $a, b, c \in \mathbb{K}$ gelten die folgenden **Axiome einer Anordnung**:

(i)   Es gilt genau eine der Relationen

$$a = b, \ a < b \text{ oder } b < a \ \textbf{(Trichotomie)},$$

(ii) $a < b \Rightarrow a + c < b + c$ (**Monotonie bezüglich +**),

(iii) $a < b \Rightarrow a \cdot c < b \cdot c$ für alle $c > 0$ (**Monotonie bezüglich ·**).

1.4.2 Lemma. *Für alle $a, b, c \in \mathbb{K}$ gilt die* **Transitivität**

$$a < b, \ b < c \ \Rightarrow \ a < c.$$

Beweis.
$$a < b, \ b < c \Rightarrow a - b < 0, \ b - c < 0$$
$$\Rightarrow a - c = (a - b) + (b - c) < 0$$
$$\Rightarrow a < c. \qquad \square$$

1.4.3 Bemerkung. Eine **lineare Ordnung** auf einer Menge X ist eine trichotomische und transitive Relation $<$ auf X (vergleiche hierzu Anhang A.4).

1.4.4 Weitere Folgerungen. (i) $0 < 1$.

(ii) $a < b \Rightarrow -b < -a$.

(iii) $a < 0, \ b < 0 \Rightarrow 0 < a \cdot b$.

(iv) $0 < a < b \Rightarrow 0 < b^{-1} < a^{-1}$.

Beweis. Zu (i). Wäre $1 < 0$ dann ist $0 < -1$, also $-1 = -1 \cdot 1 < -1 \cdot 0 = 0$, ein Widerspruch.

Zu (iv). Aus $b^{-1} < 0$ folgt $1 = b \cdot b^{-1} < b \cdot 0 = 0$, ein Widerspruch. Weiter folgt aus $a < b$, dass $1 = a \cdot a^{-1} < a^{-1} \cdot b$. Hieraus folgt dann $b^{-1} < a^{-1} \cdot b \cdot b^{-1} = a^{-1}$. $\qquad \square$

1.4.5 Lemma. *Für alle $n, m \in \mathbb{Z}$, $n < m$, gelten die Ungleichungen*

(i) $a^n < a^m$ *für $a > 1$, $a^m < a^n$ für $0 < a < 1$,*

(ii) $a^n < b^n$ *für $n \in \mathbb{N}$ und $0 \leq a < b$.*

1.4.6 Bezeichnungen. (i) $a > b$ bedeutet $b < a$. a heißt **positiv**, falls $a > 0$ und **negativ**, falls $a < 0$ gilt.

(ii) $a \leq b$ bedeutet $a < b$ oder $a = b$. $a \geq b$ bedeutet $a > b$ oder $a = b$. a heißt **nicht-negativ**, falls $a \geq 0$ und **nicht-positiv**, falls $a \leq 0$.

(iii) Sei $A \subset \mathbb{K}$ eine Teilmenge. $a \in A$ heißt **Minimum** von A, falls

$$a \leq x \text{ für alle } x \in A$$

gilt, in Zeichen

$$a = \min A = \min_{x \in A} x.$$

Das **Maximum** von A ist entsprechend erklärt.

1.4.7 Bemerkung. Minimum und Maximum existieren nicht immer. Die Menge $A := \left\{ \frac{1}{n} \mid n \in \mathbb{N} \right\} \subset \mathbb{Q}$ besitzt beispielsweise kein Minimum.

1.4.8 Lemma. *Sei* $n \in \mathbb{N}$, *und sei* $a \in \mathbb{K}$, $a \geq -1$. *Dann gilt die* **Bernoullische Ungleichung**

$$(1 + a)^n \geq 1 + n \cdot a.$$

Für $n > 1$ *und* $a \neq 0$ *gilt die strikte Ungleichung.*

Für $a \geq 0$ folgt die Bernoullische Ungleichung leicht aus der binomischen Formel 1.3.26. Wir zeigen die strikte Ungleichung für $a \geq -1$, $a \neq 0$ und $n \geq 2$.

Beweis durch vollständige Induktion. Für $n = 2$ ist die Behauptung offensichtlich wahr. Sei die Behauptung für ein $n \in \mathbb{N}$, $n \geq 2$, wahr. Wegen $1 + a \geq 0$ gilt dann nach Induktionsvoraussetzung

$$(1 + a)^{n+1} = (1 + a)(1 + a)^n \geq (1 + a)(1 + n \cdot a) > 1 + (n + 1) \cdot a. \qquad \square$$

Man erhält sogar:

1.4.9 Lemma. *Sei* $n \in \mathbb{N}$ *und sei* $a \in \mathbb{K}$, $a \geq -1$. *Dann gilt die* **verschärfte Bernoullische Ungleichung**

$$(1 + a)^n \geq 1 + n \cdot a + (n - 1) \cdot a^2.$$

1.4.10 Lemma und Definition. *Sei* $\mathbb{K}$ *ein angeordneter Körper und sei* 1 *das Einselement von* $\mathbb{K}$. *Dann gilt*

$$n \cdot 1 = \sum_{k=1}^{n} 1 = 1 + \cdots + 1 \neq 0$$

für alle $n \in \mathbb{N}$. *Wir sagen, der Körper* $\mathbb{K}$ *hat die* **Charakteristik** 0.

Beweis. Durch vollständige Induktion über n zeigen wir, dass $n \cdot 1 > 0$ gilt: Zunächst ist $1 \cdot 1 = \sum_{k=1}^{1} 1 = 1 > 0$. Sei die Behauptung für ein $n \in \mathbb{N}$ wahr. Dann folgt, dass

$$(n + 1) \cdot 1 = \sum_{k=1}^{n+1} 1 = n \cdot 1 + 1 > 1 > 0.$$

Damit ist die Behauptung bewiesen. $\qquad \square$

1.4.11 Definition und Lemma. (i)   *Sei* $\mathbb{K}$ *ein angeordneter Körper und sei* 1 *das Einselement von* $\mathbb{K}$. *Dann ist die* **Inklusion** *von* $\mathbb{N}$ *in* $\mathbb{K}$ *oder die* **Charakteristik** *von* $\mathbb{K}$

$$\chi : \mathbb{N} \to \mathbb{K}, \ n \mapsto \chi(n) := n \cdot 1,$$

eine eineindeutige Abbildung auf das Bild $\widetilde{\mathbb{N}} := \chi(\mathbb{N})$.

(ii)   *Für* $n, m \in \mathbb{N}$ *gelten die folgenden Rechengesetze:*

$$(n \cdot 1) + (m \cdot 1) = (n + m) \cdot 1,$$
$$(n \cdot 1) \cdot (m \cdot 1) = (n \cdot m) \cdot 1.$$

(iii)   *Für* $n, m \in \mathbb{N}$ *gilt die Anordnungsbeziehung:*

$$n < m \ \Leftrightarrow \ n \cdot 1 < m \cdot 1.$$

Beweis. Wir zeigen lediglich, dass für alle $n, m \in \mathbb{N}$ der Schluss $n < m \ \Rightarrow \ n \cdot 1 < m \cdot 1$ gilt. Hieraus folgt die Injektivität von χ. Sei also $n < m$. Dann ist $m - n \in \mathbb{N}$. Also folgt aus dem gerade bewiesenen Lemma, dass

$$0 < (m - n) \cdot 1 = \sum_{k=1}^{m-n} 1 = \sum_{k=n+1}^{m} 1 = \sum_{k=1}^{m} 1 - \sum_{k=1}^{n} 1 = m \cdot 1 - n \cdot 1$$

und hieraus $n \cdot 1 < m \cdot 1$, wie behauptet. $\qquad\qquad\qquad\qquad\qquad\qquad\square$

1.4.12 Bemerkungen. (i)   Aufgrund von Lemma 1.4.11 rechnet man in $\widetilde{\mathbb{N}}$ genauso wie in $\mathbb{N}$ und die Anordnungseigenschaften übertragen sich von $\mathbb{N}$ auf $\widetilde{\mathbb{N}}$. Deshalb sagen wir, dass jeder angeordnete Körper $\mathbb{K}$ „eine Kopie von $\mathbb{N}$" enthält. Künftig unterscheiden wir nicht zwischen $n \in \mathbb{N}$ und $n \cdot 1 \in \widetilde{\mathbb{N}}$ und „identifizieren" n mit $n \cdot 1$.

(ii)   Weil $\mathbb{K}$ ein Körper ist, ist mit $n \in \mathbb{N} \subset \mathbb{K}$ auch $-n \in \mathbb{K}$, das heißt, wir finden die ganzen Zahlen $\mathbb{Z}$ in $\mathbb{K}$ wieder. Genauso ist $\frac{1}{n} \in \mathbb{K}$, und daher $\frac{m}{n} \in \mathbb{K}$ für alle $m \in \mathbb{Z}$, $n \in \mathbb{N}$, das heißt, wir finden die rationalen Zahlen $\mathbb{Q}$ in $\mathbb{K}$ wieder:

1.4.13 Satz. *Sei* $\mathbb{K}$ *ein angeordneter Körper. Dann enthält* $\mathbb{K}$ *die rationalen Zahlen* $\mathbb{Q}$ *als angeordneten Unterkörper.*

1.4.14 Definition. Sei $\mathbb{K}$ ein angeordneter Körper. Dann heißt

$$\operatorname{sgn} a := \begin{cases} 1 & \text{für } a > 0 \\ 0 & \text{für } a = 0 \\ -1 & \text{für } a < 0 \end{cases}$$

das **Signum** oder **Vorzeichen** von $a \in \mathbb{K}$. Der **Absolutbetrag** von $a \in \mathbb{K}$ ist erklärt durch

$$|a| := \operatorname{sgn} a \cdot a = \begin{cases} a & \text{für } a \geq 0 \\ -a & \text{für } a < 0. \end{cases}$$

1.4.15 Grundeigenschaften des Absolutbetrags. *Für alle* $a, b \in \mathbb{K}$ *ist*

(i) $|a| \geq 0$, *und* $|a| = 0 \Leftrightarrow a = 0$ *(**Definitheit**),*

(ii) $|a \cdot b| = |a| \cdot |b|$ *(**Multiplikativität**),*

(iii) $|a + b| \leq |a| + |b|$ *(**Dreiecksungleichung**).*

Beweis der Dreiecksungleichung. Sei $\varepsilon := \operatorname{sgn}(a + b)$. Wegen $a \leq |a|$ und $|\pm 1| = 1$ folgt dann

$$|a + b| = \varepsilon(a + b) = \varepsilon \cdot a + \varepsilon \cdot b \leq |\varepsilon \cdot a| + |\varepsilon \cdot b| = |a| + |b|. \qquad \square$$

1.4.16 Lemma. *Für alle* $a, b, c \in \mathbb{K}$ *gelten die folgenden Eigenschaften:*

(i) $a \leq |a|$.

(ii) *Für* $a \neq 0$ *ist* $a^2 = (-a)^2 = |a|^2 > 0$.

(iii) *Für* $a \neq 0$ *ist* $|a^{-1}| = |a|^{-1}$.

(iv) $||a| - |b|| \leq |a - b|$.

(v) $|a| < c \Leftrightarrow a < c$ *und* $-a < c$.

(vi) $|b - a| < c \Leftrightarrow a - c < b < a + c$ *(Abbildung 1.1).*

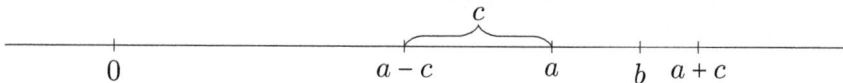

Abbildung 1.1: $|b - a| < c \Leftrightarrow a - c < b < a + c$

(vii) $a < c < b \Leftrightarrow \left| c - \dfrac{a + b}{2} \right| < \dfrac{b - a}{2}$ *(Abbildung 1.2).*

1.4.17 Lemma. *Seien* $a, b \in \mathbb{K}$, $a < b$. *Es gilt die **Ungleichung des arithmetischen Mittels*** $\frac{a+b}{2}$ *von* a *und* b:

$$a < \frac{a + b}{2} < b.$$

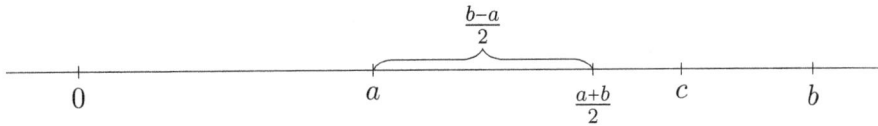

Abbildung 1.2: $a < c < b \iff \left| c - \frac{a+b}{2} \right| < \frac{b-a}{2}$

Beweis. Aus $a < b$ folgt $2a = a + a < a + b$, und somit $a < \dfrac{a+b}{2}$. □

1.4.18 Bemerkung. Aus Satz 1.4.13 folgt unmittelbar, dass jeder angeordnete Körper $\mathbb{K}$ unendlich viele Elemente enthält. Dies ergibt sich auch folgendermaßen aus der Ungleichung des arithmetischen Mittels 1.4.17: Wegen $0 \neq 1$ und $0 < \frac{1}{2} < 1$ besitzt $\mathbb{K}$ schon drei Elemente und des Weiteren wenigstens die Zahlen

$$0,\ 1,\ \frac{1}{2},\ \frac{1}{4},\ \frac{1}{8}, \ldots,$$

das heißt 0 und alle Zahlen der Form $\frac{1}{2^k}$ für $k = 0, 1, 2, \ldots$.

1.5   Das Archimedische Axiom

Die jetzt vorzustellende Archimedische Eigenschaft erscheint zunächst offensichtlich, erweist sich aber bei der näheren Betrachtung als unabhängig von den bisher angegebenen Körper- und Anordnungsaxiomen. Deshalb fordern wir sie als ein Axiom:

1.5.1 Archimedisches Axiom. Ein angeordneter Körper $\mathbb{K}$ heißt **Archimedisch**, falls es zu jedem $a \in \mathbb{K}$ ein $n \in \mathbb{N}$ gibt, so dass $n > a$.

1.5.2 Beispiel. $\mathbb{Q}$ ist Archimedisch, denn für jedes $a \in \mathbb{Q}$, $a = \frac{m}{n}$, mit $m \in \mathbb{Z}$, $n \in \mathbb{N}$ gilt $\frac{m}{n} < \max\{1, m+1\}$.

1.5.3 Satz. $\mathbb{K}$ *ist genau dann Archimedisch, wenn eine, und somit alle, der folgenden Eigenschaften erfüllt ist:*

(i)   *Es gibt kein $a \in \mathbb{K}$ mit $a \geq n$ für alle $n \in \mathbb{N}$.*

(ii) *Zu jedem $\varepsilon \in \mathbb{K}$, $\varepsilon > 0$, gibt es ein $n \in \mathbb{N}$, so dass $\frac{1}{n} < \varepsilon$.*

(iii) *Sei $a \in \mathbb{K}$ mit $|a| < \frac{1}{n}$ für alle $n \in \mathbb{N}$. Dann ist $a = 0$.*

(iv) *Zu jedem $a \in \mathbb{K}$, $a \geq 0$, gibt es genau ein $n \in \mathbb{N}$ mit*

$$n - 1 \leq a < n.$$

(v) *Es gilt die **Eigenschaft des Eudoxos**: Zu je zwei verschiedenen Zahlen $a, b \in \mathbb{K}$, $a < b$, gibt es eine rationale Zahl $\frac{m}{n}$, $m \in \mathbb{Z}$, $n \in \mathbb{N}$, mit*

$$a < \frac{m}{n} < b.$$

(vi) *Für jedes $a \in \mathbb{K}$ und alle $\varepsilon \in \mathbb{K}$, $\varepsilon > 0$, gibt es eine rationale Zahl $\frac{m}{n}$, $m \in \mathbb{Z}$, $n \in \mathbb{N}$, mit*

$$\left| \frac{m}{n} - a \right| < \varepsilon,$$

*das heißt, jedes $a \in \mathbb{K}$ kann beliebig genau durch rationale Zahlen **approximiert** werden, mit anderen Worten $\mathbb{Q}$ liegt **dicht** in $\mathbb{K}$.*

Beweis. (I) (i) besagt, dass die Negation der Archimedischen Eigenschaft nicht gilt.

(II) (ii) ist offensichtlich äquivalent zur Archimedischen Eigenschaft.

(III) (iii) ist offensichtlich äquivalent zu (ii).

(IV) Sei $a \in \mathbb{K}$, $a \geq 0$. Gilt die Archimedische Eigenschaft, so ist

$$A := \{\, m \in \mathbb{N} \mid m > a \,\} \neq \varnothing.$$

Wegen der Wohlordnungseigenschaft der Menge $\mathbb{N}$ der natürlichen Zahlen besitzt A ein kleinstes Element

$$n := \min A,$$

weshalb

$$n > a \geq n - 1,$$

also gilt (iv). Aus (iv) folgt sofort die Archimedische Eigenschaft.

(V) Seien $a, b \in \mathbb{K}$, $a < b$. Aufgrund der Eigenschaft (ii) gibt es ein $n \in \mathbb{N}$ mit

$$\frac{1}{n} < b - a,$$

und mit Hilfe von Eigenschaft (iv) finden wir ein $m \in \mathbb{Z}$, so dass

$$m - 1 \leq na < m.$$

Es folgt

$$na < m \leq na + 1 = n \left(a + \frac{1}{n} \right) < nb$$

und hieraus

$$a < \frac{m}{n} < b.$$

Also gilt die Eigenschaft des Eudoxos, aus der sofort die Archimedische Eigenschaft folgt.

(VI) (a) Seien $a, \varepsilon \in \mathbb{K}$, $\varepsilon > 0$. Aufgrund von Eigenschaft (v) gibt es eine rationale Zahl $\frac{m}{n}$, $m \in \mathbb{Z}$, $n \in \mathbb{N}$, mit

$$a - \varepsilon < \frac{m}{n} < a + \varepsilon,$$

das heißt, es gilt Eigenschaft (vi): $\left|\frac{m}{n} - a\right| < \varepsilon$.

(b) Seien $a, b \in \mathbb{K}$, $a < b$. Dann gibt es nach (vi) eine rationale Zahl $\frac{m}{n}$, $m \in \mathbb{Z}$, $n \in \mathbb{N}$, mit

$$\left|\frac{m}{n} - \frac{a+b}{2}\right| < \frac{b-a}{2},$$

also gilt (v): $a < \frac{m}{n} < b$. $\qquad\square$

1.5.4 Bemerkung. Aufgrund von Satz 1.5.3 (vi) gibt es zu jedem $a \in \mathbb{K}$ und jedem $n \in \mathbb{N}$ eine rationale Zahl a_n mit

$$|a_n - a| \le \frac{1}{n}.$$

Zur konkreten Bestimmung von rationalen Approximationen betrachten wir das folgende Beispiel:

1.5.5 Beispiel. Wir wollen Näherungslösungen der Gleichung $x^2 = 2$ berechnen, ohne uns Gedanken zu machen, ob sie überhaupt eine Lösung x besitzt. Unter der Annahme der Existenz einer solchen beginnen wir mit einem beliebigen Startwert x_0, $1 \le x_0 \le 2$. Dann ist $\varepsilon_0 := x - x_0$ der Anfangsfehler, und es gilt $|\varepsilon_0| < 1$. Daraus berechnen wir

$$2 = x^2 = (x_0 + \varepsilon_0)^2 = x_0^2 + 2\varepsilon_0 x_0 + \varepsilon_0^2 \approx x_0^2 + 2\varepsilon_0 x_0,$$

wobei wir den quadratischen Term ε_0^2 vernachlässigen. Hieraus ergibt sich für den Anfangsfehler:

$$\varepsilon_0 \approx \frac{2 - x_0^2}{2x_0}.$$

Als erste Approximation wählen wir

$$x_1 := x_0 + \frac{2 - x_0^2}{2x_0} = \frac{1}{2}\left(x_0 + \frac{2}{x_0}\right).$$

Der Fehler dieser Approximation ist $\varepsilon_1 := x - x_1$, und wir berechnen

$$2 = (x_1 + \varepsilon_1)^2 \approx x_1^2 + 2\varepsilon_1 x_1,$$

also

$$\varepsilon_1 \approx \frac{2 - x_1^2}{2x_1}.$$

Als zweite Approximation wählen wir

$$x_2 := x_1 + \frac{2 - x_1^2}{2x_1} = \frac{1}{2}\left(x_1 + \frac{2}{x_1}\right).$$

Durch Iteration des Verfahrens ergibt sich die Rekursionsvorschrift

$$x_{n+1} = \frac{1}{2}\left(x_n + \frac{2}{x_n}\right)$$

zur Berechnung von rationalen Näherungslösungen der Gleichung $x^2 = 2$ bei einem beliebigen rationalen Startwert x_0.

Falls wir die bisher behandelten Axiome noch um das Vollständigkeitsaxiom ergänzen, so ergibt sich tatsächlich ein konstruktiver Existenzbeweis von $\sqrt{2}$. Das Verfahren ist bekannt als das **Babylonische Wurzelziehen**, welches auch Heron von Alexandria (cirka 62 n. Chr.) und Liu Hui (um 263 n. Chr.), dem Kommentator des antiken chinesischen Klassikers „Neun Bücher arithmetischer Technik" (Jiǔzhāng Suànshù) bekannt war. Liu Hui betrachtet das Quadrat mit dem Flächeninhalt A und der dazugehörigen Seitenlänge $x = \sqrt{A}$ (Abbildung 1.3). Sind x_1 und $x_2 = x_1 + y_1$ Approximationen, so erhält Liu Hui für den Fehler

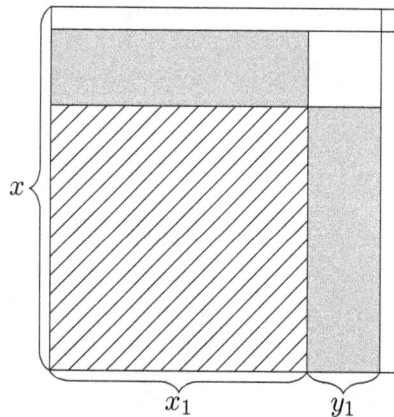

Abbildung 1.3: *Babylonisches Wurzelziehen nach Liu Hui*

$A - x_1^2$ den Inhalt des Gnomons, das ist das ganze ohne das schraffierte Quadrat, welcher größer oder gleich dem Inhalt der beiden eingefärbten Rechtecke ist:

$$A - x_1^2 = 2y_1 x_1 + y_1^2 + \cdots \geq 2y_1 x_1.$$

Hieraus ergibt sich die Abschätzung

$$y_1 \le \frac{A - x_1^2}{2x_1},$$

welche Liu Hui benutzt, um zum Beispiel die Wurzel $\sqrt{71824} = 268$ zu berechnen (hier ist $x_1 = 200$, $y_1 = 60$, also $x_2 = 260$) und um anzudeuten, wie man weiter verfahren soll, wenn das Verfahren nicht aufgeht.

1.6   Folgen in einem angeordneten Körper

Wir behandeln Folgen in einem allgemeinen angeordneten Körper $\mathbb{K}$, wo sich die Theorie weitgehend gut darstellen lässt. Konkrete Folgen betrachten wir allerdings nur in einem Archimedisch angeordneten Körper, beispielsweise dem Körper $\mathbb{Q}$ der rationalen Zahlen. Zur Definition einer Folge in einer abstrakten Menge X sei der interessierte Leser auch auf die allgemeinen Betrachtungen des Abschnitts A.2 hingewiesen.

1.6.1 Definition. Eine (**unendliche**) **Folge** $a = (a_n)_{n \in \mathbb{N}} = (a_n)_{n=1}^{\infty}$ von Elementen einer Menge X ist eine Abbildung $a : \mathbb{N} \to X$, $n \mapsto a(n) = a_n$.

1.6.2 Beispiele. (i)   Die Folge $1, 2, 3, \ldots$ der natürlichen Zahlen (in der natürlichen Anordnung) ist gegeben durch die Identität

$$a := \mathrm{id}_{\mathbb{N}} : \mathbb{N} \to \mathbb{N}, \ n \mapsto a_n := \mathrm{id}_{\mathbb{N}}(n) = n.$$

(ii)   Die Folge $2, 4, 6, 8, \ldots$ der geraden natürlichen Zahlen ist gegeben durch

$$a : \mathbb{N} \to \mathbb{N}, \ n \mapsto a_n := 2n,$$

und

$$b : \mathbb{N}_0 \to \mathbb{N}, \ n \mapsto b_n := 2n + 1$$

listet die ungeraden natürlichen Zahlen $1, 3, 5, 7, \ldots$ auf.

(iii)   Die Folge $(n!)_{n \in \mathbb{N}}$ der Fakultäten wurde in Beispiel 1.1.15 (i) rekursiv definiert.

(iv)   Die Folge $(a_n)_{n \in \mathbb{N}}$ der Summen der ersten n natürlichen Zahlen,

$$a_n := \sum_{k=1}^{n} k$$

stimmt mit der Folge $(b_n)_{n \in \mathbb{N}}$,

$$b_n := \frac{n(n+1)}{2}$$

überein. In Beispiel 1.1.11 wurde durch vollständige Induktion über n gezeigt, dass $a_n = b_n$ für alle $n \in \mathbb{N}$ gilt.

(v) Die Folge $(a_n)_{n \in \mathbb{N}}$,

$$a_n := (-1)^n$$

pendelt zwischen den Werten -1 und 1 hin und her.

Während die bisher genannten Folgen im Sinne der folgenden Definition divergieren, konvergieren die Folgen $\left(\frac{1}{n}\right)_{n \in \mathbb{N}}$ und $\left(\frac{1}{2^n}\right)_{n \in \mathbb{N}}$ in einem Archimedisch angeordneten Körper gegen Null, wie unten gezeigt wird:

1.6.3 Definition. Sei $\mathbb{K}$ ein angeordneter Körper.

(i)   Eine Folge $(a_n)_{n \in \mathbb{N}}$ heißt **konvergent**, falls es eine Zahl $a \in \mathbb{K}$ gibt mit der folgenden Eigenschaft: Zu jedem $\varepsilon > 0$ gibt es ein $N = N(\varepsilon) \in \mathbb{N}$ mit

$$|a_n - a| < \varepsilon \text{ für alle } n \in \mathbb{N},\ n \geq N.$$

(ii) a heißt **Grenzwert** oder **Limes** von $(a_n)_{n \in \mathbb{N}}$. Man sagt auch, dass $(a_n)_{n \in \mathbb{N}}$ für n gegen ∞ gegen a konvergiert, in Zeichen

$$a = \lim_{n \to \infty} a_n \text{ beziehungsweise } a_n \to a \text{ für } n \to \infty.$$

(iii) $(a_n)_{n \in \mathbb{N}}$ heißt **Nullfolge**, falls $a_n \to 0$ für $n \to \infty$.

(iv) Eine nicht-konvergente Folge heißt **divergent**.

1.6.4 Satz. $\left(\frac{1}{n}\right)_{n \in \mathbb{N}}$ *ist genau dann eine Nullfolge, wenn der Körper* $\mathbb{K}$ *Archimedisch angeordnet ist.*

Beweis. (I) Sei $\mathbb{K}$ Archimedisch angeordnet. Sei $\varepsilon > 0$ vorgegeben und sei ein $N \in \mathbb{N}$ so gewählt, dass $N > \frac{1}{\varepsilon}$ gilt. Dann folgt, dass

$$0 \leq \frac{1}{n} \leq \frac{1}{N} < \varepsilon \text{ für alle } n \geq N.$$

Deshalb ist $\left(\frac{1}{n}\right)_{n \in \mathbb{N}}$ eine Nullfolge.

(II) Sei $\left(\frac{1}{n}\right)_{n\in\mathbb{N}}$ eine Nullfolge und sei $a \in \mathbb{K}$, $a \neq 0$. Sei $\varepsilon := \frac{1}{n}$. Dann gibt es ein $N \in \mathbb{N}$ mit

$$0 \leq \frac{1}{n} < \varepsilon \text{ für alle } n \in \mathbb{N}, \ n \geq N.$$

Insbesondere ist also $N > \frac{1}{\varepsilon} = a$ und die Archimedische Eigenschaft ist damit bewiesen. $\qquad\square$

Tatsächlich folgt Satz 1.6.4 sofort aus 1.5.3 (ii).

1.6.5 Lemma. *Sei $\mathbb{K}$ ein Archimedisch angeordneter Körper. Sei $a \in \mathbb{K}$, $|a| < 1$. Dann gilt*

$$a^n \to 0 \text{ für } n \to \infty.$$

Beweis. Sei $b := \frac{1}{|a|}$. Dann ist $b > 1$ und aus der Bernoullischen Ungleichung folgt für alle $n \in \mathbb{N}$, dass

$$|a|^n = \frac{1}{(1 + (b-1))^n} \leq \frac{1}{1 + n(b-1)} \leq \frac{1}{(b-1)n}.$$

Sei $\varepsilon > 0$ und sei $N \in \mathbb{N}$ so gewählt, dass $N > \frac{1}{(b-1)\varepsilon}$. Dann folgt, dass

$$|a|^n \leq \frac{1}{(b-1)n} \leq \frac{1}{(b-1)N} < \varepsilon \text{ für alle } n \geq N. \qquad\square$$

1.6.6 Bemerkung. Um die Konvergenz der in 1.5.5 rekursiv definierten Folge $(x_n)_{n\in\mathbb{N}}$,

$$x_{n+1} := \frac{1}{2}\left(x_n + \frac{a}{x_n}\right),$$

für beliebiges $a > 0$ zu einem beliebigen Startwert x_0 beweisen zu können, erweisen sich die bisher behandelten Axiome als unzureichend. Unter Zuhilfenahme des Vollständigkeitsaxioms 1.7.3 ist dies eine interessante Herausforderung, welcher man sich im Anschluss an das noch zu behandelnde Monotonieprinzip 2.4.9 stellen mag.

1.6.7 Satz. *Sei $(a_n)_{n\in\mathbb{N}}$ eine konvergente Folge. Dann ist der Grenzwert eindeutig bestimmt.*

Beweis. Angenommen $a_n \to a$ und $a_n \to a'$ für $n \to \infty$. Zu zeigen ist, dass $a = a'$ gilt: Sei $\varepsilon > 0$. Man wähle $N, N' \in \mathbb{N}$ so, dass

$$|a_n - a| < \frac{\varepsilon}{2} \text{ für alle } n \geq N, \ |a_n - a'| < \frac{\varepsilon}{2} \text{ für alle } n \geq N'.$$

Für alle $n \geq N'' := \max \{ N, N' \}$ gilt dann

$$|a - a'| \leq |a - a_n| + |a_n - a'| < \frac{\varepsilon}{2} + \frac{\varepsilon}{2} = \varepsilon.$$

Also ist $a = a'$, denn sonst wäre ja $a \neq a'$, also

$$0 < |a - a'| < \varepsilon \text{ für alle } \varepsilon > 0,$$

was bei der Wahl $\varepsilon := \frac{|a-a'|}{2}$ zu $2 < 1$ führt, also zu einem Widerspruch.   □

1.6.8 Lemma. *Eine Folge $(a_n)_{n\in\mathbb{N}}$ konvergiert genau dann gegen $a \in \mathbb{K}$, wenn $(a_n - a)_{n\in\mathbb{N}}$ beziehungsweise $(|a_n - a|)_{n\in\mathbb{N}}$ eine Nullfolge ist.*

Beweis. Nach Definition gilt $a_n \to a$ genau dann, wenn es für jedes $\varepsilon > 0$ ein $N \in \mathbb{N}$ gibt mit

$$\big||a_n - a| - 0\big| = |(a_n - a) - 0| = |a_n - a| < \varepsilon \text{ für alle } n \geq N,$$

also wenn $a_n - a \to 0$ beziehungsweise $|a_n - a| \to 0$ für $n \to \infty$.   □

1.6.9 Definition. Sei $(a_n)_{n\in\mathbb{N}}$ eine Folge in einer Menge X und sei $n : \mathbb{N} \to \mathbb{N}$, $k \mapsto n(k) = n_k$, eine (streng) monoton wachsende Abbildung, beziehungsweise **Indexfolge**, das heißt, es gilt $n_k < n_{k+1}$ für alle $k \in \mathbb{N}$. Dann heißt

$$(a_{n_k})_{k\in\mathbb{N}} := a \circ n$$

eine **Teilfolge** von $(a_n)_{n\in\mathbb{N}}$.

1.6.10 Beispiel. Die Folge $b : \mathbb{N} \to \mathbb{N}$, $b_n := 2^n$, der Potenzen von 2 ist eine Teilfolge der Folge $a : \mathbb{N} \to \mathbb{N}$, $a_n := 2n$, der geraden natürlichen Zahlen: Um die Indexfolge $n : \mathbb{N} \to \mathbb{N}$, $k \mapsto n_k$, zu bestimmen, schreiben wir $b_k = a_{n_k}$, also $2^k = 2n_k$ und erhalten $n_k = 2^{k-1}$, also

$$n : \mathbb{N} \to \mathbb{N}, \quad k \mapsto n(k) = n_k := 2^{k-1}.$$

Wegen

$$b_k = 2^k = 2 \cdot 2^{k-1} = a(2^{k-1}) = a(n(k)) = (a \circ n)(k),$$

ist also $b = a \circ n$.

1.6.11 Lemma. *Die Folge $(a_n)_{n\in\mathbb{N}}$ konvergiere gegen $a \in \mathbb{K}$. Dann konvergiert jede Teilfolge $(a_{n_k})_{k\in\mathbb{N}}$ von $(a_n)_{n\in\mathbb{N}}$ gegen denselben Grenzwert a.*

Beweis. Sei $\varepsilon > 0$ und sei $N \in \mathbb{N}$ so gewählt, dass

$$|a_n - a| < \varepsilon \text{ für alle } n \geq N,$$

beziehungsweise $|a_k - a| < \varepsilon$ für alle $k \geq N$. Wegen $n_k \geq k$ gilt dann auch

$$|a_{n_k} - a| < \varepsilon \text{ für alle } k \geq N,$$

also $a_{n_k} \to a$ für $k \to \infty$. $\qquad\qquad\qquad\qquad\qquad\qquad\qquad\qquad\qquad\qquad$ $\square$

1.6.12 Definition. (i) Eine Folge $(a_n)_{n\in\mathbb{N}}$ in $\mathbb{K}$ heißt **nach oben beschränkt**, wenn es eine **obere Schranke** $c \in \mathbb{K}$ gibt mit

$$a_n \leq c \text{ für alle } n \in \mathbb{N}.$$

Ähnlich ist eine **nach unten beschränkte** Folge und eine **untere Schranke** erklärt.

(ii) $(a_n)_{n\in\mathbb{N}}$ heißt **beschränkt**, wenn es eine **Schranke** $c \in \mathbb{K}$ gibt mit

$$|a_n| \leq c \text{ für alle } n \in \mathbb{N}.$$

1.6.13 Lemma. (i) *Jede konvergente Folge $(a_n)_{n\in\mathbb{N}}$ ist beschränkt.*

(ii) *Falls $\lim_{n\to\infty} a_n =: a > 0$, dann gibt es ein $N \in \mathbb{N}$, so dass*

$$a_n \geq \frac{a}{2} > 0 \text{ für alle } n \geq N.$$

(iii) *Sei $(a_n)_{n\in\mathbb{N}}$ eine konvergente Folge und sei $a_n \leq c$ für alle $n \geq N$ (für ein $N \in \mathbb{N}$). Dann gilt*

$$\lim_{n\to\infty} a_n \leq c.$$

Ist $a_n \geq c$, so gilt $\lim_{n\to\infty} a_n \geq c$. Aus $|a_n| \leq c$ folgt, dass $\left| \lim_{n\to\infty} a_n \right| \leq c$.

Beweis. (I) Sei $a = \lim_{n\to\infty} a_n$, und sei $\varepsilon := 1$. Dann gibt es ein $N \in \mathbb{N}$ mit

$$|a_n - a| < 1 \text{ für alle } n \geq N.$$

Es folgt

$$|a_n| \leq |a_n - a| + |a| < 1 + |a|$$

für $n \geq N$. Also ist

$$|a_n| \leq c := \max\left\{ |a_1|, |a_2|, \ldots, |a_N|, 1 + |a| \right\} \text{ für alle } n \in \mathbb{N}.$$

(II) Man wähle $\varepsilon = \frac{a}{2}$. Dann gibt es ein $N \in \mathbb{N}$ mit

$$|a_n - a| < \frac{a}{2} \text{ für } n \geq N.$$

Hieraus folgt, dass

$$0 < \frac{a}{2} = a - \frac{a}{2} < a_n \text{ für } n \geq N.$$

(III) Sei $\varepsilon > 0$ und sei $N' \in \mathbb{N}$, $N' \geq N$, so gewählt, dass

$$a_n \leq c \text{ und } |a_n - a| < \varepsilon \text{ für alle } n \geq N'.$$

Dann folgt für alle $n \geq N'$:

$$a_n - \varepsilon < a < a_n + \varepsilon \leq c + \varepsilon.$$

Deshalb gilt $a \leq c$, denn sonst wäre $a > c$ und $a < c + \varepsilon$ für alle $\varepsilon > 0$, also

$$0 < a - c < \varepsilon \text{ für alle } \varepsilon > 0,$$

was bei der Wahl von $\varepsilon := \frac{a-c}{2}$ zu einem Widerspruch führt. $\qquad\square$

1.6.14 Lemma. *Sei $(a_n)_{n\in\mathbb{N}}$ eine Nullfolge und sei $(b_n)_{n\in\mathbb{N}}$ eine beschränkte Folge. Dann ist $(a_n \cdot b_n)_{n\in\mathbb{N}}$ eine Nullfolge.*

Beweis. Sei $\varepsilon > 0$, und seien $c > 0$ und $N \in \mathbb{N}$ so gewählt, dass

$$|b_n| \leq c \text{ und } |a_n| < \frac{\varepsilon}{c} \text{ für alle } n \geq N.$$

Dann folgt

$$|a_n b_n| < \frac{\varepsilon}{c} c = \varepsilon \text{ für alle } n \geq N,$$

das heißt $a_n b_n \to 0$. $\qquad\square$

1.6.15 Grenzwertsätze. *Seien $(a_n)_{n\in\mathbb{N}}$ und $(b_n)_{n\in\mathbb{N}}$ konvergente Folgen und sei $c \in \mathbb{K}$. Dann konvergieren auch die Folgen $(a_n + b_n)_{n\in\mathbb{N}}$, $(c \cdot a_n)_{n\in\mathbb{N}}$ und $(a_n \cdot b_n)_{n\in\mathbb{N}}$ und es gelten die Grenzwertbeziehungen*

(i) $\displaystyle \lim_{n\to\infty} (a_n + b_n) = \lim_{n\to\infty} a_n + \lim_{n\to\infty} b_n.$

(ii) $\displaystyle \lim_{n\to\infty} (c \cdot a_n) = c \cdot \lim_{n\to\infty} a_n.$

(iii) $\displaystyle \lim_{n\to\infty} (a_n \cdot b_n) = \lim_{n\to\infty} a_n \cdot \lim_{n\to\infty} b_n.$

(iv) *Sei* $\lim\limits_{n\to\infty} b_n \neq 0$. *Dann gibt es ein $N \in \mathbb{N}$, so dass $b_n \neq 0$ für alle $n \geq N$. Setzt man $\frac{a_n}{b_n} := 0$ für $n < N$, dann existiert der Grenzwert $\lim\limits_{n\to\infty} \frac{a_n}{b_n}$ und es gilt die Grenzwertbeziehung*

$$\lim_{n\to\infty} \frac{a_n}{b_n} = \frac{\lim\limits_{n\to\infty} a_n}{\lim\limits_{n\to\infty} b_n}.$$

(v) *Gilt $a_n \leq b_n$ für alle $n \geq N$ (für ein $N \in \mathbb{N}$), dann ist*

$$\lim_{n\to\infty} a_n \leq \lim_{n\to\infty} b_n.$$

(vi) *Die Folge $(|a_n|)_{n\in\mathbb{N}}$ der Beträge konvergiert und es gilt*

$$\lim_{n\to\infty} |a_n| = \left| \lim_{n\to\infty} a_n \right|.$$

Beweis. Seien $a := \lim\limits_{n\to\infty} a_n$, $b := \lim\limits_{n\to\infty} b_n$.

(I) Es gilt

$$|(a_n + b_n) - (a + b)| \leq |a_n - a| + |b_n - b| \to 0 \text{ für } n \to \infty.$$

(II) Es folgt:

$$|c \cdot a_n - c \cdot a| \leq |c|\,|a_n - a| \to 0 \text{ für } n \to \infty.$$

(III) Die konvergenten Folgen $(a_n)_{n\in\mathbb{N}}$ und $(b_n)_{n\in\mathbb{N}}$ sind beschränkt, das heißt, es gibt ein $c > 0$ mit $|a_n| \leq c$ und $|b_n| \leq c$ für alle $n \in \mathbb{N}$. Deshalb folgt

$$|a_n \cdot b_n - a \cdot b| \leq |a_n \cdot b_n - a \cdot b_n| + |a \cdot b_n - a \cdot b|$$
$$\leq |a_n - a| \cdot c + |a| \cdot |b_n - b| \to 0 \text{ für } n \to \infty.$$

(IV) Aufgrund von Lemma 1.6.13 (ii) gibt es ein $N \in \mathbb{N}$, so dass $|b_n| \geq \frac{|b|}{2} > 0$ für alle $n \geq N$. Deshalb folgt

$$\left| \frac{a_n}{b_n} - \frac{a}{b} \right| = \left| \frac{a_n \cdot b - a \cdot b_n}{b_n \cdot b} \right| \leq \frac{|a_n \cdot b - a \cdot b| + |a \cdot b - a \cdot b_n|}{\frac{b^2}{2}}$$
$$= \frac{2}{|b|} |a_n - a| + \frac{2|a|}{b^2} |b_n - b| \to 0 \text{ für } n \to \infty.$$

(V) Wegen $a_n - b_n \leq 0$ für $n \geq N$ folgt aus Lemma 1.6.13 (iii) und Teil (i) dieses Satzes unmittelbar die Aussage (v).

(VI) Die Behauptung (vi) ergibt sich aus der Dominanz:

$$\big||a_n| - |a|\big| \leq |a_n - a| \to 0 \text{ für } n \to \infty. \qquad \square$$

1.6.16 Beispiele. Wir betrachten den Archimedisch angeordneten Körper $\mathbb{Q}$ der rationalen Zahlen.

(i) Wir zeigen, dass

$$\lim_{n \to \infty} \frac{1}{n^2} \sum_{k=1}^{n} k = \frac{1}{2}.$$

Wegen $\sum_{k=1}^{n} k = \frac{n(n+1)}{2}$ folgt aus den Sätzen 1.6.4 und 1.6.15 (i), (ii), dass

$$\frac{1}{n^2} \sum_{k=1}^{n} k = \frac{1}{2}\left(1 + \frac{1}{n}\right) \to \frac{1}{2} \text{ für } n \to \infty.$$

(ii) Ähnlich folgt aus den Beispielen 1.1.13 (i), (ii), dass

$$\lim_{n \to \infty} \frac{1}{n^3} \sum_{k=1}^{n} k^2 = \frac{1}{3}, \quad \lim_{n \to \infty} \frac{1}{n^4} \sum_{k=1}^{n} k^3 = \frac{1}{4}.$$

1.6.17 Einschließungskriterium. *Seien $(a_n)_{n \in \mathbb{N}}$, $(b_n)_{n \in \mathbb{N}}$ und $(c_n)_{n \in \mathbb{N}}$ Folgen mit $a_n \leq b_n \leq c_n$ für $n \geq N$ für ein $N \in \mathbb{N}$. Seien $a_n \to a$, $c_n \to a$ für $n \to \infty$. Dann gilt $b_n \to a$ für $n \to \infty$.*

Beweis. Sei $\varepsilon > 0$. Man wähle $N' \in \mathbb{N}$, $N' \geq N$, so dass

$$|a_n - a| < \varepsilon, \ |c_n - a| < \varepsilon \text{ für } n \geq N'.$$

Dann folgt

$$-\varepsilon < a_n - a \leq b_n - a < c_n - a < \varepsilon$$

für $n \geq N'$ und hieraus

$$|b_n - a| < \varepsilon \text{ für } n \geq N'. \qquad \square$$

1.6.18 Beispiel. Sei $(a_n)_{n \in \mathbb{N}}$ eine Folge mit $a_n \to a$ für $n \to \infty$, und sei $p \in \mathbb{N}$. Dann gilt

$$\lim_{n \to \infty} a_n^p = a^p.$$

Dies folgt durch vollständige Induktion aus Satz 1.6.15 (iii) oder direkt mit Hilfe der geometrischen Summenformel aus dem Einschließungskriterium 1.6.17 so: Zunächst wählen wir eine Schranke $c > 0$ von $(a_n)_{n \in \mathbb{N}}$. Dann folgt

$$0 \leq |a_n^p - a^p| = |a_n - a| \left| \sum_{k=1}^{p} a_n^{p-k} a^{k-1} \right| \leq |a_n - a| \cdot p c^{p-1} \to 0 \text{ für } n \to \infty.$$

Die Archimedische Eigenschaft wird hier nicht benötigt.

1.7 Vollständigkeit

Neben der Konvergenz ist der Begriff einer in sich konvergenten Folge oder Cauchy-Folge von großer Bedeutung. So lässt sich beispielsweise das Wurzelziehen, das heißt das Lösen der Gleichung $x^p = a$, $p \in \mathbb{N}$, $a > 0$, durch in sich konvergente Approximationen bewerkstelligen, für welche die Konvergenz zunächst unklar bleibt (vergleiche Beispiel 1.5.5). Wir definieren:

1.7.1 Definition. Eine Folge $(a_n)_{n\in\mathbb{N}}$ heißt **in sich konvergent** oder **Cauchy-Folge**, wenn es zu jedem $\varepsilon > 0$ ein $N = N(\varepsilon) \in \mathbb{N}$ gibt mit

$$|a_n - a_m| < \varepsilon \text{ für alle } n, m \in \mathbb{N}, \; n, m \geq N.$$

1.7.2 Satz. *Sei $(a_n)_{n\in\mathbb{N}}$ eine konvergente Folge. Dann ist $(a_n)_{n\in\mathbb{N}}$ auch eine Cauchy-Folge.*

Beweis. Sei $a_n \to a$ für $n \to \infty$, das heißt für jedes $\varepsilon > 0$ gibt es ein $N \in \mathbb{N}$ mit

$$|a_n - a| < \frac{\varepsilon}{2} \text{ für alle } n \geq N.$$

Dann gilt für beliebige $n, m \geq N$, dass

$$|a_n - a_m| \leq |a_n - a| + |a - a_m| < \frac{\varepsilon}{2} + \frac{\varepsilon}{2} = \varepsilon. \qquad \square$$

Die Umkehrung gilt in einem Archimedisch angeordneten Körper im Allgemeinen nicht: Wir werden zeigen, dass es im Körper $\mathbb{Q}$ der rationalen Zahlen Cauchy-Folgen gibt, welche nicht konvergieren. Die Gültigkeit der Umkehrung, dass also alle Cauchy-Folgen gegen einen Grenzwert konvergieren, ist eine Eigenschaft, welche den reellen Zahlen $\mathbb{R}$ zukommt und welche nicht aus den bisher formulierten Axiomen folgt. Wir werden sie deshalb als ein weiteres Axiom fordern:

1.7.3 Vollständigkeitsaxiom. Ein angeordneter Körper $\mathbb{K}$ heißt **vollständig**, wenn jede Cauchy-Folge $(a_n)_{n\in\mathbb{N}}$ in $\mathbb{K}$ konvergiert, das heißt, sie besitzt einen Grenzwert $a \in \mathbb{K}$:

$$a_n \to a \text{ für } n \to \infty.$$

Zusammen mit Satz 1.7.2 folgt unmittelbar:

1.7.4 Cauchysches Konvergenzkriterium. *Sei $\mathbb{K}$ ein vollständig angeordneter Körper. Dann ist eine Zahlenfolge $(a_n)_{n\in\mathbb{N}}$ in $\mathbb{K}$ genau dann konvergent, wenn sie eine Cauchy-Folge ist.*

Ziel der folgenden Betrachtungen ist der Nachweis der Unvollständigkeit des angeordneten Körpers $\mathbb{K} = \mathbb{Q}$ der rationalen Zahlen, welcher sich also für die Analysis als nicht ausreichend erweist. Zunächst beweisen wir, dass die Diagonale eines Quadrats der Seitenlänge 1 keine rationale Länge besitzt, das heißt „$\sqrt{2}$ ist nicht rational."

1.7.5 Lemma. *Es gibt keine rationale Zahl* $x = \frac{p}{q}$, $p \in \mathbb{Z}$, $q \in \mathbb{N}$, *mit* $x^2 = 2$.

Beweis. Angenommen, $x = \frac{p}{q}$, $p \in \mathbb{Z}$, $q \in \mathbb{N}$, löst die Gleichung $x^2 = 2$. Ohne Beschränkung der Allgemeinheit können wir davon ausgehen, dass p und q teilerfremd sind. Es gilt

$$p^2 = 2q^2.$$

Deshalb ist p^2 gerade und somit auch p, das heißt, es gibt eine ganze Zahl $m \in \mathbb{Z}$, so dass $p = 2m$. Es folgt $p^2 = 4m^2 = 2q^2$. Also ist

$$q^2 = 2m^2$$

und somit ist auch q gerade. p und q haben also den gemeinsamen Teiler 2, was jedoch der Annahme widerspricht, dass sie teilerfremd sind. Demzufolge gibt es keine rationale Zahl x, welche die Gleichung $x^2 = 2$ löst. $\qquad\square$

1.7.6 Quadratwurzelalgorithmus. *Es existiert eine Folge* $(x_n)_{n\in\mathbb{N}_0}$ *rationaler Zahlen der Form*

$$x_n = \sum_{k=0}^{n} \frac{d_k}{10^k} = d_0 + \frac{d_1}{10} + \frac{d_2}{100} + \cdots + \frac{d_n}{10^n}$$

mit $d_k \in \{0, 1, \ldots, 9\}$ *für* $k \in \mathbb{N}_0$, *so dass*

$$x_n^2 \leq 2 < \left(x_n + \frac{1}{10^n}\right)^2.$$

1.7.7 Bemerkung. Die Näherungsbrüche x_n für „$\sqrt{2}$" schreiben wir in **Dezimalschreibweise** als

$$x_n = d_0, d_1 d_2 \ldots d_n.$$

x_n ist die größte **Dezimalzahl mit n Stellen nach dem Komma**, für die $x_n^2 \leq 2$ gilt. Es ist

$$x_0 = 1, \ \text{denn} \ 1^2 = 1 \leq 2 < 4 = (1 + 1)^2,$$

$$x_1 = 1,4, \ \text{denn} \ 1,4^2 = 1,96 \leq 2 < 2,25 = 1,5^2 = \left(1,4 + \frac{1}{10}\right)^2,$$

$$x_2 = 1,41, \ \text{denn} \ 1,41^2 = 1,9881 \leq 2 < 2,0024 = 1,42^2 = \left(1,41 + \frac{1}{100}\right)^2$$

und so weiter. Die Nachkommastellen werden also sukzessive mit Hilfe eines „Schubladenprinzips" gefunden. Der formale Beweis geschieht durch vollständige Induktion über $n \in \mathbb{N}_0$.

1.7.8 Lemma. *Die nach dem Quadratwurzelalgorithmus 1.7.6 gewonnene Folge $(x_n)_{n \in \mathbb{N}_0}$ bildet eine Cauchy-Folge, aber keine in $\mathbb{Q}$ konvergente Folge.*

Beweis. (I) Zu zeigen ist, dass es zu jedem $\varepsilon > 0$ ein $N \in \mathbb{N}$ gibt, so dass $|x_n - x_m| < \varepsilon$ für alle $n, m \geq N$. Sei $\varepsilon > 0$. Man wähle $N \in \mathbb{N}$ so, dass $\frac{1}{10^N} < \frac{\varepsilon}{2}$. Aufgrund von 1.7.6 gilt dann für alle $n \geq N$:

$$x_N \leq x_n < x_N + \frac{1}{10^N},$$

also

$$0 \leq x_n - x_N < \frac{1}{10^N} < \frac{\varepsilon}{2}.$$

Daraus folgt für alle $n, m \geq N$:

$$|x_n - x_m| \leq |x_n - x_N| + |x_N - x_m| < \frac{\varepsilon}{2} + \frac{\varepsilon}{2} = \varepsilon.$$

(II) Angenommen $x_n \to x \in \mathbb{Q}$ für $n \to \infty$. Aus

$$x_n^2 \leq 2 < \left(x_n + \frac{1}{10^n} \right)^2$$

folgt dann

$$x^2 \leq 2 \leq x^2.$$

Also ist $x^2 = 2$ im Widerspruch zu Lemma 1.7.5, wonach die Gleichung $x^2 = 2$ keine rationale Lösung besitzt. Also ist die Folge $(x_n)_{n \in \mathbb{N}_0}$ in $\mathbb{Q}$ nicht konvergent. $\square$

Als Korollar ergibt sich die angekündigte Unvollständigkeit von $\mathbb{Q}$:

1.7.9 Satz. *Der Körper $\mathbb{K} = \mathbb{Q}$ der rationalen Zahlen genügt nicht dem Vollständigkeitsaxiom.*

1.7.10 Bemerkung. In einem vollständigen Archimedisch angeordneten Körper besitzt die Gleichung

$$x^2 = 2$$

eine Lösung $x = \sqrt{2}$, und es gilt $x_n \to x$ für $n \to \infty$. Dort ist $\sqrt{2}$ durch die **Dezimalbruchentwicklung** aus 1.7.6 gegeben:

$$\sqrt{2} = \lim_{n \to \infty} x_n = \lim_{n \to \infty} d_0, d_1 d_2 \ldots d_n = d_0, d_1 d_2 \ldots = 1,41 \ldots.$$

2 Das System der reellen Zahlen

2.1 Axiomatische Einführung der reellen Zahlen

Wir sind jetzt beim eigentlichen Ausgangspunkt der Analysis angelangt, nämlich dem System der reellen Zahlen $\mathbb{R}$ mit den üblichen Rechenoperationen Addition +, Multiplikation · und der Anordnung ≤. Wir gehen davon aus, dass die reellen Zahlen einen vollständigen, Archimedisch angeordneten Körper bilden, das heißt, wir setzen voraus, dass es eine Menge gibt, für welche eine Addition, eine Multiplikation und eine Anordnung erklärt sind, so dass die Körper- und Anordnungsaxiome, das Archimedische und das Vollständigkeitsaxiom erfüllt sind. Einen konstruktiven Existenzbeweis geben wir in Anhang B mit dem Satz von Dedekind B.4.5. An dieser Stelle postulieren wir:

2.1.1 Postulat. *Es gibt einen vollständigen, Archimedisch angeordneten Körper* $\mathbb{K} = \mathbb{R}$.

Die **Axiome der reellen Zahlen** lauten:

2.1.2 Körperaxiome. In der Menge $\mathbb{R}$ der reellen Zahlen sind die Verknüpfungen **Summe** + und **Produkt** · erklärt als Abbildungen

$$+ : \mathbb{R} \times \mathbb{R} \to \mathbb{R}, \ (a, b) \mapsto a + b,$$
$$\cdot : \mathbb{R} \times \mathbb{R} \to \mathbb{R}, \ (a, b) \mapsto a \cdot b,$$

welche folgenden Axiomen genügen:

(A) Für alle $a, b, c \in \mathbb{R}$ gelten die **Axiome der Addition**:

    (i) $(a + b) + c = a + (b + c)$ (**Asoziativgesetz**).

    (ii) $a + b = b + a$ (**Kommutativgesetz**).

    (iii) Es gibt ein **Nullelement** $0 \in \mathbb{R}$, so dass $a + 0 = a$ für alle $a \in \mathbb{R}$.

    (iv) Zu jedem $a \in \mathbb{R}$ existiert ein **negatives Element** $-a \in \mathbb{R}$ mit $a + (-a) = 0$.

(B) Für alle $a, b, c \in \mathbb{R} \smallsetminus \{0\}$ gelten die **Axiome der Multiplikation**:

    (i) $(a \cdot b) \cdot c = a \cdot (b \cdot c)$ (**Assoziativgesetz**).

(ii) $a \cdot b = b \cdot a$ (**Kommutativgesetz**).

(iii) Es gibt ein **Einselement** $1 \in \mathbb{R}$, so dass $a \cdot 1 = a$ für alle $a \in \mathbb{R} \setminus \{\, 0\,\}$.

(iv) Zu jedem $a \in \mathbb{R} \setminus \{\, 0\,\}$ existiert ein **inverses Element** $\frac{1}{a} = a^{-1} \in \mathbb{R}$ mit $a \cdot a^{-1} = 1$.

(C) Für alle $a, b, c \in \mathbb{R}$ gilt das **Distributivgesetz**

$$a \cdot (b + c) = a \cdot b + a \cdot c.$$

2.1.3 Anordnungsaxiome. Auf der Menge $\mathbb{R}$ der reellen Zahlen ist eine **Anordnung** $<$ erklärt als Relation auf $\mathbb{R}$, welche für alle $a, b, c \in \mathbb{R}$ den folgenden Axiomen genügt:

(i)   Es gilt genau eine der Relationen

$$a = b, \ a < b \ \text{oder} \ b < a \ (\textbf{Trichotomie}),$$

(ii) $a < b \ \Rightarrow \ a + c < b + c$ (**Monotonie bezüglich +**),

(iii) $a < b \ \Rightarrow \ a \cdot c < b \cdot c$ für alle $c > 0$ (**Monotonie bezüglich ·**).

2.1.4 Archimedisches Axiom. Zu jeder reellen Zahl $a \in \mathbb{R}$ gibt es eine natürliche Zahl $n \in \mathbb{N}$ mit $n > a$.

2.1.5 Vollständigkeitsaxiom. Jede Cauchy-Folge $(a_n)_{n \in \mathbb{N}}$ reeller Zahlen $a_n \in \mathbb{R}$, $n \in \mathbb{N}$, konvergiert gegen eine reelle Zahl $a \in \mathbb{R}$.

2.1.6 Bemerkungen. (i)   Reelle Zahlen wollen wir uns als „**Punkte auf der Zahlengeraden**" vorstellen. Die Zahlengerade ist „**lückenlos**", das heißt, die reellen Zahlen bilden ein **Kontinuum**, also eine vollständige oder lückenlose, linear geordnete Menge. Die rationalen Zahlen bilden dagegen nur eine lückenhafte Kette oder lineare Ordnung (vergleiche Anhang A.4). Obwohl die Menge der rationalen Zahlen überall dicht ist, gibt es Punkte auf der Zahlengeraden, die keiner rationalen Zahl entsprechen.

(ii) Dass die reellen Zahlen durch die Axiome vollständig festgelegt sind, folgt aus der in Satz 2.2.3 noch zu beweisenden Dezimalbruchentwicklung reeller Zahlen. Ähnlich ist jede reelle Zahl durch ihre Dualbruchentwicklung eindeutig charakterisiert, welche nur die in den Axiomen explizit genannten Zahlen 0 und 1 verwendet.

(iii) Aus den Körperaxiomen 2.1.2 lassen sich alle Regeln für die vier Grundrechenarten Summe +, Differenz −, Produkt · und Division : herleiten. Insbesondere gelten alle Sätze und Definitionen des Abschnitts 1.3.

(iv) Aufgrund der Anordnungsaxiome 2.1.3 gelten die Ordnungseigenschaften des Abschnitts 1.4. Insbesondere ist der Absolutbetrag $|a|$ einer reellen Zahl erklärt. Die reellen Zahlen $\mathbb{R}$ enthalten Kopien der natürlichen Zahlen $\mathbb{N}$, der ganzen Zahlen $\mathbb{Z}$ und der rationalen Zahlen $\mathbb{Q}$. Insbesondere ist $\mathbb{Q}$ ein angeordneter Unterkörper von $\mathbb{R}$.

(v) Aufgrund des Archimedischen Axioms 2.1.4 gelten alle Aussagen des Abschnitts 1.5. Insbesondere kann jede reelle Zahl beliebig genau durch rationale Zahlen approximiert werden, mit anderen Worten liegt $\mathbb{Q}$ dicht in $\mathbb{R}$.

(vi) Alle Sätze und Definitionen des Abschnitts 1.6 gelten für Folgen $(a_n)_{n\in\mathbb{N}}$ reeller Zahlen $a_n \in \mathbb{R}$. Insbesondere ist $\left(\frac{1}{n}\right)_{n\in\mathbb{N}}$ eine Nullfolge in $\mathbb{R}$.

(vii) Aus dem Vollständigkeitsaxiom 2.1.5 folgt, dass die in Abschnitt 1.7 nach dem Quadratwurzelalgorithmus gewonnene Cauchy-Folge $(x_n)_{n\in\mathbb{N}_0}$ gegen eine reelle Zahl, nämlich $\sqrt{2}$, konvergiert. Dies beweisen wir in Abschnitt 2.3 noch einmal. Insbesondere gilt das **Cauchysche Konvergenzkriterium**: Eine Folge $(a_n)_{n\in\mathbb{N}}$ reeller Zahlen konvergiert genau dann gegen eine reelle Zahl $a \in \mathbb{R}$, wenn sie eine Cauchy-Folge ist.

2.1.7 Bemerkung. Folgen lassen sich allgemeiner in **metrischen Räumen** untersuchen. Das sind Mengen X, in denen ein Abstand $d(a,b)$ für je zwei Punkte $a,b \in X$ erklärt ist. Eine Folge $(a_n)_{n\in\mathbb{N}}$ konvergiert gegen $a \in X$, wenn es zu jedem $\varepsilon > 0$ ein $N \in \mathbb{N}$ gibt, so dass

$$d(a_n, a) < \varepsilon \text{ für alle } n \in \mathbb{N}, \, n \geq N.$$

In den reellen Zahlen $\mathbb{R}$ ist ein Abstand wie folgt erklärt:

2.1.8 Definition. Seien $a, b \in \mathbb{R}$. Dann heißt

$$d(a,b) := |a - b|$$

der **Abstand** oder die **Distanz** von a und b. Für alle $a, b, c \in \mathbb{R}$ gelten die folgenden **Axiome**:

(i) $d(a,b) \geq 0$ und $d(a,b) = 0 \Leftrightarrow a = b$ (**Definitheit**),

(ii) $d(a,b) = d(b,a)$ (**Symmetrie**),

(iii) $d(a,c) \leq d(a,b) + d(b,c)$ (**Dreiecksungleichung**).

2.1.9 Bezeichnungen. (i)   Seien $a, b \in \mathbb{R}$, $a < b$. Dann setzen wir

$$(a, b) := \{\, x \in \mathbb{R} \mid a < x < b \,\},$$
$$[a, b) := \{\, x \in \mathbb{R} \mid a \le x < b \,\},$$
$$(a, b] := \{\, x \in \mathbb{R} \mid a < x \le b \,\},$$
$$[a, b] := \{\, x \in \mathbb{R} \mid a \le x \le b \,\}.$$

(a, b) heißt **offenes**, $[a, b]$ **abgeschlossenes Intervall** und $[a, b)$ sowie $(a, b]$ sind **halboffene Intervalle** mit den **Randpunkten** a und b.

(ii) Ist I ein Intervall mit den Randpunkten a und b, das heißt gilt $I = [a, b]$ beziehungsweise (a, b), $[a, b)$ oder $(a, b]$, so setzen wir

$$\mathring{I} := (a, b), \quad \overline{I} := [a, b].$$

$\mathring{I}$ heißt das **Innere** und $\overline{I}$ der **Abschluss** von I.

(iii) Die **Länge** des Intervalls $I = [a, b]$ beziehungsweise (a, b), $[a, b)$, $(a, b]$ ist

$$|I| := b - a.$$

(iv) Sei $a \in \mathbb{R}$, $\varepsilon > 0$. Dann ist

$$I_\varepsilon(a) := \{\, x \in \mathbb{R} \mid |x - a| < \varepsilon \,\} = (a - \varepsilon, a + \varepsilon),$$
$$\overline{I_\varepsilon(a)} := \{\, x \in \mathbb{R} \mid |x - a| \le \varepsilon \,\} = [a - \varepsilon, a + \varepsilon].$$

$I_\varepsilon(a)$ heißt **offenes**, $\overline{I_\varepsilon(a)}$ **abgeschlossenes Intervall mit Mittelpunkt** a der **Länge** 2ε. $I_\varepsilon(a)$ beziehungsweise $\overline{I_\varepsilon(a)}$ heißt auch **offene** beziehungsweise **abgeschlossene ε-Umgebung von** a.

2.1.10 Lemma. *Eine Folge $(a_n)_{n \in \mathbb{N}}$ konvergiert genau dann gegen $a \in \mathbb{R}$, wenn es zu jedem $\varepsilon > 0$ ein $N \in \mathbb{N}$ gibt, so dass*

$$a_n \in I_\varepsilon(a) \ \text{für alle } n \in \mathbb{N}, \ n \ge N.$$

2.2   Dezimalbruchentwicklung

2.2.1 Definition. Sei $(d_k)_{k \in \mathbb{N}_0}$ eine Zahlenfolge mit $d_0 \in \mathbb{Z}$ und $d_k \in \{0, 1, \dots, 9\}$ für $k \in \mathbb{N}$. Dann heißt die Folge $(a_n)_{n \in \mathbb{N}_0}$,

$$a_n := d_0 + \sum_{k=1}^{n} \frac{d_k}{10^k} = d_0, d_1 d_2 \dots d_n,$$

eine **Dezimalbruchentwicklung**. Sie heißt **eigentlich**, falls keine Periode 9 vorliegt, das heißt, es gibt kein $N \in \mathbb{N}$ mit $d_k = 9$ für alle $k \in \mathbb{N}$, $k \ge N$.

2.2.2 Lemma und Definition. *Jede Dezimalbruchentwicklung $(a_n)_{n \in \mathbb{N}_0}$ ist konvergent. Den Grenzwert $a = \lim\limits_{n \to \infty} a_n$ bezeichnen wir mit*

$$a = d_0, d_1 d_2 \dots .$$

Beweis. Durch vollständige Induktion über m zeigt man, dass

$$a_n \leq a_m < a_n + \frac{1}{10^n} \text{ für } m, n \in \mathbb{N}, \ m \geq n.$$

Daraus folgt

$$0 \leq a_m - a_n < \frac{1}{10^n} \text{ für } m \geq n.$$

Deshalb ist $(a_n)_{n \in \mathbb{N}}$ eine Cauchy-Folge und aufgrund des Vollständigkeitsaxioms konvergent. $\qquad\square$

2.2.3 Satz. *Für jede reelle Zahl $a \in \mathbb{R}$ gibt es genau eine eigentliche Dezimalbruchdarstellung $a = d_0, d_1 d_2 \dots$.*

Beweis. Wir nehmen an, dass $0 \leq a < 1$ und deshalb $d_0 = 0$ gilt.

Eindeutigkeit: Angenommen, a besitzt zwei verschiedene eigentliche Dezimalbruchdarstellungen der Form

$$a_n = \sum_{k=1}^{n} \frac{d_k}{10^k} \text{ und } a'_n = \sum_{k=1}^{n} \frac{d'_k}{10^k} \text{ für } n \in \mathbb{N}.$$

Sei $N := \min \left\{ k \in \mathbb{N} \mid d_k \neq d'_k \right\}$. Ohne Beschränkung der Allgemeinheit sei $d_N < d'_N$. Man wähle $N' \in \mathbb{N}$, $N' > N$ so, dass $d_{N'} \neq 9$. Dann folgt aus der Summenformel für die endliche geometrische Reihe für alle $n \in \mathbb{N}$, $n \geq N'$, dass

$$\sum_{k=N+1}^{n} \frac{d_k}{10^k} \leq 9 \sum_{k=N+1}^{n} \frac{1}{10^k} - \frac{1}{10^{N'}} = \frac{9}{10^{N+1}} \sum_{k=0}^{n-N-1} \frac{1}{10^k} - \frac{1}{10^{N'}}$$

$$= \frac{9}{10^{N+1}} \frac{1 - \left(\frac{1}{10}\right)^{n-N}}{1 - \frac{1}{10}} - \frac{1}{10^{N'}} < \frac{1}{10^N} - \frac{1}{10^{N'}}.$$

Wegen $d'_k = d_k$ für $k = 1, \dots, N-1$ und $d_N + 1 \leq d_{N'}$ folgt, dass

$$a_n = \sum_{k=1}^{N-1} \frac{d_k}{10^k} + \frac{d_N}{10^N} + \sum_{k=N+1}^{n} \frac{d_k}{10^k} < \sum_{k=1}^{N-1} \frac{d_k}{10^k} + \frac{d_N + 1}{10^N} - \frac{1}{10^{N'}}$$

$$\leq \sum_{k=1}^{N} \frac{d'_k}{10^k} - \frac{1}{10^{N'}} = a'_N - \frac{1}{10^{N'}} \leq a - \frac{1}{10^{N'}}.$$

Für $n \to \infty$ hat man also $a \le a - \frac{1}{10^{N'}}$. Das ist ein Widerspruch. Deshalb muss $d_k = d'_k$ für alle $k \in \mathbb{N}$ gelten.

Existenz: Wir konstruieren rekursiv eine Dezimalbruchentwicklung $(a_n)_{n \in \mathbb{N}_0}$ indem wir $a_0 = d_0 := 0$ setzen und

$$a_{n+1} := a_n + \frac{d_{n+1}}{10^{n+1}} \text{ falls } \frac{d_{n+1}}{10^{n+1}} \le a - a_n < \frac{d_{n+1} + 1}{10^{n+1}}$$

für $n \in \mathbb{N}$. Durch vollständige Induktion über n zeigt man dann leicht, dass

$$a_n \le a < a_n + \frac{1}{10^n} \text{ für alle } n \in \mathbb{N}. \tag{2.1}$$

Wir zeigen, dass $(a_n)_{n \in \mathbb{N}_0}$ eine eigentliche Dezimalbruchentwicklung ist: Anderenfalls gäbe es ein $N \in \mathbb{N}$ mit $d_k = 9$ für alle $k \in \mathbb{N}$, $k > N$. Aus der Summenformel für die endliche geometrische Reihe folgt dann, dass

$$\sum_{k=N+1}^{n} \frac{1}{10^k} = \frac{1}{10^{N+1}} \sum_{k=0}^{n-N-1} \frac{1}{10^k} = \frac{1}{10^{N+1}} \frac{1 - \left(\frac{1}{10}\right)^{n-N}}{1 - \frac{1}{10}} < \frac{1}{9} \frac{1}{10^N} = \lim_{n \to \infty} \sum_{k=N+1}^{n} \frac{1}{10^k}.$$

Daher gilt

$$a = \lim_{n \to \infty} a_n = \sum_{k=1}^{N} \frac{d_k}{10^k} + 9 \lim_{n \to \infty} \sum_{k=N+1}^{n} \frac{1}{10^k} = a_N + \frac{1}{10^N}$$

für ein $N \in \mathbb{N}$. Dies steht jedoch im Widerspruch zu (2.1). Also ist $(a_n)_{n \in \mathbb{N}_0}$ eine eigentliche Dezimalbruchzerlegung. $\qquad \square$

2.2.4 Satz. *Die Menge der reellen Zahlen ist nicht abzählbar.*

Beweis (Cantorsches Diagonalverfahren). Es genügt zu zeigen, dass die Menge $[0, 1)$ nicht abzählbar ist. Nehmen wir jedoch an, dass $[0, 1)$ abzählbar ist, dann gibt es eine Folge $(a_n)_{n \in \mathbb{N}}$ mit $[0, 1) = \{ a_n \mid n \in \mathbb{N} \}$. Sei

$$\left(\sum_{k=1}^{m} \frac{d_{nk}}{10^k} \right)_{m \in \mathbb{N}}$$

die eigentliche Dezimalbruchentwicklung von a_n für $n \in \mathbb{N}$, das heißt $a_n = 0, d_{n1} d_{n2} d_{n3} \dots$. Wir betrachten das Schema

$$\begin{array}{ccccc}
d_{11} & d_{12} & d_{13} & d_{14} & \cdots \\
d_{21} & d_{22} & d_{23} & d_{24} & \cdots \\
d_{31} & d_{32} & d_{33} & d_{34} & \cdots \\
d_{41} & d_{42} & d_{43} & d_{44} & \cdots \\
\vdots & \vdots & \vdots & \vdots & \ddots
\end{array}$$

Für $k \in \mathbb{N}$ setzen wir

$$d_k := \begin{cases} 0 & \text{falls } d_{kk} \neq 0 \\ 1 & \text{falls } d_{kk} = 0. \end{cases}$$

Dann ist $d_k \neq d_{kk}$, also

$$a := \lim_{m \to \infty} \sum_{k=1}^{m} \frac{d_k}{10^k} = 0, d_1 d_2 d_3 \ldots \neq a_n \text{ für alle } n \in \mathbb{N},$$

weil $0, d_1 d_2 d_3 \ldots$ eine eigentliche Dezimalbruchentwicklung ist. Damit ist $a \in [0,1)$ und es gilt $a \neq a_n$ für alle $n \in \mathbb{N}$, was aber im Widerspruch zur Annahme steht, dass $[0,1) = \{ a_n \mid n \in \mathbb{N} \}$ ist. Also ist diese Annahme falsch und die Menge $[0,1)$ ist deshalb nicht abzählbar. $\qquad \square$

2.3 Die allgemeine Potenz einer reellen Zahl

2.3.1 Definition. Sei $a \in \mathbb{R}$, $a \geq 0$, und sei $p \in \mathbb{N}$. Dann heißt $x \in \mathbb{R}$, $x \geq 0$, **p-te Wurzel** von a, in Zeichen

$$x = \sqrt[p]{a},$$

wenn x die Gleichung $x^p = a$ löst.

2.3.2 Satz. *Sei $a > 0$ und $p \in \mathbb{N}$. Dann gibt es genau ein $x > 0$ mit*

$$x^p = a.$$

Beweis. *Eindeutigkeit:* Seien $x, x' \in \mathbb{R}$, $0 < x < x'$. Dann ist $x^p < (x')^p$. Deshalb können x und x' nicht gleichzeitig Lösungen der Gleichung $x^p = a$ sein und damit gibt es höchstens eine Lösung der Gleichung $x^p = a$.

Existenz: Wir konstruieren rekursiv eine Dezimalbruchentwicklung $(x_n)_{n \in \mathbb{N}_0}$ mit

$$x_n = d_0 + \sum_{k=1}^{n} \frac{d_k}{10^k},$$

$d_0 \in \mathbb{N}_0$, $d_k \in \{ 0, 1, \ldots, 9 \}$ für $k \in \mathbb{N}$ und

$$x_n^p \leq a < \left(x_n + \frac{1}{10^n} \right)^p, \tag{2.2}$$

indem wir $x_0 = d_0 := \max \{ d \in \mathbb{N}_0 \mid d^p \leq a \}$ setzen und

$$x_{n+1} := x_n + \frac{d_{n+1}}{10^{n+1}} \text{ mit } d_{n+1} := \max \left\{ d \in \{ 0, 1, 2, \ldots, 9 \} \,\middle|\, \left(x_n + \frac{d}{10^{n+1}} \right)^p \leq a \right\}.$$

Für den Grenzwert $x := \lim_{n \to \infty} x_n$ folgt dann aus (2.2), dass $x^p \leq a \leq x^p$ also $x^p = a$ gilt, womit die Existenz von x bewiesen ist. $\qquad \square$

2.3.3 Lemma. *Für alle $a \geq 0$ und alle $p \in \mathbb{N}$ gelten die Gleichungen*

$$\left(\sqrt[p]{a} \right)^p = \sqrt[p]{a^p} = a.$$

Beweis. Sei $x := \sqrt[p]{a}$. Dann gilt die Gleichung $x^p = a$, also

$$\left(\sqrt[p]{a} \right)^p = x^p = a.$$

Um die zweite Gleichung zu zeigen, setzen wir $b := a^p$. Dann ist $a = \sqrt[p]{b}$ und deshalb folgt

$$\sqrt[p]{a^p} = \sqrt[p]{b} = a. \qquad \square$$

2.3.4 Lemma. *Für alle $a, b \geq 0$ und alle $p, q \in \mathbb{N}$ gelten die* **Wurzelregeln**

(i) $\sqrt[p]{a} \cdot \sqrt[q]{a} = \left(\sqrt[p \cdot q]{a} \right)^{p+q}$,

(ii) $\sqrt[p]{a} \cdot \sqrt[p]{b} = \sqrt[p]{a \cdot b}$,

(iii) $\sqrt[p]{\sqrt[q]{a}} = \sqrt[p \cdot q]{a}$.

Außerdem gelten für alle $p < q$ die Ungleichungen

(iv) $\sqrt[q]{a} < \sqrt[p]{a}$ *für* $a > 1$, $\sqrt[p]{a} < \sqrt[q]{a}$ *für* $0 < a < 1$,

(v) $\sqrt[p]{a} < \sqrt[p]{b}$ *für* $0 \leq a < b$.

Beweis. Die Regeln (ii) und (iii) ergeben sich unmittelbar aus den entsprechenden Potenzregeln 1.3.20 (ii), (iii). Die Regel (i) folgt dann aus Lemma 2.3.3, Formel (iii) und der Potenzregel 1.3.20 (i) so:

$$\sqrt[p]{a} \; \sqrt[q]{a} = \left(\sqrt[q]{\sqrt[p]{a}} \right)^q \left(\sqrt[p]{\sqrt[q]{a}} \right)^p = \left(\sqrt[p q]{a} \right)^q \left(\sqrt[p q]{a} \right)^p = \left(\sqrt[p q]{a} \right)^{p+q}.$$

Die Ungleichungen (iv) und (v) ergeben sich aus den entsprechenden Ungleichungen 1.4.5 für die Potenz. $\qquad \square$

2.3.5 Lemma. (i)   *Sei $a > 0$. Dann gilt $\sqrt[n]{a} \to 1$ für $n \to \infty$.*

(ii) *Es gilt $\sqrt[n]{n} \to 1$ für $n \to \infty$.*

(iii) *Sei $(a_n)_{n \in \mathbb{N}}$ eine Folge nicht-negativer Zahlen, $a_n \geq 0$ für alle $n \in \mathbb{N}$, mit $a_n \to a$ für $n \to \infty$ und sei $p \in \mathbb{N}$. Dann gilt*

$$\sqrt[p]{a_n} \to \sqrt[p]{a} \text{ für } n \to \infty.$$

Beweis. Zu (i). Sei zunächst $a \geq 1$. Wir betrachten

$$a_n := \sqrt[n]{a} - 1.$$

Wegen $a_n \geq 0$ ist nach der Bernoullischen Ungleichung 1.4.8 beziehungsweise dem Binomialsatz 1.3.26

$$a = (1 + a_n)^n \geq 1 + n a_n.$$

Folglich gilt

$$0 \leq a_n \leq \frac{a-1}{n} \to 0 \text{ für } n \to \infty$$

und somit $\sqrt[n]{a} \to 1$. Ist $a < 1$, dann ist $b := \frac{1}{a} > 1$, also

$$\sqrt[n]{a} = \frac{1}{\sqrt[n]{b}} \to 1 \text{ für } n \to \infty.$$

Zu (ii). Sei $a_n := \sqrt[n]{n} - 1$. Dann ist $a_n > 0$ für $n \geq 2$. Nach der verschärften Bernoullischen Ungleichung 1.4.9 beziehungsweise dem Binomialsatz ist

$$n = (1 + a_n)^n \geq 1 + n a_n + \frac{n(n-1)}{2} a_n^2 > 1 + \frac{n(n-1)}{2} a_n^2.$$

Also folgt

$$0 < a_n < \sqrt{\frac{2}{n}} \to 0 \text{ für } n \to \infty$$

und deshalb gilt $\sqrt[n]{n} \to 1$ für $n \to \infty$.

Zu (iii). Sind $a, b \geq 0$, dann folgt aus dem Binomialsatz, dass

$$\left(\sqrt[p]{a} + \sqrt[p]{b} \right)^p = \sum_{k=0}^{p} \binom{p}{k} \left(\sqrt[p]{a} \right)^{p-k} \left(\sqrt[p]{b} \right)^k = a + \ldots + b \geq a + b$$

und hieraus die überaus wichtige Ungleichung

$$\sqrt[p]{a+b} \leq \sqrt[p]{a} + \sqrt[p]{b} \text{ für alle } a, b \geq 0.$$

Deshalb gilt die Ungleichung

$$\left| \sqrt[p]{a} - \sqrt[p]{b} \right| \leq \sqrt[p]{|a-b|} \text{ für alle } a, b \geq 0.$$

Es folgt, dass

$$\left| \sqrt[p]{a_n} - \sqrt[p]{a} \right| \leq \sqrt[p]{|a_n - a|} < \varepsilon \text{ für alle } n \in \mathbb{N}, \, n \geq N,$$

falls $N \in \mathbb{N}$ so gewählt wird, dass $|a_n - a| < \varepsilon^p$ für alle $n \geq N$ gilt. $\qquad \square$

Im Folgenden wird die allgemeine Potenz einer reellen Zahl behandelt. Der Zugang ist elementar und deshalb etwas aufwändig. Der Leser kann den Rest dieses Abschnitts übergehen. Er wird später höchstens in einigen Beispielen benötigt, für die systematische Theorie ist er nicht relevant. Im Abschnitt 6.4 wird ein eleganterer Zugang auf Grundlage der Exponentialfunktion und des Logarithmus präsentiert.

2.3.6 Definition. Sei $a > 0$ und sei $\mu = \frac{p}{q} \in \mathbb{Q}$, $p \in \mathbb{Z}$, $q \in \mathbb{N}$. Dann ist die **μ-te Potenz** von a erklärt durch

$$a^\mu = a^{\frac{p}{q}} := \sqrt[q]{a^p}.$$

Außerdem setzen wir $0^0 := 1$ und $0^\mu := 0$ für $\mu > 0$.

Beweis der Wohldefiniertheit. Sei $\mu = \frac{p}{q} = \frac{p'}{q'}$, $p, p' \in \mathbb{Z}$, $q, q' \in \mathbb{N}$. Ohne Beschränkung der Allgemeinheit seien p und q teilerfremd. Wegen $p' = \frac{q'}{q} p \in \mathbb{Z}$ ist deshalb $m = \frac{q'}{q} = \frac{p'}{p} \in \mathbb{N}$ und es gilt $p' = mp$ und $q' = mq$. Hieraus ergibt sich

$$\sqrt[q']{a^{p'}} = \sqrt[mq]{a^{mp}} = \sqrt[q]{\sqrt[m]{(a^p)^m}} = \sqrt[q]{a^p}. \qquad \square$$

2.3.7 Lemma. *Sei $\mu = \frac{p}{q} \in \mathbb{Q}$, $p \in \mathbb{Z}$, $q \in \mathbb{N}$. Dann gilt*

$$a^\mu = \left(\sqrt[q]{a} \right)^p.$$

*Für alle $a, b \geq 0$ und $\mu, \nu \in \mathbb{Q}$, $\mu, \nu \geq 0$, sind die folgenden **Potenzregeln** erfüllt:*

(i) $a^\mu a^\nu = a^{\mu+\nu}$,

(ii) $a^\mu b^\mu = (a \cdot b)^\mu$,

(iii) $\left(a^\mu \right)^\nu = a^{\mu \cdot \nu}$.

Sind $a, b > 0$, so gelten diese Regeln für alle $\mu, \nu \in \mathbb{Q}$. Außerdem gelten für alle $\mu < \nu$ die Ungleichungen

(iv) $a^\mu < a^\nu$ *für $a > 1$, $a^\nu < a^\mu$ für $0 < a < 1$,*

(v) $a^\mu < b^\mu$ *für $\mu > 0$ und $0 \leq a < b$.*

Beweis. (I) Zunächst ist $a = \sqrt[p]{\left(\sqrt[q]{a^p} \right)^q} = \sqrt[p]{(a^\mu)^q}$. Hieraus folgt mit Hilfe der Wurzelregel 2.3.4 (iii), dass

$$\left(\sqrt[q]{a} \right)^p = \left(\sqrt[q]{\sqrt[p]{(a^\mu)^q}} \right)^p = \left(\sqrt[pq]{(a^\mu)^q} \right)^p = \left(\sqrt[p]{\sqrt[q]{(a^\mu)^q}} \right)^p = a^\mu.$$

(II) Die Regeln (i)–(iii) folgen unmittelbar aus den Potenzregeln 1.3.20 (i)–(iii) und den Wurzelregeln 2.3.4 (i)–(iii).

(III) Die Ungleichungen (iv) und (v) ergeben sich aus den entsprechenden Ungleichungen 1.4.5 für die Potenz und 2.3.4 (iv), (v) für die Wurzel, oder sie können direkt bewiesen werden, indem man zunächst zeigt, dass

$$a^\mu > 1 \text{ für } a > 1, \ \mu > 0. \qquad \square$$

2.3.8 Beispiel. Sei $(a_n)_{n \in \mathbb{N}}$ eine Folge nicht-negativer Zahlen mit $a_n \to a$ für $n \to \infty$ und sei $\mu \in \mathbb{Q}$, $\mu \geq 0$. Dann folgt aus den Lemma 2.3.5 (iii) und Beispiel 1.6.18, dass

$$\lim_{n \to \infty} a_n^\mu = a^\mu.$$

Ist $a > 0$, so gilt diese Grenzwertbeziehung für alle $\mu \in \mathbb{Q}$.

2.3.9 Definition. Sei $a > 0$ und sei $\mu \in \mathbb{R}$ eine reelle Zahl. Dann definieren wir die μ-te **Potenz** von a als

$$a^\mu := \lim_{n \to \infty} a^{\mu_n},$$

dabei ist $(\mu_n)_{n \in \mathbb{N}}$ eine beliebige Folge rationaler Zahlen $\mu_n = \frac{p_n}{q_n} \in \mathbb{Q}$, $p_n \in \mathbb{Z}$, $q_n \in \mathbb{N}$, mit $\mu_n \to \mu$ für $n \to \infty$. Außerdem setzen wir $0^\mu := 0$ für $\mu > 0$.

Beweis der Wohldefiniertheit. Wir nehmen ohne Beschränkung der Allgemeinheit an, dass $a \geq 1$ gilt.

(I) Sei $(\mu_n)_{n \in \mathbb{N}}$ eine Folge in $\mathbb{Q}$ mit $\mu_n \to \mu$ für $n \to \infty$. Sei $k \in \mathbb{N}$ und sei $N \in \mathbb{N}$ so gewählt, dass

$$|\mu_n - \mu_m| < \frac{1}{k} \text{ für alle } n, m \in \mathbb{N}, \ n, m \geq N$$

gilt. Dann ist $\mu_m \leq \mu + 1$ und es folgt

$$a^{\mu_n} - a^{\mu_m} = a^{\mu_m} \left(a^{\mu_n - \mu_m} - 1 \right) \leq a^{\mu+1} \left(\sqrt[k]{a} - 1 \right).$$

Eine ähnliche Abschätzung gilt auch für $a^{\mu_m} - a^{\mu_n}$. Wegen $\sqrt[k]{a} \to 1$ für $k \to \infty$ folgt, dass $(a^{\mu_n})_{n \in \mathbb{N}}$ eine Cauchy-Folge ist, weshalb der Grenzwert $\lim_{n \to \infty} a^{\mu_n}$ existiert.

(II) Seien $(\mu_n)_{n \in \mathbb{N}}$ und $(\nu_n)_{n \in \mathbb{N}}$ Folgen rationaler Zahlen mit $\mu_n \to \mu$ und $\nu_n \to \mu$ für $n \to \infty$. Sei $k \in \mathbb{N}$ und $N \in \mathbb{N}$ sei so gewählt, dass $|\mu_n - \nu_n| < \frac{1}{k}$ für alle $n \geq N$ gilt. Dann ist $\mu_n, \nu_n \leq \mu + 1$ und wie in Teil (I) folgt die Abschätzung

$$|a^{\mu_n} - a^{\nu_n}| \leq a^{\mu+1} \left(\sqrt[k]{a} - 1 \right). \qquad (2.3)$$

Also ist die Folge $(a^{\mu_n} - a^{\nu_n})_{n \in \mathbb{N}}$ der Differenzen eine Nullfolge und daher muss

$$\lim_{n \to \infty} a^{\mu_n} = \lim_{n \to \infty} a^{\nu_n}$$

gelten. Die μ-te Potenz von a ist also wohldefiniert. $\qquad\square$

Durch einfache Grenzwertbetrachtungen erhalten wir:

2.3.10 Satz. *Die Potenzregeln* (i)–(iii) *und die Ungleichungen* (iv), (v) *aus Lemma 2.3.7 gelten auch für reelle Potenzen* $\mu, \nu \in \mathbb{R}$.

2.3.11 Lemma. *Sei* $a > 0$ *und sei* $(\mu_n)_{n \in \mathbb{N}}$ *eine Folge reeller Zahlen mit* $\mu_n \to \mu$ *für* $n \to \infty$. *Dann gilt*

$$\lim_{n \to \infty} a^{\mu_n} = a^{\mu}.$$

Beweis. Ohne Beschränkung der Allgemeinheit sei $a \geq 1$. Man wähle eine Folge rationaler Zahlen $(\nu_n)_{n \in \mathbb{N}}$ mit $|\nu_n - \mu_n| < \frac{1}{n}$ für alle $n \in \mathbb{N}$. Dann gilt $\nu_n \to \mu$ für $n \to \infty$ und deshalb folgt aus (2.3) und Definition 2.3.9, dass

$$|a^{\mu_n} - a^{\mu}| \leq |a^{\mu_n} - a^{\nu_n}| + |a^{\nu_n} - a^{\mu}|$$
$$\leq a^{\mu+1} \left(\sqrt[n]{a} - 1 \right) + |a^{\nu_n} - a^{\mu}| \to 0 \text{ für } n \to \infty. \qquad\square$$

2.3.12 Lemma. *Sei* $(a_n)_{n \in \mathbb{N}}$ *eine Folge nicht-negativer Zahlen mit* $a_n \to a$ *für* $n \to \infty$ *und sei* $\mu \in \mathbb{R}$, $\mu \geq 0$. *Dann gilt die Grenzwertbeziehung*

$$\lim_{n \to \infty} a_n^{\mu} = a^{\mu}.$$

Ist $a > 0$, *so gilt sie für alle* $\mu \in \mathbb{R}$.

Beweis. Sei $a = 1$ und $\mu \geq 0$. Weiterhin sei $k \in \mathbb{N}$ mit $0 \leq \mu \leq k$ gewählt. Dann gilt

$$1 \leq a_n^{\mu} \leq a_n^{k} \text{ falls } a_n \geq 1, \quad a_n^{k} \leq a_n^{\mu} \leq 1 \text{ falls } a_n < 1.$$

Nach Beispiel 1.6.18 und dem Einschließungskriterium 1.6.17 folgt hieraus, dass

$$\lim_{n \to \infty} a_n^{\mu} = 1$$

gilt. Durch Betrachten der Folge $\left(\frac{a_n}{a} \right)_{n \in \mathbb{N}}$ erhält man daraus die Grenzwertbeziehung

$$\lim_{n \to \infty} a_n^{\mu} = a^{\mu}$$

für alle $a > 0$ und alle $\mu \in \mathbb{R}$.

Ist $a = 0$ und $\mu > 0$, so sei $k \in \mathbb{N}$ mit $\mu > \frac{1}{k}$ gewählt. Dann gilt

$$0 \leq a_n^{\mu} \leq \sqrt[k]{a_n} \text{ für } n \geq N,$$

woraus sich die behauptete Grenzwertbeziehung ergibt. $\qquad\square$

2.4 Weitere Vollständigkeitsprinzipien

2.4.1 Definition. Eine **Intervallschachtelung** ist eine Folge abgeschlossener Intervalle $(I_n)_{n \in \mathbb{N}}$, $I_n = [a_n, b_n]$, $a_n, b_n \in \mathbb{R}$, $a_n < b_n$, so dass

(i) $I_{n+1} \subset I_n$ für alle $n \in \mathbb{N}$.

(ii) Zu jedem $\varepsilon > 0$ gibt es ein $n \in \mathbb{N}$ mit $|I_n| = b_n - a_n < \varepsilon$.

2.4.2 Lemma. *Es gilt die Eigenschaft*

(ii)' *Zu jedem $\varepsilon > 0$ gibt es ein $N \in \mathbb{N}$ mit $|I_n| = b_n - a_n < \varepsilon$ für alle $n \geq N$.*

Beweis. Die Behauptung folgt aus $a_n \leq a_m \leq b_m \leq b_n$ für alle $m \geq n$. □

2.4.3 Intervallschachtelungsprinzip. *Sei $(I_n)_{n \in \mathbb{N}}$ eine Intervallschachtelung. Dann gibt es genau ein $a \in \mathbb{R}$, das in allen Intervallen enthalten ist, das heißt, es gilt $a \in I_n$ für alle $n \in \mathbb{N}$.*

Beweis. *Eindeutigkeit:* Angenommen es gibt zwei verschiedene Zahlen a, a', $a \neq a'$, mit $a, a' \in I_n$ für alle $n \in \mathbb{N}$. Ohne Beschränkung der Allgemeinheit sei $a < a'$. Dann hat man

$$a_n \leq a < a' \leq b_n,$$

also

$$b_n - a_n \geq a' - a > 0 \text{ für alle } n \in \mathbb{N}.$$

Wegen 2.4.1 (ii) gibt es zu $\varepsilon := \frac{a'-a}{2}$ ein $n \in \mathbb{N}$ mit

$$0 < a' - a \leq b_n - a_n < \varepsilon = \frac{a' - a}{2},$$

ein Widerspruch.

Existenz: Zuerst zeigen wir, dass $(a_n)_{n \in \mathbb{N}}$ eine Cauchy-Folge ist: Dazu sei $\varepsilon > 0$ und $N \in \mathbb{N}$ sei so gewählt, dass $b_n - a_n < \varepsilon$ für alle $n \geq N$. Wegen $a_n \leq a_m \leq b_m \leq b_n$ für alle $m \geq n$ gilt für alle $m \geq n \geq N$:

$$0 \leq a_m - a_n \leq b_n - a_n < \varepsilon.$$

Aufgrund der Vollständigkeit von $\mathbb{R}$ besitzt die Folge $(a_n)_{n \in \mathbb{N}}$ einen Grenzwert $a := \lim_{n \to \infty} a_n$, welcher in allen Intervallen I_n enthalten ist, denn aus $a_n \leq a_m \leq b_n$ für alle $m \geq n$ folgt durch Grenzübergang $m \to \infty$, dass

$$a_n \leq a \leq b_n \text{ für alle } n \in \mathbb{N}.$$ □

2.4.4 Korollar. *Sei $(c_n)_{n\in\mathbb{N}}$ eine Folge mit $c_n \in I_n$ für alle $n \in \mathbb{N}$. Dann konvergiert sie gegen a.*

Beweis. Aus $a_n \le c_n \le b_n$ für alle $n \in \mathbb{N}$ folgt, dass

$$0 \le c_n - a_n \le b_n - a_n \to 0 \text{ für } n \to \infty.$$

Wegen $a_n \to a$ muss also $c_n \to a$ für $n \to \infty$ gelten.   □

2.4.5 Beispiel. Wir betrachten die Folgen $(a_n)_{n\in\mathbb{N}}$, $(b_n)_{n=2}^{\infty}$,

$$a_n := \left(1 + \frac{1}{n}\right)^n, \quad b_n := \left(1 - \frac{1}{n}\right)^{-n}$$

und zeigen, dass die Intervalle $I_n = [a_n, b_n]$ für $n \ge 2$ eine Intervallschachtelung bilden. Genauer gilt:

(i) $a_n \le a_{n+1} \le b_{n+1} \le b_n$ für alle $n \ge 2$,

(ii) $b_n - a_n \to 0$ für $n \to \infty$.

Daher können wir die **Eulersche Zahl** e definieren durch

$$e := \lim_{n\to\infty} \left(1 + \frac{1}{n}\right)^n = \lim_{n\to\infty} \left(1 - \frac{1}{n}\right)^{-n}.$$

Beweis. (I) Zunächst folgt aus der Bernoullischen Ungleichung wegen $-\frac{1}{(n+1)^2} > -1$, dass

$$\frac{a_{n+1}}{a_n} = \left(1 + \frac{1}{n}\right)\left(\frac{1 + \frac{1}{n+1}}{1 + \frac{1}{n}}\right)^{n+1} = \frac{n+1}{n}\left(1 - \frac{1}{(n+1)^2}\right)^{n+1}$$

$$\ge \frac{n+1}{n}\left(1 - \frac{n+1}{(n+1)^2}\right) = 1.$$

(II) Ähnlich folgt

$$\frac{b_n}{b_{n+1}} = \left(1 - \frac{1}{n}\right)\left(\frac{1 - \frac{1}{n+1}}{1 - \frac{1}{n}}\right)^{n+1} = \frac{n-1}{n}\left(1 + \frac{1}{n^2-1}\right)^{n+1}$$

$$\ge \frac{n-1}{n}\left(1 + \frac{n+1}{n^2-1}\right) = 1.$$

(III) Es gilt

$$\frac{a_n}{b_n} = \left(1 + \frac{1}{n}\right)^n \left(1 - \frac{1}{n}\right)^n = \left(1 - \frac{1}{n^2}\right)^n \leq 1.$$

(IV) Wiederum folgt aus der Bernoullischen Ungleichung wegen $-\frac{1}{n^2} > -1$, dass $\left(1 - \frac{1}{n^2}\right)^n \geq 1 - \frac{n}{n^2}$ gilt, also

$$b_n - a_n = b_n \left(1 - \left(1 + \frac{1}{n}\right)^n \left(1 - \frac{1}{n}\right)^n\right) = b_n \left(1 - \left(1 - \frac{1}{n^2}\right)^n\right)$$

$$\leq b_n \left(1 - \left(1 - \frac{n}{n^2}\right)\right) \leq \frac{b_2}{n} = \frac{4}{n} \to 0 \text{ für } n \to \infty. \qquad \square$$

2.4.6 Beispiel. Ähnlich wie im vorigen Beispiel beweist man die Existenz und Gleichheit der Grenzwerte

$$\lim_{n \to \infty} \left(1 + \frac{x}{n}\right)^n = \lim_{n \to \infty} \left(1 - \frac{x}{n}\right)^{-n} \quad \text{für alle } x \in \mathbb{Q}.$$

Für $x = \frac{p}{q}$, $p, q \in \mathbb{N}$, und $n = pk$, $k \in \mathbb{N}$, haben wir

$$\left(1 + \frac{x}{n}\right)^n = \left(\left(1 + \frac{1}{qk}\right)^{qk}\right)^{\frac{p}{q}} \to e^{\frac{p}{q}} = e^x \quad \text{für } k \to \infty.$$

Ähnlich gilt für $x = -\frac{p}{q}$, $p, q \in \mathbb{N}$, dass

$$\left(1 + \frac{x}{n}\right)^n \to e^x \quad \text{für } k \to \infty.$$

Daher haben wir die Identität

$$e^x = \lim_{n \to \infty} \left(1 + \frac{x}{n}\right)^n \quad \text{für alle } x \in \mathbb{Q}.$$

2.4.7 Beispiel. Bei **radioaktivem Zerfall** ist die Zahl ΔN der in einem kleinen Zeitintervall Δt zerfallenden Atome eines radioaktiven Elements näherungsweise proportional zur Anzahl N der vorhandenen Atome und der Zeit Δt: Es gilt

$$\Delta N = \lambda N \Delta t,$$

dabei ist λ die Zerfallskonstante. Ist $N = N_t$ die Anzahl der Atome zur Zeit t, so sind also zur Zeit $t + \Delta t$ noch

$$N_{t+\Delta t} = N_t - \Delta N = N(1 - \lambda \Delta t)$$

Atome vorhanden. Um den Zerfall in einer großen Zeitdifferenz zu bestimmen, nehmen wir an, dass zur Zeit $t = 0$ N_0 Atome vorhanden sind und zerlegen das Zeitintervall $[0, t]$ in n Teilintervalle der Länge $\Delta t = \frac{t}{n}$, $n \in \mathbb{N}$:

$$0 < \frac{t}{n} < \frac{2t}{n} < \cdots < \frac{(n-1)t}{n} < \frac{nt}{n} = t.$$

Zur Zeit $\frac{t}{n}$ gibt es dann noch $N_0\left(1 - \lambda\frac{t}{n}\right)$ Atome, zur Zeit $\frac{2t}{n}$ noch $N_0\left(1 - \lambda\frac{t}{n}\right)^2$ Atome und wir fahren sukzessive fort und sehen, dass zur Zeit t noch

$$N_t = N_0\left(1 - \lambda\frac{t}{n}\right)^n$$

Atome vorhanden sind. Die Näherung wird umso besser, je feiner die Zerlegung ist. Die Anzahl der Atome zur Zeit t ist gegeben durch das Zerfallsgesetz

$$N_t = N_0 \lim_{n\to\infty}\left(1 - \frac{\lambda t}{n}\right)^n = N_0\, e^{-\lambda t}.$$

2.4.8 Definition. Eine Folge $(a_n)_{n\in\mathbb{N}}$ reeller Zahlen heißt **monoton nicht-fallend** oder **monoton wachsend**, falls

$$a_n \leq a_{n+1} \text{ für alle } n \in \mathbb{N}$$

gilt. Konvergiert sie gegen $a \in \mathbb{R}$, so schreiben wir

$$a_n \uparrow a \text{ für } n \to \infty.$$

Sie heißt **streng monoton wachsend**, falls

$$a_n < a_{n+1} \text{ für alle } n \in \mathbb{N}.$$

Ähnlich ist eine **monoton nicht-wachsende** oder **monoton fallende** Folge erklärt sowie eine **streng monoton fallende** Folge. Wir schreiben $a_n \downarrow a$, falls eine monoton fallende Folge konvergiert.

Der Hauptsatz über monotone Folgen lautet wie folgt:

2.4.9 Monotonieprinzip. *Jede monotone, beschränkte Folge reeller Zahlen, das heißt, es gilt*

$$a_n \leq a_{n+1} \leq c \text{ beziehungsweise } a_n \geq a_{n+1} \geq c \text{ für alle } n \in \mathbb{N},$$

ist konvergent.

Beweis. Sei $a_0 \leq a_n \leq a_{n+1} \leq c$ für alle $n \in \mathbb{N}$. Wir setzen $I_0 = [c_0, d_0] := [a_0, c]$. Dann gilt $a_n \in I_0$ für alle $n \in \mathbb{N}$. Durch **Normalunterteilung** (Bisektionsmethode) konstruieren wir eine Intervallschachtelung $(I_k)_{k \in \mathbb{N}}$ mit

$$|I_k| = \frac{d_0 - c_0}{2^k}$$

und eine Teilfolge $(a_{n_k})_{k \in \mathbb{N}}$ von $(a_n)_{n \in \mathbb{N}}$ mit

$$a_{n_k} \in I_k \text{ für alle } k \in \mathbb{N}.$$

Dazu betrachten wir die Intervalle

$$I_1^{(1)} = \left[c_0, \frac{c_0 + d_0}{2} \right], \quad I_1^{(2)} = \left[\frac{c_0 + d_0}{2}, d_0 \right]$$

und unterscheiden zwei Fälle: Gilt $a_n \in I_1^{(1)}$ für alle $n \in \mathbb{N}$, so setzen wir $I_1 := I_1^{(1)}$. Sonst gibt es ein $N \in \mathbb{N}$, so dass $a_N \in I_1^{(2)}$ und wegen der Monotonie der Folge also $a_n \in I_1^{(2)}$ für alle $n \geq N$. In diesem Fall setzen wir $I_1 := I_1^{(2)}$. Sei dann

$$n_1 := \min \{ n \in \mathbb{N} \mid a_n \in I_1 \}.$$

Dann gilt $a_{n_1} \in I_1$. Dieses Verfahren wird auf I_1 angewandt und der Prozeß iteriert. Auf diese Weise erhalten wir für jedes $k \in \mathbb{N}$ ein Intervall I_k aus dem Intervall I_{k-1} und damit eine Intervallschachtelung $(I_k)_{k \in \mathbb{N}}$, $I_k = [c_k, d_k]$, mit

$$d_k - c_k = \frac{d_0 - c_0}{2^k}$$

und für jedes $k \in \mathbb{N}$ ein Folgenglied $a_{n_k} \in I_k$ mit

$$n_k := \min \{ n \in \mathbb{N} \mid a_n \in I_k, \, n > n_{k-1} \}.$$

Dann gilt $n_k < n_{k+1}$ für alle $k \in \mathbb{N}$, weshalb $(a_{n_k})_{k \in \mathbb{N}}$ eine Teilfolge von $(a_n)_{n \in \mathbb{N}}$ ist mit $a_{n_k} \in I_k$ für alle $k \in \mathbb{N}$. Aus Korollar 2.4.4 folgt dann, dass

$$a_{n_k} \to a \text{ für } k \to \infty.$$

Wegen $k \leq n_k$ für alle $k \in \mathbb{N}$ gilt außerdem $a_k \leq a_{n_k} \leq a$ für alle $k \in \mathbb{N}$.

Wir zeigen, dass die ganze Folge $(a_n)_{n \in \mathbb{N}}$ gegen a konvergiert: Sei $\varepsilon > 0$. Wir wählen $N \in \mathbb{N}$, so dass $N = n_k$ für ein $k \in \mathbb{N}$ und $a_N - a < \varepsilon$ gilt. Für alle $k \geq N$ folgt dann

$$a - \varepsilon \leq a_N \leq a_k \leq a_{n_k} \leq a,$$

also $a_k \to a$ für $k \to \infty$ wie behauptet. $\qquad\square$

2.4.10 Beispiele. (i) Für zwei reelle Zahlen $a, b \in \mathbb{R}$, $a < b$, ist das **arithmetische Mittel** $A(a,b)$ definiert durch

$$A(a,b) := \frac{a+b}{2}$$

und für $a, b > 0$ ist das **geometrische Mittel** $G(a,b)$ definiert durch

$$G(a,b) := \sqrt{ab}.$$

Wegen $0 \leq (a-b)^2 = a^2 - 2ab + b^2$ gilt die **Ungleichung zwischen dem arithmetischen und geometrischen Mittel**

$$a < G(a,b) \leq A(a,b) < b.$$

(ii) Seien $a, b \in \mathbb{R}$, $0 < a < b$. Wir definieren zwei Folgen $(a_n)_{n \in \mathbb{N}}$, $(b_n)_{n \in \mathbb{N}}$ rekursiv durch

$$a_1 := a, \qquad\qquad b_1 := b,$$
$$a_{n+1} := G(a_n, b_n), \qquad b_{n+1} := A(a_n, b_n) \text{ für alle } n \in \mathbb{N}.$$

Dann gilt die Ungleichungskette

$$a < a_n < a_{n+1} < b_{n+1} < b_n < b \text{ für alle } n \in \mathbb{N}.$$

Nach dem Monotonieprinzip existieren die Grenzwerte $\lim\limits_{n \to \infty} a_n$ und $\lim\limits_{n \to \infty} b_n$. Wegen

$$\lim_{n \to \infty} b_n = \lim_{n \to \infty} b_{n+1} = \lim_{n \to \infty} \frac{a_n + b_n}{2} = \frac{1}{2} \left(\lim_{n \to \infty} a_n + \lim_{n \to \infty} b_n \right)$$

gilt

$$M(a,b) := \lim_{n \to \infty} a_n = \lim_{n \to \infty} b_n.$$

$M(a,b)$ heißt das **arithmetisch-geometrische Mittel** von a und b.

2.4.11 Beispiel. Das endliche **Wallissche Produkt** ist erklärt durch

$$a_n := \frac{2 \cdot 2}{1 \cdot 3} \cdot \frac{4 \cdot 4}{3 \cdot 5} \cdot \ldots \cdot \frac{2n \cdot 2n}{(2n-1)(2n+1)} = \prod_{k=1}^{n} \frac{(2k)^2}{(2k-1)(2k+1)}$$

für $n \in \mathbb{N}$. Offensichtlich ist die Folge $(a_n)_{n \in \mathbb{N}}$ monoton wachsend und es gilt

$$\frac{4}{3} = a_1 \leq a_n < a_{n+1} \text{ für } n \in \mathbb{N}.$$

Die Beschränkheit der a_n folgt durch Betrachtung der Folge

$$b_n := a_n \cdot \frac{2n+1}{n} \quad \text{für } n \in \mathbb{N}:$$

Wegen

$$\frac{b_{n+1}}{b_n} = \frac{4(n+1)^2(2n+3)n}{(2n+1)(2n+3)(n+1)(2n+1)} = \frac{4n^2+4n}{4n^2+4n+1} < 1$$

ist die Folge $(b_n)_{n\in\mathbb{N}}$ monoton fallend. Also gilt $4 = b_1 \geq b_n$ und deshalb

$$a_n \leq \frac{4n}{2n+1} \leq 2 \quad \text{für alle } n \in \mathbb{N}.$$

Aus dem Monotonieprinzip folgt die Existenz des Wallisschen Produkts (1655)

$$\prod_{k=1}^{\infty} \frac{(2k)^2}{(2k-1)(2k+1)} := \lim_{n\to\infty} a_n = a$$

und es gilt $\frac{4}{3} < a < 2$. Später zeigen wir, dass $a = \frac{\pi}{2}$ ist. Wir bemerken noch, dass

$$\frac{1}{a_n} = \prod_{k=1}^{n} \frac{(2k-1)(2k+1)}{(2k)^2} = \prod_{k=1}^{n} \left(1 - \frac{1}{4k^2}\right).$$

2.4.12 Definition. Sei $A \subset \mathbb{R}$ eine nicht-leere nach oben beschränkte Teilmenge von $\mathbb{R}$. Eine reelle Zahl $a \in \mathbb{R}$ heißt **Supremum** oder **obere Grenze** von A, in Zeichen

$$a = \sup A = \sup_{x\in A} x,$$

falls

(i) $x \leq a$ für alle $x \in A$, das heißt, a ist eine **obere Schranke** von A.

(ii) Zu jedem $\varepsilon > 0$ gibt es ein $x = x(\varepsilon) \in A$ mit $x > a - \varepsilon$, das heißt, $a - \varepsilon$ ist keine obere Schranke von A.

Ähnlich ist das **Infimum** oder die **untere Grenze** $b = \inf A = \inf_{x\in A} x$ erklärt.

Aus der Definition folgt unmittelbar:

2.4.13 Lemma. *Eine reelle Zahl a ist genau dann Supremum einer nicht-leeren, nach oben beschränkten Menge $A \subset \mathbb{R}$, wenn a **kleinste obere Schranke** von A ist, das heißt,*

(i) *a ist eine obere Schranke von A.*

(ii) *Für jede obere Schranke c von A gilt $a \leq c$.*

*Gilt $a \in A$, dann ist a das **Maximum** von A, in Zeichen*

$$a = \sup A = \max A.$$

*Die Zahl $b \in \mathbb{R}$ ist genau dann Infimum einer nicht-leeren nach unten beschränkten Menge $A \subset \mathbb{R}$, wenn b **größte untere Schranke** von A ist. Ist $b \in A$, so gilt $b = \inf A = \min A$.*

2.4.14 Korollar. *Supremum und Infimum sind eindeutig bestimmt.*

2.4.15 Bemerkung. Die Bedingung (ii) ist, (i) vorausgesetzt, äquivalent zu

(ii)' Es gibt eine Folge $(x_n)_{n \in \mathbb{N}}$ in A mit $x_n \to a$ für $n \to \infty$.

2.4.16 Beispiele. (i)   Sei $I = [a, b)$, $a < b$. Dann ist $a = \inf I = \min I$ und $b = \sup I$.

(ii)   Für eine beschränkte monoton wachsende beziehungsweise fallende Folge $(a_n)_{n \in \mathbb{N}}$ gilt:

$$\sup \{\, a_n \mid n \in \mathbb{N} \,\} = \lim_{n \to \infty} a_n \text{ beziehungsweise } \inf \{\, a_n \mid n \in \mathbb{N} \,\} = \lim_{n \to \infty} a_n.$$

(iii) $\inf \left\{\, \dfrac{1}{n} \,\middle|\, n \in \mathbb{N} \,\right\} = 0, \quad \sup \left\{\, \dfrac{1}{n} \,\middle|\, n \in \mathbb{N} \,\right\} = \max \left\{\, \dfrac{1}{n} \,\middle|\, n \in \mathbb{N} \,\right\} = 1.$

2.4.17 Supremumsprinzip. *Jede nicht-leere, nach oben beschränkte Teilmenge A von $\mathbb{R}$ besitzt ein Supremum $a \in \mathbb{R}$. Jede nach unten beschränkte Teilmenge $\emptyset \neq A \subset \mathbb{R}$ besitzt ein Infimum.*

Beweis. Sei A nach oben beschränkt, das heißt, es gibt ein $c \in \mathbb{R}$, so dass $x \leq c$ für alle $x \in A$. Außerdem sei ein $x_0 \in A$ gewählt. Wir setzen $I_0 = [a_0, b_0] := [x_0, c]$ und betrachten die Intervalle

$$I_1^{(1)} = \left[a_0, \frac{a_0 + b_0}{2} \right], \quad I_1^{(2)} = \left[\frac{a_0 + b_0}{2}, b_0 \right].$$

Ist $I_1^{(2)} \cap A = \emptyset$, so sei $I_1 := I_1^{(1)}$. Anderenfalls setzen wir $I_1 := I_1^{(2)}$. Sei $I_1 = [a_1, b_1]$. Dann gilt

$$I_1 \cap A \neq \emptyset \text{ und } x \leq b_1 \text{ für alle } x \in A.$$

Wir wählen ein $x_1 \in I_1 \cap A$, wenden dann das Verfahren auf I_1 an und iterieren den Prozess. So gelangen wir zu einer Intervallschachtelung $(I_n)_{n \in \mathbb{N}}$, $I_n = [a_n, b_n]$ mit $|I_n| = \frac{b_0 - a_0}{2^n}$ und einer Folge $(x_n)_{n \in \mathbb{N}}$, so dass

$$x_n \in I_n \cap A \neq \emptyset \text{ und } x \leq b_n \text{ für alle } x \in A.$$

Nach dem Intervallschachtelungsprinzip und Korollar 2.4.4 haben die Folgen $(a_n)_{n\in\mathbb{N}}$, $(b_n)_{n\in\mathbb{N}}$ und $(x_n)_{n\in\mathbb{N}}$ einen gemeinsamen Grenzwert $a \in \mathbb{R}$, welcher das Supremum von A ist, denn aus $x \le b_n$ für alle $n \in \mathbb{N}$ folgt, dass $x \le a$ für alle $x \in A$ gilt. $\qquad\qquad\qquad\qquad\qquad\qquad\qquad\qquad\qquad\qquad\qquad\quad$ □

2.4.18 Bemerkung. In einem Archimedisch angeordneten Körper sind die behandelten Vollständigkeitsprinzipien,

- Cauchysches Konvergenzkriterium,

- Intervallschachtelungsprinzip,

- Monotonieprinzip

und das im folgenden Abschnitt noch zu behandelnde

- Weierstraßsche Auswahlprinzip

alle äquivalent. In einem angeordneten Körper sind sie, zusammen mit dem Archimedischen Axiom, äquivalent zum

- Supremumsprinzip,

- Dedekindschen Schnittaxiom,

aus welchen die Archimedische Eigenschaft folgt. Das Dedekindsche Schnittaxiom, welches sehr anschaulich und auch von historischer Bedeutung ist, behandeln wir in der Aufgabensammlung Analysis I.

2.5 Häufungswerte

2.5.1 Definition. (i) Eine reelle Zahl $a \in \mathbb{R}$ heißt **Häufungswert** einer Folge $(a_n)_{n\in\mathbb{N}}$, wenn es eine Teilfolge $(a_{n_k})_{k\in\mathbb{N}}$ gibt mit $a_{n_k} \to a$ für $k \to \infty$, das heißt, zu jedem $\varepsilon > 0$ gibt es unendlich viele $n \in \mathbb{N}$ mit $a_n \in I_\varepsilon(a)$.

(ii) $a \in \mathbb{R}$ heißt **Häufungspunkt** der Folge $(a_n)_{n\in\mathbb{N}}$, wenn es eine Teilfolge $(a_{n_k})_{k\in\mathbb{N}}$ gibt mit $a_{n_k} \ne a$ für alle $k \in \mathbb{N}$ und $a_{n_k} \to a$ für $k \to \infty$, das heißt, zu jedem $\varepsilon > 0$ gibt es unendlich viele $n \in \mathbb{N}$ mit $a_n \ne a$ und $a_n \in I_\varepsilon(a)$.

2.5.2 Beispiele. (i) Sei $(a_n)_{n\in\mathbb{N}}$ eine konvergente Folge mit $a_n \to a$ für $n \to \infty$. Dann ist der Grenzwert a der einzige Häufungswert von $(a_n)_{n\in\mathbb{N}}$.

(ii) Die Folge $(a_n)_{n\in\mathbb{N}}$ mit

$$a_n := \begin{cases} 0 & \text{für } n \text{ ungerade} \\ 1 & \text{für } n \text{ gerade} \end{cases}$$

besitzt die beiden Häufungswerte 0 und 1. Sie besitzt jedoch keine Häufungspunkte.

(iii) Sei $(a_n)_{n\in\mathbb{N}}$ eine Auflistung der rationalen Zahlen. Dann ist jede reelle Zahl $a \in \mathbb{R}$ Häufungswert und auch Häufungspunkt dieser Folge.

Das folgende Vollständigkeitsprinzip ist auch bekannt als der Bolzano-Weierstraßsche Häufungsstellensatz:

2.5.3 Weierstraßsches Auswahlprinzip. *Jede beschränkte Folge* $(a_n)_{n\in\mathbb{N}}$ *reeller Zahlen, das heißt, es gibt eine Konstante* $c > 0$, *so dass*

$$|a_n| \le c < +\infty \text{ für alle } n \in \mathbb{N},$$

besitzt einen Häufungswert, das heißt enthält eine konvergente Teilfolge $(a_{n_k})_{k\in\mathbb{N}}$.

Beweis. Sei $c > 0$ so gewählt, dass $|a_n| \le c < +\infty$ für alle $n \in \mathbb{N}$. Wir setzen $I_0 = [c_0, d_0] := [-c, c]$, betrachten die Intervalle

$$I_1^{(1)} = \left[c_0, \frac{c_0 + d_0}{2}\right], \quad I_1^{(2)} = \left[\frac{c_0 + d_0}{2}, d_0\right]$$

und unterscheiden zwei Fälle: Wenn es eine Teilfolge $(a_{n_\ell})_{\ell\in\mathbb{N}}$ von $(a_n)_{n\in\mathbb{N}}$ gibt mit $a_{n_\ell} \in I_1^{(1)}$ für alle $\ell \in \mathbb{N}$, dann setzen wir

$$I_1 := I_1^{(1)}, \ a_\ell^{(1)} := a_{n_\ell} \text{ für } \ell \in \mathbb{N}.$$

Sonst gibt es ein $N \in \mathbb{N}$, so dass $a_n \notin I_1^{(1)}$ für alle $n \ge N$. Dann ist $a_n \in I_1^{(2)}$ für alle $n \ge N$ und wir setzen

$$I_1 := I_1^{(2)}, \ a_\ell^{(1)} := a_{N+\ell-1} \text{ für } \ell \in \mathbb{N}.$$

Dieses Verfahren wird auf I_1 angewandt und der Prozess iteriert. Auf diese Weise erhalten wir eine Intervallschachtelung $(I_k)_{k\in\mathbb{N}}$, $I_k = [c_k, d_k]$ mit $|I_k| = \frac{d_0 - c_0}{2^k}$ und für jedes $k \subset \mathbb{N}$ eine Teilfolge $(a_\ell^{(k)})_{\ell\in\mathbb{N}}$ der Folge $(a_\ell^{(k-1)})_{\ell\in\mathbb{N}}$ mit

$$a_\ell^{(k)} \in I_k \text{ für alle } \ell \in \mathbb{N}.$$

Man setze

$$a'_k := a^{(k)}_k \text{ für alle } k \in \mathbb{N},$$

das heißt, $(a'_k)_{k\in\mathbb{N}}$ ist die Diagonalfolge des Schemas

$$
\begin{array}{cccccc}
a^{(1)}_1 & a^{(1)}_2 & a^{(1)}_3 & a^{(1)}_4 & \cdots \\
a^{(2)}_1 & a^{(2)}_2 & a^{(2)}_3 & a^{(2)}_4 & \cdots \\
a^{(3)}_1 & a^{(3)}_2 & a^{(3)}_3 & a^{(3)}_4 & \cdots \\
\vdots & \vdots & \vdots & \vdots & \ddots
\end{array}
$$

Dann gilt

$$a'_k \in I_k \text{ für alle } k$$

und aus Korollar 2.4.4 folgt, dass

$$a'_k \to a \text{ für } k \to \infty. \qquad \square$$

2.5.4 Definition. Sei $(a_n)_{n\in\mathbb{N}}$ eine beschränkte Folge reeller Zahlen und sei H die (nicht-leere) Menge aller Häufungswerte von $(a_n)_{n\in\mathbb{N}}$. Dann heißt $a = \sup H$ der **Limes-Superior** und $b = \inf H$ der **Limes-Inferior** von $(a_n)_{n\in\mathbb{N}}$, in Zeichen

$$\limsup_{n\to\infty} a_n := \sup H, \quad \liminf_{n\to\infty} a_n := \inf H.$$

2.5.5 Satz. *Sei $(a_n)_{n\in\mathbb{N}}$ eine beschränkte Zahlenfolge und sei $a \in \mathbb{R}$. Dann gilt $a = \limsup\limits_{n\to\infty} a_n$ genau dann, wenn die folgenden Bedingungen erfüllt sind:*

(i) *Es gibt eine Teilfolge $(a_{n_k})_{k\in\mathbb{N}}$ von $(a_n)_{n\in\mathbb{N}}$, die gegen a konvergiert, das heißt, es gilt $a \in H$.*

(ii) *Zu jedem $c > a$ gibt es ein $N = N(c)$ mit $a_n < c$ für alle $n \geq N$, das heißt, es gibt nur endlich viele Folgenglieder, die größer oder gleich c sind.*

Eine entsprechende Aussage gilt für den Limes-Inferior $b = \liminf\limits_{n\to\infty} a_n \in \mathbb{R}$.

Beweis. „$\Rightarrow$" Wegen $a = \limsup\limits_{n\to\infty} a_n = \sup H$ gibt es eine Folge $(b_k)_{k\in\mathbb{N}}$ in H mit $b_k \to a$. Zu jedem $k \in \mathbb{N}$ gibt es eine Teilfolge $(a^{(k)}_\ell)_{\ell\in\mathbb{N}}$ von $(a_n)_{n\in\mathbb{N}}$ mit $a^{(k)}_\ell \to b_k$ für $\ell \to \infty$. Zu jedem $k \in \mathbb{N}$ können wir also ein Glied a_{n_k} der Folge $(a_n)_{n\in\mathbb{N}}$ finden mit

$$|a_{n_k} - b_k| < \frac{1}{k}$$

und $n_k < n_{k+1}$ für alle $k \in \mathbb{N}$. Es folgt

$$|a_{n_k} - a| \le |a_{n_k} - b_k| + |b_k - a| \le \frac{1}{k} + |b_k - a| \to 0 \text{ für } k \to \infty.$$

Also ist

$$a = \limsup_{n \to \infty} a_n = \lim_{n \to \infty} a_{n_k}.$$

Sei $c > a$. Dann gibt es ein $N = N(c) \in \mathbb{N}$, so dass

$$a_n < c \text{ für } n \ge N,$$

denn anderenfalls gäbe es eine Teilfolge $(a_{n_k})_{k \in \mathbb{N}}$ mit $a_{n_k} \ge c$ für alle $k \in \mathbb{N}$. Eine Teilfolge $(a_{n_{k_\ell}})_{\ell \in \mathbb{N}}$ der Folge $(a_{n_k})_{k \in \mathbb{N}}$ wäre nach dem Weierstraßschen Auswahlprinzip konvergent gegen ein a', $a' \ge c > a = \sup H$, was nicht sein kann.

„$\Leftarrow$" Wegen (i) ist $a \in H$. Angenommen, es gibt ein $c > a$, so dass $c \in H$. Dann gibt es eine Teilfolge $(a_{n_k})_{k \in \mathbb{N}}$ mit $a_{n_k} \to c$. Sei $a < c' < c$. Dann gibt es ein $N \in \mathbb{N}$ mit $a_{n_k} \ge c'$ für alle $k \ge N$, ein Widerspruch zu (ii). Also ist $c \notin H$ für alle $c > a$. Daraus folgt, dass $a = \max H = \sup H$. $\square$

2.5.6 $\liminf = \limsup$-Kriterium. *Eine beschränkte Zahlenfolge $(a_n)_{n \in \mathbb{N}}$ ist genau dann konvergent, wenn*

$$\liminf_{n \to \infty} a_n = \limsup_{n \to \infty} a_n$$

gilt. In diesem Fall ist $\liminf\limits_{n \to \infty} a_n = \limsup\limits_{n \to \infty} a_n = \lim\limits_{n \to \infty} a_n$.

Beweis. „$\Rightarrow$" Sei $a_n \to a$ für $n \to \infty$, und sei $(a_{n_k})_{k \in \mathbb{N}}$ eine Teilfolge von $(a_n)_{n \in \mathbb{N}}$. Dann gilt $a_{n_k} \to a$ für $k \to \infty$. Demzufolge ist $H = \{a\}$, also $\liminf\limits_{n \to \infty} a_n = \limsup\limits_{n \to \infty} a_n = a$.

„$\Leftarrow$" Sei $a = \liminf\limits_{n \to \infty} a_n = \limsup\limits_{n \to \infty} a_n$. Sei $\varepsilon > 0$. Dann gibt es zwei Zahlen $N_1, N_2 \in \mathbb{N}$, so dass

$$a_n < a + \varepsilon \text{ für alle } n \ge N_1, \quad a_n > a - \varepsilon \text{ für alle } n \ge N_2,$$

also

$$|a_n - a| < \varepsilon \text{ für alle } n \ge N := \max\{N_1, N_2\},$$

das heißt es gilt $a = \lim\limits_{n \to \infty} a_n$. $\square$

2.5.7 Satz. *Sei $(a_n)_{n\in\mathbb{N}}$ eine beschränkte Folge reeller Zahlen. Dann gilt*

(i) $\displaystyle \limsup_{n\to\infty} a_n = \lim_{n\to\infty}\left(\sup_{m\geq n} a_m\right) = \inf_{n\in\mathbb{N}}\left(\sup_{m\geq n} a_m\right),$

(ii) $\displaystyle \liminf_{n\to\infty} a_n = \lim_{n\to\infty}\left(\inf_{m\geq n} a_m\right) = \sup_{n\in\mathbb{N}}\left(\inf_{m\geq n} a_m\right).$

Beweis. Wir beweisen die Formel (i). Sei

$$b_n := \sup_{m\geq n} a_m = \sup\{\, a_m \mid m \geq n \,\}$$

für $n \in \mathbb{N}$. Dann ist

$$b_{n+1} = \sup_{m\geq n+1} a_m \leq \sup_{m\geq n} a_m = b_n \text{ für } n \in \mathbb{N}.$$

Da $(b_n)_{n\in\mathbb{N}}$ eine beschränkte Folge ist, gilt nach dem Monotonieprinzip $b_n \downarrow b \in \mathbb{R}$ für $n \to \infty$ und $b = \inf_{n\in\mathbb{N}} b_n$. Sei $a := \limsup_{n\to\infty} a_n$. Zu zeigen ist, dass $b = a$ gilt:

Einerseits gibt es zu jedem $c \in \mathbb{R}$, $c > a$, ein $N \in \mathbb{N}$ mit $a_n < c$ für alle $n \geq N$ und folglich gilt

$$b_n \leq b_N = \sup_{m\geq N} a_m \leq c \text{ für alle } n \geq N.$$

Daraus folgt, dass

$$b = \lim_{n\to\infty} b_n \leq c \text{ für alle } c > a$$

und somit gilt $b \leq a$.

Andererseits gibt es eine Teilfolge $(a_{n_k})_{k\in\mathbb{N}}$ von $(a_n)_{n\in\mathbb{N}}$ mit $a_{n_k} \to a$ für $k \to \infty$. Zu jedem $c \in \mathbb{R}$, $c < a$, gibt es ein $N \in \mathbb{N}$ mit $a_{n_k} > c$ für alle $k \geq N$. Daraus folgt, dass

$$b_n = \sup_{m\geq n} a_m > c \text{ für alle } n \in \mathbb{N}.$$

Also ist

$$b = \lim_{n\to\infty} b_n \geq c \text{ für alle } c < a.$$

Deshalb gilt $b \geq a$ und insgesamt $b = a$ wie behauptet.   □

2.6   Das erweiterte reelle Zahlensystem

2.6.1 Definition. Das **erweiterte reelle Zahlensystem** oder die **abgeschlossene Zahlengerade** $\overline{\mathbb{R}}$ besteht aus allen reellen Zahlen und zwei verschiedenen Elementen $+\infty$ und $-\infty$, welche keine reellen Zahlen sind und welche die **unendlich fernen Punkte** von $\overline{\mathbb{R}}$ genannt werden. Sie stehen mit allen $a \in \mathbb{R}$ in der Beziehung

$$-\infty :< a <: +\infty.$$

Außerdem setzen wir

$$|\pm\infty| := +\infty.$$

2.6.2 Definition. Eine Zahlenfolge $(a_n)_{n\in\mathbb{N}}$ in $\overline{\mathbb{R}}$ heißt **bestimmt divergent, uneigentlich** oder **in $\overline{\mathbb{R}}$ konvergent** gegen $+\infty$, in Zeichen

$$a_n \to +\infty,$$

falls es zu jedem $c > 0$ ein $N = N(c) \in \mathbb{N}$ gibt mit

$$a_n > c \text{ für alle } n \geq N.$$

Ähnlich ist eine gegen $-\infty$ uneigentlich konvergente Folge erklärt.

2.6.3 Verallgemeinertes Monotonieprinzip. *Jede monotone Folge $(a_n)_{n\in\mathbb{N}}$ in $\overline{\mathbb{R}}$ ist konvergent, das heißt, es gibt ein $a \in \overline{\mathbb{R}}$ mit $a_n \to a$ für $n \to \infty$.*

Beweis. Ist die Folge $(a_n)_{n\in\mathbb{N}}$ beschränkt, dann folgt die Behauptung aus dem Monotonieprinzip. Falls sie monoton wächst, gibt es sonst zu jedem $c > 0$ ein $N \in \mathbb{N}$ mit $a_n \geq a_N > c$ für alle $n \geq N$. Also gilt dann $a_n \to +\infty$ für $n \to \infty$. $\square$

2.6.4 Definition. Sei A eine nicht-leere Teilmenge von $\overline{\mathbb{R}}$. Dann setzen wir

- $\sup A := +\infty$, falls es zu jedem $c > 0$ ein $a \in A$ gibt mit $a > c$,

- $\sup A := -\infty$, falls $A = \{ -\infty \}$,

- $\inf A := +\infty$, falls $A = \{ +\infty \}$,

- $\inf A := -\infty$, falls es zu jedem $c > 0$ ein $a \in A$ gibt mit $a < -c$.

2.6.5 Verallgemeinertes Supremumsprinzip. *Jede nicht-leere Teilmenge A von $\overline{\mathbb{R}}$ besitzt ein Supremum $a \in \overline{\mathbb{R}}$ und ein Infimum $b \in \overline{\mathbb{R}}$.*

2.6.6 Definition. Sei $(a_n)_{n\in\mathbb{N}}$ eine Folge in $\overline{\mathbb{R}}$. Dann ist $a = +\infty$ beziehungsweise $a = -\infty$ ein **Häufungswert** von $(a_n)_{n\in\mathbb{N}}$, wenn es eine Teilfolge $(a_{n_k})_{k\in\mathbb{N}}$ gibt mit $a_{n_k} \to +\infty$ beziehungsweise $a_{n_k} \to -\infty$ für $k \to \infty$.

Der folgende Satz ist eine Verallgemeinerung des Weierstraßschen Auswahlprinzips.

2.6.7 Verallgemeinertes Auswahlprinzip. *Jede Folge $(a_n)_{n\in\mathbb{N}}$ in $\overline{\mathbb{R}}$ besitzt mindestens einen Häufungswert.*

Beweis. Wenn die Folge $(a_n)_{n\in\mathbb{N}}$ beschränkt ist, so folgt die Behauptung aus dem Auswahlprinzip, außerdem gehören in diesem Fall alle Häufungswerte zu $\mathbb{R}$. Sonst gibt es eine Teilfolge $(a_{n_k})_{k\in\mathbb{N}}$ mit $|a_{n_k}| \to +\infty$ und dann gibt es entweder eine Teilfolge $(a_{n_{k_\ell}})_{\ell\in\mathbb{N}}$ von $(a_{n_k})_{k\in\mathbb{N}}$ mit $a_{n_{k_\ell}} \to -\infty$ für $\ell \to \infty$ oder es gilt $a_{n_k} \to +\infty$ für $k \to \infty$. $\qquad\square$

2.6.8 Definition. Sei $(a_n)_{n\in\mathbb{N}}$ eine Folge in $\overline{\mathbb{R}}$ und sei H die (nicht-leere) Menge aller Häufungswerte von $(a_n)_{n\in\mathbb{N}}$. Dann heißt $a = \sup H$ der **Limes-Superior** und $b = \inf H$ der **Limes-Inferior** von $(a_n)_{n\in\mathbb{N}}$, in Zeichen

$$\limsup_{n\to\infty} a_n := \sup H, \quad \liminf_{n\to\infty} a_n := \inf H.$$

2.6.9 Satz. *Sei $(a_n)_{n\in\mathbb{N}}$ eine Folge in $\overline{\mathbb{R}}$ und sei $a \in \overline{\mathbb{R}}$. Dann gilt $a = \limsup_{n\to\infty} a_n$ genau dann, wenn die folgenden Bedingungen erfüllt sind:*

(i) *Es gibt eine Teilfolge $(a_{n_k})_{k\in\mathbb{N}}$ von $(a_n)_{n\in\mathbb{N}}$, die gegen a konvergiert, das heißt, es gilt $a \in H$.*

(ii) *Zu jedem $c > a$ gibt es ein $N = N(c)$ mit $a_n < c$ für alle $n \geq N$.*

Eine entsprechende Aussage ist für den Limes-Inferior $b = \liminf_{n\to\infty} a_n \in \overline{\mathbb{R}}$ gültig.

Beweis. „$\Rightarrow$" *1. Fall:* $a = +\infty$. Dann gibt es eine Teilfolge $(a_{n_k})_{k\in\mathbb{N}}$ mit $a_{n_k} \to +\infty$, denn sonst gäbe es ein $c > 0$ mit $a_n \leq c$ für alle $n \geq N$, also $a \leq c < +\infty$. Die Aussage (ii) ist wahr, weil die Annahme $c > a$ in diesem Fall immer falsch ist.

2. Fall: $a = -\infty$. Wegen $a = \sup H$ gilt $H = \{-\infty\}$. Also gibt es eine Teilfolge $(a_{n_k})_{k\in\mathbb{N}}$ mit $a_{n_k} \to -\infty$. Sei $c \in \mathbb{R}$. Dann gibt es ein $N \in \mathbb{N}$, so dass $a_n < c$ für alle $n \geq N$, denn sonst gäbe es eine Teilfolge $(a_{n_k})_{k\in\mathbb{N}}$ mit $a_{n_k} \geq c$ und deshalb eine Teilfolge $(a_{n_{k_\ell}})_{\ell\in\mathbb{N}}$ von $(a_{n_k})_{k\in\mathbb{N}}$ mit $a_{n_{k_\ell}} \to a'$, $a' \geq c$, also $a' \in H$, ein Widerspruch.

3. Fall: Ist $a \in \mathbb{R}$, dann zeigt man genau wie im Beweis von Satz 2.5.5, dass dann die Bedingungen (i) und (ii) erfüllt sind.

„$\Leftarrow$" *1. Fall:* $a = +\infty$. Wegen $+\infty \in H$ ist dann $\sup H = a$.

2. Fall: Ist $a \in \mathbb{R} \cup \{-\infty\}$, dann folgt genau wie im zweiten Teil des Beweises von Satz 2.5.5, dass dann $a = \sup H$ gilt. $\qquad\square$

2.6.10 Beispiel. Wir betrachten die Folge $(a_n)_{n \in \mathbb{N}}$ in $\overline{\mathbb{R}}$ mit

$$a_n = \begin{cases} 2 - \frac{1}{n} & \text{für } n = 2k, \ k \in \mathbb{N} \\ (-1)^k \cdot n - n & \text{für } n = 2k + 1, \ k \in \mathbb{N}_0. \end{cases}$$

Die ersten Glieder lauten

$$0, \ \frac{3}{2}, \ -6, \ \frac{7}{4}, \ 0, \ \frac{11}{6}, \ -14, \ \frac{15}{8}, \ 0, \ \ldots$$

Wir zeigen, dass $H = \{ -\infty, 0, 2 \}$ die Menge der Häufungswerte von $(a_n)_{n \in \mathbb{N}}$ ist. Also gilt insbesondere, dass $\limsup\limits_{n \to \infty} a_n = 2$ und $\liminf\limits_{n \to \infty} a_n = -\infty$.

Beweis. (I) Die Teilfolge $(a_{2k})_{k \in \mathbb{N}}$ konvergiert gegen 2, die Teilfolge $(a_{4\ell+1})_{\ell \in \mathbb{N}_0}$ gegen 0 und die Teilfolge $(a_{4\ell+3})_{\ell \in \mathbb{N}_0}$ gegen $-\infty$. Also gilt $\{ -\infty, 0, 2 \} \subset H$.

(II) Für den Nachweis der umgekehrten Beziehung sei $a \in \mathbb{R}$, $a \neq -\infty, 0, 2$. Es ist zu zeigen, dass $a \notin H$, denn $+\infty$ ist wegen der Beschränktheit der Folge $(a_n)_{n \in \mathbb{N}}$ nach oben kein Häufungswert. Wir setzen

$$c := \min \{ |a - 2|, |a| \}$$

und wählen $N \in \mathbb{N}$ so groß, dass $N > \max \left\{ \frac{c + |a|}{2}, \frac{2}{c} \right\}$. Wir betrachten drei Fälle:

1. Fall: Gilt $n = 2k$, $k \in \mathbb{N}$, $n \geq N$, dann folgt

$$|a_n - 2| = \left| 2 - \frac{1}{n} - 2 \right| = \frac{1}{n} \leq \frac{1}{N} < \frac{c}{2},$$

also

$$|a - a_n| \geq |a - 2| - |2 - a_n| \geq c - \frac{c}{2} = \frac{c}{2}.$$

2. Fall: Falls $n = 2k + 1$, $k = 2\ell$, $\ell \in \mathbb{N}_0$, $n \geq N$, so folgt $a_n = 0$, also

$$|a - a_n| = |a| \geq c > \frac{c}{2}.$$

3. Fall: Falls $n = 2k + 1$, $k = 2\ell + 1$, $\ell \in \mathbb{N}_0$, $n \geq N$, dann folgt

$$|a - a_n| \geq |a_n| - |a| = 2n - |a| \geq 2N - |a| \geq c > \frac{c}{2}.$$

Stets folgt, dass $|a - a_n| \geq \frac{c}{2}$ für alle $n \geq N$. Deshalb kann a kein Häufungswert sein.

Folglich gilt insgesamt, dass $H = \{ -\infty, 0, 2 \}$. $\qquad\qquad\qquad\qquad\qquad\qquad$ $\square$

2.6.11 lim inf = lim sup-Kriterium. *Eine Folge* $(a_n)_{n\in\mathbb{N}}$ *in* $\overline{\mathbb{R}}$ *ist genau dann konvergent, wenn*

$$\liminf_{n\to\infty} a_n = \limsup_{n\to\infty} a_n$$

gilt. In diesem Fall ist $\liminf\limits_{n\to\infty} a_n = \limsup\limits_{n\to\infty} a_n = \lim\limits_{n\to\infty} a_n.$

Beweis. *1. Fall:* Die Folge $(a_n)_{n\in\mathbb{N}}$ konvergiert genau dann gegen $+\infty$, wenn es zu jedem $c > 0$ ein $N \in \mathbb{N}$ gibt, so dass $a_n \geq c$ für alle $n \geq N$. Dies bedeutet aber, dass

$$\liminf_{n\to\infty} a_n = \limsup_{n\to\infty} a_n = +\infty.$$

2. Fall: Ähnlich konvergiert $(a_n)_{n\in\mathbb{N}}$ genau dann gegen $-\infty$, wenn

$$\liminf_{n\to\infty} a_n = \limsup_{n\to\infty} a_n = -\infty.$$

3. Fall: Aus Satz 2.5.6 folgt, dass $(a_n)_{n\in\mathbb{N}}$ genau dann gegen eine reelle Zahl $a \in \mathbb{R}$ konvergiert, wenn

$$a = \liminf_{n\to\infty} a_n = \limsup_{n\to\infty} a_n \neq \pm\infty. \qquad \square$$

2.6.12 Satz. *Sei* $(a_n)_{n\in\mathbb{N}}$ *eine Folge in* $\overline{\mathbb{R}}$. *Dann gilt*

(i) $\limsup\limits_{n\to\infty} a_n = \lim\limits_{n\to\infty} \left(\sup\limits_{m\geq n} a_m \right) = \inf\limits_{n\in\mathbb{N}} \left(\sup\limits_{m\geq n} a_m \right),$

(ii) $\liminf\limits_{n\to\infty} a_n = \lim\limits_{n\to\infty} \left(\inf\limits_{m\geq n} a_m \right) = \sup\limits_{n\in\mathbb{N}} \left(\inf\limits_{m\geq n} a_m \right).$

Beweis. Sei

$$b_n := \sup_{m\geq n} a_m = \sup \{ a_m \mid m \geq n \}$$

für $n \in \mathbb{N}$. Nach dem verallgemeinerten Monotonieprinzip gilt dann $b_n \downarrow b \in \overline{\mathbb{R}}$ für $n \to \infty$ und $b = \inf\limits_{n\in\mathbb{N}} b_n$. Sei $a := \limsup\limits_{n\to\infty} a_n$. Zu zeigen ist, dass $b = a$ gilt.

1. Fall: $a \in \mathbb{R} \cup \{ -\infty \}$. Wie im Beweis von Satz 2.5.7 zeigt man, dass $b \leq a$ gilt. Im Fall $a = -\infty$ muss deshalb $b = a$ sein.

2. Fall: $a \in \mathbb{R} \cup \{ +\infty \}$. Wie im zweiten Teil des Beweises von Satz 2.5.7 gilt $b \geq a$. Im Fall $a = +\infty$ muss $b = a$ sein. Ist $a \in \mathbb{R}$, so folgt zusammen mit dem ersten Fall, dass $b = a$ ist. $\qquad \square$

3 Unendliche Reihen

3.1 Unendliche Reihen

3.1.1 Definition. Sei $(a_k)_{k \in \mathbb{N}}$ eine Folge reeller Zahlen. Dann heißt die Zahlenfolge

$$\sum_{k=1}^{\infty} a_k := (s_n)_{n \in \mathbb{N}}, \ s_n := \sum_{k=1}^{n} a_k \text{ für alle } n \in \mathbb{N},$$

die zu $(a_k)_{k \in \mathbb{N}}$ gehörende **unendliche Reihe**. Die Folgenglieder s_n, $n \in \mathbb{N}$, heißen **Partialsummen**, die Zahlen a_k, $k \in \mathbb{N}$, sind die **Glieder** der Reihe.

3.1.2 Definition. (i) Ist die Folge $(s_n)_{n \in \mathbb{N}}$ der Partialsummen konvergent, das heißt gilt $s_n \to s \in \mathbb{R}$, dann heißt die unendliche Reihe $\sum_{k=1}^{\infty} a_k$ **konvergent** und sie hat den **Wert** oder die **Summe** s, in Zeichen

$$\sum_{k=1}^{\infty} a_k := s = \lim_{n \to \infty} s_n = \lim_{n \to \infty} \sum_{k=1}^{n} a_k.$$

(ii) Divergiert die Folge $(s_n)_{n \in \mathbb{N}}$, dann heißt die unendliche Reihe $\sum_{k=1}^{\infty} a_k$ **divergent**.

(iii) Ist die Folge $(s_n)_{n \in \mathbb{N}}$ uneigentlich konvergent gegen $\pm\infty$, das heißt, für alle $c > 0$ gibt es ein $N = N(c) \in \mathbb{N}$ mit $s_n > c$ beziehungsweise $s_n < -c$ für alle $n \in \mathbb{N}$, $n \geq N$, dann setzen wir

$$\sum_{k=1}^{\infty} a_k := \pm\infty.$$

Das Symbol $\sum_{k=1}^{\infty} a_k$ hat also zwei Bedeutungen: Zum einen bezeichnet es die „formale" Reihe $\sum_{k=1}^{\infty} a_k$, das heißt die Folge $(s_n)_{n \in \mathbb{N}}$ der Partialsummen; zum anderen bezeichnet $\sum_{k=1}^{\infty} a_k$, falls existent, die Summe, das heißt den Grenzwert der Folge der Partialsummen.

3.1.3 Beispiele. (i) Sei $q \in \mathbb{R}$ mit $|q| < 1$. Dann konvergiert die (unendliche) **geometrische Reihe** $\sum_{k=0}^{\infty} q^k$ und es gilt die **Summenformel**

$$\sum_{k=0}^{\infty} q^k = \frac{1}{1-q} \text{ für } |q| < 1.$$

Um dies zu beweisen, betrachten wir die Summenformel der endlichen geometrischen Reihe

$$s_n = \sum_{k=0}^{n} q^k = \frac{1 - q^{n+1}}{1-q} \text{ für } n \in \mathbb{N}.$$

Wegen $|q| < 1$ gilt $q^{n+1} \to 0$ für $n \to \infty$ und folglich $s_n \to \frac{1}{1-q}$ wie behauptet.

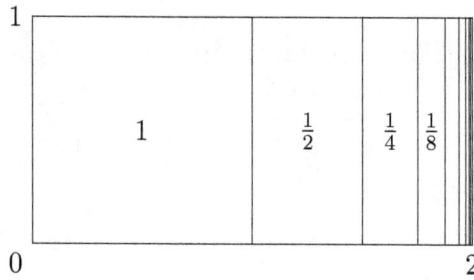

Abbildung 3.1: *Veranschaulichung der geometrischen Reihe als Fläche für $q = \frac{1}{2}$*

(ii) Es ist

$$\sum_{k=1}^{\infty} \frac{1}{k(k+1)} = 1,$$

denn für $k \in \mathbb{N}$ gilt die Partialbruchzerlegung $\frac{1}{k(k+1)} = \frac{1}{k} - \frac{1}{k+1}$ und deshalb folgt

$$\sum_{k=1}^{n} \frac{1}{k(k+1)} = \sum_{k=1}^{n} \left(\frac{1}{k} - \frac{1}{k+1} \right)$$

$$= \left(1 - \frac{1}{2}\right) + \left(\frac{1}{2} - \frac{1}{3}\right) + \cdots + \left(\frac{1}{n-1} - \frac{1}{n}\right) + \left(\frac{1}{n} - \frac{1}{n+1}\right)$$

$$= 1 - \frac{1}{n+1} \to 1 \text{ für } n \to \infty,$$

beziehungsweise

$$\sum_{k=1}^{n} \left(\frac{1}{k} - \frac{1}{k+1} \right) = \sum_{k=1}^{n} \frac{1}{k} - \sum_{k=1}^{n} \frac{1}{k+1} = \sum_{k=1}^{n} \frac{1}{k} - \sum_{k=2}^{n+1} \frac{1}{k} = 1 - \frac{1}{n+1} \to 1.$$

3.1.4 Bemerkung. Eine endliche Summe der Form

$$\sum_{k=1}^{n}(a_k - a_{k+1}) = (a_1 - a_2) + (a_2 - a_3) + \cdots + (a_{n-1} - a_n) + (a_n - a_{n+1})$$

heißt auch **Teleskopsumme**.

3.1.5 Beispiel. Wir zeigen die (bestimmte) Divergenz der **harmonischen Reihe**

$$\sum_{k=1}^{\infty}\frac{1}{k} = +\infty,$$

das heißt deren (uneigentliche) Konvergenz gegen $+\infty$: Dazu betrachten wir die Partialsummen

$$s_{2^n} = \sum_{k=1}^{2^n}\frac{1}{k}\ \text{für}\ n = 0, 1, 2, \ldots$$

und schreiben die Reihe $s_{2^{N+1}} = \sum_{k=1}^{2^{N+1}}\frac{1}{k}$ für $N = 0, 1, 2, \ldots$ in der Form

$$s_{2^{N+1}} = \sum_{n=0}^{N+1} s_{2^n} - \sum_{n=0}^{N} s_{2^n} = \sum_{n=0}^{N}\left(s_{2^{n+1}} - s_{2^n}\right) + s_1$$

$$= 1 + \frac{1}{2} + \left(\frac{1}{3} + \frac{1}{4}\right) + \left(\frac{1}{5} + \frac{1}{6} + \frac{1}{7} + \frac{1}{8}\right) + \cdots + \left(\frac{1}{2^N + 1} + \ldots + \frac{1}{2^{N+1}}\right).$$

Nun gilt

$$s_{2^{n+1}} - s_{2^n} = \sum_{k=2^n+1}^{2^{n+1}}\frac{1}{k} \geq \frac{2^n}{2^{n+1}} = \frac{1}{2}$$

und daher

$$s_{2^{N+1}} \geq \sum_{n=0}^{N}\frac{1}{2} + 1 = \frac{N+1}{2} + 1 \to +\infty\ \text{für}\ N \to \infty.$$

Weil die Folge $(s_n)_{n\in\mathbb{N}}$ monoton wächst, folgt hieraus die Konvergenz der Reihe $\sum_{k=1}^{\infty}\frac{1}{k}$ gegen $+\infty$.

3.1.6 Bemerkung. Jede Folge $(a_k)_{k\in\mathbb{N}}$ lässt sich als unendliche Reihe schreiben: Definiert man rekursiv

$$b_1 := a_1,\ b_{\ell+1} := a_{\ell+1} - a_\ell\ \text{für}\ \ell \in \mathbb{N},$$

dann gilt für alle $k \in \mathbb{N}$:

$$a_k = (a_k - a_{k-1}) + \cdots + (a_2 - a_1) + a_1 = b_k + \cdots + b_2 + b_1 = \sum_{\ell=1}^{k} b_\ell.$$

3.1.7 Cauchysches Konvergenzkriterium. *Die Reihe* $\sum\limits_{k=1}^{\infty} a_k$ *konvergiert genau dann, wenn es zu jedem* $\varepsilon > 0$ *ein* $N = N(\varepsilon) \in \mathbb{N}$ *gibt, so dass*

$$\left| \sum_{k=n+1}^{m} a_k \right| < \varepsilon \text{ für alle } m, n \in \mathbb{N}, \ m > n \geq N.$$

Beweis. Dies ergibt sich aus dem Cauchyschen Konvergenzkriterium 1.7.4 für Folgen, denn die Folge der Partialsummen $(s_n)_{n\in\mathbb{N}}$ ist genau dann eine Cauchy-Folge, wenn es zu jedem $\varepsilon > 0$ ein $N = N(\varepsilon) \in \mathbb{N}$ gibt, so dass

$$|s_m - s_n| = \left| \sum_{k=1}^{m} a_k - \sum_{k=1}^{n} a_k \right| = \left| \sum_{k=n+1}^{m} a_k \right| < \varepsilon$$

für $m > n \geq N$. $\qquad\qquad\qquad\qquad\qquad\qquad\qquad\qquad\qquad\qquad\qquad\square$

3.1.8 Notwendiges Konvergenzkriterium. *Wenn die Reihe* $\sum\limits_{k=1}^{\infty} a_k$ *konvergiert, dann ist* $(a_k)_{k\in\mathbb{N}}$ *eine Nullfolge.*

Beweis. Sei $\varepsilon > 0$. Nach dem Cauchyschen Konvergenzkriterium gibt es ein $N \in \mathbb{N}$ mit

$$|a_{n+1}| = \left| \sum_{k=n+1}^{n+1} a_k \right| < \varepsilon \text{ für alle } n \geq N.$$

Hier wurde $m = n + 1$ gesetzt. Deshalb gilt $\lim\limits_{k\to\infty} a_k = 0$. $\qquad\qquad\qquad\square$

3.1.9 Beispiel. Für $|q| \geq 1$ ist die **geometrische Reihe** $\sum\limits_{k=0}^{\infty} q^k$ divergent, denn $(q^k)_{k\in\mathbb{N}}$ ist dann keine Nullfolge.

Die folgenden Grenzwertsätze für unendliche Reihen ergeben sich unmittelbar aus den Grenzwertsätzen 1.6.15 (i), (ii) und (v) für Folgen:

3.1.10 Grenzwertsätze. *Seien* $\sum\limits_{k=1}^{\infty} a_k$ *und* $\sum\limits_{k=1}^{\infty} b_k$ *konvergente Reihen und sei* $a \in \mathbb{R}$. *Dann konvergieren die Reihen* $\sum\limits_{k=1}^{\infty} (a_k + b_k)$ *und* $\sum\limits_{k=1}^{\infty} a a_k$ *und es gelten die Linearitätsrelationen*

(i) $\quad \sum\limits_{k=1}^{\infty} (a_k + b_k) = \sum\limits_{k=1}^{\infty} a_k + \sum\limits_{k=1}^{\infty} b_k$ *(Additivität)*.

(ii) $a \sum\limits_{k=1}^{\infty} a_k = \sum\limits_{k=1}^{\infty} a a_k$ *(Multiplikativität)*.

(iii) *Gilt zusätzlich, dass $a_k \leq b_k$ für alle $k \in \mathbb{N}$, dann ist*

$$\sum_{k=1}^{\infty} a_k \leq \sum_{k=1}^{\infty} b_k.$$

3.1.11 Bemerkung. Bei einer konvergenten Reihe dürfen die Glieder beliebig beklammert werden, das heißt, das Ergebnis der Addition der Glieder ist unabhängig davon wie durch Beklammerung die Reihenfolge der auszuübenden Additionen festgelegt wird. Auf die Reihenfolge der Glieder kommt es jedoch an, wie wir später sehen werden!

3.1.12 Satz. *Sei $(a_k)_{k \in \mathbb{N}}$ eine Folge nicht-negativer Zahlen, $a_k \geq 0$ für alle $k \in \mathbb{N}$. Dann konvergiert die Reihe $\sum\limits_{k=1}^{\infty} a_k$ genau dann, wenn die Folge $(s_n)_{n \in \mathbb{N}}$ beschränkt ist. In diesem Fall schreibt man auch $\sum\limits_{k=1}^{\infty} a_k < +\infty$. Eine Reihe $\sum\limits_{k=1}^{\infty} a_k$ mit $a_k \geq 0$ für alle $k \in \mathbb{N}$ konvergiert immer in $\overline{\mathbb{R}}$.*

Beweis. Wegen $a_k \geq 0$ für alle $k \in \mathbb{N}$ gilt $s_{n+1} \geq s_n$ für alle $n \in \mathbb{N}$. Somit ist die Folge $(s_n)_{n \in \mathbb{N}}$ monoton wachsend und nach dem Monotonieprinzip ist sie deshalb genau dann konvergent, wenn sie beschränkt ist. Nach dem verallgemeinerten Monotonieprinzip konvergiert die Folge $(s_n)_{n \in \mathbb{N}}$ immer in $\overline{\mathbb{R}}$. $\qquad\square$

3.1.13 Leibnizsches Konvergenzkriterium. *Sei $(a_k)_{k=0}^{\infty}$ eine Folge reeller Zahlen mit $a_k \downarrow 0$. Dann konvergiert die **alternierende Reihe***

$$\sum_{k=0}^{\infty} (-1)^k a_k.$$

Beweis. Zunächst betrachten wir die Folge

$$s_{2n+1} = \sum_{\substack{k=0 \\ }}^{2n+1} a_k = \sum_{\substack{k=0 \\ k \text{ gerade}}}^{2n} a_k - \sum_{\substack{k=1 \\ k \text{ ungerade}}}^{2n+1} a_k = \sum_{\substack{k=0 \\ k \text{ gerade}}}^{2n} (a_k - a_{k+1})$$

$$= (a_0 - a_1) + (a_2 - a_3) + (a_4 - a_5) + \cdots + (a_{2n} - a_{2n+1}).$$

Sie ist monoton wachsend, während die Folge

$$s_{2n} = a_0 - (a_1 - a_2) - (a_3 - a_4) - \cdots - (a_{2n-1} - a_{2n})$$

monoton fällt. Außerdem gilt

$$0 \le s_{2n+1} = s_{2n} - a_{2n+1} \le s_{2n} \le a_0.$$

Deshalb sind beide Folgen beschränkt, und nach dem Monotonieprinzip existieren deshalb die Grenzwerte $\lim_{n\to\infty} s_{2n+1}$ und $\lim_{n\to\infty} s_{2n}$. Weil $(a_{2n+1})_{n\in\mathbb{N}}$ eine Nullfolge ist, gilt die Gleichheit der Grenzwerte und die gesamte Folge der Partialsummen $(s_n)_{n\in\mathbb{N}}$ konvergiert gegen diesen Grenzwert. $\qquad\square$

3.1.14 Beispiel. Die **alternierende harmonische Reihe**

$$\sum_{k=1}^{\infty} \frac{(-1)^{k+1}}{k} = 1 - \frac{1}{2} + \frac{1}{3} - \frac{1}{4} + \cdots$$

konvergiert.

Ähnlich wie die Divergenz der harmonischen Reihe $\sum_{k=1}^{\infty} \frac{1}{k}$ in Beispiel 3.1.5 beweist man den folgenden Satz:

3.1.15 Cauchyscher Verdichtungssatz. *Sei $(a_k)_{k\in\mathbb{N}}$ eine monoton fallende Folge nicht-negativer reeller Zahlen, das heißt, es gilt $0 \le a_{k+1} \le a_k$ für alle $k \in \mathbb{N}$. Dann ist die Reihe $\sum_{k=1}^{\infty} a_k$ genau dann konvergent, wenn die **verdichtete** Reihe*

$$\sum_{k=0}^{\infty} 2^k a_{2^k} = a_1 + 2a_2 + 4a_4 + 8a_8 + \cdots$$

konvergiert.

Beweis. Wir schreiben die Reihe $s_{2^{N+1}} = \sum_{k=1}^{2^{N+1}} a_k$ für $N = 0, 1, 2, \ldots$ in der Form

$$s_{2^{N+1}} = \sum_{n=0}^{N+1} s_{2^n} - \sum_{n=0}^{N} s_{2^n} = \sum_{n=0}^{N} \left(s_{2^{n+1}} - s_{2^n} \right) + s_1$$

$$= a_1 + a_2 + (a_3 + a_4) + (a_5 + a_6 + a_7 + a_8) + \cdots + \left(a_{2^N+1} + \ldots + a_{2^{N+1}} \right).$$

Nun gilt

$$s_{2^{n+1}} - s_{2^n} = \sum_{k=2^n+1}^{2^{n+1}} a_k \begin{cases} \ge 2^n a_{2^{n+1}} \\ \le 2^n a_{2^n+1}. \end{cases}$$

Deshalb folgt, dass

$$s_{2^{N+1}} \ge \frac{1}{2} \sum_{n=0}^{N} 2^{n+1} a_{2^{n+1}} + a_1 = \frac{1}{2} \sum_{n=0}^{N+1} 2^n a_{2^n} + \frac{a_1}{2}$$

und

$$s_{2N+1} \leq \sum_{n=0}^{N} 2^n a_{2^n+1} + a_1 \leq \sum_{n=0}^{N} 2^n a_{2^n} + a_1.$$

Also ist die Folge $(s_{2N+1})_{N=0}^{\infty}$ genau dann beschränkt, wenn die Reihe $\sum_{n=0}^{\infty} 2^n a_{2^n}$ beschränkt ist. Weil die Folge $(a_k)_{k\in\mathbb{N}}$ monoton fällt und weil die Folge $(s_n)_{n\in\mathbb{N}}$ monoton wächst, konvergiert die Reihe $\sum_{k=1}^{\infty} a_k$ deshalb genau dann, wenn die Reihe $\sum_{n=0}^{\infty} 2^n a_{2^n}$ konvergiert. □

3.1.16 Beispiel. Sei $\mu \in \mathbb{R}$. Dann konvergiert die **Zeta-Reihe**

$$\zeta(\mu) := \sum_{k=1}^{\infty} \frac{1}{k^\mu}$$

genau dann, wenn $\mu > 1$ gilt. Denn sei $a_k := \frac{1}{k^\mu}$. Dann ist

$$\sum_{k=0}^{\infty} 2^k a_{2^k} = \sum_{k=0}^{\infty} 2^k \frac{1}{(2^k)^\mu} = \sum_{k=0}^{\infty} \left(2^{1-\mu}\right)^k$$

eine geometrische Reihe, also genau dann konvergent, wenn $2^{1-\mu} < 1$ gilt. Dies ist aber genau dann der Fall, wenn $\mu > 1$ ist.

3.2   Vergleichskriterien

3.2.1 Majorantenkriterium (Weierstraß). *Seien $(a_k)_{k\in\mathbb{N}}$ und $(c_k)_{k\in\mathbb{N}}$ Folgen reeller Zahlen mit $|a_k| \leq c_k$ für alle $k \in \mathbb{N}$. Ist $\sum_{k=1}^{\infty} c_k < +\infty$, dann konvergiert die Reihe $\sum_{k=1}^{\infty} a_k$ und es gilt*

$$\left| \sum_{k=1}^{\infty} a_k \right| \leq \sum_{k=1}^{\infty} |a_k| \leq \sum_{k=1}^{\infty} c_k.$$

Beweis. Sei $\varepsilon > 0$. Nach dem Cauchyschen Konvergenzkriterium gibt es ein $N \in \mathbb{N}$ mit $\sum_{k=n+1}^{m} c_k < \varepsilon$ für alle $m > n \geq N$. Wegen

$$\left| \sum_{k=n+1}^{m} a_k \right| \leq \sum_{k=n+1}^{m} |a_k| \leq \sum_{k=n+1}^{m} c_k < \varepsilon$$

konvergiert die Reihe $\sum\limits_{k=1}^{\infty} a_k$. Aus

$$\left| \sum_{k=1}^{n} a_k \right| \le \sum_{k=1}^{n} |a_k| \le \sum_{k=1}^{n} c_k$$

folgt für $n \to \infty$ die Behauptung. $\qquad\qquad\qquad\qquad\qquad\qquad\square$

3.2.2 Bemerkungen. (i) Die Reihe $\sum\limits_{k=1}^{\infty} c_k$ heißt **Majorante** der Reihe $\sum\limits_{k=1}^{\infty} a_k$.

(ii) Falls $|a_k| \ge c_k$ und $\sum\limits_{k=1}^{\infty} c_k = +\infty$ gilt, dann ist $\sum\limits_{k=1}^{\infty} |a_k|$ divergent. Die Reihe $\sum\limits_{k=1}^{\infty} c_k$ heißt in diesem Fall **Minorante** der Reihe $\sum\limits_{k=1}^{\infty} a_k$.

3.2.3 Beispiel. Wir zeigen die Konvergenz der Reihe

$$\sum_{k=1}^{\infty} \frac{1}{k^2} < +\infty.$$

Aufgrund von Beispiel 3.1.3 (ii) ist $\sum\limits_{k=1}^{\infty} \frac{1}{k(k+1)} = 1$. Nach dem Majorantenkriterium konvergiert deshalb auch die Reihe $\sum\limits_{k=1}^{\infty} \frac{1}{(k+1)^2}$ und es gilt

$$\sum_{k=1}^{\infty} \frac{1}{k^2} = 1 + \sum_{k=1}^{\infty} \frac{1}{(k+1)^2} \le 1 + \sum_{k=1}^{\infty} \frac{1}{k(k+1)} = 2.$$

Aus dem Majorantenkriterium lässt sich leicht der folgende Satz herleiten:

3.2.4 Grenzwertkriterium. *Seien $\sum\limits_{k=1}^{\infty} a_k$ und $\sum\limits_{k=1}^{\infty} b_k$ Reihen mit positiven Gliedern, so dass der Grenzwert $c := \lim\limits_{k \to \infty} \frac{a_k}{b_k}$ existiert. Gilt $c > 0$, so konvergiert $\sum\limits_{k=1}^{\infty} a_k$ genau dann, wenn $\sum\limits_{k=1}^{\infty} b_k$ konvergiert. Ist $c = 0$, so folgt aus der Konvergenz von $\sum\limits_{k=1}^{\infty} b_k$, dass die Reihe $\sum\limits_{k=1}^{\infty} a_k$ konvergiert.*

3.2.5 Definition. Die Reihe $\sum\limits_{k=1}^{\infty} a_k$ heißt **absolut konvergent**, falls $\sum\limits_{k=1}^{\infty} |a_k| < +\infty$. Sie **konvergiert bedingt**, falls sie zwar konvergiert, aber nicht absolut konvergent ist.

Aus dem Majorantenkriterium folgt sofort:

3.2.6 Satz. *Sei $\sum\limits_{k=1}^{\infty} a_k$ eine absolut konvergente Reihe. Dann ist sie auch konvergent und es gilt die **Dreiecksungleichung** für unendliche Reihen*

$$\left| \sum_{k=1}^{\infty} a_k \right| \leq \sum_{k=1}^{\infty} |a_k| .$$

Satz 3.1.12 kann wie folgt umformuliert werden:

3.2.7 Satz. *Die Reihe $\sum\limits_{k=1}^{\infty} a_k$ konvergiert genau dann absolut, wenn die Folge $(\bar{s}_n)_{n \in \mathbb{N}}$ der Absolutpartialsummen $\bar{s}_n := \sum\limits_{k=1}^{n} |a_k|$ beschränkt ist.*

3.2.8 Beispiele. (i)   Die geometrische Reihe $\sum\limits_{k=0}^{\infty} q^k$ konvergiert für $|q| < 1$ absolut, denn es gilt

$$\sum_{k=0}^{\infty} |q|^k = \frac{1}{1 - |q|} < +\infty.$$

(ii)   Die Reihe $\sum\limits_{k=1}^{\infty} \frac{(-1)^k}{k^2}$ konvergiert absolut, denn es gilt $\sum\limits_{k=1}^{\infty} \frac{1}{k^2} < +\infty$.

(iii)   Die alternierende harmonische Reihe $\sum\limits_{k=1}^{\infty} \frac{(-1)^k}{k}$ konvergiert nach dem Leibniz-Kriterium. Sie konvergiert nur bedingt, denn es gilt $\sum\limits_{k=1}^{\infty} \frac{1}{k} = +\infty$.

Wir wollen einige Konvergenzkriterien für Reihen durch Vergleich mit der geometrischen Reihe $\sum\limits_{k=0}^{\infty} q^k$ herleiten. Dazu wiederholen wir zunächst die Summenformel für die geometrische Reihe:

3.2.9 Lemma. *Sei $q \in \mathbb{R}$ mit $|q| < 1$. Dann konvergiert die **geometrische Reihe** $\sum\limits_{k=0}^{\infty} q^k$ und es gilt die **Summenformel***

$$\sum_{k=0}^{\infty} q^k = \frac{1}{1 - q}.$$

Für $|q| \geq 1$ ist die geometrische Reihe $\sum\limits_{k=0}^{\infty} q^k$ divergent.

3.2.10 Vergleich mit der geometrischen Reihe. *Für eine Folge* $(a_k)_{k\in\mathbb{N}}$ *reeller Zahlen gebe es ein* q, $0 < q < 1$, *ein* $c > 0$ *und ein* $N \in \mathbb{N}$, *so dass*

$$|a_k| \leq cq^k \text{ für alle } k \in \mathbb{N}, \, k \geq N.$$

Dann konvergiert die Reihe $\sum\limits_{k=1}^{\infty} a_k$ *absolut.*

3.2.11 Wurzelkriterium. *Es sei* $(a_k)_{k\in\mathbb{N}}$ *eine Folge reeller Zahlen und sei* $\alpha :=$ $\limsup\limits_{k\to\infty} \sqrt[k]{|a_k|}$. *Dann gilt*

(i)   *Wenn* $\alpha < 1$ *ist, dann konvergiert die Reihe* $\sum\limits_{k=1}^{\infty} a_k$ *absolut.*

(ii) *Wenn* $\alpha > 1$ *ist, dann divergiert* $\sum\limits_{k=1}^{\infty} a_k$.

Beweis. (I) Ist $\alpha < 1$, so sei $q := \frac{\alpha+1}{2}$. Dann gilt $\alpha < q < 1$ und es gibt ein $N \in \mathbb{N}$ mit

$$\sqrt[k]{|a_k|} \leq q \text{ für alle } k \geq N,$$

also

$$|a_k| \leq q^k \text{ für alle } k \geq N.$$

Durch Vergleich mit der geometrischen Reihe ergibt sich die absolute Konvergenz der Reihe $\sum\limits_{k=1}^{\infty} a_k$.

(II) Sei $\alpha > 1$. Dann gibt es eine Indexfolge $(k_\ell)_{\ell\in\mathbb{N}}$, $k_{\ell+1} > k_\ell$ mit

$$\sqrt[k_\ell]{|a_{k_\ell}|} \to \alpha > 1.$$

Also ist $(a_k)_{k\in\mathbb{N}}$ keine Nullfolge und die Reihe $\sum\limits_{k=1}^{\infty} a_k$ nach dem notwendigen Konvergenzkriterium 3.1.8 somit divergent. $\qquad\qquad\square$

3.2.12 Bemerkung. Der Fall $\alpha = 1$ bleibt unentschieden, wie man sich leicht an den Beispielen der **harmonischen Reihe** $\sum\limits_{k=1}^{\infty} \frac{1}{k} = +\infty$ und $\sum\limits_{k=1}^{\infty} \frac{1}{k^2} < +\infty$ überlegen kann.

3.2.13 Quotientenkriterium. *Es sei* $(a_k)_{k\in\mathbb{N}}$ *eine Folge reeller Zahlen mit* $a_k \neq 0$ *für* $k \geq N$. *Sei* $\beta := \limsup\limits_{k\to\infty} \left|\frac{a_{k+1}}{a_k}\right|$. *Dann gilt*

(i) *Wenn $\beta < 1$ ist, dann konvergiert die Reihe $\sum\limits_{k=1}^{\infty} a_k$ absolut.*

(ii) *Wenn $\left|\frac{a_{k+1}}{a_k}\right| \geq 1$ ist für alle $k \geq N'$ für ein $N' \geq N$, dann divergiert $\sum\limits_{k=1}^{\infty} a_k$.*

Beweis. (I) Sei $\beta < 1$ und sei $q \in \mathbb{R}$ mit $\beta < q < 1$. Dann gibt es ein $N'' \in \mathbb{N}$, $N'' \geq N' \geq N$, so dass

$$\left|\frac{a_{k+1}}{a_k}\right| \leq q \text{ für alle } k \geq N''.$$

Dann folgt für alle $\ell \in \mathbb{N}$

$$\left|\frac{a_{k+\ell}}{a_k}\right| = \left|\frac{a_{k+\ell}}{a_{k+\ell-1}} \cdot \frac{a_{k+\ell-1}}{a_{k+\ell-2}} \cdot \ldots \cdot \frac{a_{k+1}}{a_k}\right| \leq q^{\ell}.$$

Für $k = N''$, $m = k + \ell$ gilt dann

$$|a_m| \leq |a_{N''}| q^{m-N''} = \left(\frac{|a_{N''}|}{q^{N''}}\right) q^m \text{ für alle } m > N''.$$

Durch Vergleich mit der geometrischen Reihe folgt die absolute Konvergenz der Reihe $\sum\limits_{k=1}^{\infty} a_k$.

(II) Falls $\left|\frac{a_{k+1}}{a_k}\right| \geq 1$ für alle $k \geq N'$ ist, dann folgt, dass $|a_m| \geq |a_{N'}|$ für alle $m \geq N'$. Also ist $(a_k)_{k \in \mathbb{N}}$ keine Nullfolge und die Reihe $\sum\limits_{k=1}^{\infty} a_k$ folglich divergent. $\square$

3.2.14 Beispiele. (i) Die **Exponentialreihe** ist für alle $x \in \mathbb{R}$ definiert durch

$$\exp x := \sum_{k=0}^{\infty} \frac{x^k}{k!},$$

also $\exp x = \sum\limits_{k=0}^{\infty} a_k$ mit $a_k := \frac{x^k}{k!}$ für $k \in \mathbb{N}_0$. Das Wurzelkriterium ist wegen $\sqrt[k]{|a_k|} = \frac{|x|}{\sqrt[k]{k!}}$ schwer zu übersehen, demgegenüber gilt für festes $x \in \mathbb{R}$:

$$\left|\frac{a_{k+1}}{a_k}\right| = \left|\frac{x^{k+1} k!}{(k+1)! x^k}\right| = \frac{|x|}{k+1} \to 0 \text{ für } k \to \infty.$$

Nach dem Quotientenkriterium ist die Reihe $\sum\limits_{k=0}^{\infty} \frac{x^k}{k!}$ für alle $x \in \mathbb{R}$ absolut konvergent und die Exponentialreihe also für alle $x \in \mathbb{R}$ wohldefiniert.

(ii) Die **Cosinusreihe** ist für $x \in \mathbb{R}$ definiert durch

$$\cos x := \sum_{k=0}^{\infty} (-1)^k \frac{x^{2k}}{(2k)!}.$$

Nach dem Quotientenkriterium konvergiert sie für alle $x \in \mathbb{R}$ absolut.

(iii) Die **Sinusreihe** ist für $x \in \mathbb{R}$ definiert durch

$$\sin x := \sum_{k=0}^{\infty} (-1)^k \frac{x^{2k+1}}{(2k+1)!}.$$

Auch sie konvergiert für alle $x \in \mathbb{R}$ absolut.

3.2.15 Beispiel. In Beispiel 2.4.5 hatten wir die **Eulersche Zahl** e definiert als Grenzwert

$$e = \lim_{n \to \infty} \left(1 + \frac{1}{n}\right)^n$$

und in Beispiel 2.4.6 gezeigt, dass

$$e^x = \lim_{n \to \infty} \left(1 + \frac{1}{x}\right)^n$$

für $x \in \mathbb{Q}$. Wir geben einen neuen Beweis für die Existenz dieses Grenzwerts für alle $x \in \mathbb{R}$ und zeigen außerdem, dass

$$\lim_{n \to \infty} \left(1 + \frac{x}{n}\right)^n = \exp x = \sum_{k=0}^{\infty} \frac{x^k}{k!} \quad \text{für alle } x \in \mathbb{R}:$$

Beweis. Sei zunächst $x \geq 0$. Nach dem Binomialsatz 1.3.26 ist dann

$$\left(1 + \frac{x}{n}\right)^n = \sum_{k=0}^{n} \binom{n}{k} \left(\frac{x}{n}\right)^k = \sum_{k=0}^{n} \frac{1}{k!} \frac{n \cdot (n-1) \cdot \ldots \cdot (n-k+1)}{n^k} x^k$$

$$\leq \sum_{k=0}^{n} \frac{x^k}{k!} \leq \exp x$$

für alle $n \in \mathbb{N}$. Hieraus folgt, dass

$$\limsup_{n \to \infty} \left(1 + \frac{x}{n}\right)^n \leq \exp x.$$

Umgekehrt gilt für alle $n \geq m$, dass

$$\left(1 + \frac{x}{n}\right)^n \geq \sum_{k=0}^{m} \frac{1}{k!} \frac{n \cdot (n-1) \cdot \ldots \cdot (n-k+1)}{n^k} x^k$$

$$= \sum_{k=0}^{m} \frac{1}{k!} \left(1 - \frac{1}{n}\right) \cdot \ldots \cdot \left(1 - \frac{k-1}{n}\right) x^k.$$

Für $n \to \infty$ folgt, dass

$$\liminf_{n\to\infty} \left(1 + \frac{x}{n}\right)^n \geq \sum_{k=0}^{m} \frac{x^k}{k!} \text{ für alle } m \in \mathbb{N}$$

und deshalb gilt

$$\liminf_{n\to\infty} \left(1 + \frac{x}{n}\right)^n \geq \exp x.$$

Nach dem $\liminf = \limsup$-Kriterium ist für $x \geq 0$ alles gezeigt. Für $x < 0$ gilt

$$\left(1 + \frac{x}{n}\right)^n = \frac{\left(1 - \left(\frac{x}{n}\right)^2\right)^n}{\left(1 + \frac{-x}{n}\right)^n} \to \frac{1}{\exp(-x)}$$

für $n \to \infty$, denn mit der Bernoullischen Ungleichung 1.4.8 ist

$$1 - n\left(\frac{x}{n}\right)^2 \leq \left(1 - \left(\frac{x}{n}\right)^2\right)^n \leq 1$$

für $n \geq x$, weshalb $\left(1 - \left(\frac{x}{n}\right)^2\right)^n \to 1$ für $n \to \infty$. □

3.2.16 Satz. *Sei $(c_k)_{k\in\mathbb{N}}$ eine Folge positiver reeller Zahlen, das heißt, es gilt $c_k > 0$ für alle $k \in \mathbb{N}$. Dann gilt*

(i) $\limsup\limits_{k\to\infty} \sqrt[k]{c_k} \leq \limsup\limits_{k\to\infty} \dfrac{c_{k+1}}{c_k},$

(ii) $\liminf\limits_{k\to\infty} \dfrac{c_{k+1}}{c_k} \leq \liminf\limits_{k\to\infty} \sqrt[k]{c_k}.$

Beweis. Wir zeigen nur (i). (ii) wird analog bewiesen beziehungsweise ergibt sich aus (i) durch Betrachten der Folge $\left(\frac{1}{c_k}\right)_{k\in\mathbb{N}}$. Sei $\beta := \limsup\limits_{k\to\infty} \frac{c_{k+1}}{c_k} < +\infty$. Für alle $q > \beta$ gibt es dann ein $N = N(q) \in \mathbb{N}$, so dass

$$\frac{c_{k+1}}{c_k} \leq q \text{ für alle } k \geq N.$$

Hieraus folgt

$$\frac{c_{k+\ell}}{c_k} \leq q^\ell \text{ für alle } \ell \in \mathbb{N},$$

also

$$c_m \leq c_N q^{m-N} = \left(\frac{c_N}{q^N}\right) q^m \text{ für alle } m > N.$$

Deshalb ist

$$\sqrt[m]{c_m} \le \sqrt[m]{\frac{c_N}{q^N}} q.$$

Wegen Lemma 2.3.5 (i) gilt $\lim\limits_{m \to \infty} \sqrt[m]{\frac{c_N}{q^N}} = 1$. Deshalb folgt, dass

$$\limsup_{k \to \infty} \sqrt[k]{c_k} \le q \text{ für alle } q > \beta$$

und somit ist

$$\limsup_{k \to \infty} \sqrt[k]{c_k} \le \beta = \limsup_{k \to \infty} \frac{c_{k+1}}{c_k}. \qquad \square$$

3.2.17 Bemerkung. Aus $\limsup\limits_{k \to \infty} \frac{c_{k+1}}{c_k} < 1$ folgt also $\limsup\limits_{k \to \infty} \sqrt[k]{c_k} < 1$. Wenn das Quotientenkriterium Konvergenz zeigt, dann zeigt auch das Wurzelkriterium Konvergenz, das heißt das Quotientenkriterium ist gröber als das Wurzelkriterium.

3.2.18 Lemma. *Es gilt*

$$\sqrt[n]{n!} \to +\infty \text{ für } n \to \infty.$$

Beweis. Wir betrachten die Folge $(c_n)_{n \in \mathbb{N}}$, $c_n := n!$. Dann ist

$$\frac{c_{n+1}}{c_n} = \frac{(n+1)!}{n!} = n + 1 \to +\infty \text{ für } k \to \infty,$$

also folgt aus Satz 3.2.16 (ii), dass $\sqrt[n]{n!} \to +\infty$ für $n \to \infty$. $\qquad \square$

Als Korollar zu Satz 3.2.16 folgt mit Hilfe des $\limsup = \liminf$-Kriteriums:

3.2.19 Satz. *Sei $(c_k)_{k \in \mathbb{N}}$ eine Folge positiver reller Zahlen, das heißt, es gilt $c_k > 0$ für alle $k \in \mathbb{N}$. Wenn der Grenzwert $\lim\limits_{k \to \infty} \frac{c_{k+1}}{c_k}$ in $\mathbb{R}$ existiert, dann existiert auch der Grenzwert $\lim\limits_{k \to \infty} \sqrt[k]{c_k}$ und es gilt*

$$\lim_{k \to \infty} \sqrt[k]{c_k} = \lim_{k \to \infty} \frac{c_{k+1}}{c_k}.$$

3.2.20 Beispiel. Wir zeigen eine einfache Version der **Stirlingschen Formel**, nämlich

$$\lim_{n \to \infty} \frac{e \sqrt[n]{n!}}{n} = 1.$$

Dazu sei

$$c_n := n! \left(\frac{e}{n}\right)^n \text{ für } n \in \mathbb{N}.$$

Dann gilt

$$\frac{c_{n+1}}{c_n} = e\left(\frac{n}{n+1}\right)^n = \frac{e}{\left(1+\frac{1}{n}\right)^n} \to 1 \text{ für } n \to \infty.$$

Aus Satz 3.2.19 folgt die Behauptung. Wegen $e^n > \frac{n^n}{n!}$ gibt es also zu jedem $\varepsilon > 0$ ein $N \in \mathbb{N}$ mit

$$1 < n!\left(\frac{e}{n}\right)^n < (1 + \varepsilon^2)^n \text{ für alle } n \geq N.$$

Also gibt es zu jedem $\varepsilon > 0$, $\varepsilon \leq \frac{1}{e}$, ein $N \in \mathbb{N}$ mit

$$\left(\frac{n}{e}\right)^n < n! < \left(\frac{n}{e-\varepsilon}\right)^n \text{ für alle } n \geq N.$$

Abschließend erwähnen wir noch eine Verschärfung des Quotientenkriteriums:

3.2.21 Raabe-Kriterium. *Sei $(a_k)_{k \in \mathbb{N}}$ eine Folge mit $a_k \neq 0$ für alle $k \geq N$.*

(i)   *Gilt für ein $N' \in \mathbb{N}$, $N' \geq N$, dass*

$$\left|\frac{a_{k+1}}{a_k}\right| \leq 1 - \frac{c}{k} \text{ für alle } k \in \mathbb{N}, \; k \geq N'$$

mit einer Konstanten $c > 1$, dann konvergiert die Reihe $\sum_{k=1}^{\infty} a_k$ absolut.

(ii) *Die Reihe $\sum_{k-1}^{\infty} a_k$ divergiert, wenn*

$$\frac{a_{k+1}}{a_k} \geq 1 - \frac{1}{k} \text{ für alle } k \in \mathbb{N}, \; k \geq N.$$

3.3   Potenzreihen

3.3.1 Definition. Sei $(a_k)_{k=0}^{\infty}$ eine Folge reeller Zahlen und sei $x \in \mathbb{R}$. Dann heißt die (formale) unendliche Reihe

$$P(x) := \sum_{k=0}^{\infty} a_k x^k$$

eine **(formale) Potenzreihe** in x. Die a_k sind die **Koeffizienten** von $P(x)$.

3.3.2 Satz (Cauchy-Hadamard). *Sei* $P(x) = \sum\limits_{k=0}^{\infty} a_k x^k$ *eine Potenzreihe in* x, *sei*
$\alpha := \limsup\limits_{k \to \infty} \sqrt[k]{|a_k|}$ *und sei* $R := \frac{1}{\alpha}$. *Dann konvergiert* $P(x)$ *für alle* $x \in \mathbb{R}$ *mit*
$|x| < R$ *und divergiert für alle* $x \in \mathbb{R}$ *mit* $|x| > R$. *Dabei setzen wir* $R := +\infty$ *falls*
$\alpha = 0$ *und* $R := 0$ *falls* $\alpha = \infty$ *gilt*.

Beweis. Wir betrachten $c_k := |a_k x^k|$ für $k \in \mathbb{N}_0$. Dann ist $\sqrt[k]{c_k} = \sqrt[k]{|a_k|}\,|x|$ und

$$\limsup_{k \to \infty} \sqrt[k]{c_k} = |x| \limsup_{k \to \infty} \sqrt[k]{|a_k|} = |x|\,\alpha.$$

Nach dem Wurzelkriterium konvergiert $P(x)$ für alle $x \in \mathbb{R}$ mit $|x| < \frac{1}{\alpha} = R$ und
divergiert für alle $x \in \mathbb{R}$ mit $|x| > R$. $\qquad\square$

3.3.3 Definition. Für den **Konvergenzradius** R der Potenzreihe $P(x)$ gilt
die **Cauchy-Hadamardsche Formel**

$$R := \frac{1}{\limsup\limits_{k \to \infty} \sqrt[k]{|a_k|}}.$$

Aus Satz 3.2.19 folgt sofort

3.3.4 Satz. *Sei* $(a_k)_{k \in \mathbb{N}_0}$ *eine Folge mit* $a_k \neq 0$ *für* $k \in \mathbb{N}_0$, *so dass der Grenz-*
wert $\beta = \lim\limits_{k \to \infty} \frac{a_{k+1}}{a_k}$ *in* $\overline{\mathbb{R}}$ *existiert. Dann ist* $R = \frac{1}{\beta}$ *der Konvergenzradius der*
Potenzreihe $P(x) = \sum\limits_{k=0}^{\infty} a_k x^k$.

3.3.5 Bemerkung. Wie die folgenden Beispiele zeigen, kann in den Randpunkten des Konvergenzintervalls Konvergenz oder Divergenz stattfinden.

3.3.6 Beispiele. (i) $\quad P(x) = \sum\limits_{k=0}^{\infty} x^k$ (**geometrische Reihe**). Wir wissen be-
reits, dass die geometrische Reihe für $x \in \mathbb{R}$, $|x| < 1$, konvergiert und für
$x \in \mathbb{R}$, $|x| \geq 1$, divergiert. Somit ist $R = 1$. In der Tat gilt $\alpha = \lim\limits_{k \to \infty} \sqrt[k]{1} = 1$,
also $R = 1$.

(ii) $\quad P(x) = \sum\limits_{k=0}^{\infty} \frac{x^k}{k}$. Laut Lemma 2.3.5 (ii) gilt $\sqrt[k]{k} \to 1$, also $\sqrt[k]{\frac{1}{k}} \to 1$ und
somit ist $\alpha = 1$ und $R = 1$. Außerdem divergiert die Reihe für $x = +1$
(**harmonische Reihe**). Hingegen konvergiert die Reihe $P(x)$ für $x = -1$
nach dem Leibniz-Kriterium, Satz 3.1.13.

(iii) $\exp x = \sum\limits_{k=0}^{\infty} \dfrac{x^k}{k!}$ (**Exponentialreihe**). Wir wissen bereits (Beispiel 3.2.14 (i)),

dass die Reihe $P(x)$ für alle $x \in \mathbb{R}$ konvergiert. Also ist $R = +\infty$ und folglich muss auch gelten, dass $\alpha = \lim\limits_{k \to \infty} \sqrt[k]{\frac{1}{k!}} = 0$. Damit haben wir einen neuen Beweis (vergleiche Lemma 3.2.18) der Konvergenz

$$\sqrt[n]{n!} \to +\infty \text{ für } n \to \infty.$$

(iv) $\cos x = \sum\limits_{k=0}^{\infty} (-1)^k \dfrac{x^{2k}}{(2k)!}$ (**Cosinusreihe**). Die Cosinusreihe konvergiert für

alle $x \in \mathbb{R}$, wie auch die folgende Sinusreihe:

(v) $\sin x = \sum\limits_{k=0}^{\infty} (-1)^k \dfrac{x^{2k+1}}{(2k+1)!}$ (**Sinusreihe**).

3.3.7 Satz. *Wenn die Potenzreihe* $P(x) = \sum\limits_{k=0}^{\infty} a_k x^k$ *für ein* $x_0 \neq 0$ *konvergiert, dann konvergiert sie für alle* $x \in \mathbb{R}$ *mit* $|x| < |x_0|$ *absolut.*

Beweis. Aus der Konvergenz von $P(x_0)$ folgt, dass $a_k x_0^k \to 0$ für $k \to \infty$, also $|a_k x_0^k| \leq c < +\infty$ für alle $k \in \mathbb{N}$. Es folgt

$$\left| a_k x^k \right| = \left| a_k x_0^k \left(\frac{x}{x_0} \right)^k \right| \leq c \left| \frac{x}{x_0} \right|^k = c q^k,$$

wobei $q - \frac{|x|}{|x_0|} < 1$. Durch Vergleich mit der geometrischen Reihe folgt die absolute Konvergenz der Reihe $\sum\limits_{k=0}^{\infty} a_k x^k$. $\qquad\square$

3.3.8 Korollar. *Die Potenzreihe* $P(x) = \sum\limits_{k=0}^{\infty} a_k x^k$ *konvergiert im Inneren ihres Konvergenzintervalls, das heißt für* $x \in \mathbb{R}$, $|x| < R$, $R = \dfrac{1}{\limsup\limits_{k \to \infty} \sqrt[k]{|a_k|}}$, *absolut.*

3.3.9 Bemerkung. $P(x, x_0) = P(x - x_0) = \sum\limits_{k=0}^{\infty} a_k (x - x_0)^k$ ist eine Potenzreihe mit dem **Entwicklungspunkt** x_0. Der Konvergenzradius ist $R = \dfrac{1}{\limsup\limits_{k \to \infty} \sqrt[k]{|a_k|}}$.

$P(x, x_0)$ konvergiert für alle $x \in \mathbb{R}$ mit $|x - x_0| < R$.

3.4   Partielle Summation

3.4.1 Abelsche partielle Summation. *Seien $a_1, \ldots, a_n, b_1, \ldots, b_n, b_{n+1}$ reelle Zahlen und sei $s_k := \sum_{\ell=1}^{k} a_\ell$ für $k = 1, \ldots, n$. Dann gilt*

$$\sum_{k=1}^{n} a_k b_k = \sum_{k=1}^{n} s_k (b_k - b_{k+1}) + s_n b_{n+1}.$$

Beweis. Sei $s_0 := 0$. Dann ist $a_k = s_k - s_{k-1}$ für $k = 1, \ldots, n$ und es gilt

$$\sum_{k=1}^{n} a_k b_k = \sum_{k=1}^{n} (s_k - s_{k-1}) b_k = \sum_{k=1}^{n} s_k b_k - \sum_{k=0}^{n-1} s_k b_{k+1}$$

$$= \sum_{k=1}^{n} s_k (b_k - b_{k+1}) + s_n b_{n+1}. \qquad \square$$

3.4.2 Abelsches Konvergenzkriterium. *Sei $\sum_{k=1}^{\infty} a_k$ eine konvergente Reihe und sei $(b_k)_{k \in \mathbb{N}}$ eine monotone, beschränkte Folge, das heißt, es gilt*

$$b_k \le b_{k+1} \le c < +\infty \ \text{beziehungsweise} \ b_k \ge b_{k+1} \ge c > -\infty \ \text{für alle} \ k \in \mathbb{N}.$$

Dann konvergiert die Reihe $\sum_{k=1}^{\infty} a_k b_k$.

Beweis. Sei $s_n := \sum_{k=1}^{n} a_k$ für $n \in \mathbb{N}$. Dann konvergiert die Folge $(s_n b_{n+1})_{n \in \mathbb{N}}$ als Produktfolge zweier konvergenter Folgen. Wegen $\sum_{k=1}^{n} (b_k - b_{k+1}) = b_1 - b_{n+1}$ konvergiert die Teleskopreihe $\sum_{k=1}^{\infty} (b_k - b_{k+1})$ absolut, denn alle ihre Glieder sind entweder nicht-negativ oder nicht-positiv. Weil die Folge $(s_n)_{n \in \mathbb{N}}$ beschränkt ist, konvergiert deshalb die Reihe $\sum_{k=1}^{\infty} s_k (b_k - b_{k+1})$ nach dem Majorantenkriterium 3.2.1 absolut. Aus der Abelschen partiellen Summationsformel folgt deshalb die Konvergenz der Reihe $\sum_{k=1}^{\infty} a_k b_k$. $\qquad \square$

3.4.3 Dirichletsches Konvergenzkriterium. *Sei $\sum_{k=1}^{\infty} a_k$ eine Reihe mit beschränkten Partialsummen, das heißt, es gilt $|s_n| \le c < +\infty$ für alle $n \in \mathbb{N}$. Sei $(b_k)_{k \in \mathbb{N}}$ eine monotone Nullfolge, das heißt, es gilt $b_k \downarrow 0$ beziehungsweise $b_k \uparrow 0$ für $k \to \infty$. Dann konvergiert die Reihe $\sum_{k=1}^{\infty} a_k b_k$.*

Beweis. Die Folge $(s_n b_{n+1})_{n \in \mathbb{N}}$ konvergiert als Produkt einer beschränkten Folge mit einer Nullfolge. Außerdem konvergiert die Teleskopreihe $\sum_{k=1}^{\infty} (b_k - b_{k+1})$ absolut und die Reihe $\sum_{k=1}^{\infty} s_k(b_k - b_{k+1})$ nach dem Majorantenkriterium. Die Konvergenz der Reihe $\sum_{k=1}^{\infty} a_k b_k$ folgt daher aus der Abelschen partiellen Summationsformel. $\qquad\square$

3.4.4 Satz (Dirichlet). *Sei $(a_k)_{k=0}^{\infty}$ eine monotone Nullfolge. Dann konvergiert die Potenzreihe $P(x) = \sum_{k=0}^{\infty} a_k x^k$ für alle $x \in \mathbb{R}$, $-1 \le x < 1$.*

Beweis. Sei $s_n := \sum_{k=0}^{n} x^k$. Dann gilt

$$|s_n| = \left| \sum_{k=0}^{n} x^k \right| = \left| \frac{1 - x^{n+1}}{1 - x} \right| \le \frac{2}{1 - x} = c(x) < +\infty$$

für $-1 \le x < 1$. Die Behauptung folgt aus dem Dirichletschen Konvergenzkriterium. $\qquad\square$

3.4.5 Bemerkung. Aus dem Satz von Dirichlet ergibt sich durch Spezialisierung $x = -1$ ein zweiter Beweis des Leibniz-Kriteriums 3.1.13.

3.4.6 Beispiel. Die Reihe

$$\sum_{k=1}^{\infty} \frac{(-1)^{\frac{k(k+1)}{2}}}{k} = 1 + \frac{1}{2} - \frac{1}{3} - \frac{1}{4} + \frac{1}{5} + \frac{1}{6} - \cdots$$

ist nicht alternierend. Sie **konvergiert bedingt**, das heißt sie konvergiert nach dem Dirichletschen Konvergenzkriterium, konvergiert aber nicht absolut, da die **harmonische Reihe** $\sum_{k=1}^{\infty} \frac{1}{k}$ nicht konvergiert.

3.5   Der Umordnungssatz

3.5.1 Definition. Seien $(a_k)_{k \in \mathbb{N}}$, $(a'_k)_{k \in \mathbb{N}}$ zwei Folgen reeller Zahlen. Dann heißt die Reihe $\sum_{k=1}^{\infty} a'_k$ eine **Umordnung** der Reihe $\sum_{k=1}^{\infty} a_k$, wenn $a'_\ell = a_{k_\ell}$ für alle $\ell \in \mathbb{N}$ gilt, wobei $k : \mathbb{N} \to \mathbb{N}$, $k(\ell) = k_\ell$, eine bijektive Abbildung ist, das heißt, wenn $\sum_{k=1}^{\infty} a'_k$ aus $\sum_{k=1}^{\infty} a_k$ durch eine **Umordnung** der Glieder entsteht.

3.5.2 Bemerkung. Endliche Summen kann man aufgrund des Kommutativ- und Assoziativgesetzes beliebig umordnen. Bei unendlichen Reihen ist dies dagegen nicht der Fall: Jede Reihe reeller Zahlen, die nur **bedingt konvergiert**, das heißt konvergiert, aber nicht absolut konvergiert, kann so umgeordnet werden, dass sie einen beliebig vorgegebenen Wert $s \in \overline{\mathbb{R}}$ annimmt (**Riemannscher Umordnungssatz**).

3.5.3 Beispiel. Die alternierende harmonische Reihe $\sum\limits_{k=1}^{\infty} \frac{(-1)^{k+1}}{k}$ konvergiert bedingt und kann ihren Wert durch Umordnung ändern: Es ist

$$\sum_{k=1}^{\infty} \frac{(-1)^{k+1}}{k} = (1 - \frac{1}{2}) + (\frac{1}{3} - \frac{1}{4}) + (\frac{1}{5} - \frac{1}{6}) + \cdots = s > \frac{1}{2}.$$

Durch Addition von

$$1 - \frac{1}{2} + \frac{1}{3} - \frac{1}{4} + \frac{1}{5} - \frac{1}{6} + \frac{1}{7} - \frac{1}{8} + \frac{1}{9} - \frac{1}{10} + \cdots = s$$

und

$$\frac{1}{2} \quad - \frac{1}{4} + \quad \frac{1}{6} \quad - \frac{1}{8} + \quad \frac{1}{10} + \cdots = \frac{s}{2}$$

erhalten wir

$$1 \quad + \frac{1}{3} - \frac{1}{2} + \frac{1}{5} \quad + \frac{1}{7} - \frac{1}{4} + \frac{1}{9} \quad + \cdots = \frac{3}{2}s.$$

Diese Reihe ist aber eine Umordnung der ursprünglichen Reihe.

3.5.4 Umordnungssatz. *Es sei* $\sum\limits_{k=1}^{\infty} a_k$ *eine absolut konvergente Reihe. Dann konvergiert auch jede Umordnung* $\sum\limits_{k=1}^{\infty} a'_k$ *von* $\sum\limits_{k=1}^{\infty} a_k$ *absolut und es gilt die Gleichheit*

$$\sum_{k=1}^{\infty} a'_k = \sum_{k=1}^{\infty} a_k.$$

Beweis. (I) Sei $a'_\ell = a_{k_\ell}$ für alle $\ell \in \mathbb{N}$, sei $s_n = \sum\limits_{k=1}^{n} a_k$ und sei $s'_n = \sum\limits_{\ell=1}^{n} a_{k_\ell}$ für $n \in \mathbb{N}$. Dann gilt

$$\sum_{\ell=1}^{n} |a_{k_\ell}| \le \sum_{k=1}^{\max\{k_1,\ldots,k_n\}} |a_k| \le \sum_{k=1}^{\infty} |a_k| < +\infty.$$

Somit ist $\sum\limits_{k=1}^{\infty} |a'_k| < +\infty$, das heißt, die Reihe $\sum\limits_{k=1}^{\infty} a'_k$ ist absolut konvergent.

(II) Es bleibt zu zeigen, dass $s_n - s'_n \to 0$ für $n \to \infty$: Sei $\varepsilon > 0$ beliebig vorgegeben. Aufgrund der absoluten Konvergenz existiert ein $N \in \mathbb{N}$ mit $\sum\limits_{k=N+1}^{\infty} |a_k| < \frac{\varepsilon}{2}$. Weil die Umordnung der Indizes $k : \mathbb{N} \to \mathbb{N}$, $\ell \mapsto k(\ell) = k_\ell$, surjektiv ist, können wir ein $N' \in \mathbb{N}$, $N' \geq N$, mit

$$\{\, 1, 2, \ldots, N \,\} \subset \{\, k_1, k_2, \ldots, k_{N'} \,\}$$

bestimmen. Dann gilt

$$\{\, k_\ell \mid k_\ell \leq N,\ \ell \in \{\, 1, \ldots, n \,\} \,\} = \{\, 1, 2, \ldots, N \,\} \quad \text{für alle } n \geq N'.$$

Also folgt für alle $n > N'$, dass

$$s_n - s'_n = \sum_{k=1}^{n} a_k - \sum_{\ell=1}^{n} a_{k_\ell} = \sum_{k=1}^{N} a_k + \sum_{k=N+1}^{n} a_k - \sum_{\substack{\ell=1 \\ k_\ell \leq N}}^{n} a_{k_\ell} - \sum_{\substack{\ell=1 \\ k_\ell > N}}^{n} a_{k_\ell}$$

$$= \sum_{k=N+1}^{n} a_k - \sum_{\substack{\ell=1 \\ k_\ell > N}}^{n} a_{k_\ell}.$$

Somit gilt

$$|s_n - s'_n| \leq 2 \sum_{k=N+1}^{\infty} |a_k| < \varepsilon \quad \text{für alle } n > N'$$

wie behauptet. $\qquad\qquad\qquad\qquad\qquad\qquad\qquad\qquad\qquad\qquad\qquad\qquad\quad$ $\square$

3.5.5 Bemerkungen. (i) Man kann zeigen, dass eine Reihe genau dann absolut konvergiert, wenn alle Umordnungen gegen denselben Grenzwert konvergieren. Diese Eigenschaft heißt auch **unbedingte Konvergenz**.

(ii) Aus dem Umordnungssatz folgt, dass die Reihe $\sum\limits_{k=1}^{\infty} a_k$ genau dann absolut konvergiert, wenn eine Umordnung $\sum\limits_{k=1}^{\infty} a'_k$ absolut konvergiert. In diesem Fall konvergieren alle Umordnungen absolut, und zwar gegen denselben Grenzwert.

(iii) Der Umordnungssatz ist für die Berechnung von Produkten von Reihen, das heißt für ein unendliches Distributivgesetz, von Bedeutung. Dazu betrachten wir zunächst Doppelfolgen und Doppelreihen.

3.6 Doppelfolgen

3.6.1 Bezeichnung. $\mathbb{Z}^2 = \{\,(n,m) \mid n,m \in \mathbb{Z}\,\}$ ist die Menge der **ganzzahligen Gitterpunkte** im $\mathbb{R}^2$. Die Elemente von $\mathbb{Z}^2$ werden oft als **Indizes** verwendet, (n,m) heißt dann **Doppelindex**. Wir betrachten Doppelindizes $(n,m) \in \mathbb{N}^2$ beziehungsweise $\mathbb{N}_0^2$.

3.6.2 Definition. Eine **Doppelfolge** reeller Zahlen ist eine Abbildung $a : \mathbb{N}^2 \to \mathbb{R}$ mit $(n,m) \mapsto a(n,m) = a_{nm}$, in Zeichen $a = (a_{nm})_{n,m=1}^\infty$.

3.6.3 Definition und Lemma. (i) Eine Doppelfolge $(a_{nm})_{n,m=1}^\infty$ heißt **konvergent**, wenn es eine Zahl $a \in \mathbb{R}$ gibt, so dass zu jedem $\varepsilon > 0$ ein $N = N(\varepsilon) \in \mathbb{N}$ existiert mit

$$|a_{nm} - a| < \varepsilon \text{ für alle } n,m \in \mathbb{N},\ n,m \geq N.$$

(ii) Der **Limes** oder **Doppellimes** a ist eindeutig bestimmt. Man schreibt

$$a = \lim_{n,m\to\infty} a_{nm} \text{ oder } a_{nm} \to a \text{ für } n,m \to \infty.$$

3.6.4 Cauchysches Konvergenzkriterium. *Eine Doppelfolge $(a_{nm})_{n,m=1}^\infty$ ist genau dann konvergent, wenn es zu jedem $\varepsilon > 0$ ein $N = N(\varepsilon) \in \mathbb{N}$ gibt mit*

$$|a_{n'm'} - a_{nm}| < \varepsilon \text{ für alle } n,n',m,m' \geq N$$

(oder für alle $n' \geq n \geq N$ und $m' \geq m \geq N$).

Beweis. „$\Leftarrow$" Wir beweisen nur, dass die Bedingung hinreichend ist: Sei $\varepsilon > 0$ beliebig vorgegeben. Dann gibt es ein $N \in \mathbb{N}$, so dass

$$|a_{n'm'} - a_{nm}| < \frac{\varepsilon}{2} \text{ für alle } n,n',m,m' \geq N,$$

also insbesondere auch

$$|a_{n'n'} - a_{nn}| < \frac{\varepsilon}{2} \text{ für alle } n,n' \geq N,$$

das heißt, die Folge $(b_n)_{n\in\mathbb{N}}$, $b_n := a_{nn}$, ist eine Cauchy-Folge und somit konvergent. Es gibt also ein $a \in \mathbb{R}$ und $N' \in \mathbb{N}$ mit

$$|a_{nn} - a| < \frac{\varepsilon}{2} \text{ für alle } n \geq N'.$$

Für $n,m \geq \max\{N,N'\}$ folgt, dass

$$|a_{nm} - a| \leq |a_{nm} - a_{nn}| + |a_{nn} - a| < \frac{\varepsilon}{2} + \frac{\varepsilon}{2} = \varepsilon. \qquad \square$$

3.6.5 Beispiele. (i) Sei $(a_n)_{n \in \mathbb{N}}$ eine in $\mathbb{R}$ konvergente Folge. Dann folgt aus dem Cauchyschen Konvergenzkriterium für gewöhnliche Zahlenfolgen, dass

$$a_{nm} := a_n - a_m \to 0 \text{ für } n, m \to \infty.$$

(ii) $a_{nm} := \dfrac{1}{n+m} \to 0$ für $n, m \to \infty$.

(iii) Für $n, m \in \mathbb{N}$ sei

$$a_{nm} := \frac{m}{n+m} = \frac{1}{1 + \frac{n}{m}}.$$

Dann besitzt die Folge $(a_{nm})_{n,m=1}^{\infty}$ keinen Doppellimes, denn für $n = m$ gilt $a_{nm} = \frac{1}{2}$ und für $n = m^2$ ist

$$a_{nm} = \frac{1}{1+m} \to 0 \text{ für } m \to \infty.$$

Für festes $n \in \mathbb{N}$ gilt dagegen $\lim\limits_{m \to \infty} a_{nm} = 1$ und für festes $m \in \mathbb{N}$ ist $\lim\limits_{n \to \infty} a_{nm} = 0$. Deshalb ergibt sich

$$\lim_{n \to \infty} \left(\lim_{m \to \infty} a_{nm} \right) = 1 \neq 0 = \lim_{m \to \infty} \left(\lim_{n \to \infty} a_{nm} \right).$$

(iv) Für die Folge

$$a_{nm} := \frac{1}{2(n-m)+1}$$

für $n, m \in \mathbb{N}$ gilt

$$\lim_{n \to \infty} \left(\lim_{m \to \infty} a_{nm} \right) = 0 = \lim_{m \to \infty} \left(\lim_{n \to \infty} a_{nm} \right).$$

Dennoch besitzt sie keinen Doppellimes, denn für $n = m$ ist $a_{nm} = 1$, und für $n = m + 1$ ist $a_{nm} = \frac{1}{3}$.

(v) Die Folge

$$a_{nm} := \frac{(-1)^n}{m}$$

für $n, m \in \mathbb{N}$ hat den Doppellimes 0.

3.6.6 Satz vom iterierten Limes. *Es sei $(a_{nm})_{n,m=1}^{\infty}$ eine konvergente Doppelfolge mit $\lim\limits_{n,m \to \infty} a_{nm} = a$. Außerdem existiere $a_n := \lim\limits_{m \to \infty} a_{nm}$ für jedes $n \in \mathbb{N}$. Dann existiert der Grenzwert $\lim\limits_{n \to \infty} a_n$ und es gilt*

$$a = \lim_{n \to \infty} a_n \text{ beziehungsweise } \lim_{n,m \to \infty} a_{nm} = \lim_{n \to \infty} \left(\lim_{m \to \infty} a_{nm} \right).$$

Ebenso gilt $a = \lim\limits_{m \to \infty} \left(\lim\limits_{n \to \infty} a_{nm} \right)$, falls $\lim\limits_{n \to \infty} a_{nm}$ für jedes $m \in \mathbb{N}$ existiert.

Beweis. Sei $\varepsilon > 0$ vorgegeben. Dann gibt es ein $N \in \mathbb{N}$ mit

$$|a_{nm} - a| < \varepsilon \text{ für alle } n, m \geq N.$$

Für jedes feste $n \geq N$ folgt dann durch Grenzübergang $m \to \infty$, dass

$$|a_n - a| = \left| \lim_{m \to \infty} a_{nm} - a \right| \leq \varepsilon,$$

das heißt es gilt $\lim_{n \to \infty} a_n = a$. $\qquad\qquad\qquad\qquad\qquad\qquad\qquad\square$

3.6.7 Definition. Eine Doppelfolge $(a_{nm})_{n,m=1}^{\infty}$ **konvergiert gleichmäßig** in n gegen den Grenzwert a_n für $m \to \infty$, wenn es zu jedem $\varepsilon > 0$ eine nicht von n abhängige Zahl $N = N(\varepsilon) \in \mathbb{N}$ gibt, so dass für alle $n \in \mathbb{N}$:

$$|a_{nm} - a_n| < \varepsilon \text{ für alle } m \in \mathbb{N}, \ m \geq N,$$

in Zeichen

$$a_n = \lim_{m \to \infty} a_{nm} \text{ gleichmäßig in } n \text{ oder } a_{nm} \xrightarrow{\text{glm}} a_n \text{ für } m \to \infty.$$

3.6.8 Satz. *Sei $(a_{nm})_{n,m=1}^{\infty}$ eine Doppelfolge reeller Zahlen, so dass für alle $n \in \mathbb{N}$ der Grenzwert $a_n = \lim_{m \to \infty} a_{nm}$ gleichmäßig in n existiert. Außerdem existiere der Grenzwert $a = \lim_{n \to \infty} a_n$. Dann existiert der Doppellimes $\lim_{n,m \to \infty} a_{nm}$ und es gilt die Grenzwertbeziehung*

$$\lim_{n,m \to \infty} a_{nm} = a = \lim_{n \to \infty} \left(\lim_{m \to \infty} a_{nm} \right).$$

Existiert auch der Grenzwert $\lim_{n \to \infty} a_{nm}$ für alle $m \in \mathbb{N}$, so existiert der iterierte Limes $\lim_{n \to \infty} \left(\lim_{m \to \infty} a_{nm} \right)$ und es gilt auch, dass

$$\lim_{n,m \to \infty} a_{nm} = \lim_{m \to \infty} \left(\lim_{n \to \infty} a_{nm} \right).$$

Beweis. (I) Sei $\varepsilon > 0$. Dann gibt es ein $N \in \mathbb{N}$, so dass

$$|a_{nm} - a_n| < \frac{\varepsilon}{2} \text{ für } n, m \in \mathbb{N}, \ m \geq N,$$

$$|a_n - a| < \frac{\varepsilon}{2} \text{ für } n \in \mathbb{N}, \ n \geq N.$$

Für alle $n, m \geq N$ folgt also, dass

$$|a_{nm} - a| \leq |a_{nm} - a_n| + |a_n - a| < \frac{\varepsilon}{2} + \frac{\varepsilon}{2} = \varepsilon,$$

das heißt, es gilt

$$\lim_{n,m \to \infty} a_{nm} = a = \lim_{n \to \infty} a_n = \lim_{n \to \infty} \left(\lim_{\ell \to \infty} a_{nm} \right).$$

(II) Dass sich die Reihenfolge der Grenzübergänge vertauschen lässt, falls auch der Grenzwert $\lim_{n \to \infty} a_{nm}$ existiert, folgt nun aus Satz 3.6.6 über den iterierten Limes. $\qquad\square$

3.6.9 Beispiele. (i)   Die Folge

$$a_{nm} := \frac{m}{n(n+m)} = \frac{1}{n} - \frac{1}{n+m}$$

für $n, m \in \mathbb{N}$ konvergiert für $m \to \infty$ gleichmäßig in n gegen den Grenzwert $a_n = \frac{1}{n}$, denn für $\varepsilon > 0$ sei $N \geq \frac{1}{\varepsilon}$. Dann gilt

$$\left| a_{nm} - \frac{1}{n} \right| = \frac{1}{n+m} < \frac{1}{m} \leq \varepsilon \text{ für } \ell \geq N.$$

(ii)   Die Folge

$$a_{nm} := \frac{m}{n+m}$$

für $n, m \in \mathbb{N}$ aus Beispiel 3.6.5 (iii) konvergiert dagegen zwar bei festem $n \in \mathbb{N}$ gegen $a_n = 1$ für $m \to \infty$, aber die Konvergenz ist nicht gleichmäßig: Für $n = m$ gilt $a_{nm} = \frac{1}{2}$, also

$$|a_{nm} - a_n| = \frac{1}{2}.$$

Deshalb kann es zu gegebenem $\varepsilon > 0$ kein $N \in \mathbb{N}$ geben mit $|a_{nm} - a_n| < \varepsilon$ für alle $n, m \in \mathbb{N}$, $m \geq N$. Außerdem würde aus der gleichmäßigen Konvergenz nach Satz 3.6.8 die Existenz des Doppellimes folgen.

(iii)   Die Folge

$$a_{nm} := \frac{(-1)^n}{m}$$

für $n, m \in \mathbb{N}$ aus Beispiel 3.6.5 (v) hat den Doppellimes 0. Für festes $n \in \mathbb{N}$ ist

$$a_{nm} \xrightarrow{\text{glm}} 0 \text{ für } m \to \infty$$

und es gilt daher

$$0 = \lim_{n,m\to\infty} a_{nm} = \lim_{n\to\infty}\left(\lim_{m\to\infty} a_{nm}\right).$$

Allerdings hat $((-1)^n)_{n\in\mathbb{N}}$ keinen Grenzwert, der Doppellimes kann also nicht in umgekehrter Reihenfolge aufgelöst werden.

3.7 Doppelreihen

3.7.1 Definition. Sei $(a_{k\ell})_{k\ell=1}^{\infty}$ eine Doppelfolge reeller Zahlen. Die **Doppelreihe** $\sum\limits_{k,\ell=1}^{\infty} a_{k\ell}$ ist definiert als die Doppelfolge der Partialsummen

$$\sum_{k,\ell=1}^{\infty} a_{k\ell} := (s_{nm})_{n,m=1}^{\infty}, \; s_{nm} := \sum_{k=1}^{n}\sum_{\ell=1}^{m} a_{k\ell} \text{ für alle } n, m \in \mathbb{N}.$$

3.7.2 Definition. (i) Ist die Doppelfolge $(s_{nm})_{n,m=1}^{\infty}$ der Partialsummen konvergent, das heißt gilt $s_{nm} \to s \in \mathbb{R}$, dann heißt die Doppelreihe $\sum\limits_{k,\ell=1}^{\infty} a_{k\ell}$ **konvergent** und sie hat den **Wert** oder die **Summe** s, in Zeichen

$$\sum_{k,\ell=1}^{\infty} a_{k\ell} = s = \lim_{n,m\to\infty} s_{nm}.$$

(ii) Die Doppelreihe $\sum\limits_{k,\ell=1}^{\infty} a_{k\ell}$ heißt **absolut konvergent**, falls $\sum\limits_{k,\ell=1}^{\infty} |a_{k\ell}|$ konvergiert. Wir schreiben in diesem Fall auch $\sum\limits_{k,\ell=1}^{\infty} |a_{k\ell}| < +\infty$.

3.7.3 Bemerkung. Doppelreihen $\sum\limits_{k,\ell=1}^{\infty} a_{k\ell}$ kann man berechnen, indem man die Glieder in der Form $(a_{k(j),\ell(j)})_{j=1}^{\infty}$ auflistet, dabei ist $\varphi = (k,\ell) : \mathbb{N} \to \mathbb{N}^2$, $\varphi(j) = (k(j), \ell(j))$ für alle $j \in \mathbb{N}$, eine Abzählung von $\mathbb{N}^2$, das heißt eine bijektive Abbildung von $\mathbb{N}$ in $\mathbb{N}^2$. Dabei berechnet man den Wert der Reihe $\sum\limits_{j=1}^{\infty} a_{k(j)\ell(j)}$, die wir etwas ungenau auch eine **Abzählung** von $\sum\limits_{k,\ell=1}^{\infty} a_{k\ell}$ nennen. Ein Beispiel ist die Abzählung nach den Blöcken $\mathbb{N}_n^2 = \{\,(k,\ell)\mid k,\ell=1,\ldots,n\,\} = ((k,\ell))_{k,\ell=1}^n$:

$$
\begin{array}{llll}
(1,1)^{(1)} & (1,2)^{(4)} & (1,3)^{(9)} & (1,4)\;\ldots \\
& \uparrow & \uparrow & \\
(2,1)^{(2)} \;\rightarrow\; & (2,2)^{(3)} & (2,3)^{(8)} & (2,4)\;\ldots \\
& & \uparrow & \\
(3,1)^{(5)} \;\rightarrow\; & (3,2)^{(6)} \;\rightarrow\; & (3,3)^{(7)} & (3,4)\;\ldots \\
& & & \\
(4,1)^{(10)} \;\rightarrow\; & (4,2)^{(11)} \;\rightarrow\; & (4,3)^{(12)} \;\rightarrow\; & (4,4)\;\ldots \\
\vdots & & &
\end{array}
$$

In diesem Fall berechnet man den Grenzwert $\displaystyle\lim_{n\to\infty}\sum_{k,\ell=1}^{n} a_{k\ell}$. Im folgenden Satz wird bewiesen, dass dieser bei absoluter Konvergenz gleich dem Wert der Doppelreihe $\displaystyle\sum_{k,\ell=1}^{\infty} a_{k\ell}$ ist.

3.7.4 Satz. *Sei $(a_{k\ell})_{k,\ell=1}^{\infty}$ eine Doppelfolge und sei $(a_{k(j)\,\ell(j)})_{j=1}^{\infty}$ eine Auflistung von $(a_{k\ell})_{k,\ell=1}^{\infty}$, das heißt, die bijektive Abbildung $\varphi:\mathbb{N}\to\mathbb{N}^2$, $\varphi(j)=(k(j),\ell(j))$, zählt $\mathbb{N}^2$ ab. Dann ist die Doppelreihe $\displaystyle\sum_{k,\ell=1}^{\infty} a_{k\ell}$ genau dann absolut konvergent, wenn die Reihe $\displaystyle\sum_{j=1}^{\infty} a_{k(j)\,\ell(j)}$ absolut konvergiert. In diesem Fall konvergieren alle Abzählungen absolut und es gilt*

$$
\sum_{k,\ell=1}^{\infty} a_{k\ell} = \sum_{j=1}^{\infty} a_{k(j)\,\ell(j)}.
$$

Beweis. (I) Sei die Doppelreihe $\displaystyle\sum_{k,\ell=1}^{\infty} a_{k\ell}$ absolut konvergent. Dann ist die Folge $(\overline{s}_{nm})_{n,m=1}^{\infty}$ der Absolutpartialsummen $\overline{s}_{nm} := \displaystyle\sum_{k=1}^{n}\sum_{\ell=1}^{m} |a_{k\ell}|$ beschränkt. Insbesondere ist die Folge $(\overline{s}_{nn})_{n\in\mathbb{N}}$ monoton und beschränkt. Deshalb existiert der Grenzwert $\displaystyle\lim_{n\to\infty}\overline{s}_{nn} = \lim_{n\to\infty}\sum_{k,\ell=1}^{n}|a_{k\ell}|$, das heißt, die Abzählung von $\displaystyle\sum_{k,\ell=1}^{\infty} a_{k\ell}$ über die Blöcke $(a_{k\ell})_{k,\ell=1}^n$ konvergiert absolut. Konvergiert eine Abzählung absolut, so konvergieren nach dem Umordnungssatz 3.5.4 alle Abzählungen absolut.

(II) Sei die Reihe $\displaystyle\sum_{j=1}^{\infty} a_{k(j)\,\ell(j)}$ für eine Auflistung $(a_{k(j)\,\ell(j)})_{j=1}^{\infty}$ konvergent. Wegen des Umordnungssatzes ist

$$
\overline{s} := \sum_{j=1}^{\infty} \left| a_{k(j)\,\ell(j)} \right| = \lim_{n\to\infty}\overline{s}_{nn} = \lim_{n\to\infty}\sum_{k,\ell=1}^{n}|a_{k\ell}|.
$$

Sei $\varepsilon > 0$. Dann gibt es ein $N \in \mathbb{N}$ mit

$$\overline{s} - \overline{s}_{nn} < \varepsilon \text{ für alle } n \geq N.$$

Für $n' > n \geq N$, $m' > m \geq N$ gilt also

$$\overline{s}_{n'm'} - \overline{s}_{nm} = \sum_{k=n+1}^{n'} \sum_{\ell=m+1}^{m'} |a_{k\ell}| \leq \overline{s} - \overline{s}_{NN} < \varepsilon.$$

Nach dem Cauchy-Kriterium für Doppelfolgen konvergiert daher die Doppelreihe $\sum\limits_{k,\ell=1}^{\infty} |a_{k\ell}|$, das heißt, die Doppelreihe $\sum\limits_{k,\ell=1}^{\infty} a_{k\ell}$ ist absolut konvergent.

(III) Die Gleichheit der Grenzwerte folgt, weil aus $s_{nm} \to s$ für $n, m \to \infty$ folgt, dass $s_{nn} \to s$ für $n \to \infty$. $\qquad\square$

3.7.5 Beispiel. Wir wollen $\mathbb{N}_0^2$ nach den Diagonalen $\Delta_n := \{ (k, \ell) \mid k + \ell = n \}$ abzählen und betrachten hierzu, ähnlich wie in 1.2.5, das Schema

$$
\begin{array}{llll}
(0,0)^{(0)} & (0,1)^{(2)} & (0,2)^{(5)} & (0,3)^{(9)} \ \dots \\
\downarrow \quad \nearrow & \nearrow & \nearrow & \nearrow \\
(1,0)^{(1)} & (1,1)^{(4)} & (1,2)^{(8)} & (1,3) \quad \dots \\
\quad \nearrow & \nearrow & \nearrow \\
(2,0)^{(3)} & (2,1)^{(7)} & (2,2) & (2,3) \quad \dots \\
\quad \nearrow & \nearrow \\
(3,0)^{(6)} & (3,1) & \quad \dots \\
\vdots
\end{array}
$$

Genauer ist die **Cauchysche Abzählung** von $\mathbb{N}_0^2$ rekursiv definiert als die bijektive Abbildung $\varphi : \mathbb{N}_0 \to \mathbb{N}_0^2$ mit $\varphi(0) := (0,0)$ und ist $\varphi(j) = (k, \ell)$, dann sei

$$\varphi(j+1) := \begin{cases} (k-1, \ell+1) & \text{für } k \neq 0 \\ (\ell+1, 0) & \text{für } k = 0. \end{cases}$$

Ist $\sum\limits_{k,\ell=0}^{\infty} a_{k\ell}$ eine Doppelreihe, so gilt

$$\sum_{j=0}^{\infty} a_{k(j)\,\ell(j)} = a_{00} + (a_{10} + a_{01}) + (a_{20} + a_{11} + a_{02}) + \cdots$$

$$= \sum_{n=0}^{\infty} \sum_{k+\ell=n} a_{k\ell} = \sum_{n=0}^{\infty} \sum_{k=0}^{n} a_{k,n-k} = \sum_{n=0}^{\infty} \sum_{\ell=0}^{n} a_{n-\ell,\ell}.$$

Betrachten wir das konkrete Beispiel der Doppelreihe

$$\sum_{k,\ell=0}^{\infty} q^k q^\ell = \sum_{k,\ell=0}^{\infty} q^{k+\ell} \text{ für } q \in \mathbb{R},$$

so ergibt sich

$$\sum_{j=0}^{\infty} q^{k(j)+\ell(j)} = \sum_{n=0}^{\infty} \sum_{\ell=0}^{n} q^{n-\ell+\ell} = \sum_{n=0}^{\infty} (n+1) q^n.$$

Diese Reihe konvergiert nach dem Quotientenkriterium für $|q| < 1$ absolut und deshalb gilt die Gleichheit

$$\sum_{k,\ell=0}^{\infty} q^{k+\ell} = \sum_{k=0}^{\infty} (k+1) q^k.$$

Eine „Abzählung" nach den Zeilen $Z_k := \{ k \} \times \mathbb{N}$ beziehungsweise Spalten $S_\ell := \mathbb{N} \times \{ \ell \}$ läuft auf das sukzessive Auflösen des Grenzwerts $\sum_{k,\ell=1}^{\infty} a_{k\ell}$ hinaus. Aus dem Satz vom iterierten Limes 3.6.6 folgt sofort:

3.7.6 Satz. *Sei $\sum_{k,\ell=1}^{\infty} a_{k\ell}$ eine konvergente Doppelreihe, so dass für jedes $k \in \mathbb{N}$ die Zeilenreihen $\sum_{\ell=1}^{\infty} a_{k\ell}$ konvergieren. Dann konvergiert auch die iterierte Reihe $\sum_{k=1}^{\infty} \left(\sum_{\ell=1}^{\infty} a_{k\ell} \right)$ und es gilt*

$$\sum_{k,\ell=1}^{\infty} a_{k\ell} = \sum_{k=1}^{\infty} \left(\sum_{\ell=1}^{\infty} a_{k\ell} \right).$$

Eine entsprechende Aussage gilt auch für die iterierte Reihe $\sum_{\ell=1}^{\infty} \left(\sum_{k=1}^{\infty} a_{k\ell} \right)$.

3.7.7 Cauchyscher Doppelreihensatz. *Die Doppelreihe $\sum_{k,\ell=1}^{\infty} a_{k\ell}$ ist genau dann absolut konvergent, wenn die iterierte Reihe $\sum_{k=1}^{\infty} \left(\sum_{\ell=1}^{\infty} a_{k\ell} \right)$ absolut konvergiert, das heißt, wenn die Zeilenreihen $\sum_{\ell=1}^{\infty} a_{k\ell}$ für alle $k \in \mathbb{N}$ absolut konvergieren und wenn $\sum_{k=1}^{\infty} \left| \sum_{\ell=1}^{\infty} a_{k\ell} \right| \le \sum_{k=1}^{\infty} \left(\sum_{\ell=1}^{\infty} |a_{k\ell}| \right) < +\infty$ gilt. In diesem Fall konvergiert auch* *die iterierte Reihe* $\sum\limits_{\ell=1}^{\infty}\left(\sum\limits_{k=1}^{\infty} a_{k\ell}\right)$ *absolut, das heißt, die Spaltenreihen* $\sum\limits_{k=1}^{\infty} a_{k\ell}$ *kon-*

vergieren für alle $\ell \in \mathbb{N}$ *absolut, es gilt* $\sum\limits_{\ell=1}^{\infty}\left|\sum\limits_{k=1}^{\infty} a_{k\ell}\right| \le \sum\limits_{\ell=1}^{\infty}\left(\sum\limits_{k=1}^{\infty} |a_{k\ell}|\right) < +\infty$ *und es*

gilt die Gleichheit

$$\sum_{k,\ell=1}^{\infty} a_{k\ell} = \sum_{k=1}^{\infty}\left(\sum_{\ell=1}^{\infty} a_{k\ell}\right) = \sum_{\ell=1}^{\infty}\left(\sum_{k=1}^{\infty} a_{k\ell}\right).$$

Beweis. (I) Sei die Doppelreihe $\sum\limits_{k,\ell=1}^{\infty} a_{k\ell}$ absolut konvergent. Für alle $k, m \in \mathbb{N}$,

$k \le m$, gilt dann

$$\sum_{\ell=1}^{m} |a_{k\ell}| \le \sum_{k,\ell=1}^{m} |a_{k\ell}| \le \sum_{k,\ell=1}^{\infty} |a_{k\ell}| < +\infty.$$

Daher ist die Reihe $\sum\limits_{\ell=1}^{\infty} a_{k\ell}$ für festes $k \in \mathbb{N}$ absolut konvergent. Also existiert der
Grenzwert

$$\lim_{m\to\infty} \bar{s}_{nm} = \lim_{m\to\infty} \sum_{k=1}^{n}\sum_{\ell=1}^{m} |a_{k\ell}| \text{ für festes } n \in \mathbb{N}.$$

Aus dem Satz vom iterierten Limes 3.6.6 folgt die Existenz des Grenzwerts
$\lim\limits_{n\to\infty}\left(\lim\limits_{m\to\infty} \bar{s}_{nm}\right)$ und es gilt die Gleichheit

$$\sum_{k,\ell=1}^{\infty} |a_{k\ell}| = \lim_{n,m\to\infty} \bar{s}_{nm} = \lim_{n\to\infty}\left(\lim_{m\to\infty} \bar{s}_{nm}\right) = \lim_{n\to\infty}\left(\lim_{m\to\infty} \sum_{k=1}^{n}\sum_{\ell=1}^{m} |a_{k\ell}|\right)$$

$$= \lim_{n\to\infty} \sum_{k=1}^{n}\left(\lim_{m\to\infty} \sum_{\ell=1}^{m} |a_{k\ell}|\right) = \sum_{k=1}^{\infty}\left(\sum_{\ell=1}^{\infty} |a_{k\ell}|\right),$$

weshalb auch die iterierte Reihe $\sum\limits_{k=1}^{\infty}\left(\sum\limits_{\ell=1}^{\infty} |a_{k\ell}|\right)$ konvergiert. Analoges gilt für die

Summe $\sum\limits_{\ell=1}^{\infty}\left(\sum\limits_{k=1}^{\infty} a_{k\ell}\right)$.

(II) Sei die iterierte Reihe $\sum\limits_{k=1}^{\infty}\left(\sum\limits_{\ell=1}^{\infty} a_{k\ell}\right)$ absolut konvergent. Für alle $n, m \in \mathbb{N}$ gilt
dann

$$\bar{s}_{nm} = \sum_{k=1}^{n}\sum_{\ell=1}^{m} |a_{k\ell}| \le \sum_{k=1}^{\infty}\left(\sum_{\ell=1}^{\infty} |a_{k\ell}|\right) < +\infty,$$

das heißt, die Partialsummen $\bar{s}_{nm}$ sind beschränkt. Also konvergiert die Ab-
zählung von $\sum\limits_{k,\ell=1}^{\infty} |a_{k\ell}|$ über die Blöcke $(|a_{k\ell}|)_{k,\ell=1}^{n}$ monoton und nach Satz 3.7.4

ist die Doppelreihe $\sum\limits_{k,\ell=1}^{\infty} a_{k\ell}$ deshalb absolut konvergent. Aus Teil (I) folgt die Behauptung. □

3.7.8 Beispiel (Jakob Bernoulli). (i) Wir betrachten ein klassisches Beispiel und wollen zeigen, dass

$$1 + 2q + 3q^2 + 4q^3 + \cdots = \sum_{k=0}^{\infty}(k+1)q^k = \frac{1}{(1-q)^2}$$

für $|q| < 1$ gilt. Hierzu betrachtet Jakob Bernoulli das Schema

$$1 + q + q^2 + q^3 + \cdots = \sum_{\ell=0}^{\infty} q^\ell = \frac{1}{1-q},$$

$$q + q^2 + q^3 + \cdots = q\sum_{\ell=0}^{\infty} q^\ell = \frac{q}{1-q},$$

$$q^2 + q^3 + \cdots = q^2 \sum_{\ell=0}^{\infty} q^\ell = \frac{q^2}{1-q},$$

$$\vdots \qquad \vdots$$

und erhält durch Aufsummieren:

$$\sum_{k=0}^{\infty}(k+1)q^k = 1 + 2q + 3q^2 + 4q^3 + \cdots = \sum_{k=0}^{\infty}\left(q^k \sum_{\ell=0}^{\infty} q^\ell\right)$$

$$= \sum_{k=0}^{\infty} \frac{q^k}{1-q} = \frac{1}{1-q} \sum_{k=0}^{\infty} q^k = \frac{1}{(1-q)^2}.$$

(ii) Wir präzisieren das Argument, indem wir setzen:

$$a_{k\ell} := \begin{cases} q^\ell & \text{für } k \le \ell \\ 0 & \text{für } k > \ell. \end{cases}$$

Dann gilt für $k \in \mathbb{N}_0$:

$$\sum_{\ell=0}^{\infty} a_{k\ell} = \sum_{\ell=k}^{\infty} q^\ell = q^k \sum_{\ell=0}^{\infty} q^\ell = \frac{q^k}{1-q},$$

also

$$\sum_{k=0}^{\infty}\left(\sum_{\ell=0}^{\infty} a_{k\ell}\right) = \sum_{k=0}^{\infty} \frac{q^k}{1-q} = \frac{1}{(1-q)^2}.$$

Andererseits gilt für $\ell \in \mathbb{N}_0$:

$$\sum_{k=0}^{\infty} a_{k\ell} = \sum_{k=0}^{\ell} q^\ell = (\ell + 1)q^\ell,$$

also

$$\sum_{\ell=0}^{\infty} \left(\sum_{k=0}^{\infty} a_{k\ell} \right) = \sum_{\ell=0}^{\infty} (\ell + 1)q^\ell,$$

wobei die letzte Summe nach dem Quotientenkriterium für $|q| < 1$ absolut konvergiert. Die Gleichheit der sukzessiven Grenzwerte

$$\sum_{\ell=0}^{\infty} (\ell + 1)q^\ell = \sum_{\ell=0}^{\infty} \left(\sum_{k=0}^{\infty} a_{k\ell} \right) = \sum_{k=0}^{\infty} \left(\sum_{\ell=0}^{\infty} a_{k\ell} \right) = \frac{1}{(1 - q)^2}$$

folgt aus dem Cauchyschen Doppelreihensatz.

(iii) Wir rechtfertigen die Bernoullische Formel jetzt außerdem mit Hilfe von Satz 3.6.8, indem wir zeigen, dass die Konvergenz

$$\sum_{\ell=0}^{n} a_{k\ell} \to \frac{q^k}{1 - q} \text{ für } n \to \infty$$

gleichmäßig in k ist: Im Fall $n < k$ ist

$$\sum_{\ell=0}^{n} a_{k\ell} = \sum_{\substack{\ell=0 \\ k>\ell}}^{n} q^\ell = 0,$$

also

$$\left| \sum_{\ell=0}^{n} a_{k\ell} - \frac{q^k}{1 - q} \right| = \frac{|q|^k}{|1 - q|} \le \frac{|q|^n}{|1 - q|} \to 0 \text{ für } n \to \infty.$$

Im Fall $n \ge k$ ist

$$\sum_{\ell=0}^{n} a_{k\ell} = \sum_{\substack{\ell=0 \\ k\le\ell}}^{n} q^\ell = \sum_{\ell=k}^{n} q^\ell = \frac{q^k - q^{n+1}}{1 - q},$$

also

$$\left| \sum_{k=0}^{n} a_{k\ell} - \frac{q^k}{1 - q} \right| \le \frac{|q|^{n+1}}{|1 - q|} \le \frac{|q|^n}{|1 - q|} \to 0 \text{ für } n \to \infty.$$

In beiden Fällen ist die Konvergenz gleichmäßig in k.

3.8   Produkte von Reihen

3.8.1 Distributivgesetz für unendliche Reihen. *Seien* $\sum\limits_{k=0}^{\infty} a_k$ *und* $\sum\limits_{k=0}^{\infty} b_k$ *absolut konvergente Reihen reeller Zahlen. Dann ist die Reihe der gliedweisen Produkte* $\sum\limits_{k,\ell=0}^{\infty} a_k b_\ell$ *absolut konvergent und es gilt das Distributivgesetz*

$$\left(\sum_{k=0}^{\infty} a_k\right)\left(\sum_{k=0}^{\infty} b_k\right) = \sum_{k,\ell=0}^{\infty} a_k b_\ell.$$

Beweis. Für endliche Produkte lautet das Distributivgesetz

$$\left(\sum_{k=0}^{n} a_k\right)\left(\sum_{\ell=0}^{n} b_\ell\right) = \sum_{k,\ell=0}^{n} a_k b_\ell. \tag{3.1}$$

Wegen $\left(\sum\limits_{k=0}^{n} |a_k|\right)\left(\sum\limits_{\ell=0}^{n} |b_\ell|\right) = \sum\limits_{k,\ell=0}^{n} |a_k||b_\ell|$ und der absoluten Konvergenz der Reihen $\sum\limits_{k=0}^{\infty} a_k$ und $\sum\limits_{\ell=0}^{\infty} b_\ell$ folgt die absolute Konvergenz der Reihe $\sum\limits_{k,\ell=0}^{\infty} a_k b_\ell$ durch Abzählung über die quadratischen Blöcke $(a_{k\ell})_{k,\ell=0}^{n}$ nach Satz 3.7.4. Das Distributivgesetz für unendliche Reihen ergibt sich nun durch Grenzübergang $n \to \infty$ in (3.1). $\qquad \square$

3.8.2 Cauchyscher Produktsatz. *Seien* $\sum\limits_{k=0}^{\infty} a_k$ *und* $\sum\limits_{k=0}^{\infty} b_k$ *absolut konvergente Reihen. Dann ist das **Cauchy-Produkt*** $\sum\limits_{n=0}^{\infty} c_n$,

$$c_n := \sum_{k+\ell=n} a_k b_\ell = \sum_{k=0}^{n} a_k b_{n-k} = \sum_{\ell=0}^{n} a_{n-\ell} b_\ell,$$

von $\sum\limits_{k=0}^{\infty} a_k$ *und* $\sum\limits_{k=0}^{\infty} b_k$ *absolut konvergent und es gilt die **Cauchysche Produktformel***

$$\left(\sum_{k=0}^{\infty} a_k\right)\left(\sum_{k=0}^{\infty} b_k\right) = \sum_{n=0}^{\infty} c_n.$$

Beweis. Nach dem Distributivgesetz für unendliche Reihen gilt

$$\left(\sum_{k=0}^{\infty} a_k\right)\left(\sum_{k=0}^{\infty} b_k\right) = \sum_{k,\ell=0}^{\infty} a_k b_\ell$$

und die Reihe $\sum\limits_{k,\ell=0}^{\infty} a_k b_\ell$ konvergiert absolut. Sei $\varphi : \mathbb{N}_0 \to \mathbb{N}_0^2,\; \varphi(j) = (k(j), \ell(j))$, die Cauchysche Abzählung von $\mathbb{N}_0^2$ aus Beispiel 3.7.5. Dann gilt

$$\sum_{k,\ell=0}^{\infty} a_k b_\ell = \sum_{j=0}^{\infty} a_{k(j)} b_{\ell(j)} = a_0 b_0 + (a_0 b_1 + a_1 b_0) + (a_0 b_2 + a_1 b_1 + a_2 b_0) + \cdots$$

$$= \sum_{n=0}^{\infty} \left(\sum_{k+\ell=n} a_k b_\ell \right) = \sum_{n=0}^{\infty} \left(\sum_{k=0}^{n} a_k b_{n-k} \right) = \sum_{n=0}^{\infty} \sum_{\ell=0}^{n} a_{n-\ell} b_\ell. \qquad \square$$

3.8.3 Beispiel. Für alle $x, x' \in \mathbb{R}$ gilt die **Funktionalgleichung der Exponentialreihe**

$$\exp(x + x') = \exp(x) \exp(x').$$

Nach Beispiel 3.2.14 (i), dem Cauchyschen Produktsatz 3.8.5 und dem Binomialsatz 1.3.26 ist

$$\exp(x) \cdot \exp(x') = \left(\sum_{k=0}^{\infty} \frac{x^k}{k!} \right) \left(\sum_{k=0}^{\infty} \frac{(x')^k}{k!} \right) = \sum_{n=0}^{\infty} \sum_{k=0}^{n} \frac{x^k}{k!} \frac{(x')^{n-k}}{(n-k)!}$$

$$= \sum_{n=0}^{\infty} \frac{1}{n!} \sum_{k=0}^{n} \binom{n}{k} x^k (x')^{n-k} = \sum_{n=0}^{\infty} \frac{(x + x')^n}{n!} = \exp(x + x').$$

3.8.4 Beispiel. Für alle $x, x' \in \mathbb{R}$ gelten die **Additionstheoreme für Cosinus und Sinus**

$$\cos(x + x') = \cos x \cos x' - \sin x \sin x',$$
$$\sin(x + x') = \sin x \cos x' + \cos x \sin x'.$$

Wir berechnen

$$\cos x \cos x' = \left(\sum_{k=0}^{\infty} (-1)^k \frac{x^{2k}}{(2k)!} \right) \left(\sum_{k=0}^{\infty} (-1)^k \frac{(x')^{2k}}{(2k)!} \right)$$

$$= \sum_{n=0}^{\infty} \sum_{k=0}^{n} (-1)^k \frac{x^{2k}}{(2k)!} (-1)^{n-k} \frac{(x')^{2(n-k)}}{(2(n-k))!}$$

$$= \sum_{n=0}^{\infty} (-1)^n \sum_{\substack{m=0 \\ m \text{ gerade}}}^{2n} \frac{x^m (x')^{2n-m}}{m!(2n-m)!}$$

$$= \sum_{n=0}^{\infty} \frac{(-1)^n}{(2n)!} \sum_{\substack{m=0 \\ m \text{ gerade}}}^{2n} \binom{2n}{m} x^m (x')^{2n-m}.$$

Ähnlich ist

$$\sin x \sin x' = -\sum_{n=1}^{\infty} \frac{(-1)^n}{(2n)!} \sum_{\substack{m=1 \\ m \text{ ungerade}}}^{2n-1} \binom{2n}{m} x^m (x')^{2n-m}.$$

Hieraus folgt, dass

$$\cos x \cos x' - \sin x \sin x' = \sum_{n=0}^{\infty} \frac{(-1)^n}{(2n)!} \sum_{m=0}^{2n} \binom{2n}{m} x^m (x')^{2n-m}$$

$$= \sum_{n=0}^{\infty} (-1)^n \frac{(x+x')^{2n}}{(2n)!} = \cos(x+x').$$

3.8.5 Cauchysches Produkt von Potenzreihen. *Seien $\sum_{k=0}^{\infty} a_k x^k$ und $\sum_{k=0}^{\infty} b_k x^k$ für alle $x \in \mathbb{R}$, $|x| < R$, konvergente Potenzreihen. Dann gilt für alle $x \in \mathbb{R}$, $|x| < R$, die* **Cauchysche Produktformel**

$$\left(\sum_{k=0}^{\infty} a_k x^k \right) \left(\sum_{k=0}^{\infty} b_k x^k \right) = \sum_{n=0}^{\infty} c_n x^n \text{ mit } c_n := \sum_{k=0}^{n} a_k b_{n-k}.$$

Beweis. Wegen der absoluten Konvergenz der Reihen $\sum_{k=0}^{\infty} a_k x^k$, $\sum_{k=0}^{\infty} b_k x^k$ für alle $x \in \mathbb{R}$, $|x| < R$, folgt

$$\left(\sum_{k=0}^{\infty} a_k x^k \right) \left(\sum_{k=0}^{\infty} b_k x^k \right) = \sum_{n=0}^{\infty} c'_n,$$

$$c'_n = \sum_{k=0}^{n} a_k x^k b_{n-k} x^{n-k} = \sum_{k=0}^{n} a_k b_{n-k} x^n = c_n x^n. \qquad \square$$

3.8.6 Beispiel. Wir betrachten die für $|x| < 1$ konvergenten Potenzreihen

$$P(x) = x - \frac{x^2}{2} + \frac{x^3}{3} - \frac{x^4}{4} + \cdots = \sum_{k=1}^{\infty} \frac{(-1)^{k+1}}{k} x^k,$$

$$Q(x) = 1 - x + x^2 - x^3 + x^4 - + \cdots = \sum_{k=0}^{\infty} (-1)^k x^k$$

und berechnen

$$P(x) \cdot Q(x) = \sum_{n=1}^{\infty} \sum_{k=1}^{n} \frac{(-1)^{k+1}}{k} (-1)^{n-k} x^n = \sum_{n=1}^{\infty} (-1)^{n+1} \left(\sum_{k=1}^{n} \frac{1}{k} \right) x^n$$

$$= x - \left(1 + \frac{1}{2} \right) x^2 + \left(1 + \frac{1}{2} + \frac{1}{3} \right) x^3 - \left(1 + \frac{1}{2} + \frac{1}{3} + \frac{1}{4} \right) x^4 + \cdots.$$

Das folgende Beispiel soll unterstreichen, dass die Vorraussetzung der absoluten Konvergenz in den vorangegangenen Sätzen wesentlich ist.

3.8.7 Beispiel. Die Reihe $\sum_{k=0}^{\infty} \frac{(-1)^k}{\sqrt{k+1}}$ konvergiert nach dem Leibniz-Kriterium, konvergiert aber nicht absolut. Betrachten wir nun das formale Produkt dieser Reihe mit sich selbst. Wir zeigen, dass die Produktformel nicht anwendbar ist. Dazu berechnen wir

$$c_n = \sum_{k=0}^{n} a_k a_{n-k} = \sum_{k=0}^{n} \frac{(-1)^k}{\sqrt{k+1}} \frac{(-1)^{n-k}}{\sqrt{n-k+1}} = (-1)^n \sum_{k=0}^{n} \frac{1}{\sqrt{(k+1)(n-k+1)}}.$$

Es ist

$$(k+1)(n-k+1) = \left(\frac{n}{2}+1\right)^2 - \left(\frac{n}{2}-k\right)^2 \le \left(\frac{n}{2}+1\right)^2$$

und folglich gilt

$$|c_n| \ge \sum_{k=0}^{n} \frac{1}{\frac{n}{2}+1} = \frac{n+1}{\frac{n}{2}+1} \nrightarrow 0 \text{ für } n \to \infty.$$

Das Cauchy-Produkt $\sum_{n=0}^{\infty} c_n$ ist somit divergent.

Wir beweisen noch den

3.8.8 Satz von Mertens. *Sei $\sum_{k=0}^{\infty} a_k$ eine absolut konvergente Reihe und sei $\sum_{k=0}^{\infty} b_k$ konvergent. Dann konvergiert das Cauchy-Produkt $\sum_{n=0}^{\infty} c_n$, $c_n = \sum_{k=0}^{n} a_k b_{n-k}$, und es gilt die Cauchysche Produktformel.*

Beweis. Wir betrachten das partielle Cauchy-Produkt

$$\sum_{n=0}^{N} c_n = \sum_{n=0}^{N} \sum_{k=0}^{n} a_k b_{n-k} = \sum_{\substack{n,k=0 \\ k \le n}}^{N} a_k b_{n-k} = \sum_{k=0}^{N} a_k \sum_{n=k}^{N} b_{n-k}$$

$$= \sum_{k=0}^{N} a_k \sum_{\ell=0}^{\infty} b_\ell - \sum_{k=0}^{N} a_k \sum_{\ell=N-k+1}^{\infty} b_\ell.$$

Zu zeigen ist nur, dass

$$\sum_{k=0}^{N} a_k \sum_{\ell=N-k+1}^{\infty} b_\ell \to 0 \text{ für } N \to \infty.$$

Sei dazu $\varepsilon > 0$ und sei $N' \in \mathbb{N}$ so gewählt, dass

$$\left| \sum_{\ell=m}^{\infty} b_\ell \right| < \varepsilon \text{ für alle } m \geq N'.$$

Dann folgt für alle $N > N'$:

$$\left| \sum_{k=0}^{N} a_k \sum_{\ell=N-k+1}^{\infty} b_\ell \right| = \left| a_0 \sum_{\ell=N+1}^{\infty} b_\ell + a_1 \sum_{\ell=N}^{\infty} b_\ell + \cdots + a_{N-N'+1} \sum_{\ell=N'}^{\infty} b_\ell \right.$$

$$\left. + a_{N-N'+2} \sum_{\ell=N'-1}^{\infty} b_\ell + \cdots + a_N \sum_{\ell=1}^{\infty} b_\ell \right|$$

$$\leq \varepsilon \sum_{k=0}^{\infty} |a_k| + \left| a_{N-N'+2} \sum_{\ell=N'-1}^{\infty} b_\ell + \cdots + a_N \sum_{\ell=1}^{\infty} b_\ell \right|$$

$$\to \varepsilon \sum_{k=0}^{\infty} |a_k| \text{ für } N \to \infty.$$

Weil $\varepsilon > 0$ beliebig ist, folgt die Behauptung. $\qquad\qquad\qquad\qquad$ $\square$

3.8.9 Bemerkung. Im folgenden Kapitel beweisen wir den Satz von Abel, dass nämlich die Cauchysche Produktformel gilt, falls die Reihen $\sum_{k=0}^{\infty} a_k$ und $\sum_{k=0}^{\infty} b_k$ lediglich konvergieren und falls zusätzlich ihr Cauchy-Produkt $\sum_{n=0}^{\infty} c_n$, $c_n = \sum_{k=0}^{n} a_k b_{n-k}$, konvergiert.

4 Stetige Funktionen einer Variablen

4.1 Reelle Funktionen

In diesem Kapitel betrachten wir **reelle Funktionen**, das heißt **reellwertige Funktionen** $f : D \to \mathbb{R}$ **einer reellen Variablen**, dabei ist D eine Teilmenge reeller Zahlen, $D \subset \mathbb{R}$. Wir wiederholen zunächst einige grundlegende Definitionen aus Abschnitt 0.3:

4.1.1 Bezeichnungen. Eine **reelle Funktion** bezeichnen wir mit

$$f : D \to \mathbb{R}, \ x \mapsto y = f(x),$$

dabei ist $y = f(x)$ eine **Zuordnungsvorschrift**, durch welche jedem $x \in D$ genau ein $y \in \mathbb{R}$ zugeordnet wird. $D \subset \mathbb{R}$ ist der **Definitionsbereich** und $\mathbb{R}$ der **Wertebereich** von f. y ist der **Funktionswert** an der Stelle x oder das **Bild** von x. $\operatorname{Im} f = f(D) = \{ f(x) \mid x \in D \}$ ist der **Bildbereich** von f.

4.1.2 Bemerkungen. (i) Genauer ist eine Funktion $f : D \to \mathbb{R}$ eine Relation von D zu $\mathbb{R}$, das heißt eine Teilmenge von $D \times \mathbb{R}$, so dass es zu jedem $x \in D$ genau ein $y \in \mathbb{R}$ gibt mit $(x, y) \in f$. In diesem Fall schreiben wir $y = f(x)$. Mit anderen Worten verstehen wir unter einer Funktion f eigentlich ihren **Graphen**

$$G_f := \{ (x, f(x)) \mid x \in D \}.$$

(ii) Ist $f : D \to \mathbb{R}$ eine Funktion und ist $B \subset \mathbb{R}$ mit $f(D) \subset B$, so unterscheiden wir häufig nicht zwischen f und

$$\tilde{f} : D \to B, \ x \mapsto y = \tilde{f}(x) := f(x).$$

Entscheidend ist, dass die Definitionsbereiche und die Zuordnungsvorschriften übereinstimmen. Gelegentlich muss aber, insbesondere bei Fragen der Surjektivität, unterschieden werden.

(iii) Ist nur die Zuordnungsvorschrift $y = f(x)$ angegeben, so vereinbaren wir, dass wir als Definitionsbereich D die Menge all derjenigen $x \in \mathbb{R}$ nehmen, für welche die Vorschrift $y = f(x)$ sinnvoll ist, das heißt, D ist, soweit definiert, der „maximale" Definitionsbereich.

4.1.3 Beispiele. (i) $f : \mathbb{R} \to \mathbb{R}$, $f(x) = c$, $c \in \mathbb{R}$ (**konstante Funktion**).

(ii) $\mathrm{id}_\mathbb{R} : \mathbb{R} \to \mathbb{R}$, $\mathrm{id}_\mathbb{R}(x) = x$ (**Identität**).

(iii) $\ell : \mathbb{R} \to \mathbb{R}$, $\ell(x) = ax + b$, $a, b \in \mathbb{R}$ (**affine** oder für $b = 0$ **lineare Funktion**).

(iv) $q : \mathbb{R} \to \mathbb{R}$, $q(x) = ax^2 + bx + c$, $a, b, c \in \mathbb{R}$, $a \neq 0$ (**quadratische Funktion**) (Abbildung 4.1). Durch **quadratische Ergänzung** bringen wir q auf die Form

$$y = q(x) = ax^2 + bx + c = a\left(\left(x + \frac{b}{2a}\right)^2 + \frac{4ac - b^2}{4a^2}\right).$$

Setzen wir

$$X := x + \frac{b}{2a}, \quad Y := \frac{y}{a} + \frac{b^2 - 4ac}{4a^2},$$

so gilt

$$Y = X^2.$$

Also ist q eine **Parabel** mit dem **Scheitelpunkt** $(x_0, y_0) = \left(-\frac{b}{2a}, \frac{4ac - b^2}{4a}\right)$. Falls die Diskriminante $\Delta := b^2 - 4ac \geq 0$ ist, so berechnen sich die **Nullstellen** zu $x_{1,2} = \frac{-b \pm \sqrt{b^2 - 4ac}}{2a}$.

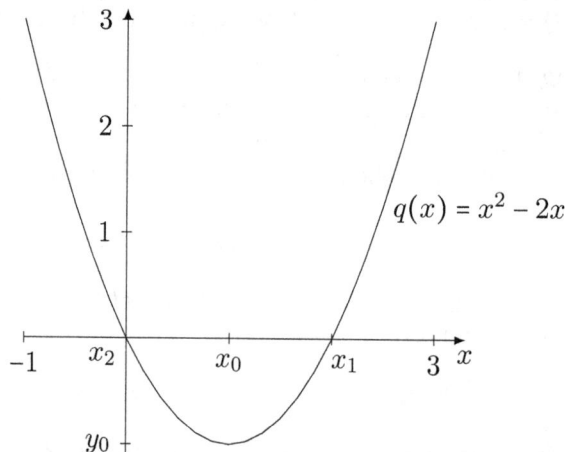

Abbildung 4.1: Quadratische Funktion

(v) $p : \mathbb{R} \to \mathbb{R}$, $p(x) = x^p$, $p \in \mathbb{N}$ (**p-te Potenz**). Betrachten wir als Definitionsbereich nur $\mathbb{R}_0^+ = \{ x \geq 0 \}$, so ist nach Satz 2.3.2 das Bild gleich $p(\mathbb{R}_0^+) = \{ y \geq 0 \} = \mathbb{R}_0^+$.

(vi) $w : \mathbb{R}_0^+ \to \mathbb{R}$, $w(x) = \sqrt[p]{x}$, $p \in \mathbb{N}$ (**p-te Wurzel**). Nach Satz 2.3.2 ist $w(x) = \sqrt[p]{x}$ für alle $x \geq 0$ definiert. Offensichtlich ist $w(\mathbb{R}_0^+) = \mathbb{R}_0^+$. p und w sind, als Funktionen von $\mathbb{R}_0^+$ in $\mathbb{R}_0^+$, **invers** zueinander, das heißt, für alle $x, y \geq 0$ gilt

$$p(x) = x^p = y \Leftrightarrow x = \sqrt[p]{y} = w(y).$$

Dies folgt auch aus Satz 0.4.5, denn für alle $x, y \geq 0$ gilt:

$$w(p(x)) = \sqrt[p]{x^p} = x = \mathrm{id}_{\mathbb{R}_0^+}(x), \quad p(w(y)) = (\sqrt[p]{y})^p = y = \mathrm{id}_{\mathbb{R}_0^+}(y).$$

(vii) $p : \mathbb{R}_0^+ \to \mathbb{R}$, $p(x) = x^\mu$, $\mu \in \mathbb{Q}$, $\mu \geq 0$ (**μ-te rationale Potenz**). Nach Definition 2.3.6 ist die μ-te rationale Potenz $p(x) = x^\mu = \sqrt[q]{x^p}$ für alle $x \geq 0$ und alle $\mu = \frac{p}{q} \in \mathbb{Q}$, $p \in \mathbb{N}_0$, $q \in \mathbb{N}$ definiert. Für $x > 0$ ist x^μ sogar für alle $\mu = \frac{p}{q} \in \mathbb{Q}$, $p \in \mathbb{Z}$, $q \in \mathbb{N}$ erklärt. Aufgrund der Potenzregel 2.3.7 (iii) gilt für alle $x, y \geq 0$ und alle $\mu > 0$, dass

$$p_\mu(x) := x^\mu = y \Leftrightarrow x = y^{\frac{1}{\mu}} =: p_{\frac{1}{\mu}}(y),$$

das heißt, p_μ und $p_{\frac{1}{\mu}}$ sind, als Funktionen von $\mathbb{R}_0^+$ in $\mathbb{R}_0^+$, für alle rationalen $\mu > 0$ **invers** zueinander.

(viii) $P : \mathbb{R} \to \mathbb{R}$, $P(x) = \sum_{k=0}^{n} a_k x^k$, $a_1, \ldots, a_n \in \mathbb{R}$ (**Polynom**).

Polynome oder genauer Polynomfunktionen und rationale Funktionen behandeln wir im folgenden Abschnitt detaillierter. Man erhält sie durch rationale Operationen aus den Potenzfunktionen beziehungsweise lediglich aus den Funktionen $f_1(x) \equiv 1$ und $f_2(x) = \mathrm{id}_{\mathbb{R}}(x) = x$:

4.1.4 Rationale Operationen. Seien D und E Teilmengen von $\mathbb{R}$ und seien $f : D \to \mathbb{R}$ und $g : E \to \mathbb{R}$ reelle Funktionen. Dann sind die **Summe** $f + g$ und das **Produkt** $f \cdot g$ für $x \in D \cap E$ definiert durch

$$(f + g)(x) := f(x) + g(x),$$
$$(f \cdot g)(x) := f(x) \cdot g(x).$$

Damit sind auch für $\alpha, \beta \in \mathbb{R}$ das **Vielfache** $\alpha \cdot f$ und die **Linearkombination** $\alpha \cdot f + \beta \cdot g$ erklärt. Der **Quotient** $\frac{f}{g}$ ist für alle $x \in D \cap E$ mit $g(x) \neq 0$ definiert durch

$$\frac{f}{g}(x) := \frac{f(x)}{g(x)}.$$

Wir führen noch einige Begriffe ein, welche man sich anhand der obigen Beispiele verdeutlichen mag:

4.1.5 Definition. (i)   Eine Funktion $f : D \to \mathbb{R}$ heißt **gerade**, wenn für alle $x \in D$ immer $-x \in D$ gilt und wenn

$$f(x) = f(-x) \text{ für alle } x \in D.$$

Sie ist dann **symmetrisch** zur y-Achse. f heißt **ungerade**, wenn mit $x \in D$ stets $-x \in D$ ist und für alle $x \in D$ $f(x) = -f(-x)$ gilt, das heißt, sie ist symmetrisch zum Ursprung.

(ii) $f : D \to \mathbb{R}$ heißt **monoton wachsend** oder monoton nicht-fallend, wenn

$$f(x) \le f(x') \text{ für alle } x, x' \in D, \ x \le x'$$

gilt. Sie heißt **streng monoton wachsend**, wenn die strikte Ungleichung gilt, das heißt

$$f(x) < f(x') \text{ für alle } x, x' \in D, \ x < x'.$$

Ähnlich ist eine **monoton fallende** oder monoton nicht-wachsende Funktion erklärt sowie eine **streng monoton fallende** Funktion.

(iii) f heißt **nach oben beschränkt**, wenn es eine Konstante $c > 0$ gibt mit

$$f(x) \le c \text{ für alle } x \in D.$$

c heißt auch **obere Schranke**. Ähnlich ist eine **nach unten beschränkte Funktion** sowie eine **untere Schranke** erklärt. f heißt **beschränkt**, wenn sie dem Betrage nach beschränkt ist, das heißt, es gilt

$$|f(x)| \le c \text{ für alle } x \in D.$$

(iv) f heißt **dehnungsbeschränkt**, wenn es eine Konstante $L \ge 0$ gibt mit

$$|f(x) - f(x')| \le L \, |x - x'| \text{ für alle } x, x' \in D.$$

Diese Ungleichung heißt auch **Lipschitz-Bedingung** und L wird **Lipschitz-Konstante** genannt. Kann $L < 1$ gewählt werden, so heißt f auch **kontrahierend**.

4.1.6 Bemerkungen. (i) Eine dehnungsbeschränkte Funktion braucht nicht beschränkt zu sein. Ein Beispiel hierfür ist die Identität auf $\mathbb{R}$.

(ii) Jede Potenzfunktion $p(x) = x^p$, $p \in \mathbb{N}$, ist, restringiert auf ein endliches Intervall, zum Beispiel auf $[-c, c]$, $c > 0$, dehnungsbeschränkt. Dies folgt sofort aus der geometrischen Summenformel: Für alle $x, x' \in \mathbb{R}$ gilt

$$|x^p - (x')^p| = |x - x'| \left| \sum_{k=1}^{p} x^{p-k}(x')^{k-1} \right|$$
$$\le p c^{p-1} |x - x'|.$$

Für $p c^{p-1} < 1$ ist $p(x) = x^p$ kontrahierend auf $[-1, 1]$.

4.1.7 Beispiele. (i) $|\ | : \mathbb{R} \to \mathbb{R}$, $|x| = \begin{cases} x & \text{für } x \geq 0 \\ -x & \text{für } x < 0 \end{cases}$ **(Absolutbetrag)** (Abbildung 4.2).

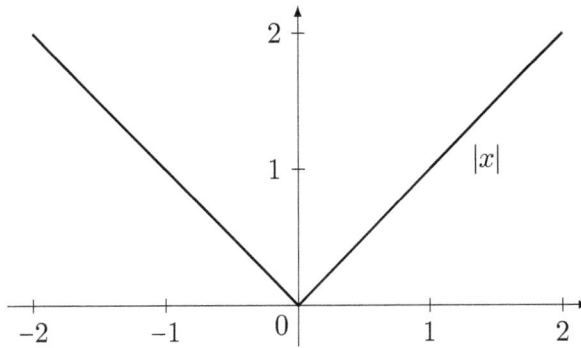

Abbildung 4.2: *Absolutbetrag*

(ii) $\chi : \mathbb{R} \to \mathbb{R}$, $\chi(x) = \begin{cases} 0 & \text{für } x \in \mathbb{Q} \\ 1 & \text{für } x \in \mathbb{R} \setminus \mathbb{Q} \end{cases}$ **(Dirichletsche Funktion)**.

(iii) $H : \mathbb{R} \to \mathbb{R}$, $H(x) = \begin{cases} 1 & \text{für } x > 0 \\ \frac{1}{2} & \text{für } x = 0 \\ 0 & \text{für } x < 0 \end{cases}$ **(Heaviside-Funktion)**.

(iv) $[\ ] : \mathbb{R} \to \mathbb{R}$, $[x] := \max\{\, k \in \mathbb{Z} \mid k \leq x \,\}$ **(Gaußsche Funktion)** (Abbildung 4.3).

(v) $s_1 : \mathbb{R} \to \mathbb{R}$, $s_1(x) = x - [x]$ **(erste Sägezahnfunktion)** (Abbildung 4.4),

$s_2 : \mathbb{R} \to \mathbb{R}$, $s_2(x) = \left| x - [x] - \frac{1}{2} \right|$ **(zweite Sägezahnfunktion)** (Abbildung 4.5).

Die Sägezahnfunktionen s_1 und s_2 sind periodisch mit der Periode 1:

4.1.8 Definition. Eine Zahl $p \in \mathbb{R}$, $p > 0$, heißt **Periode** einer Funktion $f : \mathbb{R} \to \mathbb{R}$, wenn

$$f(x + p) = f(x) \text{ für alle } x \in \mathbb{R}$$

gilt. f heißt **periodisch**, wenn sie eine Periode besitzt.

Abschließend geben wir einige **transzendente Funktionen** an, das heißt Funktionen, welche durch Grenzprozesse definiert sind. Sie sind besonders wichtig und wir werden uns in den folgenden Kapiteln ausführlich mit ihnen beschäftigen:

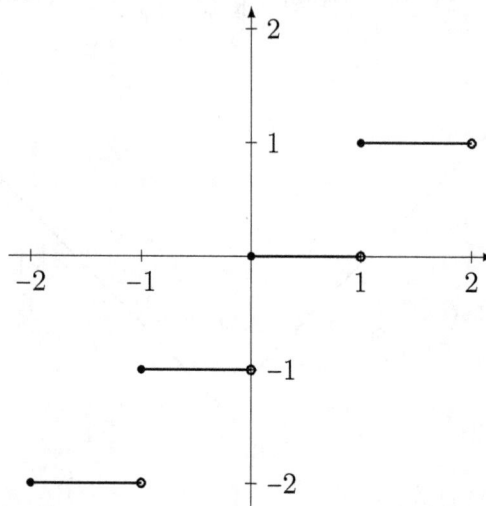

Abbildung 4.3: *Gaußsche Funktion*

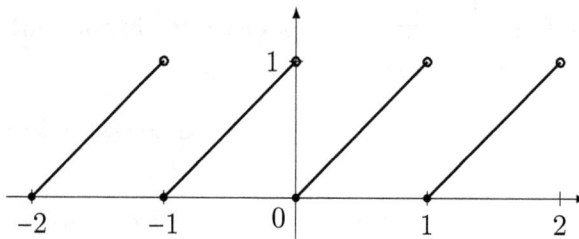

Abbildung 4.4: *Erste Sägezahnfunktion*

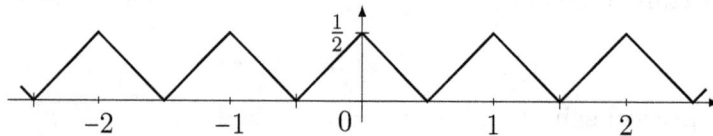

Abbildung 4.5: *Zweite Sägezahnfunktion*

4.1.9 Beispiele. (i) $f : D \to \mathbb{R}$, $f(x) = \sum_{k=0}^{\infty} a_k x^k$, $a_k \in \mathbb{R}$, $k \in \mathbb{N}_0$ (**Po-**
tenzreihe). Nach der Cauchy-Hadamardschen Formel ist $\{ |x| < R \} \subset D \subset$
$\{ |x| \le R \}$, $R = \dfrac{1}{\limsup\limits_{k \to \infty} \sqrt[k]{|a_k|}}$.

(ii) $g : (-1, 1) \to \mathbb{R}$, $g(x) = \sum_{k=0}^{\infty} x^k$ (**geometrische Reihe**).

(iii) $\exp : \mathbb{R} \to \mathbb{R}$, $\exp x = \sum_{k=0}^{\infty} \dfrac{x^k}{k!}$ (**Exponentialfunktion**). Für alle $x, x' \in \mathbb{R}$
gilt die **Funktionalgleichung** der Exponentialfunktion (vergleiche Bei-
spiel 3.8.3)

$$\exp(x + x') = \exp x \exp x'.$$

(iv) $\cos x : \mathbb{R} \to \mathbb{R}$, $\cos x = \sum_{k=0}^{\infty} (-1)^k \dfrac{x^{2k}}{(2k)!}$ (**Cosinus**).

(v) $\sin x : \mathbb{R} \to \mathbb{R}$, $\sin x = \sum_{k=0}^{\infty} (-1)^k \dfrac{x^{2k+1}}{(2k+1)!}$ (**Sinus**).

Für alle $x, x' \in \mathbb{R}$ gelten die **Additionstheoreme** für Cosinus und Sinus
(vergleiche Beispiel 3.8.4)

$$\cos(x + x') = \cos x \cos x' - \sin x \sin x',$$
$$\sin(x + x') = \sin x \cos x' + \cos x \sin x'.$$

4.1.10 Beispiele. (i) $p : \mathbb{R}_0^+ \to \mathbb{R}$, $p(x) = x^\mu$, $\mu \in \mathbb{R}$, $\mu \ge 0$ (μ-**te reelle Po-**
tenz). Die μ-te reelle Potenz wurde in 2.3.9 definiert. Für $x > 0$ ist sie sogar
für alle $\mu \in \mathbb{R}$ erklärt. Aufgrund der Potenzregel 2.3.7 (ii) (beziehungsweise
2.3.10) gilt für alle $x, x' > 0$ die **Funktionalgleichung** der Potenzfunktion

$$p(x \cdot x') = (x \cdot x')^\mu = x^\mu (x')^\mu = p(x) p(x').$$

Außerdem gilt nach 2.3.7 (iii) für alle $x > 0$ und alle $\mu, \nu \in \mathbb{R}$ die Beziehung

$$p_\nu \left(p_\mu(x) \right) = (x^\mu)^\nu = x^{\mu \cdot \nu} = p_{\nu \cdot \mu}(x).$$

(ii) $\exp_b : \mathbb{R} \to \mathbb{R}$, $\exp_b(x) := b^x$, $b > 0$ (**allgemeine Exponentialfunktion**).
Aufgrund der Potenzregel 2.3.7 (i) gilt für alle $x, x' \in \mathbb{R}$ die **Funktional-**
gleichung der allgemeinen Exponentialfunktion

$$\exp_b(x + x') = b^{x+x'} = b^x b^{x'} = \exp_b(x) \exp_b(x').$$

(iii) Sei e die in 2.4.5 erklärte Eulersche Zahl. In Beispiel 2.4.6 wurde gezeigt, dass $e^x = \lim\limits_{n \to \infty} \left(1 + \frac{x}{n}\right)^n$ für alle $x \in \mathbb{Q}$. In Beispiel 3.2.15 wurde gezeigt, dass

$$\lim_{n \to \infty} \left(1 + \frac{x}{n}\right)^n = \sum_{k=0}^{\infty} \frac{x^k}{k!} = \exp x$$

für alle $x \in \mathbb{R}$. Deshlab haben wir für alle $x \in \mathbb{Q}$

$$\exp_e(x) = e^x = \exp x.$$

4.2 Polynome und rationale Funktionen

4.2.1 Definition. Ein **Polynom**, genauer eine Polynomfunktion, ist eine Funktion $P : \mathbb{R} \to \mathbb{R}$, welche in der Form

$$P(x) = \sum_{k=0}^{n} a_k x^k$$

mit reellen **Koeffizienten** $a_0, a_1, \ldots, a_n \in \mathbb{R}$ darstellbar ist. Ist $a_n \neq 0$, so heißt n der **Grad** des Polynoms, in Zeichen

$$n = \operatorname{Grad} P.$$

Der Grad des identisch verschwindenden Polynoms $P(x) \equiv 0$ ist definiert als $-\infty$. Ist $a_n = 1$, so heißt P **normiert**.

4.2.2 Erster Identitätssatz. *Sind $\sum\limits_{k=0}^{n} a_k x^k$ und $\sum\limits_{k=0}^{m} b_k x^k$ zwei Darstellungen eines Polynoms $P : \mathbb{R} \to \mathbb{R}$, das heißt, gilt*

$$\sum_{k=0}^{n} a_k x^k = \sum_{k=0}^{m} b_k x^k \text{ für alle } x \in \mathbb{R},$$

so ist

$$a_k = b_k \text{ für alle } k = 0, 1, \ldots, N := \max\{n, m\}.$$

Dabei setzen wir a_k beziehungsweise b_k gleich 0, falls es noch nicht definiert ist. Insbesondere ist der Grad eines Polynoms wohldefiniert.

Beweis. Wir setzen $x = 0$ und folgern $a_0 = b_0$. Sei $c_k := a_k - b_k$ für $k = 1, \ldots, N$. Dann folgt

$$0 = \sum_{k=1}^{N} (a_k - b_k) x^k = \sum_{k=0}^{N-1} c_{k+1} x^{k+1} \text{ für alle } x \in \mathbb{R}$$

und nach Division durch x, dass

$$c_1 + \sum_{k=1}^{N-1} c_{k+1} x^k = \sum_{k=0}^{N-1} c_{k+1} x^k = 0 \text{ für alle } x \neq 0.$$

Sei $\varepsilon > 0$. Da $\left(\frac{1}{\ell}\right)_{\ell \in \mathbb{N}}$ eine Nullfolge ist, gibt es ein $\ell \in \mathbb{N}$ mit

$$|c_1| = \left|\sum_{k=1}^{N-1} c_{k+1} \left(\frac{1}{\ell}\right)^k\right| \leq \sum_{k=1}^{N-1} |c_{k+1}| \frac{1}{\ell} < \varepsilon.$$

Also gilt $|c_1| < \varepsilon$ für alle $\varepsilon > 0$ und deshalb ist $c_1 = 0$, das heißt $a_1 = b_1$. Induktiv folgt, dass auch $a_2 = b_2, \ldots, a_N = b_N$ gilt. $\qquad \square$

4.2.3 Lemma. *Die Polynome bilden eine Funktionenalgebra, das heißt, sind* $P(x) = \sum\limits_{k=0}^{n} a_k x^k$ *und* $Q(x) = \sum\limits_{k=0}^{m} b_k x^k$ *Polynome und ist* $\alpha \in \mathbb{R}$*, so sind auch* $P + Q$*,* αP *und* $P \cdot Q$ *Polynome.* $P \cdot Q$ *ist von der Form*

$$(P \cdot Q)(x) = \sum_{k=0}^{n+m} c_k x^k, \quad c_k = \sum_{\ell=0}^{k} a_\ell b_{k-\ell}.$$

Außerdem gilt

$$\operatorname{Grad}(P + Q) \leq \max\{\operatorname{Grad} P, \operatorname{Grad} Q\}, \quad \operatorname{Grad}(P \cdot Q) = \operatorname{Grad} P + \operatorname{Grad} Q.$$

Dabei setzen wir $-\infty + n := -\infty$ *für* $n \in \mathbb{N}_0$.

4.2.4 Entwicklung um einen neuen Mittelpunkt. *Sei* $P(x) = \sum\limits_{k=0}^{n} a_k x^k$ *ein Polynom und sei* $a \in \mathbb{R}$. *Dann gilt die Darstellung*

$$P(x) = P(a, x) := \sum_{k=0}^{n} b_k (x - a)^k \text{ mit } b_k := \sum_{\ell=k}^{n} \binom{\ell}{k} a_\ell a^{\ell-k}.$$

Insbesondere ist $b_0 = P(a)$, $b_n = a_n$.

Beweis. Aus dem Binomialsatz folgt

$$P(x) = \sum_{k=0}^{n} a_k((x - a) + a)^k = \sum_{k=0}^{n} a_k \sum_{\ell=0}^{k} \binom{k}{\ell}(x - a)^\ell a^{k-\ell}$$

$$= \sum_{\substack{k,\ell=0 \\ \ell \leq k}}^{n} a_k \binom{k}{\ell}(x - a)^\ell a^{k-\ell} = \sum_{\ell=0}^{n} \left(\sum_{k=\ell}^{n} \binom{k}{\ell} a_k a^{k-\ell}\right)(x - a)^\ell$$

$$= \sum_{k=0}^{n} \left(\sum_{\ell=k}^{n} \binom{\ell}{k} a_\ell a^{\ell-k}\right)(x - a)^k = \sum_{k=0}^{n} b_k (x - a)^k. \qquad \square$$

4.2.5 Korollar. *Sei P ein Polynom vom Grad $n \geq 1$ und sei $a \in \mathbb{R}$. Dann hat P die Darstellung*

$$P(x) = P(a) + (x - a)Q(x),$$

wobei Q ein Polynom vom Grad $n - 1$ ist.

4.2.6 Lemma. *Sei $x_0 \in \mathbb{R}$ eine **Nullstelle** eines Polynoms P vom Grad $n \geq 1$, das heißt es gilt $P(x_0) = 0$. Dann gibt es ein Polynom Q vom Grad $n - 1$ mit*

$$P(x) = (x - x_0)Q(x).$$

Durch wiederholte Anwendung dieses Lemma folgt:

4.2.7 Nullstellensatz. *Ein Polynom P vom Grad $n \geq 1$ hat höchstens n Nullstellen.*

Aus dem Nullstellensatz ergeben sich als Korollare die folgenden beiden Sätze:

4.2.8 Erster Faktorisierungssatz. *Sei P ein Polynom vom Grad $n \geq 1$ und seien $x_1, \ldots, x_k$ die paarweise verschiedenen Nullstellen von P. Dann gibt es ein eindeutig bestimmtes Polynom Q, welches keine reellen Nullstellen hat, und eindeutig bestimmte Zahlen $\nu_1, \ldots, \nu_k \in \mathbb{N}$, so dass P die Darstellung*

$$P(x) = (x - x_1)^{\nu_1} \cdot \ldots \cdot (x - x_k)^{\nu_k} Q(x)$$

*besitzt. Die Zahlen $\nu_1, \ldots, \nu_k$ heißen **Vielfachheiten** der Nullstellen $x_1, \ldots, x_k$. Es gilt*

$$\nu_1 + \cdots + \nu_k + \operatorname{Grad} Q = n.$$

4.2.9 Identitätssatz für Polynome. *Seien P und Q zwei Polynome vom Grad $\leq n$, welche an $n + 1$ verschiedenen Stellen übereinstimmen. Dann sind sie identisch, das heißt, sie haben dieselben Koeffizienten.*

Auf dem Identitätssatz für Polynome basiert die **Methode des Koeffizientenvergleichs**:

4.2.10 Beispiel. Für $n, m, k \in \mathbb{N}$ gilt das **Additionstheorem der Binomialkoeffizienten**

$$\binom{n + m}{k} = \sum_{\ell=0}^{k} \binom{n}{\ell}\binom{m}{k - \ell}.$$

Beweis. Nach dem Binomialsatz 1.3.26 und Lemma 4.2.3 gilt für $x \in \mathbb{R}$:

$$(1 + x)^n \cdot (1 + x)^m = \left(\sum_{k=0}^{n} \binom{n}{k} x^k \right) \left(\sum_{k=0}^{m} \binom{m}{k} x^k \right)$$

$$= \sum_{k=0}^{n+m} \left(\sum_{\ell=0}^{k} \binom{n}{\ell}\binom{m}{k - \ell} \right) x^k,$$

dabei setzen wir $\binom{n}{k} := 0$ für $k > n$. Andererseits ist

$$(1+x)^n \cdot (1+x)^m = (1+x)^{n+m} = \sum_{k=0}^{n+m} \binom{n+m}{k} x^k.$$

Der Vergleich der Koeffizienten ergibt die Behauptung.   □

Wir erwähnen noch den folgenden elementaren, aber sehr nützlichen Divisionsalgorithmus, welcher in der Algebra bewiesen wird:

4.2.11 Euklidischer Algorithmus. *Seien P und $Q \not\equiv 0$ zwei Polynome. Dann
gibt es zwei eindeutig bestimmte Polynome P_1 und P_2, so dass* Grad $P_2 <$ Grad Q
und

$$P(x) = P_1(x)Q(x) + P_2(x) \text{ für alle } x \in \mathbb{R},$$

das heißt, es gilt

$$\frac{P(x)}{Q(x)} = P_1(x) + \frac{P_2(x)}{Q(x)} \text{ für alle } x \in \mathbb{R}, \ Q(x) \neq 0.$$

4.2.12 Beispiel. Sei $P(x) = 2x^3 - 3x^2$, $Q(x) = x^2 - 3$. Dann dividieren wir:

$$
\begin{array}{l}
(2x^3 \quad -3x^2 \ ) : (x^2 - 3) = 2x - 3. \\
\underline{-(2x^3 \qquad\qquad -6x)} \\
\quad\ \ -3x^2 \ +6x \\
\quad\ \ \underline{-(-3x^2 \qquad +9)} \\
\qquad\qquad\ 6x \ -9
\end{array}
$$

$6x - 9$ ist der Rest der Division. Also gilt

$$\frac{2x^3 - 3x^2}{x^2 - 3} = 2x - 3 + \frac{6x - 9}{x^2 - 3} \text{ für } x \neq \pm\sqrt{3},$$

das heißt

$$P(x) = 2x^3 - 3x^2 = (2x - 3)(x^2 - 3) + 6x - 9 = P_1(x)Q(x) + P_2(x).$$

Abschließend formulieren wir den Faktorisierungssatz für reelle Polynome, welcher mit komplexen Methoden bewiesen wird und auf dem Fundamentalsatz
der Algebra beruht (vergleiche Anhang C.3 und C.9):

4.2.13 Faktorisierungssatz. *Sei P ein Polynom vom Grad $n \geq 1$ mit den paar-
weise verschiedenen Nullstellen $x_1, \ldots, x_k \in \mathbb{R}$ und den Vielfachheiten $\nu_1, \ldots, \nu_k \in
\mathbb{N}$. Ist $\nu_1 + \cdots + \nu_k = n$, so besitzt P die Darstellung*

$$P(x) = a_n (x - x_1)^{\nu_1} \cdot \ldots \cdot (x - x_k)^{\nu_k}.$$

Ist $\nu_1 + \cdots + \nu_k < n$, dann gibt es eindeutig bestimmte, paarweise verschiedene normierte Polynome $P_1(x) = x^2 + b_1 x + c_1,\ \ldots,\ P_\ell(x) = x^2 + b_\ell x + c_\ell$ vom Grad 2, welche keine reelle Nullstellen besitzen, das heißt, es gilt $4c_1 - b_1^2 > 0,\ \ldots,$ $4c_\ell - b_\ell^2 > 0$, und es gibt eindeutig bestimmte Zahlen $\mu_1, \ldots, \mu_\ell \in \mathbb{N}$, so dass P die **Produktdarstellung**

$$P(x) = a_n (x - x_1)^{\nu_1} \cdot \ldots \cdot (x - x_k)^{\nu_k} (P_1(x))^{\mu_1} \cdot \ldots \cdot (P_\ell(x))^{\mu_\ell}$$

besitzt. Es gilt

$$\nu_1 + \cdots + \nu_k + 2(\mu_1 + \cdots + \mu_\ell) = n.$$

Wir behandeln noch rationale Funktionen:

4.2.14 Definition. Eine **rationale Funktion** $R : D \to \mathbb{R}$ ist ein Quotient

$$R(x) = \frac{P(x)}{Q(x)}$$

zweier Polynome P und Q, wobei $Q(x) \not\equiv 0$. R ist wenigstens außerhalb der Nullstellenmenge von Q erklärt. R heißt **echt gebrochen**, wenn

$$\text{Grad}\,P < \text{Grad}\,Q.$$

4.2.15 Bemerkung. Ist $R = \frac{P}{Q}$ eine rationale Funktion mit $\text{Grad}\,P \ge \text{Grad}\,Q$, dann gibt es nach dem Euklidischen Algorithmus Polynome P_1 und P_2 mit $\text{Grad}\,P_2 < \text{Grad}\,Q$, so dass

$$\frac{P(x)}{Q(x)} = P_1(x) + \frac{P_2(x)}{Q(x)}.$$

Deshalb betrachten wir im folgenden nur echt gebrochene rationale Funktionen. Außerdem können wir annehmen, dass der Nenner Q normiert ist.

Wir formulieren den Satz über die Partialbruchdarstellung rationaler Funktionen, welcher mit komplexen Methoden bewiesen wird (vergleiche Anhang C.3):

4.2.16 Partialbruchzerlegung. *Sei R eine echt gebrochene rationale Funktion, $R(x) = \frac{P(x)}{Q(x)}$. Sei Q durch die Produktdarstellung*

$$Q(x) = (x - x_1)^{\nu_1} \cdot \ldots \cdot (x - x_k)^{\nu_k} \cdot (x^2 + b_1 x + c_1)^{\mu_1} \cdot \ldots \cdot (x^2 + b_\ell x + c_\ell)^{\mu_\ell}$$

wie in Satz 4.2.13 gegeben. Dann besitzt R eine **Partialbruchdarstellung** *der Form*

$$R(x) = \sum_{i=1}^{k} \left(\frac{A_i^{(1)}}{x - x_i} + \cdots + \frac{A_i^{(\nu_i)}}{(x - x_i)^{\nu_i}} \right)$$

$$+ \sum_{j=1}^{\ell} \left(\frac{B_j^{(1)} x + C_j^{(1)}}{x^2 + b_j x + c_j} + \cdots + \frac{B_j^{(\mu_j)} x + C_j^{(\mu_j)}}{(x^2 + b_j x + c_j)^{\mu_j}} \right)$$

mit reellen Zahlen $A_i^{(1)}, \ldots, A_i^{(\nu_i)}$, $i = 1, \ldots, k$, *und* $B_j^{(1)}, C_j^{(1)}, \ldots, B_j^{(\mu_j)}, C_j^{(\mu_j)}$, $j = 1, \ldots, \ell$.

4.2.17 Beispiele. (i) Für $x \neq 1$ betrachten wir die rationale Funktion

$$R(x) = \frac{x^2 + 2x + 7}{(x^3 + x^2 - 2)^2} = \frac{x^2 + 2x + 7}{(x-1)^2(x^2 + 2x + 2)^2}.$$

Sie besitzt eine Darstellung der Form

$$R(x) = \frac{A_1}{x-1} + \frac{A_2}{(x-1)^2} + \frac{B_1 x + C_1}{x^2 + 2x + 2} + \frac{B_2 x + C_2}{(x^2 + 2x + 2)^2}$$

mit $A_1, A_2, \ldots, C_2 \in \mathbb{R}$.

(ii) Für $x \neq 1$ betrachten wir

$$R(x) = \frac{x^2 + 2x + 7}{x^3 + x^2 - 2} = \frac{x^2 + 2x + 7}{(x-1)(x^2 + 2x + 2)} = \frac{A}{x-1} + \frac{Bx + C}{x^2 + 2x + 2}$$

und bestimmen die Koeffizienten A, B, C: Multiplikation der Gleichung mit $(x-1) \cdot (x^2 + 2x + 2)$ liefert

$$x^2 + 2x + 7 = (A + B)x^2 + (2A - B + C)x + (2A - C).$$

Durch **Koeffizientenvergleich** erhält man das System

$$\begin{aligned} A + B &= 1 \\ 2A - B + C &= 2 \\ 2A - C &= 7, \end{aligned}$$

welches durch $A = 2$, $B = -1$, $C = -3$ eindeutig gelöst wird. Daher gilt die Darstellung

$$R(x) = \frac{2}{x-1} - \frac{x+3}{x^2 + 2x + 2}.$$

4.2.18 Bestimmung der Koeffizienten. Die folgenden Verfahren sind geeignet zur Berechnung der unbekannten Koeffizienten $A_1^{(1)}, \ldots, C_\ell^{(\mu_\ell)}$ der Partialbruchzerlegung:

(i) Durch Multiplikation mit dem Nennerpolynom Q ergibt sich die Gleichheit zweier Polynome und durch **Koeffizientenvergleich** ein System von linearen Gleichungen, durch welches die Unbekannten bestimmt werden.

(ii) Durch **Einsetzen** von verschiedenen Werten für x ergibt sich ein System von linearen Gleichungen zur Berechnung der Unbekannten.

(iii) In 4.3.10 und 4.3.11 behandeln wir die **Grenzwertmethode**.

4.3   Der Limes einer Funktion

4.3.1 Definition. Sei $f : D \to \mathbb{R}$ und sei $a \in \mathbb{R}$ ein **Häufungspunkt** von D, das heißt, es gibt eine Folge $(x_n)_{n \in \mathbb{N}}$, $x_n \in D$, $x_n \neq a$ mit $x_n \to a$ für $n \to \infty$. Dann heißt $c \in \mathbb{R}$ **Limes** oder **Grenzwert** von f an der Stelle a, wir sagen auch $f(x)$ **konvergiert** gegen c für $x \to a$, in Zeichen

$$c = \lim_{x \to a} f(x) \text{ oder } f(x) \to c \text{ für } x \to a,$$

falls es zu jedem $\varepsilon > 0$ ein $\delta = \delta(\varepsilon) > 0$ gibt, so dass

$$|f(x) - c| < \varepsilon \text{ für alle } x \in D, \ |x - a| < \delta, \ x \neq a.$$

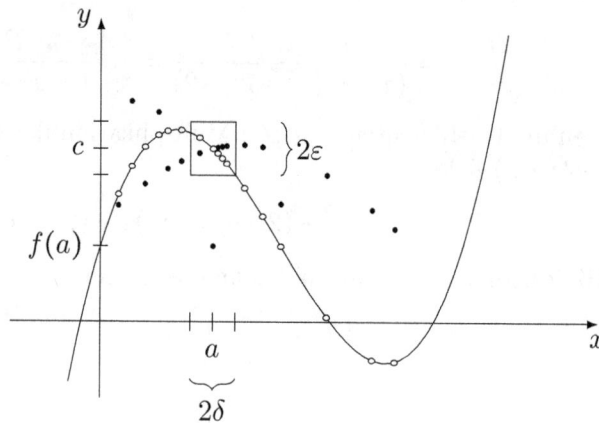

Abbildung 4.6: *Grenzwert einer Funktion*

4.3.2 Lemma. *Der Limes ist eindeutig bestimmt.*

4.3.3 Bemerkungen. (i) Es ist nicht notwendig, aber zulässig, dass $a \in D$ ist, in welchem Fall $\lim_{x \to a} f(x) \neq f(a)$ sein kann.

(ii) Ist a kein Häufungspunkt von D, das heißt, ist a ein isolierter Punkt von D, dann ist die Aussage der Definition für jedes $c \in \mathbb{R}$ wahr; in diesem Fall definieren wir den Limes jedoch nicht.

4.3.4 Beispiele. (i)   Offensichtlich gilt für **konstante Funktionen**, die **Identität**, für **lineare** und **affine Funktionen** und für den **Absolutbetrag**, dass

$$\lim_{x \to a} f(x) = f(a) \text{ für alle } a \in \mathbb{R}.$$

(ii) Die **Dirichletsche Funktion** 4.1.7 (ii) besitzt für kein $a \in \mathbb{R}$ einen Grenzwert.

(iii) Wir betrachten die **Exponentialfunktion** und zeigen, dass

$$\lim_{x \to 0} \exp x = 1 = \exp 0:$$

Sei $\varepsilon > 0$ und sei $\delta := \min\left\{ \frac{\varepsilon}{e}, 1 \right\}$. Dann gilt für alle $|x| < \delta$, dass

$$|\exp x - 1| \leq \sum_{k=1}^{\infty} \frac{|x|^k}{k!} = |x| \sum_{k=0}^{\infty} \frac{|x|^k}{(k+1)!} \leq |x| \exp 1 = |x| e < \varepsilon.$$

(iv) Ähnlich zeigt man für den **Cosinus** und den **Sinus**, dass

$$\lim_{x \to 0} \cos x = 1 = \cos 0, \quad \lim_{x \to 0} \sin x = 0 = \sin 0.$$

4.3.5 Beispiele. (i) Für die **Potenzfunktion** $p : \mathbb{R} \to \mathbb{R}$, $p(x) = x^p$, $p \in \mathbb{N}$, zeigen wir, dass die Grenzwertbeziehung

$$\lim_{x \to a} p(x) = \lim_{x \to a} x^p = a^p = p(a)$$

für alle $a \in \mathbb{R}$ gilt. Man vergleiche hierzu das Beispiel 1.6.18, wo die entsprechende Limesrelation für die Grenzwerte von Folgen bewiesen wurde: Sei $\varepsilon > 0$ und sei $\delta := \min\left\{ \frac{\varepsilon}{p(|a|+1)^{p-1}}, 1 \right\}$. Dann folgt mit Hilfe der geometrischen Summenformel für alle $|x - a| < \delta$, dass

$$|x^p - a^p| = |x - a| \left| \sum_{\ell=1}^{p} x^{p-\ell} a^{\ell-1} \right| \leq p(|a| + 1)^{p-1} |x - a| < \varepsilon.$$

(ii) Für die **Wurzelfunktion** $w : [0, +\infty) \to \mathbb{R}$, $w(x) = \sqrt[p]{x}$, $x \geq 0$, $p \in \mathbb{N}$, zeigen wir ähnlich wie in Lemma 2.3.5 (iii) die Limesrelation

$$\lim_{x \to a} w(x) = \lim_{x \to a} \sqrt[p]{x} = \sqrt[p]{a} = w(a)$$

für alle $a \geq 0$: Sei $\varepsilon > 0$ und sei $\delta := \varepsilon^p$. Dann gilt für alle $|x - a| < \delta$, dass

$$\left| \sqrt[p]{x} - \sqrt[p]{a} \right| \leq \sqrt[p]{|x - a|} < \varepsilon.$$

Im Allgemeinen gilt der folgende Satz:

4.3.6 Folgenkriterium. *Sei* $f : D \to \mathbb{R}$ *und sei* $a \in \mathbb{R}$ *ein Häufungspunkt von* D. *Dann existiert der Grenzwert* $\lim_{x \to a} f(x)$ *genau dann, wenn der Grenzwert* $\lim_{k \to \infty} f(x_k)$ *für jede Folge* $(x_k)_{k \in \mathbb{N}}$ *in* D *mit* $x_k \neq a$, $x_k \to a$ *für* $k \to \infty$ *existiert. In diesem Fall gilt die Gleichheit der Grenzwerte.*

Beweis. „$\Rightarrow$" Sei $c = \lim_{x \to a} f(x)$ und sei $\varepsilon > 0$. Wähle $\delta = \delta(\varepsilon) > 0$ so, dass

$$|f(x) - c| < \varepsilon \text{ für } x \in D, \ |x - a| < \delta, \ x \neq a.$$

Sei $(x_k)_{k \in \mathbb{N}}$ eine Folge in D, $x_k \neq a$, $x_k \to a$ für $k \to \infty$. Dann gibt es ein $N = N(\delta)$, so dass $|x_k - a| < \delta$, also

$$|f(x_k) - c| < \varepsilon \text{ für alle } k \geq N,$$

das heißt $f(x_k) \to c$ für $k \to \infty$.

„$\Leftarrow$" Sei $c \in \mathbb{R}$. Angenommen, der Grenzwert $\lim_{x \to a} f(x)$ existiert nicht. Dann gibt es ein $\varepsilon > 0$, so dass zu jedem $\delta > 0$ ein $x = x(\delta) \in D$ existiert mit

$$|x - a| < \delta, \ x \neq a \text{ und } |f(x) - c| \geq \varepsilon.$$

Wähle $\delta = \frac{1}{k}$, $k \in \mathbb{N}$, und setze $x_k := x(\frac{1}{k})$. Dann gilt

$$x_k \in D, \ x_k \neq a, \ x_k \to a \text{ für } k \to \infty \text{ und } |f(x_k) - c| \geq \varepsilon,$$

was der Voraussetzung der Existenz des Grenzwerts $\lim_{k \to \infty} f(x_k)$ widerspricht. $\quad \square$

4.3.7 Beispiele. (i) Für die **rationale Potenzfunktion** $p : [0, +\infty) \to \mathbb{R}$, $p(x) = x^\mu$, $x \geq 0$, $\mu \in \mathbb{Q}$, $\mu \geq 0$, folgt aus Beispiel 2.3.8, wo die entsprechende Grenzwertbeziehung für Folgen bewiesen wurde, dass

$$\lim_{x \to a} p(x) = \lim_{x \to a} x^\mu = a^\mu = p(a)$$

für alle $a \geq 0$ gilt. Für die **reelle Potenzfunktion** $p(x) = x^\mu$, $x \geq 0$, $\mu \in \mathbb{R}$, $\mu \geq 0$, ergibt sie sich aus Lemma 2.3.12.

(ii) Aufgrund von Lemma 2.3.11 gilt für die **allgemeine Exponentialfunktion** $\exp_b : \mathbb{R} \to \mathbb{R}$, $\exp_b(x) = b^x$, zur Basis $b > 0$ für alle $a \in \mathbb{R}$ die Limesrelation

$$\lim_{x \to a} \exp_b(x) = \lim_{x \to a} b^x = b^a = \exp_b(a).$$

In Verbindung mit 1.6.15, wo die entsprechenden Eigenschaften für Grenzwerte von Folgen bewiesen wurden, folgt als Korollar zu Satz 4.3.6:

4.3.8 Grenzwertsätze. *Seien $f, g : D \to \mathbb{R}$, sei $\alpha \in \mathbb{R}$ und sei a ein Häufungspunkt von D. Existieren die Grenzwerte $\lim\limits_{x \to a} f(x)$ und $\lim\limits_{x \to a} g(x)$, so existieren die Grenzwerte $\lim\limits_{x \to a}(f + g)(x)$, $\lim\limits_{x \to a}(\alpha \cdot f)(x)$ und $\lim\limits_{x \to a}(f \cdot g)(x)$ und es gelten die Limesrelationen*

$$\lim_{x \to a} (f + g)(x) = \lim_{x \to a} f(x) + \lim_{x \to a} g(x),$$

$$\lim_{x \to a} (\alpha \cdot f)(x) = \alpha \cdot \lim_{x \to a} f(x),$$

$$\lim_{x \to a} (f \cdot g)(x) = \lim_{x \to a} f(x) \cdot \lim_{x \to a} g(x).$$

Ist $\lim\limits_{x \to a} g(x) \neq 0$, dann gibt es ein $\delta > 0$ mit $g(x) \neq 0$ für alle $x \in D$, $x \neq a$, $|x - a| < \delta$. Die Funktion $\frac{f}{g} : \{ x \in D \mid g(x) \neq 0 \} \to \mathbb{R}$ besitzt dann den Grenzwert $\lim\limits_{x \to a} \frac{f}{g}(x)$ und es gilt

$$\lim_{x \to a} \frac{f}{g}(x) = \frac{\lim\limits_{x \to a} f(x)}{\lim\limits_{x \to a} g(x)}.$$

4.3.9 Beispiele. (i) Für alle **Polynome** $P : \mathbb{R} \to \mathbb{R}$, $P(x) = \sum\limits_{k=0}^{n} a_k x^k$, gilt wegen Satz 4.3.8 die Limesrelation

$$\lim_{x \to a} P(x) = P(a) \text{ für alle } a \in \mathbb{R}.$$

(ii) Die **geometrische Reihe** $g : (-1, 1) \to \mathbb{R}$, $g(x) = \sum\limits_{k=0}^{\infty} x^k$, genügt der Limesrelation

$$\lim_{x \to a} g(x) = g(a) \text{ für alle } a \in \mathbb{R}, \ |a| < 1,$$

denn es gilt die Darstellung $g(x) = \frac{1}{1-x}$ für $|x| < 1$.

4.3.10 Beispiele. (i) Sei $R : D \to \mathbb{R}$, $R = \frac{P}{Q}$, eine **rationale Funktion**, dabei sind P und Q Polynome. Dann existiert für alle $a \in D$, das heißt außerhalb der Nullstellenmenge von Q, der Grenzwert

$$\lim_{x \to a} R(x) = \frac{\lim\limits_{x \to a} P(x)}{\lim\limits_{x \to a} Q(x)} = \frac{P(a)}{Q(a)} = R(a).$$

Ist a eine gemeinsame Nullstelle von P und Q und gilt

$$P(x) = (x - a)^{\nu} P_1(x), \ Q(x) = (x - a)^{\mu} Q_1(x)$$

mit Vielfachheiten $\nu, \mu \in \mathbb{N}$ und Polynomen P_1 und Q_1 mit $P_1(a), Q_1(a) \neq 0$, dann gilt

$$\lim_{x \to a} R(x) = \begin{cases} 0 & \text{für } \nu > \mu \\ \dfrac{P_1(a)}{Q_1(a)} & \text{für } \nu = \mu \\ \text{existiert nicht} & \text{für } \nu < \mu. \end{cases}$$

(ii) Sei $R = \frac{P}{Q}$ eine rationale Funktion mit der **Partialbruchdarstellung**

$$R(x) = \sum_{i=1}^{k} \left(\frac{A_i^{(1)}}{x - x_i} + \cdots + \frac{A_i^{(\nu_i)}}{(x - x_i)^{\nu_i}} \right)$$
$$+ \sum_{j=1}^{\ell} \left(\frac{B_j^{(1)} x + C_j^{(1)}}{x^2 + b_j x + c_j} + \cdots + \frac{B_j^{(\mu_j)} x + C_j^{(\mu_j)}}{(x^2 + b_j x + c_j)^{\mu_j}} \right).$$

Dann berechnen sich die höchsten Koeffizienten $A_1^{(\nu_1)}, \ldots, A_k^{(\nu_k)}$ aus der Formel

$$A_i^{(\nu_i)} = \lim_{x \to x_i} (x - x_i)^{\nu_i} R(x)$$
$$= \frac{P(x_i)}{(x_i - x_1)^{\nu_1} \cdot \ldots \cdot (x_i - x_{i-1})^{\nu_{i-1}} (x_i - x_{i+1})^{\nu_{i+1}} \cdot \ldots \cdot (x_i - x_k)^{\nu_k}}$$
$$\cdot \frac{1}{(x^2 + b_1 x + c_1)^{\mu_1} \cdot \ldots \cdot (x^2 + b_\ell x + c_\ell)^{\mu_\ell}}$$

für $i = 1, \ldots, k$. Gilt $\nu_i = 1$ für ein i, so vereinfacht sich die Formel zu

$$A_i^{(1)} = \lim_{x \to x_i} (x - x_i) \frac{P(x)}{Q(x)} = \lim_{x \to x_i} \frac{P(x)}{\frac{Q(x) - Q(x_i)}{x - x_i}} = \frac{P(x_i)}{Q'(x_i)},$$

dabei ist Q' die im folgenden Kapitel zu erklärende Ableitung von Q. Es ist oft vorteilhaft, zunächst diese **Grenzwertmethode** anzuwenden und dann nach einem der in 4.2.18 angegebenen Verfahren fortzufahren.

Im folgenden Beispiel zeigen wir wie das Grenzwertverfahren wiederholt angewandt wird:

4.3.11 Beispiel. Für $x \neq 1$ betrachten wir die rationale Funktion

$$R(x) = \frac{x^2 + 2x + 7}{(x-1)^2(x^2 + 2x + 2)} = \frac{A_1}{x-1} + \frac{A_2}{(x-1)^2} + \frac{Bx + C}{x^2 + 2x + 2}.$$

Es gilt

$$A_2 = \frac{x^2 + 2x + 7}{x^2 + 2x + 2}\bigg|_{x=1} = 2.$$

Zur Berechnung von A_1 betrachten wir die rationale Funktion

$$\begin{aligned}
R_1(x) = R(x) - \frac{2}{(x-1)^2} &= \frac{x^2 + 2x + 7}{(x-1)^2(x^2 + 2x + 2)} - \frac{2}{(x-1)^2} \\
&= \frac{x^2 + 2x + 7 - 2(x^2 + 2x + 2)}{(x-1)^2(x^2 + 2x + 2)} = \frac{-x^2 - 2x + 3}{(x-1)^2(x^2 + 2x + 2)} \\
&= \frac{-x - 3}{(x-1)(x^2 + 2x + 2)}.
\end{aligned}$$

Sie besitzt eine Darstellung der Form

$$R_1(x) = \frac{A_1}{x-1} + \frac{Bx + C}{x^2 + 2x + 2},$$

also gilt

$$A_1 = \frac{-x - 3}{x^2 + 2x + 2}\bigg|_{x=1} = -\frac{4}{5}.$$

Aus der Formel

$$R_2(x) = \frac{-x - 3}{(x-1)(x^2 + 2x + 2)} + \frac{4}{5(x-1)} = \frac{Bx + C}{x^2 + 2x + 2}$$

folgt wiederum

$$\begin{aligned}
\frac{Bx + C}{x^2 + 2x + 2} &= \frac{5(-x - 3) + 4(x^2 + 2x + 2)}{5(x-1)(x^2 + 2x + 2)} \\
&= \frac{4x^2 + 3x - 7}{5(x-1)(x^2 + 2x + 2)} = \frac{4x + 7}{5(x^2 + 2x + 2)},
\end{aligned}$$

also $B = \frac{4}{5}$, $C = \frac{7}{5}$ und die endgültige Darstellung lautet

$$R(x) = \frac{4}{5(x-1)} + \frac{2}{(x-1)^2} + \frac{4x + 7}{5(x^2 + 2x + 2)}.$$

4.3.12 Kettenregel für Grenzwerte. *Seien* $f : D \to E$, $g : E \to \mathbb{R}$, *sei* a *ein Häufungspunkt von* D *und* $b = f(a)$ *ein Häufungspunkt von* E. *Existieren die Grenzwerte* $\lim_{x \to a} f(x)$ *und* $\lim_{y \to b} g(y)$, *ist* $\lim_{x \to a} f(x) = b$ *und gilt*

$$\lim_{y \to b} g(y) = g(b) \text{ oder } f(x) \neq b \text{ für } |x - a| < \delta, \ x \neq a,$$

so existiert der Grenzwert $\lim_{x \to a} g \circ f(x)$ *und es gilt die Limesrelation*

$$\lim_{x \to a} (g \circ f)(x) = \lim_{y \to b} g(y).$$

Beweis. Sei $(x_k)_{k \in \mathbb{N}}$ eine Folge in D mit $x_k \neq a$, $x_k \to a$ für $k \to \infty$. Dann folgt

$$y_k := f(x_k) \to b.$$

Ist $g(b) = \lim_{y \to b} g(y)$, so gilt

$$g \circ f(x_k) = g(y_k) \to g(b) \text{ für } k \to \infty.$$

Ist $f(x) \neq b$ für $|x - a| < \delta$, $x \neq a$, so gibt es ein $N \in \mathbb{N}$, so dass $y_k \neq b$ für alle $k \geq N$. Also folgt dann

$$g \circ f(x_k) = g(y_k) \to \lim_{y \to b} g(y)$$

wie behauptet. $\qquad\qquad\qquad\qquad\qquad\qquad\qquad\qquad\qquad\qquad\qquad$ $\square$

4.3.13 Beispiele. (i)   Wir betrachten die **Exponentialfunktion** und zeigen, dass die Limesrelation

$$\lim_{x \to a} \exp x = \exp a \text{ für alle } a \in \mathbb{R}$$

gilt (vergleiche auch Beispiel 4.3.7 (ii)): Nach der Funktionalgleichung gilt für alle $x, a \in \mathbb{R}$, dass

$$\exp x = \exp(x - a) \exp a. \qquad\qquad\qquad (4.1)$$

Setzen wir $f(x) := x - a$, $g(y) := \exp y$, so folgt aus der Kettenregel die Limesrelation

$$\lim_{x \to a} \exp(x - a) = \lim_{x \to a} g \circ f(x) = \lim_{y \to 0} g(y) = \lim_{x \to 0} \exp x = 1$$

(vergleiche Beispiel 4.3.4 (iii)). Mit Hilfe von Satz 4.3.8 folgt aus (4.1), dass

$$\lim_{x \to a} \exp x = \exp a.$$

(ii) Wir betrachten den **Cosinus** und zeigen die Grenzwertbeziehung

$$\lim_{x \to a} \cos x = \cos a \text{ für alle } a \in \mathbb{R}:$$

Nach dem Additionstheorem für Cosinus gilt für alle $x, a \in \mathbb{R}$, dass

$$\cos x = \cos(x - a) \cos a - \sin(x - a) \sin a,$$

weshalb

$$\lim_{x \to a} \cos x = \lim_{x \to a} \cos(x - a) \cos a - \lim_{x \to a} \sin(x - a) \sin a$$
$$= 1 \cdot \cos a - 0 \cdot \sin a = \cos a.$$

(iii) Ähnlich erfüllt der **Sinus** die Limesrelation

$$\lim_{x \to a} \sin x = \sin a \text{ für alle } a \in \mathbb{R}.$$

4.3.14 Bemerkung. In Abschnitt 4.9 zeigen wir, dass **Potenzreihen** im Inneren ihres Konvergenzintervalls einen Grenzwert besitzen und wir untersuchen dieses Problem auch in den Randpunkten ihres Konvergenzintervalls.

4.3.15 Definition. Sei $f : D \to \mathbb{R}$ und sei $a \in \mathbb{R}$ ein Häufungspunkt von D.

(i) Dann heißt $c \in \mathbb{R}$ **rechtsseitiger Limes** von f an der Stelle a, in Zeichen

$$c = f(a^+) = \lim_{x \to a^+} f(x),$$

falls a Häufungspunkt von $D \cap (a, +\infty)$ ist und wenn die Restriktion

$$g := f|_{D \cap (a, +\infty)} : D \cap (a, +\infty) \to \mathbb{R}, \, g(x) := f(x) \text{ für } x \in D, \, x > a,$$

den Limes c besitzt, das heißt wenn $\lim_{x \to a} g(x) = c$ gilt.

(ii) Analog wird der **linksseitige Limes** von f an der Stelle a definiert:

$$f(a^-) = \lim_{x \to a^-} f(x).$$

(iii) Zur Betonung, dass nicht nur ein **einseitiger Limes** vorliegt, heißt der Limes $\lim_{x \to a} f(x)$, falls er existiert, auch **beidseitiger Limes**, falls a ein beidseitiger Häufungspunkt von D ist, das heißt von $D \cap (a, +\infty)$ und $D \cap (-\infty, a)$.

4.3.16 Lemma. *Sei* $f : D \to \mathbb{R}$ *und sei* a *ein beidseitiger Häufungspunkt von* D. *Dann besitzt* f *genau dann einen Grenzwert im Punkt* a, *wenn* f *im Punkt* a *einen rechts- und einen linksseitigen Grenzwert besitzt und beide gleich sind. In diesem Fall ist*

$$\lim_{x \to a^+} f(x) = \lim_{x \to a^-} f(x) = \lim_{x \to a} f(x).$$

4.3.17 Beispiele. (i)   Die **Heaviside-Funktion** $H : \mathbb{R} \to \mathbb{R}$, $H(x) = 1$ für $x > 0$, $H(0) = \frac{1}{2}$, $H(x) = 0$ für $x < 0$ (vergleiche Beispiel 4.1.7 (iii)), besitzt im Nullpunkt die einseitigen Grenzwerte

$$\lim_{x \to 0^+} H(x) = 1, \ \lim_{x \to 0^-} H(x) = 0,$$

welche beide von $H(0) = \frac{1}{2}$ verschieden sind.

(ii)   Die **Gaußsche Funktion** $[\ ] : \mathbb{R} \to \mathbb{R}$, $[x] = \max\{\, k \in \mathbb{Z} \mid k \le x \,\}$ (vergleiche Beispiel 4.1.7 (iv) und Abbildung 4.3), besitzt für alle $a \in \mathbb{R}$ den rechtsseitigen Grenzwert

$$\lim_{x \to a^+} [x] = [a].$$

Für alle $a \in \mathbb{R}$ existiert der linksseitige Grenzwert und es gilt

$$\lim_{x \to a^-} [x] = \begin{cases} [a] & \text{für } a \in \mathbb{R} \smallsetminus \mathbb{Z} \\ [a] - 1 & \text{für } a \in \mathbb{Z}. \end{cases}$$

(iii)   Die **Sägezahnfunktion** $s_1 : \mathbb{R} \to \mathbb{R}$, $s_1(x) = x - [x]$ (vergleiche Beispiel 4.1.7 (v) und Abbildung 4.4), besitzt für alle $a \in \mathbb{R}$ den rechtsseitigen Grenzwert

$$\lim_{x \to a^+} s_1(x) = s_1(a).$$

Für alle $a \in \mathbb{R}$ existiert der linksseitige Grenzwert und es gilt

$$\lim_{x \to a^-} s_1(x) = \begin{cases} s_1(a) & \text{für } a \in \mathbb{R} \smallsetminus \mathbb{Z} \\ s_1(a) + 1 & \text{für } a \in \mathbb{Z}. \end{cases}$$

Für die Sägezahnfunktion $s_2 : \mathbb{R} \to \mathbb{R}$, $s_2(x) = \left| x - [x] - \frac{1}{2} \right|$ (vergleiche Abbildung 4.5), gilt für alle $a \in \mathbb{R}$:

$$\lim_{x \to a^+} s_2(x) = \lim_{x \to a^-} s_2(x) = \lim_{x \to a} s_2(x) = s_2(a).$$

4.3.18 Definition. Sei a ein Häufungspunkt von D. Eine Funktion $f : D \to \mathbb{R}$ hat an der Stelle a den **uneigentlichen Limes** $\pm\infty$, mit anderen Worten $f(x)$ **konvergiert uneigentlich** gegen $\pm\infty$ oder **divergiert bestimmt** gegen $\pm\infty$ für $x \to a$, falls es zu jedem $c > 0$ ein $\delta = \delta(c) > 0$ gibt, so dass

$$f(x) \ge c \text{ beziehungsweise } f(x) \le -c \text{ für alle } x \in D, \ |x - a| < \delta, \ x \ne a.$$

4.3.19 Bemerkung. Die Grenzwerte

$$\lim_{x \to a^\pm} f(x) \text{ beziehungsweise } \lim_{x \to \pm\infty} f(x) = c \in \overline{\mathbb{R}}$$

können in offensichtlicher Weise erklärt werden.

4.3.20 Beispiele. (i) Die rationale Funktion $R(x) = \frac{1}{x^2}$ für $x \neq 0$ besitzt für $x \to 0$ den uneigentlichen Grenzwert $+\infty$:

$$\lim_{x \to 0} \frac{1}{x^2} = +\infty.$$

(ii) $R(x) = \frac{1}{x}$ für $x \neq 0$ besitzt die einseitigen, uneigentlichen Grenzwerte

$$\lim_{x \to 0^+} \frac{1}{x} = +\infty, \quad \lim_{x \to 0^-} \frac{1}{x} = -\infty,$$

aber keinen beidseitigen, uneigentlichen Grenzwert für $x \to 0$.

(iii) Wegen $\exp x \geq 1 + x$ für alle $x \geq 0$ besitzt die **Exponentialfunktion** bei $+\infty$ den uneigentlichen Grenzwert $+\infty$:

$$\lim_{x \to +\infty} \exp x = +\infty.$$

Außerdem gilt

$$\lim_{x \to -\infty} \exp x = 0,$$

denn aus der Funktionalgleichung für die Exponentialfunktion folgt, dass

$$\exp x = \frac{1}{\exp(-x)} \to 0 \text{ für } x \to -\infty.$$

4.4   Stetige Funktionen

4.4.1 Definition. (i) Sei $f : D \to \mathbb{R}$ und sei $a \in D$. Dann heißt f **stetig** im Punkt a, wenn es zu jedem $\varepsilon > 0$ ein $\delta = \delta(a, \varepsilon) > 0$ gibt mit

$$|f(x) - f(a)| < \varepsilon \text{ für alle } x \in D, \ |x - a| < \delta.$$

(ii) Eine Funktion $f : D \to \mathbb{R}$ heißt **stetig** in D, in Zeichen

$$f \in C^0(D),$$

wenn f stetig in allen Punkten x von D ist.

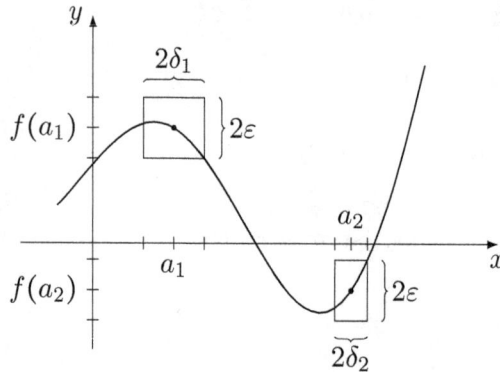

Abbildung 4.7: *Stetige Funktion*

4.4.2 Bemerkung. Ist a ein isolierter Punkt von D, so ist jede auf D erklärte Funktion stetig in a.

Aus dieser Definition und aus der Definition des Grenzwerts einer Funktion folgt unmittelbar:

4.4.3 Folgenkriterium. *Sei $f : D \to \mathbb{R}$ und sei $a \in D$ ein Häufungspunkt von D. Dann ist f genau dann im Punkt a stetig, wenn*

$$\lim_{x \to a} f(x) = f(a),$$

das heißt wenn $f(x_k) \to f(a)$ für alle Folgen $(x_k)_{k \in \mathbb{N}}$ in D mit $x_k \neq a$, $x_k \to a$ für $k \to \infty$ gilt. Dies gilt genau dann, wenn $f(x_k) \to f(a)$ für alle Folgen $(x_k)_{k \in \mathbb{N}}$ in D mit $x_k \to a$ für $k \to \infty$.

4.4.4 Beispiele. (i) Die **Polynome**, also insbesondere **konstante Funktionen**, die **Identität**, **lineare**, **affine**, **quadratische** Funktionen und die **p-te Potenz**, sowie der **Absolutbetrag** sind in allen Punkten $x \in \mathbb{R}$ stetig.

(ii) Die **rationalen Funktionen** $R = \frac{P}{Q}$ sind in allen Punkten $x \in D$ des Definitionsbereichs D stetig. Ist a eine gemeinsame Nullstelle von P und Q und gilt

$$P(x) = (x - a)^\nu P_1(x), \quad Q(x) = (x - a)^\mu Q_1(x)$$

mit $\nu \geq \mu$ und $P_1(a), Q_1(a) \neq 0$ (vergleiche 4.3.10 (i)), dann kann R durch die Setzung

$$R(a) := \begin{cases} 0 & \text{für } \nu > \mu \\ \dfrac{P_1(a)}{Q_1(a)} & \text{für } \nu = \mu \end{cases}$$

stetig im Punkt a **fortgesetzt** werden.

(iii) Die **p-te Wurzel** $\sqrt[p]{x}$, $p \in \mathbb{N}$, die **μ-te rationale** und **reelle** Potenz x^μ sind für alle $x \geq 0$ stetig. Die **allgemeine Exponentialfunktion** $\exp_b x = b^x$ zur Basis $b > 0$ ist in allen $x \in \mathbb{R}$ stetig.

(iv) Die Stetigkeit von **Potenzreihen** untersuchen wir in Abschnitt 4.9. Wir wissen bereits, dass die **geometrische Reihe** für alle $x \in (-1, 1)$ stetig ist. Außerdem sind die **Exponentialfunktion** $\exp x$ und die Funktionen **Sinus** $\sin x$ und **Cosinus** $\cos x$ für alle $x \in \mathbb{R}$ stetig.

(v) Aufgrund von Beispiel 4.1.10 (ii) gilt $\exp_e x = \exp x$ für alle $x \in \mathbb{Q}$. Weil die Funktionen $\exp x$ und $\exp_e x$ für alle $x \in \mathbb{R}$ stetig sind, gilt

$$\exp_e x = \exp x \text{ für alle } x \in \mathbb{R}.$$

(vi) Die **Dirichletsche Funktion** ist in keinem $x \in \mathbb{R}$ stetig.

Aus Satz 4.4.3 in Verbindung mit Satz 4.3.8, wo die entsprechenden Eigenschaften für Grenzwerte von Funktionen bewiesen wurden, folgt:

4.4.5 Satz. *Seien $f, g : D \to \mathbb{R}$ stetig in $a \in D$ und sei $\alpha \in \mathbb{R}$. Dann sind die Funktionen $f + g$, $\alpha \cdot f$ und $f \cdot g$ stetig in a. Ist $g(a) \neq 0$, dann gibt es ein $\delta > 0$, so dass $g(x) \neq 0$ für alle $x \in D$ mit $|x - a| < \delta$, und die Funktion $\frac{f}{g} : \{x \in D \mid g(x) \neq 0\} \to \mathbb{R}$ ist dann stetig in a.*

4.4.6 Kettenregel für stetige Funktionen. *Seien $D, E \subset \mathbb{R}$ und seien $f : D \to E$, $g : E \to \mathbb{R}$. f sei stetig in $a \in D$ und g sei stetig in $b = f(a) \in E$. Dann ist die Funktion $g \circ f : D \to \mathbb{R}$, $(g \circ f)(x) = g(f(x))$, stetig in a und, falls a ein Häufungspunkt von D und b ein Häufungspunkt von E ist, dann gilt die Grenzwertbeziehung*

$$(g \circ f)(a) = \lim_{x \to a} (g \circ f)(x) = \lim_{y \to b} g(y) = g(b).$$

Beweis. Sei $(x_k)_{k \in \mathbb{N}}$ eine Folge in D mit $x_k \to a$ für $k \to \infty$. Dann folgt aus der Stetigkeit von f in a, dass

$$y_k := f(x_k) \to f(a) = b \text{ für } k \to \infty.$$

Aus der Stetigkeit von g in b folgt dann

$$(g \circ f)(x_k) = g(f(x_k)) = g(y_k) \to g(b) = (g \circ f)(a) \text{ für } k \to \infty. \qquad \square$$

4.4.7 Definition. Eine Funktion $f : D \to \mathbb{R}$ heißt im Punkt $a \in D$ **rechtsseitig stetig**, wenn die Restriktion

$$g := f\big|_{D \cap [a,+\infty)} : D \cap [a,+\infty) \to \mathbb{R}, \; g(x) := f(x) \text{ für } x \in D, \; x \geq a,$$

im Punkt a stetig ist. f heißt **linksseitig stetig**, wenn die Funktion $f\big|_{D \cap (-\infty,a]}$ im Punkt a stetig ist.

4.4.8 Lemma. *Sei $f : D \to \mathbb{R}$ und sei $a \in D$. Dann ist f genau dann im Punkt a stetig, wenn f in a links- und rechtsseitig stetig ist.*

4.4.9 Beispiele. (i)   Die **Heaviside-Funktion** $H(x) = 1$ für $x > 0$, $H(0) = \frac{1}{2}$, $H(x) = 0$ für $x < 0$ (vergleiche Beispiele 4.1.7 (iii) und 4.3.17 (i)) ist in allen Punkten $x \neq 0$ stetig, im Nullpunkt aber weder rechts- noch linksseitig stetig.

(ii)   Die **Gaußsche Funktion** $[x] = \max\{\, k \in \mathbb{Z} \mid k \leq x \,\}$ (vergleiche Beispiele 4.1.7 (iv) und 4.3.17 (ii) sowie Abbildung 4.3) ist in allen $x \in \mathbb{R}$ rechtsseitig stetig sowie in allen $x \in \mathbb{R} \setminus \mathbb{Z}$ linksseitig stetig, in allen $x \in \mathbb{Z}$ aber nicht linksseitig stetig. Somit ist sie in allen $x \in \mathbb{R} \setminus \mathbb{Z}$ stetig, in allen $x \in \mathbb{Z}$ aber unstetig.

(iii)   Dieselben Aussagen gelten für die **Sägezahnfunktion** $s_1(x) = x - [x]$. Die Sägezahnfunktion $s_2(x) = \left| x - [x] - \frac{1}{2} \right|$ ist in allen $x \in \mathbb{R}$ stetig (vergleiche Beispiele 4.1.7 (v) und 4.3.17 (iii) sowie Abbildungen 4.4 und 4.5).

4.4.10 Definition. Eine Funktion f heißt im Punkt $a \in D$ **halbstetig nach oben** beziehungsweise **unten**, wenn es zu jedem $\varepsilon > 0$ ein $\delta > 0$ gibt mit

$$f(x) < f(a) + \varepsilon \text{ beziehungsweise } f(x) > f(a) - \varepsilon \text{ für alle } x \in D, \; |x - a| < \delta.$$

4.4.11 Satz. *$f : D \to \mathbb{R}$ ist genau dann im Punkt a nach oben beziehungsweise unten halbstetig, wenn*

$$\limsup_{k \to \infty} f(x_k) \leq f(a) \text{ beziehungsweise } \liminf_{k \to \infty} f(x_k) \geq f(a)$$

für alle Folgen $(x_k)_{k \in \mathbb{N}}$ in D mit $x_k \neq a$, $x_k \to a$ für $k \to \infty$.

4.4.12 Satz. *$f : D \to \mathbb{R}$ ist genau dann im Punkt a stetig, wenn f im Punkt a halbstetig nach oben und unten ist.*

4.4.13 Beispiel. Die **Gaußsche Funktion** $[x] = \max\{\, k \in \mathbb{Z} \mid k \leq x \,\}$ ist in allen $x \in \mathbb{R}$ halbstetig nach oben, in allen $x \in \mathbb{R} \setminus \mathbb{Z}$ halbstetig nach unten, aber in allen $x \in \mathbb{Z}$ nicht halbstetig nach unten.

4.4.14 Lemma und Definition. *Sei* $f : D \to \mathbb{R}$ *dehnungsbeschränkt, das heißt, es gilt eine Lipschitz-Bedingung der Form*

$$|f(x) - f(x')| \leq L\,|x - x'| \ \text{ für alle } x, x' \in D$$

mit einer Lipschitz-Konstanten $L \geq 0$. *Dann ist* f *stetig in* D, *das heißt* $f \in C^0(D)$, *und wird deshalb auch als* **Lipschitz-stetig** *in* D *bezeichnet.*

Wir verallgemeinern den Begriff der Dehnungsbeschränktheit beziehungsweise der Lipschitz-Stetigkeit zur gleichmäßigen Stetigkeit:

4.4.15 Definition. Eine Funktion $f : D \to \mathbb{R}$ heißt **gleichmäßig stetig** auf D, wenn es zu jedem $\varepsilon > 0$ ein $\delta = \delta(\varepsilon) > 0$ gibt, so dass

$$|f(x) - f(x')| < \varepsilon \ \text{ für alle } x, x' \in D, \ |x - x'| < \delta.$$

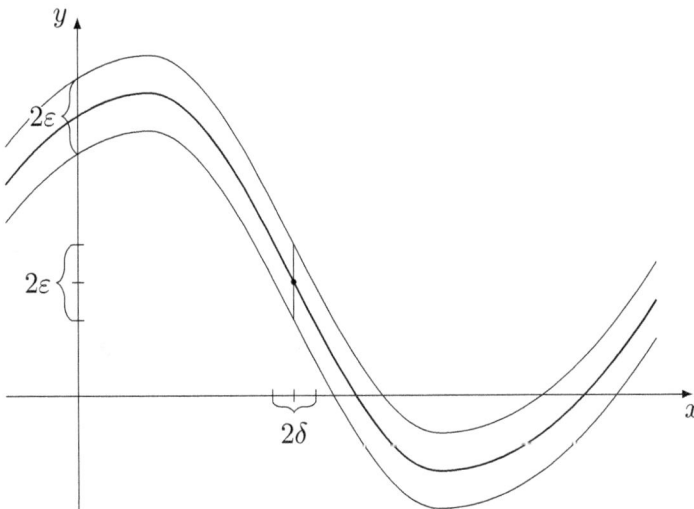

Abbildung 4.8: Vertikaler Streifen der Höhe 2ε *einer gleichmäßig stetigen Funktion*

4.4.16 Bemerkung. Jede auf D gleichmäßig stetige Funktion f ist stetig auf D. Die Umkehrung ist im Allgemeinen falsch, wie das folgende Beispiel zeigt:

4.4.17 Beispiel. Sei $D = (0,1] = \{\, x \in \mathbb{R} \mid 0 < x \leq 1 \,\}$ und sei $f(x) := \frac{1}{x}$ für $x \in D$. Dann ist f zwar stetig auf D, aber nicht gleichmäßig stetig: Denn wäre f gleichmäßig stetig auf D, dann gäbe es ein $\delta > 0$, so dass

$$|f(x) - f(x')| = \left| \frac{1}{x} - \frac{1}{x'} \right| = \frac{|x' - x|}{xx'} < 1$$

für alle $x, x' \in D$ mit $|x - x'| < \delta$, insbesondere also für alle $x \in \left(0, \frac{1}{2}\right]$ und für $x' := x + \delta'$, wobei $\delta' := \frac{1}{2} \min \{ \delta, 1 \}$. Es folgt

$$0 < \delta' = x' - x < xx' \leq x \text{ für alle } x \in \left(0, \frac{1}{2}\right]$$

und hieraus $\delta' = 0$, ein Widerspruch.

4.5   Stetige Funktionen auf kompakten Intervallen

4.5.1 Definition. Ein **kompaktes Intervall** ist ein endliches, abgeschlossenes Intervall $I = [a,b] = \{ x \in \mathbb{R} \mid a \leq x \leq b \}$, $a, b \in \mathbb{R}$, $a \leq b$. I heißt **nichtausgeartet**, wenn $a < b$ gilt.

4.5.2 Satz. *Sei $f : [a,b] \to \mathbb{R}$ eine stetige Funktion auf einem kompakten Intervall $[a,b]$, $a < b$. Dann ist f gleichmäßig stetig auf $[a,b]$.*

Beweis. Anderenfalls gäbe es ein $\varepsilon_0 > 0$ und zwei Folgen $(x_k)_{k\in\mathbb{N}}$ und $(x'_k)_{k\in\mathbb{N}}$ in $[a,b]$, so dass

$$|f(x_k) - f(x'_k)| \geq \varepsilon_0 \text{ und } |x_k - x'_k| \leq \frac{1}{k}$$

für alle $k \in \mathbb{N}$. Nach dem Weierstraßschen Auswahlprinzip konvergiert eine Teilfolge $(x_{k_\ell})_{\ell\in\mathbb{N}}$ von $(x_k)_{k\in\mathbb{N}}$ gegen ein $x_0 \in I$. Wegen $\left|x_{k_\ell} - x'_{k_\ell}\right| \leq \frac{1}{k_\ell}$ gilt auch $x'_{k_\ell} \to x_0$ für $\ell \to \infty$. Weil f in x_0 stetig ist, gibt es ein $\delta > 0$, so dass

$$|f(x) - f(x_0)| < \frac{\varepsilon_0}{2} \text{ für } x \in [a,b], |x - x_0| < \delta.$$

Für alle $\ell \in \mathbb{N}$ mit $|x_{k_\ell} - x_0| < \delta$, $\left|x'_{k_\ell} - x_0\right| < \delta$ wäre dann

$$\left|f(x_{k_\ell}) - f(x'_{k_\ell})\right| < \varepsilon_0$$

im Widerspruch zur Definition der Folgen $(x_k)_{k\in\mathbb{N}}$ und $(x'_k)_{k\in\mathbb{N}}$. $\square$

4.5.3 Satz vom Minimum und Maximum (Weierstraß). *Sei $f : [a,b] \to \mathbb{R}$ eine stetige Funktion auf einem kompakten Intervall $[a,b]$, $a < b$. Dann gibt es zwei Punkte $x^-, x^+ \in [a,b]$ mit*

$$f(x^-) \leq f(x) \leq f(x^+) \text{ für alle } x \in [a,b],$$

das heißt, es gilt

$$f(x^-) = \inf_{a\leq x\leq b} f(x) = \min_{a\leq x\leq b} f(x), \quad f(x^+) = \sup_{a\leq x\leq b} f(x) = \max_{a\leq x\leq b} f(x).$$

Beweis. Wir betrachten die Menge

$$\mathrm{Im}\, f = f([a,b]) = \{\, y \in \mathbb{R} \mid \text{es gibt ein } x \in [a,b] : y = f(x) \,\}.$$

Nach dem verallgemeinerten Infimumsprinzip existiert

$$y^- := \inf \mathrm{Im}\, f = \inf_{a \le x \le b} f(x) \in \overline{\mathbb{R}}.$$

Es gilt $y^- \le f(x)$ für alle $x \in [a,b]$, weshalb $y^- \ne +\infty$ ist. Weiterhin gibt es eine Folge $(y_k)_{k \in \mathbb{N}}$ in $\mathrm{Im}\, f$ mit $y_k \to y^-$ für $k \to \infty$. Zu jedem y_k, $k \in \mathbb{N}$, gibt es ein $x_k \in [a,b]$ mit $f(x_k) = y_k$, das heißt, es gibt eine **Minimalfolge** $(x_k)_{k \in \mathbb{N}}$ in $[a,b]$ mit $f(x_k) \to y^- \in \mathbb{R} \cup \{ -\infty \}$. Nach dem Weierstraßschen Auswahlprinzip enthält $(x_k)_{k \in \mathbb{N}}$ eine konvergente Teilfolge $(x_{k_\ell})_{\ell \in \mathbb{N}}$ mit

$$x_{k_\ell} \to x^- \in [a,b].$$

Aus der Stetigkeit von f folgt $f(x_{k_\ell}) \to f(x^-) \in \mathbb{R}$. Deshalb gilt $f(x_k) \to f(x^-) = y^-$ sowie

$$f(x^-) \le f(x) \text{ für alle } x \in [a,b]. \qquad \square$$

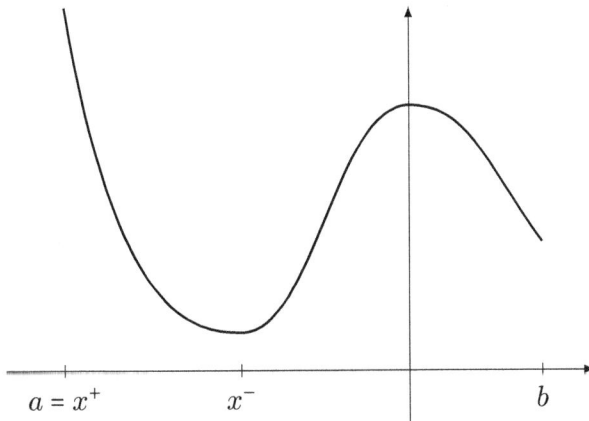

Abbildung 4.9: Satz von Weierstraß, x^+ und x^-

4.5.4 Bemerkung. Der Satz von Weierstraß kann folgendermaßen verallgemeinert werden: Eine nach unten halbstetige Funktion $f : [a,b] \to \mathbb{R}$ besitzt ein Minimum, das heißt, es gibt ein $x^- \in [a,b]$ mit

$$f(x^-) = \min_{a \le x \le b} f(x).$$

Eine nach oben halbstetige Funktion besitzt ein Maximum, das heißt, es gibt ein $x^+ \in [a,b]$ mit

$$f(x^+) = \max_{a \le x \le b} f(x).$$

4.5.5 Zwischenwertsatz von Bolzano. *Sei $f : [a, b] \to \mathbb{R}$ eine stetige Funktion auf einem kompakten Intervall $[a, b]$, $a < b$, mit $f(a) < f(b)$. Sei $c \in (f(a), f(b))$ ein Zwischenwert. Dann gibt es ein $\xi \in (a, b)$ mit $f(\xi) = c$, das heißt, es gilt $[f(a), f(b)] \subset \operatorname{Im} f$.*

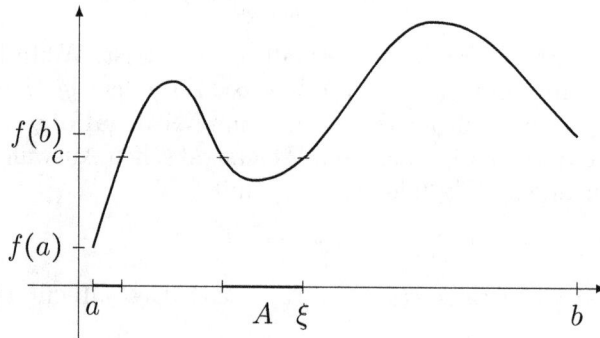

Abbildung 4.10: *Zum Zwischenwertsatz von Bolzano*

Beweis. Wir betrachten die Menge $A := \{ x \in [a, b] \mid f(x) \le c \}$. Wegen $f(a) < c$ ist $a \in A$, also $A \ne \varnothing$. Außerdem ist $x < b$ für alle $x \in A$, das heißt, A ist beschränkt. Nach dem Supremumsprinzip gibt es ein $\xi \in [a, b]$ mit $\xi = \sup A$. Wir zeigen, dass $\xi \in A$, also $\xi = \max A$, also $f(\xi) \le c$ gilt: Nach Definition des Supremums gibt es eine Folge $(x_k)_{k \in \mathbb{N}}$ in A, also mit $f(x_k) \le c$ für $k \in \mathbb{N}$, so dass $x_k \to \xi$ für $k \to \infty$. Aus der Stetigkeit von f folgt, dass $f(\xi) \le c$.

Wir zeigen nun, dass $f(\xi) = c$ gilt: Angenommen, es ist $f(\xi) < c$. Dann ist $\xi < b$ und wegen der Stetigkeit von f gibt es dann ein $\delta > 0$ mit $\xi + \delta < b$ und

$$f(x) < c \text{ für alle } x \in [a, b], \ |x - \xi| < \delta,$$

also insbesondere für $x = \xi + \frac{\delta}{2}$, was der Definition von ξ widerspricht.

Wegen $f(a) < c = f(\xi) < f(b)$ ist $a < \xi < b$, womit alles bewiesen ist. $\square$

4.5.6 Bemerkung. Die nicht-lineare Gleichung

$$f(x) = c$$

besitzt stets eine Lösung, wenn $f \in C^0[a, b]$ und wenn $f(a) \le c \le f(b)$ gilt. Die Eindeutigkeit der Lösung, das heißt die Injektivität von f, wird im folgenden Abschnitt diskutiert.

4.5.7 Beispiele. (i) Sei $p \in \mathbb{N}$ und sei $c > 0$. Dann besitzt die Gleichung

$$x^p = c$$

stets eine Lösung $x = \sqrt[p]{c} \in [0, +\infty)$. Denn die Potenzfunktion ist auf $[0, +\infty)$ stetig. Wählen wir $n \in \mathbb{N}$ so groß, dass $n^p > c$ gilt, dann gibt es nach dem Zwischenwertsatz ein $0 < x < n$ mit $x^p = c$. Dies ist ein neuer Beweis von Satz 2.3.2, wo die **Existenz der p-ten Wurzel** bewiesen wurde.

(ii) Sei $c > 0$. Dann besitzt die Gleichung

$$\exp x = c$$

stets eine Lösung, den **Logarithmus** $x = \log c \in \mathbb{R}$, was sich, bis auf die Eindeutigkeitsfrage, folgendermaßen begründen lässt: Die Exponentialfunktion ist auf $\mathbb{R}$ stetig. Ist $c > 1$, dann gilt

$$\exp 0 = 1 < c < \exp c,$$

also gibt es dann ein $x \in (0, c)$ mit $\exp x = c$. Ist $0 < c < 1$, so ist $\frac{1}{c} > 1$ und wegen $\exp x \exp(-x) = 1$ ist die Gleichung $\exp x = c$ äquivalent zu

$$\exp(-x) = \frac{1}{c},$$

welche eine Lösung, nämlich $-x \in \left(0, \frac{1}{c}\right)$ besitzt. Also ist in diesem Fall $x \in \left(-\frac{1}{c}, 0\right)$.

4.6   Monotone Funktionen

Zunächst wiederholen wir die Definition 4.1.5 (ii):

4.6.1 Definition. Eine reelle Funktion $f : D \to \mathbb{R}$ auf einer Punktmenge $D \subset \mathbb{R}$ heißt **monoton wachsend** oder monoton nicht-fallend, wenn

$$f(x) \leq f(x') \text{ für alle } x, x' \in D, \ x \leq x'$$

gilt. Sie heißt **streng monoton wachsend**, wenn

$$f(x) < f(x') \text{ für alle } x, x' \in D, \ x < x'.$$

Analog werden die Eigenschaften **monoton fallend** oder monoton nicht-wachsend und **streng monoton fallend** erklärt.

Wir werden üblicherweise eine monoton nicht-fallende Funktion als monoton wachsend bezeichnen, obwohl sie konstant sein kann. Eine streng monoton wachsende Funktion wird gelegentlich auch einfach als monoton wachsend bezeichnet.

4.6.2 Beispiele. (i)   Die **p-te Potenz** $p : \mathbb{R} \to \mathbb{R}$, $p(x) = x^p$, für $p \in \mathbb{N}$ ist streng monoton wachsend auf $[0, +\infty)$. Für p gerade ist sie streng monoton fallend auf $(-\infty, 0]$ und für p ungerade streng monoton wachsend auf ganz $\mathbb{R}$.

(ii)   Die **p-te Wurzel** $w : [0, +\infty) \to \mathbb{R}$, $w(x) = \sqrt[p]{x}$, für $p \in \mathbb{N}$ ist streng monoton wachsend auf $[0, +\infty)$.

(iii)   Die **μ-te rationale** und **reelle Potenzfunktion** $p : [0, +\infty) \to \mathbb{R}$, $p(x) = x^\mu$, $\mu > 0$, ist streng monoton wachsend auf $[0, +\infty)$.

(iv)   Die **Exponentialfunktion** $\exp_b : \mathbb{R} \to \mathbb{R}$, $\exp_b(x) = b^x$, **zur Basis b** ist für $b > 1$ streng monoton wachsend auf $\mathbb{R}$ und für $0 < b < 1$ streng monoton fallend auf $\mathbb{R}$.

(v)   Die **Exponentialfunktion** $\exp x : \mathbb{R} \to \mathbb{R}$, $\exp x = \sum\limits_{k=0}^{\infty} \frac{x^k}{k!}$, ist für alle $x \in \mathbb{R}$ streng monoton wachsend, denn nach der Funktionalgleichung der Exponentialfunktion (vergleiche Beispiel 3.8.3) gilt für alle $x, x' \in \mathbb{R}$, $x < x'$:

$$\exp x \cdot \exp(x' - x) = \exp x'.$$

Wegen $\exp(x' - x) > 1$ gilt also

$$\exp x < \exp x'.$$

4.6.3 Bemerkung. Dass eine injektive Funktion nicht notwendig streng monoton zu sein braucht, zeigt das folgende Beispiel: Sei $f : [0, 2] \to [0, 2]$ definiert durch

$$f(x) := \begin{cases} x & \text{für } 0 \le x < 1 \\ 3 - x & \text{für } 1 \le x \le 2. \end{cases}$$

Eine Stetigkeitsvoraussetzung behebt dieses Dilemma:

4.6.4 Hauptsatz über monotone Funktionen. *Sei $f : [a, b] \to \mathbb{R}$ eine stetige Funktion auf einem kompakten Intervall $[a, b]$, $a < b$, mit $f(a) < f(b)$. Dann sind die folgenden Aussagen äquivalent:*

(i)   *f besitzt eine auf $[f(a), f(b)]$ erklärte Inverse f^{-1}, das heißt, die Gleichung $f(x) = c$ besitzt für jedes $c \in [f(a), f(b)]$ eine eindeutig bestimmte Lösung $x = f^{-1}(c)$.*

(ii) f ist injektiv.

(iii) f ist streng monoton wachsend.

Beweis. Der Schluss „(i)$\Rightarrow$ (ii)" ist offensichtlich wahr.

„(ii)$\Rightarrow$ (iii)": Sei f injektiv, das heißt, für alle $a \le x < x' \le b$ gilt $f(x) \ne f(x')$. Zu zeigen ist, dass $f(x) < f(x')$: Angenommen, es gibt $x < x'$ mit $f(x) \ge f(x')$. Wir zeigen, dass dann $f(a) \ge f(x)$ und $f(b) \le f(x')$ gilt: Wäre $f(b) > f(x')$, dann sei

$$c := \frac{1}{2} \left(f(x') + \min \{ f(x), f(b) \} \right).$$

Nach dem Zwischenwertsatz gibt es dann zwei Punkte x_1, x_2, $x < x_1 < x'$, $x' < x_2 < b$, also $x_1 \ne x_2$ mit $f(x_1) = f(x_2) = c$, was der Injektivität von f widerspricht. Deshalb ist $f(b) \le f(x')$. Genauso zeigt man, dass $f(a) \ge f(x)$ ist. Dann folgt aber

$$f(a) \ge f(x) \ge f(x') \ge f(b),$$

was im Widerspruch zur Voraussetzung $f(a) < f(b)$ steht. Also ist die Annahme $f(x) \ge f(x')$ falsch und tatsächlich gilt $f(x) < f(x')$.

„(iii)$\Rightarrow$ (i)": Sei f streng monoton wachsend, das heißt, für alle $a \le x < x' \le b$ gilt $f(x) < f(x')$. Dann ist f offensichtlich injektiv und es gilt

$$f([a,b]) \subset [f(a), f(b)].$$

Nach dem Zwischenwertsatz gilt

$$f([a,b]) = [f(a), f(b)],$$

das heißt, die Abbildung $f : [a,b] \to [f(a), f(b)]$ ist bijektiv. Daher existiert die Inverse $f^{-1} : [f(a), f(b)] \to [a,b]$. $\qquad\square$

4.6.5 Satz. *Sei $f : [a,b] \to \mathbb{R}$ eine stetige, streng monoton wachsende Funktion auf einem kompakten Intervall $[a,b]$, $a < b$. Dann ist die Inverse $f^{-1} : [f(a), f(b)] \to [a,b]$ eine stetige, streng monoton wachsende Funktion auf $[f(a), f(b)]$.*

Beweis. Nach Satz 4.6.4 ist die Inverse f^{-1} auf $f([a,b]) = [f(a), f(b)]$ erklärt. Wir zeigen die Stetigkeit von f^{-1}: Sei $(y_k)_{k \in \mathbb{N}}$, $y_k = f(x_k)$, $x_k \in [a,b]$, eine Folge in $f([a,b])$ mit $y_k \to y_0 = f(x_0) \in f([a,b])$, $x_0 \in [a,b]$. Es ist zu zeigen, dass

$$x_k = f^{-1}(y_k) \to f^{-1}(y_0) = x_0 \text{ für } k \to \infty.$$

Angenommen $x_k \not\to x_0$ für $k \to \infty$. Dann gibt es ein $\varepsilon_0 > 0$ und eine Teilfolge $(x_{k_\ell})_{\ell \in \mathbb{N}}$ mit

$$|x_{k_\ell} - x_0| \geq \varepsilon_0 \text{ für alle } \ell \in \mathbb{N}.$$

Gilt $x_{k_\ell} \geq x_0 + \varepsilon_0$ für alle $\ell \in \mathbb{N}$, so ist $x_0 + \varepsilon_0 \in [a,b]$, und aus der Monotonie folgt, dass

$$y_{k_\ell} = f(x_{k_\ell}) \geq f(x_0 + \varepsilon_0),$$

also durch Grenzübergang $\ell \to \infty$, dass

$$y_0 \geq f(x_0 + \varepsilon_0) > f(x_0) = y_0,$$

ein Widerspruch. Sonst gibt es eine Teilteilfolge $(x_{k_{\ell_m}})_{m \in \mathbb{N}}$ mit $x_{k_{\ell_m}} < x_0 - \varepsilon_0$ für $m \in \mathbb{N}$, was genauso zu einem Widerspruch führt. Die strenge Monotonie von f^{-1} folgt schließlich durch Anwendung von Satz 4.6.4 auf f^{-1}.   □

Wir erwähnen noch den folgenden, etwas allgemeineren Satz:

4.6.6 Satz. *Sei $f : I \to \mathbb{R}$ eine stetige, streng monoton wachsende Funktion auf einem beliebigen, nicht-ausgearteten Intervall $I \subset \mathbb{R}$. Dann ist $f(I) = J \subset \mathbb{R}$ ein nicht-ausgeartetes Intervall und $f^{-1} : J \to \mathbb{R}$ ist eine stetige Funktion auf J.*

4.6.7 Beispiele. (i) Für $p \in \mathbb{N}$ ist die **p-te Potenz** $p : [0, +\infty) \to [0, +\infty)$, $p(x) = x^p$, stetig und streng monoton wachsend. Es gilt $p(0) = 0$ und $p(k) = k^p \to +\infty$ für $k \to +\infty$. Nach Satz 4.6.4 gibt es zu jedem $c \geq 0$ genau ein $x \geq 0$ mit

$$x^p = c,$$

das heißt, p besitzt eine auf $[0, +\infty)$ erklärte Inverse, die **p-te Wurzel**

$$w : [0, +\infty) \to [0, +\infty), \ w(x) = \sqrt[p]{x},$$

das heißt, für alle $x, y \geq 0$ gilt

$$\sqrt[p]{x} = y \iff w(x) = y \iff p(y) = x \iff y^p = x$$

(vergleiche hierzu auch Beispiel 4.5.7 (i)). Nach Satz 4.6.5 ist $w(x) = \sqrt[p]{x}$ ebenfalls stetig und streng monoton wachsend.

(ii) Die **Exponentialfunktion** $\exp : \mathbb{R} \to (0, +\infty)$, $\exp x = \sum_{k=0}^{\infty} \frac{x^k}{k!}$, ist stetig und streng monoton wachsend. Es gilt $\exp k \to +\infty$, $\exp(-k) \to 0$ für $k \to \infty$. Nach Satz 4.6.4 gibt es deshalb zu jedem $c > 0$ genau ein $x \in \mathbb{R}$ mit

$$\exp x = c,$$

das heißt, die Exponentialfunktion besitzt eine auf $(0, +\infty)$ erklärte Inverse, den **Logarithmus**

$$\log : (0, +\infty) \to \mathbb{R},$$

das heißt, für alle $x > 0$, $y \in \mathbb{R}$ gilt

$$\log x = y :\Leftrightarrow \exp y = x$$

(vergleiche Beispiel 4.5.7 (ii)). Nach Satz 4.6.5 ist der Logarithmus ebenfalls stetig und streng monoton wachsend.

Weiterhin gelten die **inversen Relationen**

$$\exp(\log x) = x \text{ und } \log(\exp y) = y \text{ für alle } x > 0, \ y \in \mathbb{R}.$$

Die **Funktionalgleichung** für den Logarithmus

$$\log(x \cdot x') = \log x + \log x' \text{ für alle } x, x' > 0$$

ergibt sich folgendermaßen aus der Funktionalgleichung für die Exponentialfunktion: Seien $y = \log x$, $y' = \log x'$ beziehungsweise $x = \exp y$, $x' = \exp y'$. Dann gilt

$$\log(x \cdot x') = \log(\exp y \cdot \exp y') = \log(\exp(y + y'))$$
$$= \log x + \log x'.$$

(iii) Für die **allgemeine Potenzfunktion** x^μ mit reellem Exponenten $\mu \in \mathbb{R}$ erhalten wir für alle $x > 0$ die Darstellung

$$x^\mu = (\exp(\log x))^\mu = \left(e^{\log x}\right)^\mu = e^{\mu \log x} = \exp(\mu \log x),$$

und für die **allgemeine Exponentialfunktion** $\exp_b(x) = b^x$ zur Basis $b > 0$ ergibt sich für alle $x \in \mathbb{R}$ die überaus wichtige Darstellung

$$\exp_b(x) = b^x = (\exp(\log b))^x = \left(e^{\log b}\right)^x = e^{x \log b} = \exp(x \log b).$$

4.7 Gleichmäßige Konvergenz

4.7.1 Definition. Seien $f_k : D \to \mathbb{R}$ und $f : D \to \mathbb{R}$ reelle Funktionen auf einer Punktmenge $D \subset \mathbb{R}$, $k \in \mathbb{N}$.

(i) Die Funktionenfolge $(f_k)_{k \in \mathbb{N}}$ heißt **(punktweise) konvergent** gegen f, wenn für alle $x \in D$:

$$f_k(x) \to f(x) \text{ für } k \to \infty.$$

(ii) $(f_k)_{k\in\mathbb{N}}$ **konvergiert gleichmäßig** auf D gegen f, in Zeichen

$$f_k \xrightarrow{\text{glm}} f \text{ für } k \to \infty,$$

wenn es zu jedem $\varepsilon > 0$ ein $N = N(\varepsilon) \in \mathbb{N}$ gibt mit

$$|f_k(x) - f(x)| < \varepsilon \text{ für alle } k \geq N \text{ und alle } x \in D.$$

4.7.2 Lemma. *Es gilt* $f_k \to f$ *gleichmäßig auf* D *genau dann, wenn*

$$\lim_{k\to\infty} \left(\sup_{x\in D} |f_k(x) - f(x)| \right) = 0.$$

4.7.3 Beispiel. Sei

$$f_k(x) := x^k \text{ für } x \in [0,1], \ k \in \mathbb{N}.$$

Dann konvergiert die Funktionenfolge $(f_k)_{k\in\mathbb{N}}$ punktweise gegen

$$f(x) := \begin{cases} 0 & \text{für } x \in [0,1) \\ 1 & \text{für } x = 1, \end{cases}$$

aber die Konvergenz ist nicht gleichmäßig: Nach dem Zwischenwertsatz gibt es für jedes $k \in \mathbb{N}$ ein $x_k \in (0,1)$ mit $f_k(x_k) = \frac{1}{2}$. Es folgt, dass

$$\sup_{x\in[0,1]} |f_k(x) - f(x)| \geq \frac{1}{2}$$

und deshalb gilt

$$\liminf_{k\to\infty} \left(\sup_{x\in[0,1]} |f_k(x) - f(x)| \right) \geq \frac{1}{2}.$$

Also ist $f_k \not\to f$ gleichmäßig auf $[0,1]$. Damit ist die Funktionenfolge $(f_k)_{k\in\mathbb{N}}$ auch nicht gleichmäßig konvergent, denn aus $f_k \to g$ gleichmäßig folgt $f_k \to g$ punktweise und somit $g = f$.

4.7.4 Cauchysches Konvergenzkriterium. *Eine Folge* $(f_k)_{k\in\mathbb{N}}$ *reeller Funktionen* $f_k : D \to \mathbb{R}$, $k \in \mathbb{N}$, *konvergiert genau dann gleichmäßig gegen eine Funktion* $f : D \to \mathbb{R}$, *wenn es zu jedem* $\varepsilon > 0$ *ein* $N = N(\varepsilon) \in \mathbb{N}$ *gibt mit*

$$|f_k(x) - f_\ell(x)| < \varepsilon \text{ für alle } k, \ell \geq N \text{ und alle } x \in D.$$

Beweis. „⇐" Für jedes feste $x \in D$ ist $(f_k(x))_{k \in \mathbb{N}}$ eine Cauchy-Folge. Wegen der Vollständigkeit von $\mathbb{R}$ existiert daher der Grenzwert $f(x) := \lim_{k \to \infty} f_k(x)$ für jedes $x \in D$. Wegen

$$|f_k(x) - f_\ell(x)| < \varepsilon \text{ für alle } k, \ell \geq N \text{ und alle } x \in D$$

folgt durch Grenzübergang $\ell \to \infty$:

$$|f_k(x) - f(x)| \leq \varepsilon \text{ für alle } k \geq N \text{ und alle } x \in D.$$

Also konvergiert $(f_k)_{k \in \mathbb{N}}$ gleichmäßig gegen f. $\square$

4.7.5 Satz. *Seien $f_k : D \to \mathbb{R}$ und $f : D \to \mathbb{R}$ reelle Funktionen, $k \in \mathbb{N}$. Die Funktionenfolge $(f_k)_{k \in \mathbb{N}}$ konvergiere gleichmäßig auf D gegen f. Sei $a \in \mathbb{R}$ ein Häufungspunkt von D und sei*

$$\lim_{x \to a} f_k(x) = c_k \in \mathbb{R} \text{ für alle } k \in \mathbb{N}.$$

Dann existiert der Grenzwert $\lim_{x \to a} f(x) = c \in \mathbb{R}$ und es gilt

$$\lim_{x \to a} f(x) = \lim_{k \to \infty} c_k.$$

Mit anderen Worten

$$\lim_{x \to a} \left(\lim_{k \to \infty} f_k(x) \right) = \lim_{k \to \infty} \left(\lim_{x \to a} f_k(x) \right).$$

Beweis. Sei $\varepsilon > 0$. Wähle $N \in \mathbb{N}$ so, dass

$$|f_k(x) - f_\ell(x)| < \frac{\varepsilon}{3} \text{ für alle } k, \ell \geq N \text{ und alle } x \in D. \tag{4.2}$$

Durch Grenzübergang $x \to a$ erhält man

$$|c_k - c_\ell| \leq \frac{\varepsilon}{3} \text{ für alle } k, \ell \geq N. \tag{4.3}$$

Also konvergiert die Folge $(c_k)_{k \in \mathbb{N}}$. Sei $c := \lim_{k \to \infty} c_k$. Durch Grenzübergang $\ell \to \infty$ in (4.2) und (4.3) folgt, dass

$$|c_k - c| \leq \frac{\varepsilon}{3}, \ |f_k(x) - f(x)| \leq \frac{\varepsilon}{3} \text{ für } k \geq N \text{ und } x \in D.$$

Falls $\delta > 0$ so gewählt wird, dass

$$|f_N(x) - c_N| < \frac{\varepsilon}{3} \text{ für alle } x \in D, \ |x - a| < \delta, \ x \neq a$$

gilt, dann folgt

$$|f(x) - c| \le |f(x) - f_N(x)| + |f_N(x) - c_N| + |c_N - c| < \frac{\varepsilon}{3} + \frac{\varepsilon}{3} + \frac{\varepsilon}{3} = \varepsilon.$$

Also ist $\lim\limits_{x \to a} f(x) = c$. $\qquad\qquad\qquad\qquad\qquad\qquad\qquad\qquad\qquad\qquad\qquad$ $\square$

4.7.6 Bemerkung. Der Satz besagt, dass das Diagramm

$$
\begin{array}{ccc}
f_k(x) & \xrightarrow{\; x \to a \;} & c_k \\[2pt]
{\scriptstyle k \to \infty}\Big\downarrow & & \Big\downarrow{\scriptstyle k \to \infty} \\[2pt]
f(x) & \xrightarrow[\; x \to a \;]{} & c
\end{array}
$$

kommutiert.

Als Korollar folgt:

4.7.7 Satz. *Seien $f_k : D \to \mathbb{R}$ stetige Funktionen im Punkt $a \in D$, beziehungsweise stetig auf D oder gleichmäßig stetig auf D, $k \in \mathbb{N}$. Außerdem konvergiere die Folge $(f_k)_{k\in\mathbb{N}}$ gleichmäßig auf D gegen $f : D \to \mathbb{R}$. Dann ist auch die Grenzfunktion f im Punkt a stetig, beziehungsweise stetig auf D oder gleichmäßig stetig auf D.*

Zum Abschluss des Paragraphen geben wir noch Bedingungen an, unter denen eine punktweise konvergente Funktionenfolge auch gleichmäßig konvergiert:

4.7.8 Satz (Dini). *Seien $f_k : I \to \mathbb{R}$ und $f : I \to \mathbb{R}$ stetige Funktionen auf einem kompakten Intervall I und sei*

$$f_k(x) \downarrow f(x) \ \text{für } k \to \infty \ \text{für alle } x \in I,$$

das heißt es gilt $f_{k+1}(x) \le f_k(x)$ für alle $x \in I$ und $k \in \mathbb{N}$ und $f_k(x) \to f(x)$ für $k \to \infty$ für alle $x \in I$. Dann konvergiert die Folge $(f_k)_{k\in\mathbb{N}}$ gleichmäßig auf I gegen f.

Beweis. Ohne Beschränkung der Allgemeinheit können wir annehmen, dass

$$f_k(x) \downarrow 0 \ \text{für } x \in I,$$

das heißt $f_{k+1}(x) \le f_k(x)$ für $x \in I$, $k \in \mathbb{N}$ und $f_k(x) \to 0$ für $k \to \infty$ und alle $x \in I$. Angenommen, die Konvergenz $f_k \to 0$ wäre nicht gleichmäßig. Dann gibt es ein $\varepsilon_0 > 0$, eine aufsteigende Folge $(k_\ell)_{\ell \in \mathbb{N}}$ natürlicher Zahlen, das heißt $k_1 < k_2 < \cdots \to +\infty$, und eine Zahlenfolge $(x_{k_\ell})_{\ell \in \mathbb{N}}$ in I mit

$$f_{k_\ell}(x_{k_\ell}) \geq \varepsilon_0.$$

Wegen der Kompaktheit von I gibt es nach dem Weierstraßschen Auswahlprinzip 2.5.3 eine Teilfolge $(x_{k_{\ell_m}})_{m \in \mathbb{N}}$ mit $x_{k_{\ell_m}} \to a \in I$ für $m \to \infty$. Ohne Beschränkung der Allgemeinheit sei

$$f_k(x_k) \geq \varepsilon_0 \text{ für } k \in \mathbb{N}, \ x_k \to a \text{ für } k \to \infty.$$

Sei $k \in \mathbb{N}$. Dann gilt für alle $\ell \in \mathbb{N}$, $\ell \geq k$

$$f_k(x_\ell) \geq f_\ell(x_\ell) \geq \varepsilon_0$$

und für $\ell \to \infty$ folgt aus der Stetigkeit von f_k, dass

$$f_k(a) \geq \varepsilon_0 > 0$$

ist. Damit ergibt sich für $k \to \infty$ ein Widerspruch. $\qquad\square$

4.8 Der Weierstraßsche Approximationssatz

Aus dem Binomialsatz 1.3.26 folgt, dass

$$1 = (1 - x + x)^n = \sum_{k=0}^{n} \binom{n}{k} (1 - x)^{n-k} x^k$$

für alle $x \in \mathbb{R}$ und alle $n \in \mathbb{N}$. Wir betrachten im folgenden nur das Intervall $[0, 1]$ und definieren:

4.8.1 Definition. Für $n \in \mathbb{N}$ und $k = 0, 1, \ldots, n$ heißt das Polynom

$$B_k^n(x) := \binom{n}{k} (1 - x)^{n-k} x^k \text{ für } x \in [0, 1]$$

das k-te **Bernstein-Polynom** vom Grad n bezüglich des Intervalls $[0, 1]$.

Die wichtigsten Eigenschaften der Bernstein-Polynome sind in dem folgenden Satz aufgelistet:

4.8.2 Definition und Satz. (i) $x = 0$ *ist eine k-fache Nullstelle von B_k^n.*

(ii) $x = 1$ *ist eine $n - k$-fache Nullstelle von B_k^n.*

(iii) *Es gilt die Symmetrierelation*

$$B_k^n(x) = B_{n-k}^n(1 - x) \text{ für } x \in [0, 1].$$

(iv) *Die Bernstein-Polynome $B_0^n, B_1^n, \ldots, B_n^n$ vom Grad n bilden eine nicht-negative **Partition der Eins** auf dem Intervall $[0, 1]$, das heißt, es gilt*

$$B_k^n(x) \geq 0, \ \sum_{k=0}^{n} B_k^n(x) = 1 \text{ für alle } x \in [0, 1].$$

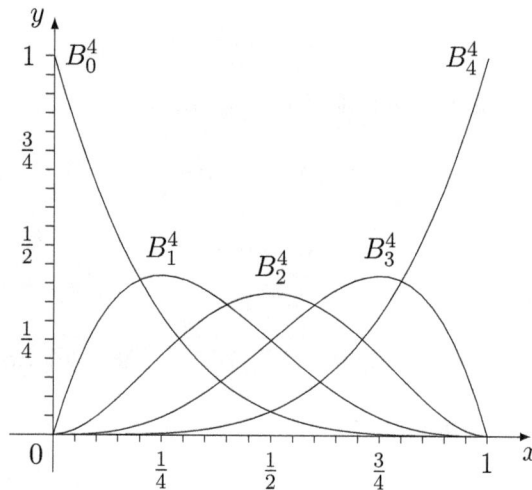

Abbildung 4.11: *Bernstein-Polynome für $n = 4$*

Interessant sind auch die folgenden Eigenschaften, welche man zur Übung beweisen mag:

4.8.3 Bemerkungen. (i) B_k^n hat im Intervall $[0, 1]$ genau ein Maximum, und zwar gilt

$$B_k^n(x) \leq B_k^n\left(\frac{k}{n}\right) \text{ für alle } x \in [0, 1].$$

(ii) Jedes Polynom P vom Grad n lässt sich eindeutig darstellen in der Form

$$P(x) = \sum_{k=0}^{n} b_k B_k^n(x) \text{ für alle } x \in [0, 1]$$

mit (eindeutig bestimmten) reellen Zahlen $b_0, b_1, \ldots, b_n$.

Wir betrachten das Problem, eine gegebene stetige Funktion $f : [0,1] \to \mathbb{R}$ durch eine Folge $(P_n)_{n \in \mathbb{N}}$ von Polynomen auf dem Intervall $[0,1]$ gleichmäßig zu approximieren. Dazu betrachten wir Linearkombinationen von Bernstein-Polynomen:

4.8.4 Definition. Sei f eine stetige Funktion auf dem Intervall $[0,1]$. Dann heißt das Polynom

$$B_n(x) := \sum_{k=0}^{n} f\left(\frac{k}{n}\right) B_k^n(x) \text{ für } x \in [0,1]$$

das zu f und $n \in \mathbb{N}$ gehörige **Bernstein-Polynom**.

4.8.5 Beispiele. (i)   Sei $f(x) \equiv 1$. Dann gilt

$$B_n(x) = \sum_{k=0}^{n} B_k^n(x) \equiv 1.$$

(ii)   Sei $f(x) = x$. Dann gilt

$$B_n(x) = \sum_{k=1}^{n} \frac{k}{n} \frac{n!}{k!(n-k)!}(1-x)^{n-k}x^k = \sum_{k=1}^{n} \binom{n-1}{k-1}(1-x)^{n-k}x^k$$

$$= \sum_{k=0}^{n-1} \binom{n-1}{k}(1-x)^{n-k-1}x^{k+1} = x.$$

(iii)   Also gilt für alle affinen Funktionen $f(x) = ax + b$, $a, b \in \mathbb{R}$, dass

$$B_n(x) = ax + b.$$

(iv)   Sei $f(x) = x^2$. Dann folgt

$$B_n(x) = \sum_{k=1}^{n} \frac{k^2}{n^2} \frac{n!}{k!(n-k)!}(1-x)^{n-k}x^k = \sum_{k=1}^{n} \frac{k}{n}\binom{n-1}{k-1}(1-x)^{n-k}x^k \leq x.$$

(v)   Sei $f(x) = x - x^2 = (1-x)x$. Dann folgt aus (ii) und (iv), dass

$$B_n(x) = \sum_{k=1}^{n-1}\left(1 - \frac{k}{n}\right)\frac{(n-1)!}{(k-1)!(n-k)!}(1-x)^{n-k}x^k$$

$$= \sum_{k=1}^{n-1} \frac{(n-2)!}{(k-1)!(n-k-1)!}(1-x)^{n-k}x^k$$

$$= \left(1 - \frac{1}{n}\right)\sum_{k=0}^{n-2}\binom{n-2}{k}(1-x)^{n-k-1}x^{k+1} = \left(1 - \frac{1}{n}\right)(1-x)x.$$

Insbesondere gilt in diesem Fall, dass

$$0 \leq f(x) - B_n(x) = \frac{1}{n}(1-x)x \leq \frac{1}{n} \to 0 \text{ für } n \to \infty.$$

(vi) Sei wiederum $f(x) = x^2$. Dann folgt aus der Identität

$$x^2 = (x-1)x + x,$$

dass

$$B_n(x) = \left(1 - \frac{1}{n}\right)(x-1)x + x = \left(1 - \frac{1}{n}\right)x^2 + \frac{1}{n}x,$$

also auch

$$f(x) - B_n(x) = \frac{1}{n}(x^2 - x) = \frac{1}{n}(x-1)x \le \frac{1}{n} \xrightarrow{\text{glm}} 0 \text{ für } n \to \infty.$$

(vii) Ähnlich folgt für alle quadratischen Funktionen $f(x) = ax^2 + bx + c$, $a, b, c \in \mathbb{R}$, dass

$$f(x) - B_n(x) = \frac{a}{n}(x-1)x \xrightarrow{\text{glm}} 0 \text{ für } n \to \infty.$$

Der folgende Hilfssatz ist im Beweis des Weierstraßschen Approximationssatzes von Nutzen:

4.8.6 Lemma. *Es gilt*

$$\sum_{k=0}^{n}\left(x - \frac{k}{n}\right)^2 B_k^n(x) = \frac{1}{n}(1-x)x \le \frac{1}{4n} \to 0 \text{ für } n \to \infty.$$

Beweis. Mit Hilfe von 4.8.5 (i), (ii) und (iv) aus Beispiel 4.8.5 berechnen wir

$$\sum_{k=0}^{n}\left(x - \frac{k}{n}\right)^2 B_k^n(x) = \sum_{k=0}^{n}\left(x^2 - 2\frac{k}{n}x + \left(\frac{k}{n}\right)^2\right)B_k^n(x)$$

$$= x^2 - 2x^2 + \left(1 - \frac{1}{n}\right)x^2 + \frac{1}{n}x = \frac{1}{n}(1-x)x. \qquad \square$$

4.8.7 Satz. *Sei f eine stetige Funktion auf dem Intervall $[0,1]$. Dann gilt*

$$B_n(x) \xrightarrow{\text{glm}} f(x) \text{ für } n \to \infty.$$

Beweis. Sei $\varepsilon > 0$. Weil f auf dem kompakten Interval $[0,1]$ gleichmäßig stetig ist, können wir ein $\delta = \delta(\varepsilon) > 0$ wählen, so dass

$$|f(x) - f(x')| \le \frac{\varepsilon}{2} \text{ für alle } x, x' \in [0,1], |x - x'| < \delta.$$

Sei $n \in \mathbb{N}$ beliebig. Wir betrachten die Punkte

$$0 < \frac{1}{n} < \frac{2}{n} < \cdots < \frac{n-1}{n} < 1,$$

das heißt die Zahlen $\frac{k}{n}$ für $k = 0, 1, \ldots, n$. Sei $x \in [0, 1]$. Dann gilt entweder $|x - \frac{k}{n}| < \delta$, also

$$\left| f(x) - f\left(\frac{k}{n}\right) \right| < \frac{\varepsilon}{2}$$

oder $|x - \frac{k}{n}| \geq \delta$, also

$$\left| f(x) - f\left(\frac{k}{n}\right) \right| \leq 2c \leq \frac{2c}{\delta^2} \left(x - \frac{k}{n} \right)^2,$$

dabei ist c eine Schranke von f. Insgesamt gilt für alle $x \in [0, 1]$, dass

$$\left| f(x) - f\left(\frac{k}{n}\right) \right| < \frac{\varepsilon}{2} + \frac{2c}{\delta^2} \left(x - \frac{k}{n} \right)^2.$$

Hieraus folgt mit Hilfe von Lemma 4.8.6 für alle $x \in [0, 1]$, dass

$$|f(x) - B_n(x)| = \left| \sum_{k=0}^{n} f(x) B_k^n(x) - \sum_{k=0}^{n} f\left(\frac{n}{k}\right) B_k^n(x) \right|$$

$$\leq \sum_{k=0}^{n} \left| f(x) - f\left(\frac{n}{k}\right) \right| B_k^n(x)$$

$$\leq \frac{\varepsilon}{2} \sum_{k=0}^{n} B_k^n(x) + \frac{2c}{\delta^2} \sum_{k=0}^{n} \left(x - \frac{k}{n} \right)^2 B_k^n(x) \leq \frac{\varepsilon}{2} + \frac{c}{2\delta^2 n} < \varepsilon,$$

für alle $n \in \mathbb{N}$, $n \geq N$ und falls $N \in \mathbb{N}$ so gewählt ist, dass $N \geq \frac{c}{\varepsilon \delta^2}$ gilt. Damit ist die Behauptung bewiesen. $\qquad \square$

Mit Hilfe einer Skalentransformation folgt sofort:

4.8.8 Weierstraßscher Approximationssatz. *Sei $f : [a, b] \to \mathbb{R}$ eine stetige Funktion auf einem kompakten Intervall $[a, b]$, $a < b$. Dann gibt es eine Folge $(P_n)_{n \in \mathbb{N}}$ von Polynomen mit*

$$P_n(x) \xrightarrow{glm} f(x) \text{ für } n \to \infty.$$

4.9   Reihen von Funktionen

4.9.1 Definition. Seien $f_k : D \to \mathbb{R}$ reelle Funktionen, $D \subset \mathbb{R}$, $k \in \mathbb{N}_0$.

(i) Die **Funktionenreihe** $\sum\limits_{k=0}^{\infty} f_k$ ist definiert als die Folge der Partialsummen $(s_n)_{n=0}^{\infty}$,

$$s_n(x) := \sum_{k=0}^{n} f_k(x) \text{ für } x \in D \text{ und } n \in \mathbb{N}_0.$$

(ii) Die Reihe $\sum\limits_{k=0}^{\infty} f_k$ heißt (punktweise) **konvergent**, wenn die Folge $(s_n(x))_{n=0}^{\infty}$ für alle $x \in D$ konvergiert. Sie **konvergiert gleichmäßig** auf D, wenn die Folge $(s_n)_{n=0}^{\infty}$ auf D gleichmäßig konvergiert.

4.9.2 Weierstraßscher M-Test. *Seien* $f_k : D \to \mathbb{R}$ *reelle Funktionen, so dass*

$$|f_k(x)| \le M_k \text{ für alle } x \in D \text{ und } k \in \mathbb{N}_0 \text{ mit } \sum_{k=0}^{\infty} M_k < +\infty.$$

Dann konvergiert die Reihe $\sum\limits_{k=0}^{\infty} f_k$ *gleichmäßig auf* D.

Beweis. Sei $\varepsilon > 0$ vorgegeben und sei $N = N(\varepsilon) \in \mathbb{N}$ so gewählt, dass

$$\sum_{k=n+1}^{m} M_k < \varepsilon \text{ für alle } m, n \in \mathbb{N}, \ m > n \ge N.$$

Dann ist

$$|s_m(x) - s_n(x)| = \left| \sum_{k=n+1}^{m} f_k(x) \right| \le \sum_{k=n+1}^{m} M_k < \varepsilon$$

für alle $m > n \ge N$ und $x \in D$. Also konvergiert $(s_n)_{n=0}^{\infty}$ nach dem Cauchyschen Konvergenzkriterium gleichmäßig auf D. □

4.9.3 Satz. *Die Potenzreihe* $\sum\limits_{k=0}^{\infty} a_k x^k$ *konvergiere für alle* $x \in \mathbb{R}$, $|x| < R$, $R > 0$. *Dann konvergiert sie für alle* $x \in \mathbb{R}$, $|x| \le R_0 < R$ *gleichmäßig und stellt daher eine in* $\{ x \in \mathbb{R} \mid |x| < R \}$ *stetige Funktion dar.*

Beweis. Für $|x| \le R_0 < R$ ist $|a_k x^k| \le |a_k| R_0^k$, nach Voraussetzung gilt daher $\sum\limits_{k=0}^{\infty} |a_k| R_0^k < +\infty$. Der Weierstraßsche M-Test liefert die Behauptung. □

Wir untersuchen jetzt die Stetigkeit in den Randpunkten $x = \pm R$ des Konvergenzintervalls:

4.9.4 Abelscher Stetigkeitssatz. *Die Reihe* $\sum\limits_{k=0}^{\infty} a_k$ *sei konvergent. Dann ist die Potenzreihe* $\sum\limits_{k=0}^{\infty} a_k x^k$ *für* $x \in [0,1]$ *gleichmäßig konvergent und stellt daher eine auf dem Intervall* $[0,1]$ *stetige Funktion dar.*

Beweis. Wir setzen $s_k := \sum\limits_{\ell=n+1}^{k} a_\ell$ für $k \geq n+1$, $n \in \mathbb{N}_0$, und $s_n := 0$. Dann folgt durch partielle Summation (vergleiche 3.4.1) für alle $m \in \mathbb{N}$, $n \in \mathbb{N}_0$, $m > n$, dass

$$\sum_{k=n+1}^{m} a_k x^k = \sum_{k=n+1}^{m} (s_k - s_{k-1})x^k = \sum_{k=n+1}^{m} s_k x^k - \sum_{k=n}^{m-1} s_k x^{k+1}$$

$$= \sum_{k=n+1}^{m} s_k(x^k - x^{k+1}) + s_m x^{m+1}.$$

Sei $\varepsilon > 0$ vorgegeben. Wegen der Konvergenz von $\sum\limits_{k=0}^{\infty} a_k$ gibt es ein $N \in \mathbb{N}$ mit

$$|s_m| = \left| \sum_{k=n+1}^{m} a_k \right| < \varepsilon \text{ für alle } m > n \geq N. \text{ Es folgt für } x \in [0,1], \text{ dass}$$

$$\left| \sum_{k=n+1}^{m} a_k x^k \right| < \varepsilon \left(\sum_{k=n+1}^{m} (x^k - x^{k+1}) + x^{m+1} \right) = \varepsilon x^{n+1} \leq \varepsilon.$$

Also konvergiert die Reihe $\sum\limits_{k=0}^{\infty} a_k x^k$ für $x \in [0,1]$ gleichmäßig und stellt daher eine auf $[0,1]$ stetige Funktion dar. $\qquad \square$

4.9.5 Bemerkungen. (i)   Durch Skalierung folgt sofort: Wenn die Potenzreihe $\sum\limits_{k=0}^{\infty} a_k x^k$ für $x = R$ konvergiert, dann konvergiert sie für alle $x \in \mathbb{R}$, $-R_0 \leq x \leq R$, $R_0 < R$, gleichmäßig und stellt daher eine in $(-R, R]$ stetige Funktion dar.

(ii)   Durch Spiegelung, das heißt durch Betrachtung der Reihe $\sum\limits_{k=0}^{\infty} a_k(-x)^k$, ergibt sich: Wenn die Potenzreihe $\sum\limits_{k=0}^{\infty} a_k x^k$ für $x = -R$ konvergiert, dann ist sie im Intervall $[-R, R)$ stetig.

(iii)   Aus dem Leibniz-Kriterium folgt: Ist $(a_k)_{k=0}^{\infty}$ eine Zahlenfolge mit $a_k \downarrow 0$ für $k \to \infty$, dann ist die Potenzreihe $\sum\limits_{k=0}^{\infty} a_k x^k$ stetig für $x \in [-1, 1)$.

4.9.6 Abelscher Produktsatz. *Die Reihen* $\sum\limits_{k=0}^{\infty} a_k$, $\sum\limits_{k=0}^{\infty} b_k$ *und das Cauchy-Produkt* $\sum\limits_{k=0}^{\infty} c_k$, $c_k = \sum\limits_{\ell=0}^{k} a_\ell b_{k-\ell}$ *seien konvergent. Dann gilt die* **Cauchysche Produktformel**

$$\left(\sum_{k=0}^{\infty} a_k \right) \left(\sum_{k=0}^{\infty} b_k \right) = \sum_{k=0}^{\infty} c_k.$$

Beweis. Seien die Funktionen $f, g, h : [0, 1] \to \mathbb{R}$ definiert durch

$$f(x) := \sum_{k=0}^{\infty} a_k x^k, \quad g(x) := \sum_{k=0}^{\infty} b_k x^k, \quad h(x) := \sum_{k=0}^{\infty} c_k x^k.$$

Für jedes feste $x \in [0, 1)$ sind alle drei Reihen absolut konvergent. Nach dem Cauchyschen Produktsatz 3.8.5 für Potenzreihen gilt daher

$$f(x)g(x) = h(x) \text{ für } x \in [0, 1).$$

Aus dem Abelschen Stetigkeitssatz 4.9.4 folgt durch Grenzübergang $x \to 1$, dass

$$\left(\sum_{k=0}^{\infty} a_k \right) \left(\sum_{k=0}^{\infty} b_k \right) = f(1)g(1) = h(1) = \sum_{k=0}^{\infty} c_k. \qquad \Box$$

4.9.7 Bemerkung. Die Voraussetzung des Cauchyschen Produktsatzes 3.8.2 ist die absolute Konvergenz der Reihen $\sum_{k=0}^{\infty} a_k$, $\sum_{k=0}^{\infty} b_k$. Hieraus folgt die absolute Konvergenz des Cauchy-Produkts $\sum_{k=0}^{\infty} c_k$ sowie die Produktformel. Die Konvergenz des Cauchy-Produkts braucht dagegen nicht vorausgesetzt werden. Im Satz 3.8.8 von Mertens ist die Voraussetzung des Cauchyschen Produktsatzes dahingehend abgeschwächt, dass nur eine der Reihen $\sum_{k=0}^{\infty} a_k$, $\sum_{k=0}^{\infty} b_k$ absolut konvergiert.

5 Differentialrechnung einer Variablen

5.1 Differenzierbare Funktionen einer Variablen

Wir betrachten reelle Funktionen $f : I \to \mathbb{R}$ auf einem beliebigen, das heißt offenen, halboffenen oder abgeschlossenen, nicht-ausgearteten Intervall $I \subset \mathbb{R}$.

5.1.1 Motivation. Bestimmung der **Tangente** im Punkt $P = (a, f(a))$:

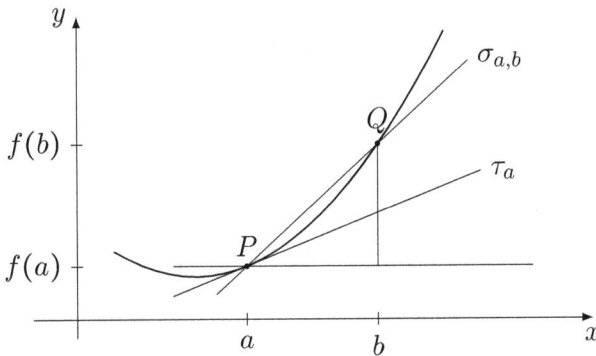

Abbildung 5.1: *Bestimmung der Tangente*

Betrachte einen weiteren Punkt $Q = (b, f(b))$, $b \neq a$. Die **Steigung der Sekante** $\sigma = \sigma_{a,b} : \mathbb{R} \to \mathbb{R}$, das heißt der durch die Punkte P und Q gehenden Geraden, ist

$$\frac{f(b) - f(a)}{b - a} = \frac{\Delta f}{\Delta x}(a, b) = \frac{\Delta y}{\Delta x},$$

genannt **Differenzenquotient** von f. Die Gleichung der Sekante ist also

$$\sigma(x) = \sigma_{a,b}(x) = f(a) + \frac{f(b) - f(a)}{b - a}(x - a).$$

Durch Grenzübergang $b \to a$ erhält man, falls existent, die **Steigung der Tangente** (der Berührenden) $\tau = \tau_a : \mathbb{R} \to \mathbb{R}$ von f im Punkt P, das heißt den

Tangens des Winkels $\alpha = \alpha(a)$, den die Tangente mit der x-Achse bildet:

$$\tan \alpha(a) = \lim_{b \to a} \frac{f(b) - f(a)}{b - a} = f'(a) = \frac{df}{dx}(a) = \frac{dy}{dx}.$$

Die Gleichung der Tangente ist also

$$\tau(x) = \tau_a(x) = f(a) + f'(a)(x - a).$$

Die Tangente ist eine lineare (besser: affine) Approximation von f. Genauer gilt die Formel

$$f(x) - \tau(x) = f(x) - f(a) - f'(a)(x - a)$$

$$= \left(\frac{f(x) - f(a)}{x - a} - f'(a) \right)(x - a) =: \varphi_a(x)(x - a)$$

mit $\lim_{x \to a} \varphi_a(x) = 0$.

5.1.2 Definition. (i) Sei $f : I \to \mathbb{R}$. Dann ist f im Punkt oder an der Stelle $a \in I$ **differenzierbar**, wenn der Grenzwert

$$f'(a) := \lim_{x \to a} \frac{f(x) - f(a)}{x - a}$$

existiert. Er heißt **Ableitung** oder **Differentialquotient** von f an der Stelle a, in Zeichen

$$f'(a) = \frac{df}{dx}(a) = \frac{dy}{dx} \text{ (lies } df \text{ nach } dx\text{).}$$

(ii) Ist f für jedes $a \in I$ differenzierbar, so heißt f **differenzierbar** auf I und die **Ableitung** $f' : I \to \mathbb{R}$ ist dann für alle $x \in I$ erklärt.

5.1.3 Bemerkungen. (i) $f'(a) = \lim_{x \to a} g(x)$, wobei $g(x) = \frac{f(x) - f(a)}{x - a}$. Wie in Definition 4.3.1 setzen wir bei dieser Grenzwertbildung voraus, dass $x \neq a$ gilt.

(ii) $f'(a)$ kann allgemeiner erklärt werden, falls $D \subset \mathbb{R}$ eine beliebige Teilmenge, $f : D \to \mathbb{R}$ eine reelle Funktion und $a \in D$ ein Häufungspunkt von D ist.

(iii) Die **rechtsseitige Ableitung** $f'(a^+)$ von f an der Stelle $a \in I$ ist die Ableitung der Restriktion $f\big|_J$ an der Stelle a, wobei $J = \{\, x \in I \mid x \geq a \,\}$. Insbesondere kann a der linke Endpunkt von I sein. Analog wird die **linksseitige Ableitung** $f'(a^-)$ von f an der Stelle $a \in I$ erklärt.

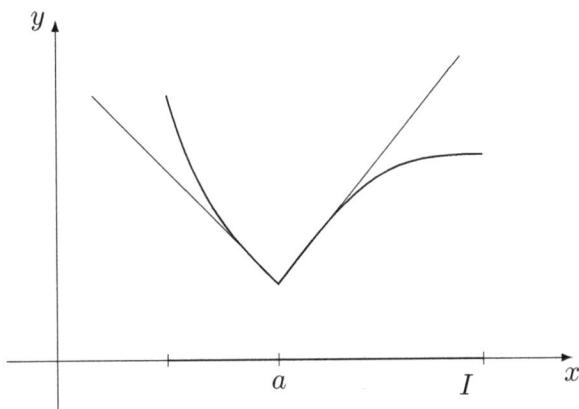

Abbildung 5.2: *Rechtsseitige und linksseitige Ableitung im Punkt a*

(iv) f ist genau dann in einem inneren Punkt a von I differenzierbar, wenn $f'(a^+) = f'(a^-)$ gilt, das heißt, wenn die beidseitigen Ableitungen existieren und gleich sind.

(v) Sei $D(f') := \{\, x \in I \mid f'(x) \text{ existiert} \,\}$. Dann ist $f' : D(f') \to \mathbb{R}$ die **Ableitung** von f.

5.1.4 Beispiele. (i) Sei $f(x) := x^p$ für alle $x \in \mathbb{R}$ die **Potenzfunktion**, $p \in \mathbb{N}$. Dann folgt aus der geometrischen Summenformel für alle $a \in \mathbb{R}$, dass

$$\frac{f(x) - f(a)}{x - a} = \frac{x^p - a^p}{x - a} = \sum_{k=1}^{p} x^{p-k} a^{k-1} \to p a^{p-1} \text{ für } x \neq a,\ x \to a.$$

Also gilt

$$f'(a) = p a^{p-1} \text{ für alle } a \in \mathbb{R},$$

beziehungsweise für die Ableitung $f'(x)$, die wir auch mit $(x^p)'$ bezeichnen, gilt

$$(x^p)' = p x^{p-1} \text{ für alle } x \in \mathbb{R}.$$

(ii) Wir betrachten die **Exponentialfunktion** $\exp x = \sum_{k=0}^{\infty} \frac{x^k}{k!}$. Dann gilt

$$\left| \frac{\exp x - \exp 0}{x} - 1 \right| \leq \sum_{k=2}^{\infty} \frac{|x|^{k-1}}{k!} \leq |x| \exp |x| \to 0 \text{ für } x \neq 0,\ x \to 0,$$

weshalb

$$\exp'(0) = 1.$$

Aus der Funktionalgleichung folgt für alle $a \in \mathbb{R}$, dass

$$\frac{\exp x - \exp a}{x - a} = \exp a \frac{\exp(x - a) - 1}{x - a} \to \exp a \text{ für } x \neq a, \; x \to a.$$

Also gilt

$$\exp'(a) = \exp a \text{ für alle } a \in \mathbb{R},$$

beziehungsweise

$$(\exp x)' = \exp' x = \exp x \text{ für alle } x \in \mathbb{R}.$$

(iii) Ähnlich zeigt man, dass $\cos'(0) = 0$, $\sin'(0) = 1$, und dann mit Hilfe der Additionstheoreme, dass

$$\cos'(a) = -\sin a, \; \sin'(a) = \cos a \text{ für alle } a \in \mathbb{R},$$

beziehungsweise

$$(\cos x)' = \cos' x = -\sin x, \; (\sin x)' = \sin' x = \cos x \text{ für alle } x \in \mathbb{R}.$$

5.1.5 Lemma. $f : I \to \mathbb{R}$ *ist genau dann im Punkt $a \in I$ differenzierbar, wenn für jede Folge $(x_k)_{k \in \mathbb{N}}$ in I mit $x_k \neq a$, $x_k \to a$ für $k \to \infty$:*

$$\lim_{k \to \infty} \frac{f(x_k) - f(a)}{x_k - a} = f'(a).$$

5.1.6 Beispiel. $f(x) := |x|$ ist im Punkt $x = 0$ nicht differenzierbar, weil zum Beispiel die Folgen $(\frac{1}{k})_{k \in \mathbb{N}}$, $(-\frac{1}{k})_{k \in \mathbb{N}}$ die Grenzwerte $+1$ beziehungsweise -1 liefern.

5.1.7 Darstellungssatz. $f : I \to \mathbb{R}$ *ist genau dann im Punkt $a \in I$ differenzierbar, wenn es eine Zahl $c \in \mathbb{R}$ gibt und eine im Punkt a stetige Funktion $\varphi = \varphi_a : I \to \mathbb{R}$ mit $\varphi(a) = \varphi_a(a) = 0$, so dass für alle $x \in I$ die Darstellung*

$$f(x) = f(a) + c(x - a) + \varphi_a(x)(x - a)$$

gilt. In diesem Fall ist $c = f'(a)$.

5.1.8 Bemerkung. Dies bedeutet, dass die Tangente $\tau_a(x) = f(a) + c(x - a)$ die Funktion f von erster Ordnung approximiert. Der Restterm (Fehler)

$$r_a(x) := \varphi_a(x)(x - a)$$

ist von höherer als erster Ordnung, das heißt, es gilt

$$\lim_{x \to a} \frac{r_a(x)}{|x - a|} = 0.$$

Mit anderen Worten gilt $r_a(x) = o(|x - a|)$ für $x \to a$ (o ist **Kroneckers** „klein o" **Symbol**).

Beweis des Darstellungssatzes. „⇒" Sei f im Punkt a differenzierbar. Man setze

$$\varphi_a(x) := \begin{cases} \dfrac{f(x) - f(a)}{x - a} - f'(a) & \text{für } x \neq a \\ 0 & \text{für } x = a. \end{cases}$$

Da f im Punkt a differenzierbar ist, gilt

$$\lim_{x \to a} \varphi_a(x) = \lim_{x \to a} \frac{f(x) - f(a)}{x - a} - f'(a) = 0.$$

Weiterhin gilt für $x \neq a$ die Formel

$$(x - a)\varphi_a(x) = f(x) - f(a) - f'(a)(x - a),$$

also für alle $x \in I$ die gewünschte Darstellung.

„⇐" Aus der Darstellung folgt für $x \neq a$, dass

$$\frac{f(x) - f(a)}{x - a} = c + \varphi_a(x) \text{ mit } \lim_{x \to a} \varphi_a(x) = 0,$$

also

$$\lim_{x \to a} \frac{f(x) - f(a)}{x - a} = c. \qquad \Box$$

Als Korollar zu Satz 5.1.7 folgt:

5.1.9 Satz. *Sei $f : I \to \mathbb{R}$ im Punkt $a \in I$ differenzierbar. Dann ist f im Punkt a stetig.*

5.1.10 Bemerkung. Die Umkehrung ist im Allgemeinen falsch: Zum Beispiel ist $f(x) := |x|$ für $x \in \mathbb{R}$ im Punkt $x = 0$ stetig aber nicht differenzierbar. Es gibt sogar eine stetige Funktion $f : \mathbb{R} \to \mathbb{R}$, die in keinem Punkt differenzierbar ist.

Abschließend definieren wir

5.1.11 Definition. Eine Funktion $f : I \to \mathbb{R}$ heißt (einmal) **stetig differenzierbar** in I, wenn die Ableitung $f' : I \to \mathbb{R}$ eine in ganz I erklärte und stetige Funktion ist, in Zeichen

$$f \in C^1(I).$$

5.2 Ableitungsregeln

5.2.1 Satz. *Die Funktionen f und g seien auf I erklärt und im Punkt $a \in I$ differenzierbar. Dann sind die Funktionen $\alpha f + \beta g$ für $\alpha, \beta \in \mathbb{R}$ und $f \cdot g$ im Punkt a differenzierbar und es gilt*

$$(\alpha f + \beta g)'(a) = \alpha f'(a) + \beta g'(a) \ \textbf{\textit{(Linearität)}},$$
$$(f \cdot g)'(a) = f'(a)g(a) + f(a)g'(a) \ \textbf{\textit{(Produktregel)}}.$$

Beweis der Produktregel. Für $x, a \in I$, $x \neq a$ gilt:

$$\frac{f(x)g(x) - f(a)g(a)}{x - a} = \frac{f(x)g(x) - f(a)g(a)}{x - a} + \frac{f(a)g(x) - f(a)g(a)}{x - a}$$
$$= \frac{f(x) - f(a)}{x - a}g(x) + f(a)\frac{g(x) - g(a)}{x - a}.$$

Der Grenzübergang $x \to a$ liefert die Behauptung.   □

5.2.2 Beispiele. (i) Sei $p \in \mathbb{N}$. Dann ist die **Potenzfunktion** $f : \mathbb{R} \to \mathbb{R}$, $f(x) := x^p$, für alle $x \in \mathbb{R}$ differenzierbar (vergleiche Beispiel 5.1.4 (i)) und es gilt

$$f'(x) = (x^p)' = px^{p-1} \text{ für alle } x \in \mathbb{R}.$$

Beweis durch vollständige Induktion. *Induktionsanfang:* Sei $p = 1$. Für $x, a \in \mathbb{R}$, $x \neq a$ gilt:

$$\frac{f(x) - f(a)}{x - a} = \frac{x - a}{x - a} \equiv 1,$$

also ist $f'(a) = 1 = 1 \cdot a$.

Induktionsschluss: Nach der Produktregel und Induktionsvoraussetzung ist die Funktion $x^{p+1} = x^p \cdot x$ für alle $x \in \mathbb{R}$ differenzierbar und es gilt

$$(x^{p+1})' = (x^p \cdot x)' = (x^p)' \cdot x + x^p \cdot x'$$
$$= px^{p-1} \cdot x + x^p \cdot 1 = (p+1)x^p. \qquad \square$$

(ii) Ist $P(x) = \sum\limits_{k=0}^{n} a_k x^k$, $a_k \in \mathbb{R}$, ein **Polynom**, so gilt aufgrund der Linearität

$$P'(x) = \sum_{k=1}^{n} ka_k x^{k-1} = \sum_{k=0}^{n-1}(k+1)a_{k+1}x^k \text{ für alle } x \in \mathbb{R}.$$

5.2.3 Satz. *Seien f und g auf I erklärt und im Punkt $a \in I$ differenzierbar, außerdem sei $g(x) \neq 0$ für $x \in I$. Dann ist $\frac{f}{g}$ differenzierbar in a und es gilt die* **Quotientenregel**

$$\left(\frac{f}{g}\right)'(a) = \frac{g(a)f'(a) - f(a)g'(a)}{g^2(a)}.$$

Beweis. Für $x, a \in I$, $x \neq a$ gilt

$$\frac{\frac{f}{g}(x) - \frac{f}{g}(a)}{x - a} = \frac{f(x)g(a) - f(a)g(x)}{(x-a)g(x)g(a)}$$

$$= \left(\frac{f(x) - f(a)}{x - a}g(a) - f(a)\frac{g(x) - g(a)}{x - a}\right) \cdot \frac{1}{g(x)g(a)}.$$

Der Grenzübergang $x \to a$ liefert die Behauptung. $\qquad\square$

5.2.4 Beispiele. (i) Sei $f : I \to \mathbb{R}$ eine differenzierbare Funktion mit $f(x) \neq 0$ für alle $x \in I$. Dann ist $\frac{1}{f}$ für alle $x \in I$ differenzierbar und es gilt

$$\left(\frac{1}{f}\right)'(x) = -\frac{f'(x)}{f^2(x)} \text{ für alle } x \in I.$$

(ii) Sei $p \in \mathbb{N}$. Dann ist die Funktion $f(x) := x^{-p} = \frac{1}{x^p}$ für alle $x > 0$ differenzierbar und es gilt

$$f'(x) = -\frac{px^{p-1}}{x^{2p}} = -px^{-p-1} \text{ für alle } x > 0.$$

Für alle Potenzen $p \in \mathbb{Z}$ haben wir damit die Ableitungsregel

$$(x^p)' = px^{p-1} \text{ für alle } x > 0.$$

5.2.5 Satz. *Seien $I, J \subset \mathbb{R}$ Intervalle, $f : I \to J$ sei im Punkt $a \in I$ differenzierbar und $g : J \to \mathbb{R}$ sei im Punkt $b = f(a) \in J$ differenzierbar. Dann ist $g \circ f : I \to \mathbb{R}$ im Punkt $a \in I$ differenzierbar und es gilt die* **Kettenregel**

$$(g \circ f)'(a) = g'(b) \cdot f'(a).$$

Beweis. Sei $(x_k)_{k \in \mathbb{N}}$ eine Folge in I mit $x_k \neq a$, $x_k \to a$ für $k \to \infty$. Falls $y_k = f(x_k) \neq f(a) = b$ ist, dann folgt

$$\frac{(g \circ f)(x_k) - (g \circ f)(a)}{x_k - a} = \frac{g(f(x_k)) - g(f(a))}{f(x_k) - f(a)} \frac{f(x_k) - f(a)}{x_k - a}$$

$$= \frac{g(y_k) - g(b)}{y_k - b} \frac{f(x_k) - f(a)}{x_k - a}.$$

Wegen der Stetigkeit von $f(x)$ im Punkt a gilt $y_k \to b$ für $x_k \to a$. Falls also $y_k \neq b$ für alle $k \geq N$, dann folgt

$$\lim_{k \to \infty} \frac{(g \circ f)(x_k) - (g \circ f)(a)}{x_k - a} = g'(b) f'(a). \qquad (5.1)$$

Falls $y_{k_\ell} = b$ für eine Teilfolge $(y_{k_\ell})_{\ell \in \mathbb{N}}$ gilt, dann ist $f'(a) = 0$ und

$$\lim_{\ell \to \infty} \frac{(g \circ f)(x_{k_\ell}) - (g \circ f)(a)}{x_{k_\ell} - a} = 0 = g'(b) f'(a),$$

und die Limesrelation 5.1 folgt in diesem Falle auch. Insgesamt folgt die Differenzierbarkeit von $g \circ f$ im Punkt a und es gilt die Kettenregel. $\qquad \square$

5.2.6 Beispiele. (i) Sei $f : I \to \mathbb{R}$ eine differenzierbare Funktion mit $f(x) \neq 0$ für alle $x \in I$. Dann erhalten wir aus der Kettenregel die Ableitung von $\frac{1}{f}$, indem wir $g(y) := \frac{1}{y}$ für $y \neq 0$ setzen:

$$\left(\frac{1}{f}\right)'(x) = (g(f(x)))' = g'(f(x)) f'(x) = -\frac{f'(x)}{f^2(x)}.$$

(ii) Die Ableitung der **geometrischen Reihe** $\sum_{k=0}^{\infty} x^k$ berechnet sich für alle $|x| < 1$ zu

$$\left(\sum_{k=0}^{\infty} x^k\right)' = \left(\frac{1}{1-x}\right)' = -\frac{-1}{(1-x)^2} = \frac{1}{(1-x)^2}.$$

5.2.7 Satz. *Seien $I, J \subset \mathbb{R}$ Intervalle. $f : I \to J$ sei bijektiv und im Punkt $a \in I$ differenzierbar mit $f'(a) \neq 0$, ferner sei f^{-1} im Punkt $b = f(a)$ stetig. Dann ist $f^{-1} : J \to I$ im Punkt b differenzierbar und es gilt die **Umkehrformel***

$$(f^{-1})'(b) = \frac{1}{f'(a)}.$$

Beweis. Sei $y \in J$, $y \neq b$, und sei $x = f^{-1}(y)$. Dann ist $x \neq a$ und es gilt

$$\frac{f^{-1}(y) - f^{-1}(b)}{y - b} = \frac{x - a}{f(x) - f(a)} = \frac{1}{\dfrac{f(x) - f(a)}{x - a}}.$$

Wegen $f'(a) \neq 0$ folgt die Differenzierbarkeit von f^{-1} und es ist

$$(f^{-1})'(b) = \lim_{y \to b} \frac{f^{-1}(y) - f^{-1}(b)}{y - b} = \lim_{x \to a} \frac{1}{\dfrac{f(x) - f(a)}{x - a}} = \frac{1}{f'(a)}. \qquad \square$$

5.2.8 Bemerkungen. (i) Aufgrund der Sätze 4.6.4 und 4.6.5 über monotone Funktionen gilt die Umkehrformel, falls $f : I \to \mathbb{R}$ stetig, streng monoton (beziehungsweise injektiv), differenzierbar im Punkt a und $f'(a) \neq 0$ ist.

(ii) Unter der Annahme der Existenz von f^{-1} und der Differenzierbarkeit im Punkt b folgt aus der Kettenregel, dass $(f^{-1})'(b) \cdot f'(a) = 1$ und hieraus

$$(f^{-1})'(b) = \frac{1}{f'(a)}.$$

(iii) In der Leibnizschen Notation lautet die Umkehrformel

$$\frac{dx}{dy} = \frac{1}{\frac{dy}{dx}}.$$

(iv) Ist $f : I \to J$ umkehrbar und in I differenzierbar, so ist $f^{-1} : J \to I$ in J differenzierbar und es gilt

$$(f^{-1})'(y) = \frac{1}{f'(x)} = \frac{1}{f'(f^{-1}(y))} = \frac{1}{f'(x)}\bigg|_{x=f^{-1}(y)} \quad \text{für alle } y \in J.$$

So können wir die Ableitung von f^{-1} als Funktion von y schreiben. Durch Vertauschen der Variablen x und y erhalten wir:

$$(f^{-1})'(x) = \frac{1}{f'(f^{-1}(x))} \quad \text{für alle } x \in J.$$

5.2.9 Beispiele. (i) Für $p \in \mathbb{N}$ betrachten wir die p-te **Wurzel** als Inverse der p-ten Potenz: Sei $f(x) = x^p$ für $x > 0$ und $f^{-1}(y) = \sqrt[p]{y}$ für $y > 0$. Dann gilt

$$\left(\sqrt[p]{y}\right)' = (f^{-1})'(y) = \frac{1}{f'(x)} = \frac{1}{px^{p-1}}\bigg|_{x=\sqrt[p]{y}} = \frac{1}{p}y^{\frac{1}{p}-1},$$

das heißt, es gilt

$$\left(\sqrt[p]{y}\right)' = \frac{1}{p}y^{\frac{1}{p}-1}.$$

Für alle $q \in \mathbb{N}$ gilt damit die Ableitungsregel

$$\left(x^{\frac{1}{q}}\right)' = \frac{1}{q}x^{\frac{1}{q}-1} \quad \text{für alle } x > 0$$

und insbesondere ist im Fall $q = 2$:

$$\left(\sqrt{x}\right)' = \frac{1}{2\sqrt{x}}.$$

(ii) Die **μ-te rationale Potenz** x^μ mit $\mu = \frac{p}{q}$, $p \in \mathbb{Z}$, $q \in \mathbb{N}$, ist differenzierbar in $(0, +\infty)$ und es gilt

$$(x^\mu)' = \mu x^{\mu-1} \text{ für alle } x > 0:$$

Zum Beweis sei $g(x) := x^p$ und $h(y) := y^{\frac{1}{q}}$. Dann ist

$$x^{\frac{p}{q}} = (x^p)^{\frac{1}{q}} = h(g(x)).$$

Aus der Kettenregel, Satz 5.2.5, folgt

$$\left(x^{\frac{p}{q}}\right)' = h'(y)g(x) = \frac{1}{q} y^{\frac{1}{q}-1} p x^{p-1} = \frac{p}{q} x^{\frac{p}{q}-p} x^{p-1} = \frac{p}{q} x^{\frac{p}{q}-1}.$$

5.2.10 Beispiele. (i)   Wir betrachten den **Logarithmus** als Inverse der Exponentialfunktion. Für $y = \exp x > 0$ gilt

$$\log' y = \frac{1}{\exp'(x)} = \frac{1}{\exp x}\Big|_{x=\log y} = \frac{1}{y},$$

beziehungsweise

$$\log' x = \frac{1}{x} \text{ für alle } x > 0.$$

(ii)   Für die **allgemeine Potenzfunktion** x^μ mit reellem Exponenten $\mu \in \mathbb{R}$ erhalten wir mit Hilfe der Darstellung 4.6.7 (iii) aus der Kettenregel für alle $x > 0$:

$$(x^\mu)' = \left(e^{\mu \log x}\right)' = e^{\mu \log x} \cdot \frac{\mu}{x}$$
$$= \mu e^{(\mu-1)\log x} = \mu x^{\mu-1}.$$

(iii)   Für die **allgemeine Exponentialfunktion** $\exp_b(x) = b^x$ zur Basis $b > 0$ erhalten wir für alle $x \in \mathbb{R}$:

$$\exp_b'(x) = (b^x)' = \left(e^{x \log b}\right)'$$
$$= e^{x \log b} \cdot \log b = \log b \cdot b^x$$
$$= \log b \cdot \exp_b(x).$$

5.3   Kurvendiskussion und der Mittelwertsatz

In diesem Abschnitt beginnen wir mit der Kurvendiskussion von reellen Funktionen $f : I \to \mathbb{R}$ mit hinreichend guten Differenzierbarkeitseigenschaften, welche wir in den Abschnitten 5.7 und 5.8 fortsetzen. Hierzu benötigen wir auch die zweite Ableitung f'' von f, welche wir in 5.5 angeben. Ziel ist die Herleitung von **notwendigen und hinreichenden Kriterien** an die Ableitungen f' und f'' von f für das Vorliegen eines Extremums, also eines Minimums oder Maximums, dafür, dass f eine monotone Funktion ist und dass f konvex oder konkav ist. Außerdem studieren wir in Abschnitt 5.4 das Grenzverhalten an den Intervallendpunkten. Auf diese Weise erhalten wir ein sehr anschauliches Bild über den Verlauf des Graphen von f.

5.3.1 Definition. Sei $I \subset \mathbb{R}$ ein beliebiges, nicht-ausgeartetes Intervall. Die Funktion $f : I \to \mathbb{R}$ besitzt in einem Punkt a von I ein **lokales Extremum**, wenn es ein $\delta > 0$ gibt mit

$$f(x) \leq f(a) \text{ für alle } x \in I,\ |x - a| < \delta \text{ (lokales Maximum)}$$

oder

$$f(x) \geq f(a) \text{ für alle } x \in I,\ |x - a| < \delta \text{ (lokales Minimum)}.$$

5.3.2 Satz von Fermat. *Die Funktion $f : I \to \mathbb{R}$ besitze in einem inneren Punkt $a \in \mathring{I}$ ein lokales Extremum. Außerdem sei f an der Stelle a differenzierbar. Dann ist $f'(a) = 0$.*

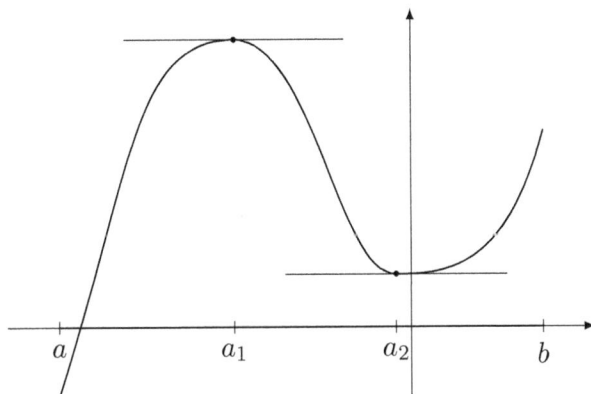

Abbildung 5.3: Zum Satz von Fermat, 5.3.2

Beweis. Angenommmem, es liegt bei a ein relatives Maximum vor. Dann sei $\delta > 0$ so gewählt, dass $f(x) \leq f(a)$ für $x \in I$, $|x - a| < \delta$ gilt. Für $x \in I$, $|x - a| < \delta$, $x > a$ ist dann

$$\frac{f(x) - f(a)}{x - a} \leq 0$$

und für $x \in I$, $|x - a| < \delta$, $x < a$ gilt

$$\frac{f(x) - f(a)}{x - a} \geq 0.$$

Durch Grenzübergang $x \to a$ folgt $f'(a^+) \leq 0$ und $f'(a^-) \geq 0$, also $f'(a) = 0$. $\square$

5.3.3 Bemerkung. Gilt $f'(a) = 0$, so heißt f an der Stelle a, beziehungsweise im Punkt $(a, f(a))$, **kritisch** oder **stationär**. Das Verschwinden der Ableitung, beziehungsweise dass f an einer Stelle a kritisch ist, ist also eine **notwendige Bedingung** für das Vorliegen eines lokalen Extremums an einem inneren Punkt $a \in \overset{\circ}{I}$. Um die lokalen Extrema einer Funktion im Inneren des Definitionsbereichs zu bestimmen, geht man deshalb folgendermaßen vor: Man berechnet zunächst die Ableitung und bestimmt die kritischen Stellen von f. Damit hat man alle Kandidaten für die lokalen Extrema gefunden. Um zu bestimmen, bei welchen es sich tatsächlich um lokale Extrema handelt, müssen zusätzliche Überlegungen angestellt werden. In Abschnitt 5.7 zeigen wir, wie dies gegebenenfalls unter Zuhilfenahme der zweiten Ableitung bewerkstelligt werden kann. Randpunkte von I müssen gesondert untersucht werden. Dort gilt der Satz von Fermat im Allgemeinen nicht.

5.3.4 Beispiele. (i)   Für $p \in \mathbb{N}$ betrachten wir die **Potenzfunktion** x^p, $x \in \mathbb{R}$. Wegen

$$(x^p)' = p x^{p-1} \text{ für alle } x \in \mathbb{R}$$

verschwindet die Ableitung von x^p im Nullpunkt für alle $p \geq 2$. Offensichtlich liegt für p gerade im Nullpunkt ein lokales Minimum vor, welches gleichzeitig ein **globales Minimum** ist. Für p ungerade besitzt x^p keine lokalen Extremalstellen.

(ii)   Bei einem Polynom $P(x) = \sum\limits_{k=0}^{n} a_k x^k$, $a_1, \ldots, a_n \in \mathbb{R}$, $a_n \neq 0$, n-ten Grades können nur an den höchstens $n - 1$ Nullstellen der Ableitung

$$P'(x) = \sum_{k=0}^{n-1} (k+1) a_{k+1} x^k$$

lokale Extrema vorliegen.

(iii) Wegen

$$\exp' x = \exp x > 0 \text{ für alle } x \in \mathbb{R}$$

besitzt die **Exponentialfunktion** keine lokalen Extrema und wegen

$$\log' x = \frac{1}{x} > 0 \text{ für alle } x > 0$$

der **Logarithmus** auch keine.

(iv) Wegen
$$\cos' 0 = -\sin 0 = 0$$
ist der Nullpunkt ein Kandidat für eine lokale Extremalstelle des **Cosinus** und wegen
$$\sin' 0 = \cos 0 = 1$$
ist der Nullpunkt keine Extremalstelle des **Sinus**.

5.3.5 Bemerkung. Nach dem Satz 4.5.3 von Weierstraß besitzt jede stetige Funktion auf einem kompakten Intervall ein (**globales**) **Minimum** und ein (**globales**) **Maximum**. Um diese zu bestimmen, muss man zusätzlich zu den lokalen Extremalstellen im Inneren auch die Randpunkte des Definitionsbereichs als Kandidaten in Betracht ziehen, in welchen die Ableitung nicht zu verschwinden braucht.

5.3.6 Beispiele. (i) Wir betrachten die p-te Potenz x^p auf dem Intervall $[-2, +2]$. Dann liegt für p gerade an den Randpunkten -2 und $+2$ ein Maximum mit dem Wert 2^p vor. Im Nullpunkt ist das Minimum gleich 0. Für p ungerade wird das Minimum, nämlich -2^p im linken Randpunkt -2 angenommen und das Maximum $+2^p$ im rechten Randpunkt $+2$.

(ii) Bei einem Polynom n-ten Grades auf einem kompakten Intervall bilden die höchstens $n-1$ Nullstellen der Ableitung zusammen mit den beiden Intervallendpunkten die Kandidatenliste für die Extremalstellen. Durch Größenvergleich der Funktionswerte erhält man die (globalen) Extremwerte.

5.3.7 Satz von Rolle. *Sei $I = [a,b]$, $a < b$, ein kompaktes Intervall. Die Funktion $f : I \to \mathbb{R}$ sei in $I = [a,b]$ stetig und in $\mathring{I} = (a,b)$ differenzierbar, außerdem sei $f(a) = f(b) = 0$. Dann gibt es ein $\xi \in \mathring{I} = (a,b)$ mit $f'(\xi) = 0$.*

Beweis. Ist $f \equiv 0$ in $[a,b]$, dann ist auch $f'(x) = 0$ für alle $x \in [a,b]$. Wir können also annehmen, dass es ein $x_0 \in [a,b]$ gibt mit $f(x_0) \neq 0$. Ohne Beschränkung der Allgemeinheit sei $f(x_0) > 0$. Nach dem Satz 4.5.3 von Weierstraß gibt es ein $x^+ \in [a,b]$ mit
$$f(x) \leq f(x^+) \text{ für alle } x \in [a,b].$$
Wegen $f(a) = f(b) = 0$ und $f(x_0) > 0$ ist $f(x^+) > 0$ und deshalb $x^+ \in (a,b)$. Aus dem Satz 5.3.2 von Fermat folgt, dass $f'(x^+) = 0$. □

5.3.8 Mittelwertsatz. *Sei $I = [a,b]$, $a < b$, ein kompaktes Intervall. Die Funktion $f : I \to \mathbb{R}$ sei in $I = [a,b]$ stetig und in $\mathring{I} = (a,b)$ differenzierbar. Dann gibt es eine **Zwischenstelle** $\xi \in \mathring{I} = (a,b)$ mit*
$$f'(\xi) = \frac{f(b) - f(a)}{b - a}.$$

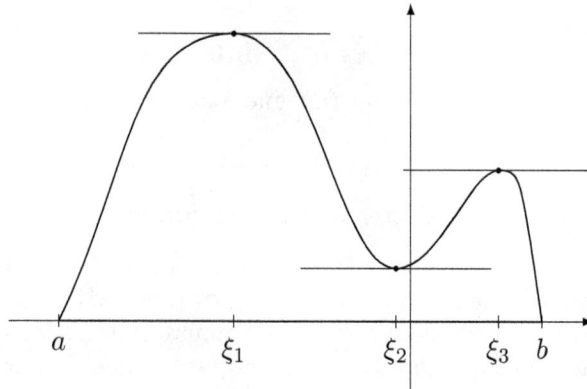

Abbildung 5.4: *Zum Satz von Rolle, 5.3.7*

5.3.9 Bemerkung. Es gibt also mindestens ein $\xi \in (a, b)$, so dass die Steigung der Tangente im Punkt $(\xi, f(\xi))$ gleich der Steigung der Sekante σ,

$$\sigma(x) = f(a) + \frac{f(b) - f(a)}{b - a}(x - a),$$

durch die Punkte $(a, f(a))$ und $(b, f(b))$ ist (Abbildung 5.5).

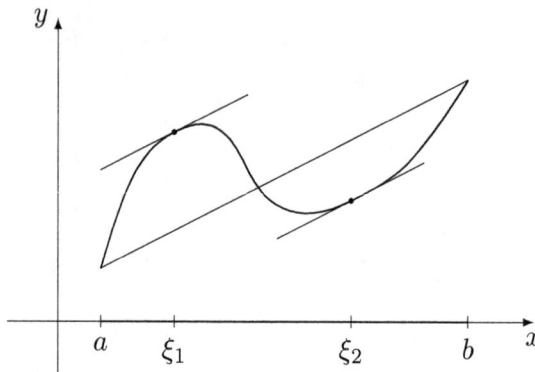

Abbildung 5.5: *Zur Bemerkung 5.3.9 zum Mittelwertsatz*

Beweis des Mittelwertsatzes. Man betrachte die Funktion $g : I \rightarrow \mathbb{R}$,

$$g(x) = f(x) - \sigma(x) = f(x) - f(a) - \frac{f(b) - f(a)}{b - a}(x - a).$$

Dann ist $g(a) = g(b) = 0$ und g erfüllt die Voraussetzungen des Satzes von Rolle. Es gibt also ein $\xi \in (a, b)$ mit $g'(\xi) = 0$, das heißt, es gilt

$$0 = g'(\xi) = f'(\xi) - \frac{f(b) - f(a)}{b - a}. \qquad \square$$

Damit können wir zeigen, dass die einzigen Lösungen der Differentialgleichung $f'(x) = 0$ die konstanten Funktionen $f \equiv$ const sind:

5.3.10 Identitätssatz für differenzierbare Funktionen. *Sei I ein beliebiges, nicht-ausgeartetes Intervall. Die Funktion $f : I \to \mathbb{R}$ sei stetig in I und im Inneren $\mathring{I}$ von I differenzierbar. Dann gilt:*

$$f'(x) = 0 \text{ für alle } x \in \mathring{I} \iff f \equiv \text{const in } I.$$

Beweis. „$\Rightarrow$" Sei $f'(x) = 0$ für alle $x \in \mathring{I}$. Seien $x, x' \in I$, $x < x'$. Nach dem Mittelwertsatz gilt dann

$$f(x') - f(x) = f'(\xi)(x' - x) = 0$$

für ein $\xi \in (x, x')$. Deshalb ist $f \equiv$ const in I.

„$\Leftarrow$" Ist $f \equiv$ const in I, dann sind alle Differenzenquotienten gleich 0, also gilt dann $f'(x) = 0$ für alle $x \in I$. $\qquad \square$

5.3.11 Beispiele. (i)   Wir zeigen den **Satz von Pythagoras**

$$\cos^2 x + \sin^2 x = 1 \text{ für alle } x \in \mathbb{R},$$

indem wir

$$f(x) := \cos^2 x + \sin^2 x - 1$$

setzen. Es gilt für alle $x \in \mathbb{R}$:

$$f'(x) = 2 \cos x (-\sin x) + 2 \sin x \cos x = 0,$$

weshalb

$$f(x) = \cos^2 x + \sin^2 x - 1 = \text{const auf } \mathbb{R}.$$

Wegen $\cos 0 = 1$, $\sin 0 = 0$ ist die Konstante gleich 0 und die Behauptung bewiesen.

(ii)   Damit können wir die Ableitung des **Tangens**

$$\tan x := \frac{\sin x}{\cos x}$$

für alle x mit $\cos x \neq 0$ berechnen: Aus der Quotientenregel folgt:

$$\tan' x = \frac{\cos x \cos x - \sin x (-\sin x)}{\cos^2 x} = \frac{1}{\cos^2 x}.$$

(iii) Wir zeigen, dass der **Sinus** $\sin x$ für $x \to +\infty$ keinen Grenzwert besitzt: Angenommen der Limes existiert und ist gleich $c \in \mathbb{R}$. Dann ist die Funktion

$$f(x) := \begin{cases} \sin \dfrac{1}{x} & \text{für } x > 0 \\ c & \text{für } x = 0 \end{cases}$$

stetig für $x \geq 0$ und differenzierbar für $x > 0$. Außerdem existiert nach Teil (i) der Grenzwert von $|\cos x|$ für $x \to +\infty$, also auch der Grenzwert von $\left|\cos \frac{1}{x}\right|$ für $x \to 0$. Nach dem Mittelwertsatz gibt es für alle $x > 0$ ein $0 < \xi < x$ mit

$$\left|\sin \frac{1}{x} - c\right| = \left|-\frac{x}{\xi^2} \cos \frac{1}{\xi}\right| \geq \frac{1}{\xi} \left|\cos \frac{1}{\xi}\right| \to +\infty$$

für $x \to 0$, ein Widerspruch.

Ähnlich wie Satz 5.3.10 beweist man:

5.3.12 Monotonietest. *Sei I ein beliebiges, nicht-ausgeartetes Intervall. $f : I \to \mathbb{R}$ sei stetig in I und im Inneren $\mathring{I}$ von I differenzierbar. Dann gelten die folgenden Aussagen:*

(i) *$f'(x) \geq 0$ für alle $x \in \mathring{I}$ $\Leftrightarrow$ f ist monoton wachsend auf I.*

(ii) *$f'(x) > 0$ für alle $x \in \mathring{I}$ $\Rightarrow$ f ist streng monoton wachsend auf I.*

Entsprechend ist f genau dann monoton fallend, wenn $f'(x) \leq 0$ ist. Gilt $f'(x) < 0$, so ist f streng monoton fallend.

5.3.13 Beispiele. (i) Sei $p \in \mathbb{N}$. Wegen

$$(x^p)' = px^{p-1} \begin{cases} > 0 & \text{für } x > 0 \\ < 0 & \text{für } x < 0, \ p \text{ gerade} \\ > 0 & \text{für } x < 0, \ p \text{ ungerade} \end{cases}$$

ist die **Potenzfunktion** x^p für p gerade streng monoton wachsend für $x \geq 0$ und streng monoton fallend für $x \leq 0$. Für p ungerade ist x^p jeweils streng monoton wachsend für $x \geq 0$ und $x \leq 0$, also auf ganz $\mathbb{R}$. Weil die Ableitung im Nullpunkt für $p \geq 2$ verschwindet, gilt in 5.3.12 (ii) deshalb im Allgemeinen nicht die Äquivalenz.

(ii) Sei $\mu \in \mathbb{R}$ und sei $b > 0$. Dann gelten die Differentiationsregeln

$$\exp' x = \exp x > 0 \text{ für alle } x \in \mathbb{R},$$

$$\log' x = \frac{1}{x} > 0 \text{ für alle } x > 0,$$

$$(x^\mu)' = \mu x^{\mu-1} \begin{cases} > 0 & \text{für } x > 0, \ \mu > 0 \\ < 0 & \text{für } x > 0, \ \mu < 0, \end{cases}$$

$$\exp_b'(x) = (b^x)' = \log b \cdot b^x = \log b \cdot \exp_b(x) \begin{cases} > 0 & \text{für } x \in \mathbb{R}, \ b > 1 \\ < 0 & \text{für } x \in \mathbb{R}, \ 0 < b < 1. \end{cases}$$

Deshalb sind die **Exponentialfunktion**, der **Logarithmus**, die **allgemeine Potenzfunktion** mit der Potenz $\mu > 0$ und die **allgemeine Exponentialfunktion** zur Basis $b > 1$ in ihren Definitionsbereichen streng monoton wachsend. Für $\mu < 0$ ist die Potenzfunktion und für $0 < b < 1$ die Exponentialfunktion zur Basis b streng monoton fallend.

Abschließend beweisen wir noch einen sehr interessanten Satz:

5.3.14 Zwischenwertsatz für die Ableitung (Darboux). *Sei* $I = [a, b]$, $a < b$, *ein kompaktes Intervall und* $f : I \to \mathbb{R}$ *differenzierbar in* I. *Sei* $f'(a) < f'(b)$ *und sei* $c \in (f'(a), f'(b))$. *Dann gibt es ein* $\xi \in (a, b)$ *mit* $f'(\xi) = c$.

Beweis. Wir betrachten die Funktion $g(x) := f(x) - cx$. Nach dem Satz von Weierstraß 4.5.3 gibt es ein $\xi \in [a, b]$ mit $g(x) \geq g(\xi)$ für alle $x \in [a, b]$. Wir zeigen, dass das Minimum im Inneren von I angenommen wird: Zunächst gibt es wegen $g'(a) < 0$ ein $x_1 > a$ mit $g(x_1) < g(a)$. Denn sonst wäre ja $g(x) \geq g(a)$ für alle $x > a$ und deshalb $g'(a) = g'(a^+) \geq 0$. Genauso gibt es wegen $g'(b) > 0$ ein $x_2 < b$ mit $g(x_2) < g(b)$. Deshalb ist $\xi \in (a, b)$. Aus dem Satz 5.3.2 von Fermat folgt, dass $g'(\xi) = 0$, das heißt, es gilt $f'(\xi) = c$. $\qquad\square$

5.3.15 Bemerkung. Wie das folgende Beispiel zeigt, braucht die Ableitung einer Funktion nicht stetig zu sein. Aus dem Zwischenwertsatz für die Ableitung folgt, dass die Unstetigkeitsstellen der Ableitung komplizierter sind als einfache Sprünge.

5.3.16 Beispiel. Sei $f : \mathbb{R} \to \mathbb{R}$ definiert durch

$$f(x) := \begin{cases} x^2 \sin \dfrac{1}{x} & \text{für } x \neq 0 \\ 0 & \text{für } x = 0. \end{cases}$$

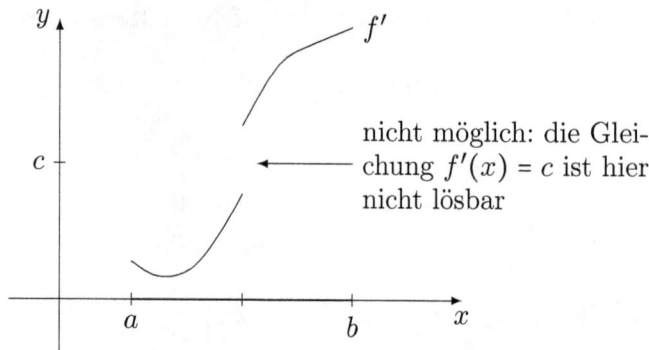

Abbildung 5.6: *Zwischenwertsatz 5.3.14 für die Ableitung und 5.3.15*

Dann gilt

$$f'(x) = 2x \sin \frac{1}{x} - \cos \frac{1}{x} \text{ für } x \neq 0,$$

$$f'(0) = \lim_{x \to 0} x \sin \frac{1}{x} = 0.$$

Also ist f auf ganz $\mathbb{R}$ differenzierbar. Die Ableitung f' ist für alle $x \neq 0$ stetig, für $x \to 0$ besitzt sie allerdings keinen Grenzwert, weil $\cos \frac{1}{x}$ für $x \to 0$ keinen Limes hat (vergleiche Beispiel 5.3.11 (iii)).

5.4 Die de L'Hospitalschen Regeln

In diesem Abschnitt untersuchen wir das Grenzverhalten von Funktionen in den Intervallendpunkten. Von besonderem Interesse ist hierbei die Bestimmung des Grenzwerts des Quotienten zweier Funktionen f und g $\lim_{x \to a} \frac{f(x)}{g(x)}$ mit $\lim_{x \to a} f(x) = \lim_{x \to a} g(x) = 0$ beziehungsweise $\pm\infty$ (die Fälle „$\frac{0}{0}$" beziehungsweise „$\frac{\infty}{\infty}$") in einem endlichen oder unendlich fernen Punkt $a \in \overline{\mathbb{R}}$. Zum Beispiel lassen sich nämlich Grenzwerte der Form $\lim_{x \to a} f(x)^{g(x)}$ auf die obige Form zurückführen. Zunächst betrachten wir den Fall „$\frac{0}{0}$" in einem endlichen Punkt $a \in \mathbb{R}$ und nehmen an, dass f und g an der Stelle a differenzierbar sind mit $g'(a) \neq 0$. Dann folgt, dass es ein $\delta > 0$ gibt mit $g(x) \neq 0$ für $|x - a| < \delta$, $x \neq a$. Unmittelbar aus der Definition der Differenzierbarkeit ergibt sich

$$\frac{f(x)}{g(x)} = \frac{f(x) - f(a)}{g(x) - g(a)} = \frac{\dfrac{f(x) - f(a)}{x - a}}{\dfrac{g(x) - g(a)}{x - a}} \to \frac{f'(a)}{g'(a)} \text{ für } x \to a.$$

In diesem einfachen Fall kann also der Grenzwert $\lim\limits_{x \to a} \frac{f(x)}{g(x)}$ bestimmt werden, obwohl $\lim\limits_{x \to a} g(x) = 0$ gilt:

5.4.1 Lemma. *Die Funktionen f und g seien auf einem kompakten Intervall $[a, b]$, $-\infty < a < b < +\infty$, erklärt und differenzierbar an der Stelle a. Gilt $f(a) = g(a) = 0$ und ist $g'(a) \neq 0$, so haben wir die Grenzwertbeziehung*

$$\lim_{x \to a} \frac{f(x)}{g(x)} = \frac{f'(a)}{g'(a)}.$$

5.4.2 Beispiele. (i) $\quad \lim\limits_{x \to a} \dfrac{x^n - a^n}{x - a} = \dfrac{na^{n-1}}{1} = na^{n-1}.$

(ii) $\quad \lim\limits_{x \to 0} \dfrac{\exp x - 1}{x} = \dfrac{\exp 0}{1} = 1.$

(iii) $\quad \lim\limits_{x \to 1} \dfrac{\log x}{x - 1} = \dfrac{\frac{1}{x}\big|_{x=1}}{1} = 1.$

(iv) $\quad \lim\limits_{x \to 0} \dfrac{\sin x}{x} = \dfrac{\cos 0}{1} = 1.$

Die Differenzierbarkeitsvoraussetzung im Intervallendpunkt $a \in \mathbb{R}$ ist sehr einschränkend. Um sie zu vermeiden, verallgemeinern wir zunächst den Mittelwertsatz:

5.4.3 Zweiter Mittelwertsatz. *Sei $I = [a, b]$, $a < b$, ein kompaktes Intervall. Die Funktionen $f, g : I \to \mathbb{R}$ seien in $[a, b]$ stetig und differenzierbar in (a, b), außerdem sei $g'(x) \neq 0$ für alle $x \in (a, b)$. Dann ist $g(a) \neq g(b)$ und es gibt ein $\xi \in (a, b)$ mit*

$$\frac{f'(\xi)}{g'(\xi)} = \frac{f(b) - f(a)}{g(b) - y(u)}.$$

Beweis. Wegen des Satzes von Rolle 5.3.7 ist $g(a) \neq g(b)$. Sei die Funktion $h : [a, b] \to \mathbb{R}$ definiert durch

$$h(x) = f(x) - \left(f(a) + \frac{f(b) - f(a)}{g(b) - g(a)} (g(x) - g(a)) \right).$$

Dann ist $h(a) = h(b) = 0$ und h erfüllt die Voraussetzungen des Satzes von Rolle. Es gibt also ein $\xi \in (a, b)$ mit $h'(\xi) = 0$, das heißt

$$0 = h'(\xi) = f'(\xi) - \frac{f(b) - f(a)}{g(b) - g(a)} g'(\xi).$$

Wegen $g'(\xi) \neq 0$ folgt die Behauptung. $\qquad\qquad\qquad\qquad\qquad\qquad\square$

Hieraus ergibt sich die Regel von de L'Hospital mit deren Hilfe sich die Grenzwertbestimmung auch im Unendlichen bewerkstelligen lässt:

5.4.4 De L'Hospitalsche Regel. *Die Funktionen f und g seien auf dem offenen Intervall (a,b), $-\infty \le a < b \le +\infty$, differenzierbar, weiter sei $g'(x) \ne 0$ für $x \in (a,b)$. Es sei*

$$\lim_{x \to a} f(x) = \lim_{x \to a} g(x) = 0 \ \ (\text{der Fall } „\tfrac{0}{0}“)$$

oder

$$\lim_{x \to a} g(x) = \pm\infty.$$

Außerdem existiere der Grenzwert $\lim\limits_{x \to a} \frac{f'(x)}{g'(x)} \in \overline{\mathbb{R}}$. Dann gibt es ein $b' \in \mathbb{R}$, $a < b' \le$ b mit $g(x) \ne 0$ für $x \in (a,b')$; im Fall „$\tfrac{0}{0}$" gilt dies für alle $x \in (a,b)$. Der Limes $\lim\limits_{x \to a} \frac{f(x)}{g(x)}$ existiert und es gilt die de L'Hospitalsche Regel

$$\lim_{x \to a} \frac{f(x)}{g(x)} = \lim_{x \to a} \frac{f'(x)}{g'(x)}.$$

Beweis. (I) Zunächst zeigen wir im Fall „$\tfrac{0}{0}$", dass $g(x) \ne 0$ für alle $x \in (a,b)$ gilt: Ist $a \in \mathbb{R}$, dann kann man g in a durch $g(a) = 0$ stetig fortsetzen und aus dem Satz von Rolle folgt durch Widerspruch, dass $g(x) \ne 0$ für alle $x \in (a,b)$. Im Fall $a = -\infty$ folgt wegen $g(x_0) = 0$ für ein $x_0 \in (-\infty, b)$ aus dem Satz von Rolle, dass $g(x_0 - 1) \ne 0$ gilt und wegen $\lim\limits_{x \to -\infty} g(x) = 0$ folgt die Existenz eines $x_2 <$ $x_1 := x_0 - 1$ mit $|g(x_2)| < |g(x_1)|$. Es gibt also ein lokales Extremum im Intervall (x_2, x_0). Nach dem Satz von Fermat ist dort die Ableitung 0 im Widerspruch zur Voraussetzung $g'(x) \ne 0$ für $x \in (a,b)$.

(II) Sei $c := \lim\limits_{x \to a} \frac{f'(x)}{g'(x)}$. Falls $c \in \mathbb{R} \cup \{-\infty\}$, dann sei $c' \in \mathbb{R}$, $c' > c$. Dann gibt es ein $a' \in \mathbb{R}$, $a < a' \le b$ mit

$$\frac{f'(x)}{g'(x)} < c'$$

für alle $x \in \mathbb{R}$, $a < x < a'$. Für $x, x' \in \mathbb{R}$, $a < x < x' < a'$ folgt aus dem zweiten Mittelwertsatz, dass $g(x) \ne g(x')$ und

$$\frac{f(x') - f(x)}{g(x') - g(x)} = \frac{f'(\xi)}{g'(\xi)} < c' \tag{5.2}$$

für ein $\xi \in (x, x')$. Für $x \to a$ folgt im Fall „$\tfrac{0}{0}$", dass $\frac{f(x')}{g(x')} \le c'$ für $a < x' < a'$, weshalb

$$\limsup_{x' \to a} \frac{f(x')}{g(x')} \le c' \text{ für alle } c' > c.$$

Deshalb ist

$$\limsup_{x \to a} \frac{f(x)}{g(x)} \le c.$$

(III) Im Fall $\lim\limits_{x \to a} g(x) = +\infty$ erhalten wir genauso aus (5.2) für alle $x, x' \in \mathbb{R}$, $a < x < x' < a' \le b' \le b$, dass

$$\frac{f(x) - f(x')}{g(x)} < c' \frac{g(x) - g(x')}{g(x)},$$

also

$$\frac{f(x)}{g(x)} < c' \left(1 - \frac{g(x')}{g(x)}\right) + \frac{f(x')}{g(x)} \text{ für alle } c' > c.$$

Für $x \to a$ folgt hieraus, dass

$$\limsup_{x \to a} \frac{f(x)}{g(x)} \le c.$$

(IV) Falls $c \in \mathbb{R} \cup \{+\infty\}$, dann folgt analog zu (II) und (III), dass

$$\liminf_{x \to a} \frac{f(x)}{g(x)} \ge c.$$

Aus (II), (III) und (IV) folgt die de L'Hospitalsche Regel.   □

5.4.5 Beispiele. (i) $\lim\limits_{x \to \infty} \dfrac{\exp x}{x} = \lim\limits_{x \to \infty} \dfrac{\exp x}{1} = +\infty$,

(ii) $\lim\limits_{x \to -\infty} \dfrac{\exp x}{x} = 0$,

(iii) $\lim\limits_{x \to \infty} \dfrac{\log x}{x^n} = \lim\limits_{x \to \infty} \dfrac{\frac{1}{x}}{nx^{n-1}} = 0$ für alle $n \in \mathbb{N}$, für $x \to \infty$ wächst der Logarithmus also schwächer als jedes Polynom.

(iv) $\lim\limits_{x \to 0} x^n \log x = \lim\limits_{x \to 0} \dfrac{\log x}{x^{-n}} = \lim\limits_{x \to 0} \dfrac{\frac{1}{x}}{-nx^{-n-1}} = 0$ für alle $n \in \mathbb{N}$,

(v) $\lim\limits_{x \to 0} x^x = \lim\limits_{x \to 0} e^{x \log x} = e^{\lim\limits_{x \to 0} x \log x} = e^0 = 1$.

5.5   Differentiation von Folgen und Reihen

In diesem Abschnitt sei $I \subset \mathbb{R}$ ein endliches, nicht-ausgeartetes Intervall.

5.5.1 Satz. *Sei* $(f_k)_{k \in \mathbb{N}}$ *eine Folge von differenzierbaren Funktionen auf* I. *Die Folge* $(f_k(a))_{k \in \mathbb{N}}$ *konvergiere für ein* $a \in I$ *und* $(f_k')_{k \in \mathbb{N}}$ *konvergiere gleichmäßig auf* I. *Dann konvergiert* $(f_k)_{k \in \mathbb{N}}$ *gleichmäßig auf* I *gegen eine auf* I *differenzierbare Funktion* f *und es gilt*

$$f'(x) = \lim_{k \to \infty} f_k'(x) \text{ für alle } x \in I.$$

Beweis. (I) Zunächst zeigen wir, dass die Folge $(f_k)_{k \in \mathbb{N}}$ gleichmäßig auf I konvergiert. Dazu sei $\varepsilon > 0$. Man wähle $N \in \mathbb{N}$ so, dass

$$|f_k(a) - f_\ell(a)| < \frac{\varepsilon}{2}, \; |f_k'(x) - f_\ell'(x)| < \frac{\varepsilon}{2|I|}$$

für alle $k, \ell \geq N$ und alle $x \in I$. Der Mittelwertsatz, angewandt auf die Differenz $f_k - f_\ell$, ergibt

$$(f_k(x) - f_\ell(x)) - (f_k(a) - f_\ell(a)) = (f_k'(\xi) - f_\ell'(\xi))\,(x - a) \qquad (5.3)$$

für ein ξ zwischen a und x. Es folgt

$$|f_k(x) - f_\ell(x)| \leq |(f_k(x) - f_\ell(x)) - (f_k(a) - f_\ell(a))| + |f_k(a) - f_\ell(a)| < \frac{\varepsilon}{2} + \frac{\varepsilon}{2} = \varepsilon$$

für alle $k, \ell \geq N$, $x \in I$, das heißt die Folge $(f_k)_{k \in \mathbb{N}}$ konvergiert gleichmäßig auf I gegen die Grenzfunktion

$$f(x) := \lim_{k \to \infty} f_k(x) \text{ für } x \in I.$$

(II) Sei $x_0 \in I$ fest. Für $k \in \mathbb{N}$ und $x \in I$ sei

$$g_k(x) := \begin{cases} \dfrac{f_k(x) - f_k(x_0)}{x - x_0} & \text{für } x \neq x_0 \\ f_k'(x_0) & \text{für } x = x_0. \end{cases}$$

Dann ist g_k stetig auf I, differenzierbar auf $I \smallsetminus \{x_0\}$ und insbesondere gilt $\lim\limits_{x \to x_0} g_k(x) = f_k'(x_0)$. Aus dem Mittelwertsatz folgt für alle $x \neq x_0$, dass

$$(g_k(x) - g_\ell(x)) - (g_k(x_0) - g_\ell(x_0)) = (g_k'(\xi) - g_\ell'(\xi))\,(x - x_0) = f_k'(\xi) - f_\ell'(\xi),$$

weshalb

$$|g_k(x) - g_\ell(x)| < \frac{\varepsilon}{2|I|}$$

für alle $k, \ell \geq N$ und alle $x \in I$. Also konvergiert $(g_k)_{k \in \mathbb{N}}$ gleichmäßig auf I gegen die Grenzfunktion

$$g(x) := \begin{cases} \dfrac{f(x) - f(x_0)}{x - x_0} & \text{für } x \neq x_0 \\ \lim\limits_{k \to \infty} f_k'(x_0) & \text{für } x = x_0, \end{cases}$$

welche nach Satz 4.7.5 beziehungsweise 4.7.7 stetig ist. Also existiert der Grenzwert $\lim\limits_{x \to x_0} g(x)$ und es gilt

$$f'(x_0) = \lim_{x \to x_0} g(x) = \lim_{x \to x_0} \left(\lim_{k \to \infty} g_k(x) \right)$$

$$= \lim_{k \to \infty} \left(\lim_{x \to x_0} g_k(x) \right) = \lim_{k \to \infty} f_k'(x_0)$$

für alle $x_0 \in I$ wie behauptet. $\qquad \square$

Als Korollar erhalten wir:

5.5.2 Gliedweise Differentiation von Reihen. *Sei $\sum\limits_{k=0}^{\infty} f_k$ eine Reihe differenzierbarer Funktionen auf I. Die Reihe $\sum\limits_{k=0}^{\infty} f_k(a)$ konvergiere für ein $a \in I$ und die Reihe $\sum\limits_{k=0}^{\infty} f_k'$ konvergiere gleichmäßig auf I. Dann konvergiert die Reihe $\sum\limits_{k=0}^{\infty} f_k$ gleichmäßig auf I und es gilt*

$$\left(\sum_{k=0}^{\infty} f_k(x) \right)' = \left(\sum_{k=0}^{\infty} f_k \right)'(x) = \sum_{k=0}^{\infty} f_k'(x) \text{ für alle } x \in I.$$

5.5.3 Satz. *Wenn die Potenzreihe $f(x) = \sum\limits_{k=0}^{\infty} a_k x^k$ für alle $x \in \mathbb{R}$, $|x| < R$, $R > 0$, konvergiert, dann ist sie für alle $x \in \mathbb{R}$, $|x| < R$, differenzierbar und es gilt*

$$\left(\sum_{k=0}^{\infty} a_k x^k \right)' = f'(x) = \sum_{k=1}^{\infty} k a_k x^{k-1} \text{ für alle } x \in \mathbb{R}, \ |x| < R.$$

Beweis. Zu zeigen ist nur, dass die Reihe $\sum\limits_{k=1}^{\infty} k a_k x^{k-1}$ für alle $x \in \mathbb{R}$, $|x| < R$, konvergiert, denn dann konvergiert sie für alle $x \in \mathbb{R}$, $|x| \leq R' < R$, gleichmäßig. Wegen $\lim\limits_{k \to \infty} \sqrt[k]{k} = 1$ ist aber

$$\limsup_{k \to \infty} \sqrt[k]{k |a_k|} = \limsup_{k \to \infty} \sqrt[k]{|a_k|}.$$

Also ist der Konvergenzradius von $\sum\limits_{k=1}^{\infty} k a_k x^{k-1}$ größer oder gleich R. $\qquad\square$

5.5.4 Beispiele. (i)   Für alle $x \in \mathbb{R}$, $|x| < 1$, folgt durch Differenzieren der Summenformel für die **geometrische Reihe** $\sum\limits_{k=0}^{\infty} x^k = \frac{1}{1-x}$, dass

$$\sum_{k=0}^{\infty}(k+1)x^k = \sum_{k=1}^{\infty} k x^{k-1} = \left(\sum_{k=0}^{\infty} x^k\right)' = \left(\frac{1}{1-x}\right)' = \frac{1}{(1-x)^2}.$$

Vergleiche auch das Bernoullische Beispiel 3.7.8.

(ii)   Wir berechnen noch einmal (vergleiche Beispiel 5.1.4 (ii)) die Ableitung der **Exponentialfunktion** $\exp x = \sum\limits_{k=0}^{\infty} \frac{x^k}{k!}$ für alle $x \in \mathbb{R}$ aus der Reihendarstellung:

$$\exp' x = \sum_{k=1}^{\infty} \frac{k x^{k-1}}{k!} = \sum_{k=0}^{\infty} \frac{x^k}{k!} = \exp x.$$

(iii)   Wir betrachten die **Cosinusfunktion** für alle $x \in \mathbb{R}$:

$$\cos' x = \left(\sum_{k=0}^{\infty} (-1)^k \frac{x^{2k}}{(2k)!}\right)' = \sum_{k=1}^{\infty} (-1)^k \frac{x^{2k-1}}{(2k-1)!} = -\sin x.$$

Ähnlich gilt für die **Sinusfunktion** für alle $x \in \mathbb{R}$:

$$\sin' x = \left(\sum_{k=0}^{\infty} (-1)^k \frac{x^{2k+1}}{(2k+1)!}\right)' = \cos x.$$

5.6   Höhere Ableitungen und die Taylorsche Formel

5.6.1 Definition. (i)   Sei $f : I \to \mathbb{R}$, die Ableitung f' sei im Intervall I erklärt und die Ableitung $(f')'(a)$ existiere in einem Punkt $a \in I$. Dann heißt

$$f''(a) = \frac{d^2 f}{dx^2}(a) := (f')'(a) = \left(\frac{d}{dx}\left(\frac{df}{dx}\right)\right)(a)$$

die **zweite Ableitung** von f an der Stelle a.

(ii)   Falls $f''(x)$ für alle $x \in I$ existiert, dann heißt f **zweimal differenzierbar** auf I. Die **zweite Ableitung** $f'' : I \to \mathbb{R}$ ist dann auf ganz I erklärt.

(iii) Ist zusätzlich f'' stetig auf I, dann heißt f **zweimal stetig differenzierbar** auf I, in Zeichen

$$f \in C^2(I).$$

5.6.2 Definition. (i) Die **n-te Ableitung** $f^{(n)}(a) = \frac{d^n f}{dx^n}(a)$ und die Klasse $C^n(I)$ der **n-mal stetig differenzierbaren Funktionen** auf I wird rekursiv definiert.

(ii) Existiert $f^{(n)}(a)$ für alle $n \in \mathbb{N}$, so heißt f **unendlich oft differenzierbar** im Punkt a. Ist $f^{(n)}(x)$ für alle $n \in \mathbb{N}$ und alle $x \in I$ erklärt, so heißt f **unendlich oft differenzierbar** in I, in Zeichen

$$f \in C^\infty(I).$$

In diesem Fall sind alle Ableitungen stetig, f ist also unendlich oft stetig differenzierbar.

5.6.3 Beispiele. (i) Die **Exponentialfunktion** ist unendlich oft differenzierbar und für alle $x \in \mathbb{R}$ und alle $n \in \mathbb{N}$ gilt

$$\exp^{(n)}(x) = \frac{d^n \exp}{dx^n}(x) = \exp x.$$

(ii) Aus der L'Hospitalschen Regel folgt, dass

$$\lim_{x \to +\infty} \frac{\exp x}{x^n} = \lim_{x \to \infty} \frac{\exp x}{nx^{n-1}} = \cdots = \lim_{x \to \infty} \frac{\exp x}{n!} = +\infty.$$

Für $x \to +\infty$ wächst die Exponentialfunktion also stärker als jedes Polynom. Dies folgt aber auch unmittelbar aus der Ungleichung

$$\exp x = \sum_{k=0}^\infty \frac{x^k}{k!} > \frac{x^{n+1}}{(n+1)!} \quad \text{für alle } x \in \mathbb{R},\ x > 0.$$

(iii) Aus der Funktionalgleichung für die Exponentialfunktion erhalten wir für alle $x \in \mathbb{R}$, $x \neq 0$, dass

$$(x^n \exp x)(x^{-n} \exp(-x)) = 1$$

und deshalb erhalten wir mit der L'Hospitalschen Regel:

$$\lim_{x \to -\infty} x^n \exp x = \frac{1}{\displaystyle\lim_{x \to -\infty} \frac{\exp(-x)}{x^n}} = \frac{1}{\displaystyle\lim_{x \to -\infty} -\frac{\exp(-x)}{nx^{n-1}}} = \cdots$$

$$= \frac{1}{\displaystyle\lim_{x \to -\infty} (-1)^n \frac{\exp(-x)}{n!}} = 0.$$

5.6.4 Satz. *Wenn die Potenzreihe* $f(x) = \sum\limits_{k=0}^{\infty} a_k(x-a)^k$ *mit dem Entwicklungs-punkt* $a \in \mathbb{R}$ *für alle* $x \in \mathbb{R}$, $|x-a| < R$, $R > 0$, *konvergiert, so ist sie dort unendlich oft differenzierbar und die n-te Ableitung berechnet sich zu*

$$f^{(n)}(x) = \sum_{k=n}^{\infty} a_k k(k-1) \cdot \ldots \cdot (k-n+1)(x-a)^{k-n} \; \text{für alle } x \in \mathbb{R}, \; |x-a| < R.$$

Es gilt $f^{(n)}(a) = a_n n!$, *also* $a_n = \dfrac{f^{(n)}(a)}{n!}$ *und deshalb*

$$f(x) = \sum_{k=0}^{\infty} \frac{f^{(k)}(a)}{k!}(x-a)^k \; \text{für alle } x \in \mathbb{R}, \; |x-a| < R.$$

Als Anwendung erhalten wir:

5.6.5 Identitätssatz für Potenzreihen. *Seien* $a, R \in \mathbb{R}$ *mit* $R > 0$. $f(x) = \sum\limits_{k=0}^{\infty} a_k(x-a)^k$ *und* $g(x) = \sum\limits_{k=0}^{\infty} b_k(x-a)^k$ *seien zwei in* $\{\, x \in \mathbb{R} \mid |x-a| < R \,\}$ *kon-vergente Potenzreihen, außerdem sei*

$$\sum_{k=0}^{\infty} a_k(x-a)^k = \sum_{k=0}^{\infty} b_k(x-a)^k$$

für alle $x \in \mathbb{R}$, $|x-a| < R$. *Dann ist*

$$a_k = b_k \; \text{für alle } k = 0, 1, 2, \ldots.$$

Beweis. Für alle $k = 0, 1, 2, \ldots$ gilt

$$a_k \cdot k! = f^{(k)}(a) = g^{(k)}(a) = b_k \cdot k!. \qquad \square$$

Den Identitätssatz kann man leicht elementar durch vollständige Induktion be-weisen. Hierfür benötigt man lediglich die Stetigkeit der Potenzreihe. Die folgen-den beiden Sätze erhält man sehr elegant aus der anschließend zu beweisenden Taylorschen Formel (vergleiche Beispiele 5.6.11). Wir führen hier die elementaren Beweise an:

5.6.6 Entwicklung um einen neuen Mittelpunkt. *Sei* $f(x) = \sum\limits_{k=0}^{n} a_k x^k$ *ein Polynom. Dann gilt für jedes* $a \in \mathbb{R}$ *die Darstellung*

$$f(x) = \sum_{k=0}^{n} \frac{f^{(k)}(a)}{k!}(x-a)^k \; \text{für alle } x \in \mathbb{R}.$$

Beweis. Aufgrund von Satz 4.2.4 gilt die Darstellung

$$f(x) = \sum_{k=0}^{n} b_k (x - a)^k$$

mit $b_k = b_k(a) = \sum_{\ell=k}^{n} \binom{\ell}{k} a_\ell a^{\ell-k}$. Wegen Satz 5.6.4 ist $f^{(k)}(a) = b_k k!$, woraus die Behauptung folgt. $\qquad\square$

5.6.7 Satz. *Sei* $f(x) = \sum_{k=0}^{\infty} a_k x^k$ *eine Potenzreihe, welche für alle* $x \in \mathbb{R}$, $|x| < R$, *konvergiert. Ist* $|a| < R$, *so gilt für alle* $x \in \mathbb{R}$, $|x - a| < R - |a|$, *die Darstellung*

$$f(x) = \sum_{k=0}^{\infty} \frac{f^{(k)}(a)}{k!} (x - a)^k.$$

Beweis. Ähnlich wie in 4.2.4 folgt aus dem Binomialsatz zunächst durch formales Rechnen, dass

$$f(x) = \sum_{k=0}^{\infty} a_k ((x - a) + a)^k = \sum_{k=0}^{\infty} a_k \sum_{\ell=0}^{k} \binom{k}{\ell} a^{k-\ell} (x - a)^\ell$$

$$= \sum_{\substack{k,\ell=0 \\ \ell \le k}}^{\infty} a_k \binom{k}{\ell} a^{k-\ell} (x - a)^\ell = \sum_{\ell=0}^{\infty} \left(\sum_{k=\ell}^{\infty} a_k \binom{k}{\ell} a^{k-\ell} \right) (x - a)^\ell$$

$$= \sum_{\ell=0}^{\infty} b_\ell (x - a)^\ell.$$

Nach dem Cauchyschen Doppelreihensatz 3.7.7 kann wegen

$$\sum_{k=0}^{\infty} \sum_{\ell=0}^{k} \left| a_k \binom{k}{\ell} a^{k-\ell} (x - a)^\ell \right| = \sum_{k=0}^{\infty} |a_k| (|x - a| + |a|)^k < +\infty$$

für $|x - a| + |a| < R$ die Summationsreihenfolge vertauscht werden. Die Behauptung folgt aus Satz 5.6.4. $\qquad\square$

5.6.8 Vorbemerkung. Sei $f \in C^\infty(I)$ eine beliebige unendlich oft differenzierbare Funktion auf einem nicht-ausgearteten Intervall I und sei $a \in I$. Angenommen, es gilt eine Potenzreihenentwicklung der Form $f(x) = \sum_{k=0}^{\infty} a_k (x-a)^k$ für alle $x \in I$, $|x - a| < \varepsilon$. Dann gilt nach Satz 5.6.4, dass $a_k = \frac{f^{(k)}(a)}{k!}$ für $k = 0, 1, 2, \ldots$. Deshalb gilt dann für $x \in I$, $|x - a| < \varepsilon$, die Darstellung

$$f(x) = \sum_{k=0}^{\infty} \frac{f^{(k)}(a)}{k!} (x - a)^k.$$

Wir definieren deshalb:

5.6.9 Definition. Sei $f : I \to \mathbb{R}$ an der Stelle $a \in I$ n-mal differenzierbar. Dann ist

$$T^{(n)}f(a,x) := \sum_{k=0}^{n} \frac{f^{(k)}(a)}{k!}(x-a)^k$$

das n-te **Taylor-Polynom** von f mit **Entwicklungspunkt** a. Ist f im Punkt a unendlich oft differenzierbar, so heißt die formale Reihe

$$Tf(a,x) := \sum_{k=0}^{\infty} \frac{f^{(k)}(a)}{k!}(x-a)^k$$

die **Taylor-Reihe** von f an der Stelle x mit Entwicklungspunkt a.

Wir untersuchen im Weiteren die beiden Fragen der Konvergenz der Taylor-Reihe und der Darstellbarkeit der Funktion f durch ihre Taylor-Reihe. Die folgende Version der Taylorschen Formel stellt eine Verallgemeinerung des Mittelwertsatzes dar:

5.6.10 Satz von Taylor. *Sei $f : I \to \mathbb{R}$ eine reelle Funktion auf einem beliebigen, nicht-ausgeartetem Intervall $I \subset \mathbb{R}$. f sei n-mal differenzierbar im Inneren $\overset{\circ}{I}$ von I und $(n-1)$-mal stetig differenzierbar in I, $n \in \mathbb{N}$. Weiter sei $a \in I$. Dann gilt für alle $x \in I$ die **Taylorsche Formel***

$$f(x) = \sum_{k=0}^{n-1} \frac{f^{(k)}(a)}{k!}(x-a)^k + \frac{f^{(n)}(\xi)}{n!}(x-a)^n = T^{(n-1)}f(a,x) + R_n(a,x),$$

dabei ist $\xi = a + t(x-a)$ für ein $t = t(a,x) \in (0,1)$, und

$$R_n(a,x) := \frac{f^{(n)}(\xi)}{n!}(x-a)^n$$

*ist das **Lagrangesche Restglied**.*

Beweis. Sei $x \in I$, $x \neq a$, fest gewählt und sei $M = M(x) \in \mathbb{R}$ definiert durch die Gleichung

$$f(x) = T^{(n-1)}f(a,x) + M(x-a)^n.$$

Zu zeigen ist, dass $M = \frac{f^{(n)}(\xi)}{n!}$ für ein ξ zwischen a und x gilt. Dazu setzen wir

$$g(t) := f(t) - T^{(n-1)}f(a,t) - M(t-a)^n$$

für $t \in \mathbb{R}$. Dann gilt

$$g^{(n)}(t) = f^{(n)}(t) - n!M$$

und deshalb ist nur zu zeigen, dass $g^{(n)}(\xi) = 0$ für ein ξ zwischen a und x: Wegen Satz 5.6.4 gilt

$$g^{(k)}(a) = 0 \text{ für } k = 0, \dots, n - 1.$$

Außerdem gilt nach Definition von M und g, dass $g(x) = 0$. Wegen $g(a) = 0$ folgt aus dem Satz von Rolle, dass $g'(x_1) = 0$ für ein x_1 zwischen a und x. Wegen $g'(a) = 0$ folgt, dass $g''(x_2) = 0$ für ein x_2 zwischen a und x_1. Nach n Schritten folgt, dass $g^{(n)}(x_n) = 0$ für ein x_n zwischen a und x_{n-1}, also für $\xi := x_n$ zwischen a und x wie behauptet. $\qquad\square$

5.6.11 Beispiele. (i) Ist $f(x) = \sum\limits_{k=0}^{n} a_k x^k$ ein **Polynom**, dann gilt $f^{(n+1)}(x) = 0$ für alle $x \in \mathbb{R}$. Also folgt aus der Taylorschen Formel die Darstellung

$$f(x) = \sum_{k=0}^{n} \frac{f^{(k)}(a)}{k!}(x - a)^k$$

für alle $a \in \mathbb{R}$ (vergleiche auch Satz 5.6.6).

(ii) Sei $f(x) = \sum\limits_{k=0}^{\infty} a_k x^k$ eine für $|x| < R$ konvergente **Potenzreihe**. Dann erhalten wir (ähnlich wie in Satz 5.6.7) durch formales Rechnen die Darstellung

$$
\begin{aligned}
Tf(a, x) &= \sum_{\ell=0}^{\infty} \frac{f^{(\ell)}(a)}{\ell!}(x - a)^\ell \\
&= \sum_{\ell=0}^{\infty} \sum_{k=\ell}^{\infty} a_k \frac{k(k-1) \cdot \dots \cdot (k - \ell + 1)}{\ell!} a^{k-\ell}(x - a)^\ell \\
&= \sum_{\substack{k,\ell=0 \\ k \geq \ell}}^{\infty} a_k \binom{k}{\ell} a^{k-\ell}(x - a)^\ell = \sum_{k=0}^{\infty} a_k \sum_{\ell=0}^{k} \binom{k}{\ell} a^{k-\ell}(x - a)^\ell \\
&= \sum_{k=0}^{\infty} a_k \left((x - a) + a\right)^k = f(x).
\end{aligned}
$$

Für $|x - a| + |a| < R$ kann wegen

$$\sum_{k=0}^{\infty} \sum_{\ell=0}^{k} \left| a_k \binom{k}{\ell} a^{k-\ell}(x - a)^\ell \right| = \sum_{k=0}^{\infty} |a_k| \left(|x - a| + |a|\right)^k < +\infty$$

die Reihenfolge der Summation vertauscht werden. Es folgt die absolute Konvergenz der Taylorschen Reihe und die Darstellungsformel im bestmöglichen Intervall, nämlich für $|x - a| < R - |a|$.

(iii) Wir betrachten noch einmal eine **Potenzreihe** $f(x) = \sum\limits_{k=0}^{\infty} a_k x^k$ für $|x| < R$ und schätzen das Restglied mit Hilfe des Binomialsatzes ab:

$$
\begin{aligned}
|R_n(a,x)| &= \left| \frac{f^{(n)}(\xi)}{n!}(x-a)^n \right| \\[2mm]
&= \left| \sum_{k=n}^{\infty} a_k \frac{k(k-1) \cdot \ldots \cdot (k-n+1)}{n!} \xi^{k-n}(x-a)^n \right| \\[2mm]
&\leq \sum_{k=n}^{\infty} |a_k| \binom{k}{n} |\xi|^{k-n} |x-a|^n \\[2mm]
&\leq \sum_{k=n}^{\infty} |a_k| \left(|x-a| + |\xi| \right)^k .
\end{aligned}
$$

Wählen wir ein $R' < R$, dann gilt für $|x-a| \leq \frac{R'-|a|}{2}$, dass $|\xi| \leq \frac{R'+|a|}{2}$, also $|x-a| + |\xi| \leq R'$, weshalb

$$
\left| f(x) - T^{(n-1)}f(a,x) \right| = |R_n(a,x)| \leq \sum_{k=n}^{\infty} |a_k| (R')^k \to 0
$$

für $n \to \infty$ wegen der absoluten Konvergenz der Reihe $\sum\limits_{k=0}^{\infty} a_k (R')^k$. Es folgt die Konvergenz der Taylorschen Reihe und die Reihenentwicklung

$$
f(x) = \sum_{k=0}^{\infty} \frac{f^{(k)}(a)}{k!}(x-a)^k = Tf(a,x)
$$

für alle $x \in \mathbb{R}$, $|x-a| < \frac{R-|a|}{2}$, welche wir in Satz 5.6.7 lediglich für $|x-a| < R - |a|$ bewiesen haben.

Diese letztere **Methode der Abschätzung des Restglieds**, um die Konvergenz der Taylor-Reihe und die Darstellungsformel zu zeigen, formulieren wir als Satz wie folgt:

5.6.12 Satz. *Eine auf einem beliebigen, nicht-ausgeartetem Intervall I unendlich oft differenzierbare Funktion $f : I \to \mathbb{R}$ lässt sich an der Stelle $x \in I$ genau dann durch die Taylorreihe $Tf(a,x)$ mit Entwicklungspunkt $a \in I$ darstellen, das heißt, f besitzt die **Reihenentwicklung***

$$
f(x) = Tf(a,x) = \sum_{k=0}^{\infty} \frac{f^{(k)}(a)}{k!}(x-a)^k,
$$

wenn

$$
\lim_{n \to \infty} R_n(a,x) = 0.
$$

5.6.13 Bemerkung. Gilt für alle $n \in \mathbb{N}$, $n \geq N$ und alle ξ zwischen a und x eine Abschätzung der Form

$$\left| f^{(n)}(\xi) \right| \leq C^n < +\infty$$

mit einer Konstanten $C > 0$, so ist

$$\lim_{n \to \infty} \left| R_n(a, x) \right| \leq \lim_{n \to \infty} \frac{(C\,|x - a|)^n}{n!} = 0.$$

5.6.14 Beispiele. (i)   Für die **Exponentialfunktion** $f(x) = \exp x$ gilt

$$f^{(k)}(x) = \exp^{(k)}(x) = \exp x$$

für alle $x \in \mathbb{R}$, $k \in \mathbb{N}_0$, insbesondere also $f^{(k)}(0) = 1$. Also ist

$$Tf(0, x) = \sum_{k=0}^{\infty} \frac{x^k}{k!}.$$

Tatsächlich gilt die Reihenentwicklung

$$\exp x = Tf(0, x) = \sum_{k=0}^{\infty} \frac{x^k}{k!} \text{ für alle } x \in \mathbb{R},$$

weil wir die Exponentialfunktion gerade so definiert haben. Wegen

$$\left| f^{(n)}(\xi) \right| = \exp \xi \leq \exp(\max\{a, x\}) =: C < +\infty$$

folgt auch die Restgliedabschätzung.

(ii)   Die Ableitungen des **Logarithmus** $f(x) = \log x$ berechnen sich für alle $x > 0$ und alle $k \in \mathbb{N}$ zu

$$f'(x) = \frac{1}{x}, \; f''(x) = -\frac{1}{x^2}, \ldots, \; f^{(k)}(x) = \frac{(-1)^{k+1}(k-1)!}{x^k}, \ldots.$$

Damit gilt $f^{(k)}(1) = (-1)^{k+1}(k-1)!$ und wegen $f(1) = 0$ ist deshalb

$$Tf(1, x) = \sum_{k=1}^{\infty} \frac{(-1)^{k+1}}{k}(x - 1)^k.$$

Diese Reihe konvergiert nach dem Quotientenkriterium für $0 < x < 2$ und nach dem Leibniz-Kriterium auch für $x = 2$. Wir schätzen das Restglied ab:

$$\left| R_n(1, x) \right| = \left| \frac{(-1)^{n+1}}{n\xi^n}(x - 1)^n \right| = \frac{1}{n} \left| \frac{x - 1}{\xi} \right|^n < \frac{1}{n} \to 0$$

für $n \to \infty$, falls $\frac{1}{2} \le x \le 2$. Damit gilt die Reihenentwicklung

$$\log x = Tf(1, x) = \sum_{k=1}^{\infty} \frac{(-1)^{k+1}}{k} (x-1)^k$$

für alle $x \in \mathbb{R}$, $\frac{1}{2} \le x \le 2$, welche wir auch als **Mercatorsche Reihe** der Form

$$\log(1 + x) = \sum_{k=1}^{\infty} \frac{(-1)^{k+1}}{k} x^k$$

für alle $x \in \mathbb{R}$, $-\frac{1}{2} \le x \le 1$, schreiben. Das bestmögliche Intervall, nämlich $0 < x \le 2$ beziehungsweise $-1 < x \le 1$, haben wir verfehlt.

(iii) Für $\mu \in \mathbb{R}$ besitzt die **allgemeine Potenz** $f(x) = x^{\mu}$ für $x > 0$ die Ableitungen

$$f^{(k)}(x) = \mu(\mu - 1) \cdot \ldots \cdot (\mu - k + 1) x^{\mu - k}.$$

Damit ist $f^{(k)}(1) = \mu(\mu - 1) \cdot \ldots \cdot (\mu - k + 1)$ und die Taylor-Reihe berechnet sich zu

$$Tf(1, x) = \sum_{k=0}^{\infty} \binom{\mu}{k} (x-1)^k,$$

wobei wir die **allgemeinen Binomialkoeffizienten** $\binom{\mu}{k}$ für $\mu \in \mathbb{R}$ wie folgt definieren:

$$\binom{\mu}{k} := \frac{\mu(\mu-1) \cdot \ldots \cdot (\mu - k + 1)}{k!} \text{ für } k \in \mathbb{N}, \quad \binom{\mu}{0} := 1.$$

Das Restglied schätzen wir für $\frac{1}{2} < x < 2$ wie folgt ab:

$$|R_n(1, x)| = \left| \binom{\mu}{n} \xi^{\mu - n} (x-1)^n \right|$$

$$\le 2^{|\mu|} \left| \binom{\mu}{n} \left(\frac{x-1}{\xi} \right)^n \right|$$

$$\le 2^{|\mu|} \left| \binom{\mu}{n} q^n \right|.$$

Dabei setzen wir

$$q := \begin{cases} x - 1 & \text{für } 1 \le x < 2 \\ 2(1 - x) & \text{für } \frac{1}{2} < x < 1. \end{cases}$$

Wegen $0 \le q < 1$ gilt aber aufgrund des notwendigen Konvergenzkriteriums 3.1.8, dass

$$\lim_{n \to \infty} \binom{\mu}{n} q^n = 0,$$

denn mit Hilfe des Quotientenkriteriums zeigt man leicht die Konvergenz der Reihe $\sum\limits_{k=0}^{\infty} \binom{\mu}{k} q^k$ für $|q| < 1$. Damit haben wir die Reihenentwicklung

$$x^\mu = Tf(1, x) = \sum_{k=0}^{\infty} \binom{\mu}{k} (x - 1)^k$$

für alle $x \in \mathbb{R}$, $\frac{1}{2} < x < 2$ gezeigt, beziehungsweise es gilt die **Newtonsche Binomialentwicklung**

$$(1 + x)^\mu = \sum_{k=0}^{\infty} \binom{\mu}{k} x^k$$

für alle $x \in \mathbb{R}$, $-\frac{1}{2} < x < 1$. Wiederum haben wir das optimale Intervall, nämlich $0 < x < 2$ beziehungsweise $-1 < x < 1$, verfehlt.

Die vorherigen Beispiele zeigen, dass es wünschenswert ist, genauere Formen des Restglieds anzugeben, eine Thematik, welche wir in Abschnitt 8.6 aufgreifen werden. Häufig kommt man jedoch mit ganz anderen Methoden, wie der Methode der unbestimmten Koeffizienten oder der Differentialgleichungsmethode, viel einfacher zum Ziel. In Kapitel 6 werden wir dies demonstrieren. Wir definieren noch:

5.6.15 Definition. Eine ∞-oft differenzierbare Funktion $f : I \to \mathbb{R}$ heißt **reell-analytisch**, in Zeichen

$$f \in C^\omega(I),$$

wenn es zu jedem $a \in I$ ein $R = R(a) > 0$ gibt, so dass f die Reihenentwicklung

$$f(x) = Tf(a, x) = \sum_{k=0}^{\infty} \frac{f^{k)}(a)}{k!} (x - a)^k$$

für alle $x \in I$, $|x - a| < R$ besitzt.

Bisher haben wir in den Beispielen nur reell-analytische Funktionen behandelt. Abschließend konstruieren wir noch einige interessante C^∞-Funktionen, welche nicht zur Klasse C^ω gehören:

5.6.16 Beispiele. (i)   Die Funktion

$$\phi(x) := \begin{cases} \exp\left(-\dfrac{1}{x}\right) & \text{für } x > 0 \\ 0 & \text{für } x \leq 0 \end{cases}$$

gehört zur Klasse $C^\infty(\mathbb{R})$ (Abbildung 5.7).

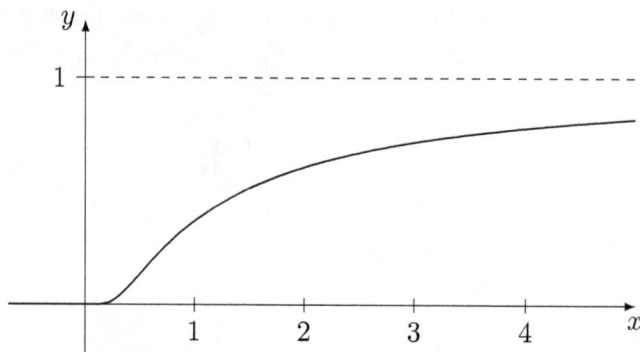

Abbildung 5.7: $\phi(x) \in C^\infty(\mathbb{R})$

Beweis. (I) Zunächst zeigen wir, dass alle Ableitungen $\phi^{(k)}$ von ϕ für $x > 0$ die Form

$$\phi^{(k)}(x) = P_k\left(\frac{1}{x}\right) \exp\left(-\frac{1}{x}\right)$$

haben, wobei $P_k(t)$ ein Polynom in $t = \frac{1}{x}$ vom Grad $\leq 2k$, $k \in \mathbb{N}_0$, ist. Der Beweis erfolgt durch vollständige Induktion über k: Für $k = 0$ ist die Behauptung richtig. *Induktionsschritt:*

$$\phi^{(k+1)}(x) = P_k'\left(\frac{1}{x}\right)\left(-\frac{1}{x^2}\right)\exp\left(-\frac{1}{x}\right) + P_k\left(\frac{1}{x}\right)\exp\left(-\frac{1}{x}\right)\frac{1}{x^2}$$

$$= P_{k+1}\left(\frac{1}{x}\right)\exp\left(-\frac{1}{x}\right),$$

dabei ist

$$P_{k+1}(t) = t^2 P_k(t) - t^2 P_k'(t).$$

(II) Wir zeigen, dass $\phi^{(k)}(0)$ existiert und gleich 0 ist. Der Beweis erfolgt wieder durch vollständige Induktion. Der Induktionsanfang $k = 0$ ist gesichert. Sei also $\phi^{(k)}(0) = 0$ für ein $k \in \mathbb{N}_0$. Wegen Beispiel 5.6.3 (iii) ist dann

$$\lim_{x \to 0^+} \frac{\phi^{(k)}(x) - \phi^{(k)}(0)}{x - 0} = \lim_{x \to 0^+} \left(\frac{1}{x} P_k\left(\frac{1}{x}\right)\exp\left(-\frac{1}{x}\right)\right)$$

$$- \lim_{t \to -\infty} \left(-t P_k(-t)\exp t\right) = 0.$$

also gilt $\phi^{(k+1)}(0) = 0$.

(III) Wegen $\phi^{(k)}(x) \to 0$ für $x \to 0$ und $k \in \mathbb{N}_0$ sind ϕ und alle Ableitungen auch im Nullpunkt stetig. Deshalb ist $\phi \in C^\infty(\mathbb{R})$. $\qquad\square$

(ii) Die Taylorreihe $T\phi(0, x)$ von ϕ ist identisch 0 und sie stellt die Funktion ϕ in keiner Umgebung von 0 dar, denn es ist $\phi(x) \neq 0$ für alle $x > 0$. Also ist ϕ nicht reell-analytisch, das heißt $\phi \notin C^\omega(\mathbb{R})$.

(iii) Die Funktion

$$\rho(x) := \phi(1 - x^2) = \begin{cases} \exp\left(\dfrac{1}{x^2 - 1}\right) & \text{für } |x| < 1 \\ 0 & \text{für } |x| \geq 1 \end{cases}$$

gehört zur Klasse $C^\infty(\mathbb{R})$ und besitzt keine Reihendarstellungen mit den Entwicklungspunkten ± 1, das heißt $\rho \notin C^\omega(\mathbb{R})$ (Abbildung 5.8).

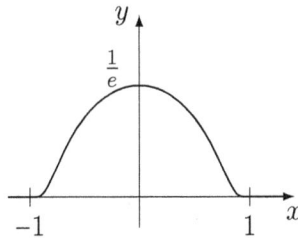

Abbildung 5.8: $\rho(x) \in C^\infty(\mathbb{R})$

(iv) Für $a < b$ gehört die Funktion

$$\psi(x) := \phi(x - a)\phi(b - x)$$

$$= \begin{cases} \exp\left(\dfrac{a - b}{(a - x)(b - x)}\right) & \text{für } a < x < b \\ 0 & \text{für } x \leq a \text{ oder } x \geq b \end{cases}$$

zur Klasse $C^\infty(\mathbb{R})$ aber nicht zu $C^\omega(\mathbb{R})$ (Abbildung 5.9).

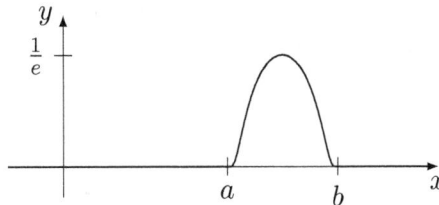

Abbildung 5.9: $\psi(x) \in C^\infty(\mathbb{R})$

5.7   Lokale Extrema

Wir kehren jetzt zur Kurvendiskussion von reellen Funktionen $f : I \to \mathbb{R}$ in einem beliebigen, nicht-ausgearteten Intervall $I \subset \mathbb{R}$ zurück und behandeln die Frage nach notwendigen und hinreichenden Bedingungen an die zweite Ableitung von f für das Vorliegen eines lokalen Extremums in einem inneren Punkt $a \in \mathring{I}$. Zunächst formulieren wir die Taylorsche Formel für den Fall $n = 2$ in einer anschaulichen Form, nämlich dass die Parabel (Schmiegeparabel)

$$T^{(2)} f(a, x) = f(a) + f'(a)(x - a) + \frac{f''(a)}{2}(x - a)^2$$

den Graphen von f an der Stelle a von zweiter Ordnung approximiert:

5.7.1 Lemma. *Sei $f : I \to \mathbb{R}$ stetig differenzierbar in einem beliebigen, nicht-ausgearteten Intervall I und zweimal differenzierbar im Inneren $\mathring{I}$ von I. Sei $a \in \mathring{I}$. Dann gilt für alle $x \in I$ die Taylorsche Formel*

$$f(x) = f(a) + f'(a)(x - a) + \frac{f''(\xi)}{2}(x - a)^2$$

$$= f(a) + f'(a)(x - a) + \frac{f''(a)}{2}(x - a)^2 + o\left(|x - a|^2\right).$$

Dabei ist

$$o\left(|x - a|^2\right) = \begin{cases} \frac{f''(\xi) - f''(a)}{2}(x - a)^2 & \text{für } x \neq a \\ 0 & \text{für } x = a \end{cases}$$

für ein ξ zwischen a und x eine Funktion mit

$$\lim_{x \to a} \frac{o\left(|x - a|^2\right)}{|x - a|^2} = 0.$$

5.7.2 Notwendiges zweite-Ableitungskriterium. *Die Funktion $f : I \to \mathbb{R}$ sei zweimal differenzierbar in einem beliebigen, nicht-ausgearteten Intervall $I \subset \mathbb{R}$ und besitze in einem inneren Punkt $a \in \mathring{I}$ ein lokales Extremum. Dann gilt*

$$f''(a) \leq 0 \ \text{(im Fall eines lokalen Maximums)}$$

beziehungsweise

$$f''(a) \geq 0 \ \text{(im Fall eines lokalen Minimums)}.$$

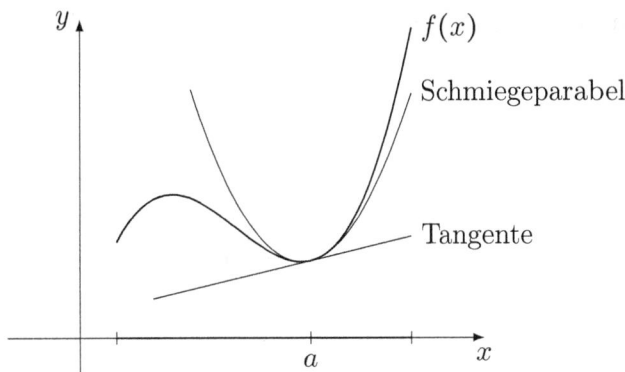

Abbildung 5.10: *Schmiegeparabel*

Beweis. Liegt bei $a \in \overset{\circ}{I}$ ein lokales Maximum vor, so ist nach dem Satz 5.3.2 von Fermat $f'(a) = 0$. Also reduziert sich die Taylorsche Formel auf

$$f(x) = f(a) + \frac{1}{2}f''(a)(x-a)^2 + o\left(|x-a|^2\right)$$

für $x \in I$. Weiterhin gibt es ein $\delta > 0$, so dass $f(x) \leq f(a)$ für alle $|x-a| < \delta$, weshalb

$$\frac{f''(a)}{2}(x-a)^2 + o\left(|x-a|^2\right) = f(x) - f(a) \leq 0.$$

Deshalb gilt

$$f''(a) + 2\frac{o(|x-a|^2)}{|x-a|^2} \leq 0$$

für $x \neq a$ und der Grenzübergang $x \to a$ liefert die Behauptung $f''(a) \leq 0$. $\qquad\square$

5.7.3 Hinreichendes zweite-Ableitungskriterium. *Sei $f : I \to \mathbb{R}$ zweimal differenzierbar in einem beliebigen, nicht-ausgearteten Intervall $I \subset \mathbb{R}$. In einem inneren Punkt $a \in \overset{\circ}{I}$ sei*

$$f'(a) = 0 \; und \; f''(a) < 0 \; beziehungsweise \; f''(a) > 0.$$

Dann besitzt f an der Stelle a ein isoliertes relatives Extremum, das heißt, es gibt ein $\delta > 0$, so dass

$$f(x) \leq f(a) \; für \; alle \; x \in I, \; |x-a| < \delta, \; x \neq a \; (isoliertes \; lokales \; Maximum)$$

beziehungsweise

$$f(x) \geq f(a) \; für \; alle \; x \in I, \; |x-a| < \delta, \; x \neq a \; (isoliertes \; lokales \; Minimum).$$

Beweis. Die Anwendung der Taylorschen Formel auf f ergibt

$$f(x) - f(a) = \frac{f''(a)}{2}(x-a)^2 + o\left(|x-a|^2\right)$$

für $x \in I$. Sei $\delta > 0$ so gewählt, dass

$$\left|o\left(|x-a|^2\right)\right| \le \frac{|f''(a)|}{4}|x-a|^2$$

für $x \in I$, $|x-a| < \delta$. Dann ergibt sich im Fall $f''(a) < 0$ die Ungleichung

$$f(x) - f(a) \le \frac{f''(a)}{4}|x-a|^2 < 0$$

für $x \in I$, $|x-a| < \delta$, $x \ne a$. $\square$

5.7.4 Bemerkungen. (i) Die hinreichende Bedingung $f''(a) < 0$, beziehungsweise $f''(a) > 0$, lässt sich in Satz 5.7.3 nicht durch die schwächere Voraussetzung $f''(a) \le 0$, beziehungsweise $f''(a) \ge 0$, ersetzen. Dies zeigt das Beispiel der Funktion $f(x) = x^3$: Im Nullpunkt gilt $f'(0) = f''(0) = 0$, jedoch liegt kein relatives Extremum vor.

(ii) In Satz 5.7.2 gilt nicht notwendig die Bedingung $f''(a) < 0$, beziehungsweise $f''(a) > 0$. Die Funktion $f(x) = x^4$ besitzt zum Beispiel im Nullpunkt ein lokales Minimum, aber es gilt $f'(0) = f''(0) = 0$.

Wir diskutieren noch das Vorliegen eines isolierten lokalen Extremums der Ableitung f' einer differenzierbaren Funktion:

5.7.5 Definition. Sei $f : I \to \mathbb{R}$ einmal differenzierbar im Inneren $\mathring{I}$ von I. Dann besitzt f an einer inneren Stelle $a \in \mathring{I}$ einen **Wendepunkt** $(a, f(a))$, wenn die Ableitung f' in a ein isoliertes lokales Extremum besitzt.

5.7.6 Bemerkungen. (i) Zur Bestimmung der Wendepunkte werden bei genügenden Differenzierbarkeitseigenschaften der Funktion $f : I \to \mathbb{R}$ der Satz 5.3.2 von Fermat und das hinreichende zweite-Ableitungskriterium 5.7.3 herangezogen: Notwendig für das Vorliegen eines Wendepunkts an der Stelle $a \in \mathring{I}$ ist, dass $f''(a) = 0$ gilt. Zusammen mit $f'''(a) \ne 0$ ist dies auch hinreichend.

(ii) Anschaulich wird der Graph von f in einem Wendepunkt von seiner Tangente $\tau_a(x) = f(a) + f'(a)(x-a)$ durchstoßen: Dazu betrachte man die Differenz

$$g(x) := f(x) - \tau_a(x).$$

Besitzt f' im Punkt a zum Beispiel ein isoliertes lokales Maximum, so gilt

$$g'(x) = f'(x) - f'(a) < 0$$

für alle $x \in I$, $|x - a| < \delta$, $x \neq a$. Nach dem Monotonietest ist g deshalb streng monoton fallend in einer Umgebung von a. Auf der linken Seite von a verläuft der Graph von f deshalb ein Stück weit oberhalb, rechts ein Stück weit unterhalb der Tangente τ_a (vergleiche Abbildung 5.11).

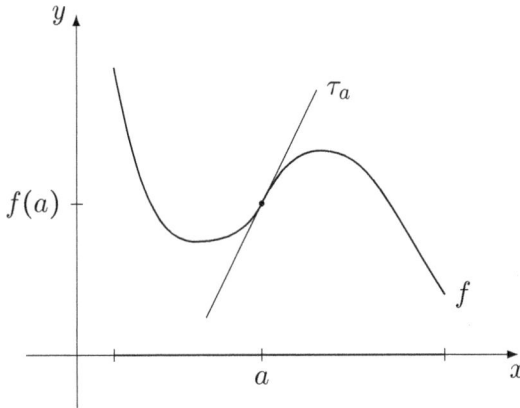

Abbildung 5.11: *Wendepunkt im Punkt a*

5.8 Konvexität

In diesem Abschnitt ist $I \subset \mathbb{R}$ ein beliebiges, nicht-ausgeartetes Intervall. Wir schließen die Kurvendiskussion mit dem wichtigen Begriff der Konvexität ab:

5.8.1 Definition. Sei $f : I \to \mathbb{R}$ eine Funktion auf einem Intervall $I \subset \mathbb{R}$. Dann heißt f **konvex** auf I, wenn die Ungleichung

$$f((1 - t)x' + tx'') \leq (1 - t)f(x') + tf(x'') \tag{5.4}$$

für alle $x', x'' \in I$ und alle $t \in [0, 1]$ gilt. f heißt **streng konvex**, wenn die strikte Ungleichung

$$f((1 - t)x' + tx'') < (1 - t)f(x') + tf(x'')$$

für alle $x' \neq x''$ und $t \in (0, 1)$ gilt.

f heißt **konkav** beziehungsweise **streng konkav**, wenn die jeweilige umgekehrte Ungleichung gilt, das heißt es ist $\leq$ durch $\geq$ und $<$ durch $>$ zu ersetzen.

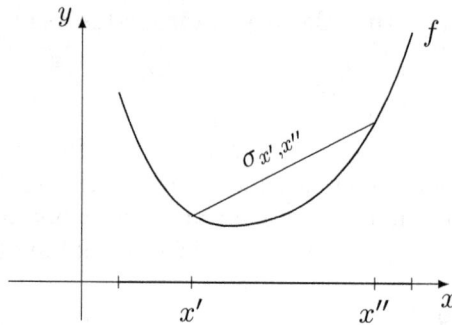

Abbildung 5.12: *Sekante einer konvexen Funktion*

5.8.2 Bemerkungen. (i)   Die Konvexitätsbedingung (5.4) braucht nur für alle $x', x'' \in I$ mit $x' < x''$ und alle $0 < t < 1$ gefordert werden.

(ii) Ist f konkav, so ist $-f$ konvex. Wir betrachten deshalb im Folgenden nur konvexe Funktionen.

(iii) f ist konvex, wenn der Graph stets unterhalb der Sekante $\sigma_{x',x''}$, das heißt der geradlinigen Verbindung zweier seiner Punkte $P' = (x', f(x'))$, $P'' = (x'', f(x''))$ liegt (Abbildung 5.12). Konkavität bedeutet, dass der Graph von f oberhalb der Sekanten verläuft.

(iv) Wir zeigen jetzt, dass f genau dann konvex ist, wenn für zwei aufeinanderfolgende Sekanten $\sigma_{x',x}$ und $\sigma_{x,x''}$, $x' < x < x''$, stets die Steigung der zweiten größer oder gleich der Steigung der ersten ist (Abbildung 5.13):

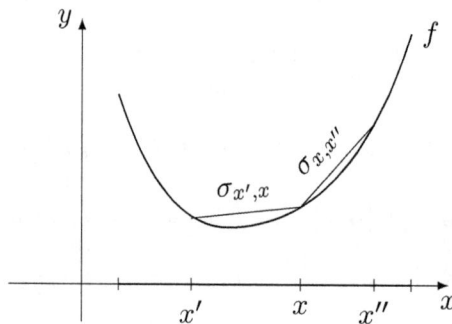

Abbildung 5.13: *Aufeinanderfolgende Sekanten einer konvexen Funktion*

5.8.3 Lemma. *Eine Funktion* $f : I \to \mathbb{R}$ *ist genau dann konvex, wenn für alle* $x', x'', x \in I$, $x' < x < x''$:

$$\frac{f(x) - f(x')}{x - x'} \leq \frac{f(x'') - f(x)}{x'' - x}. \tag{5.5}$$

f ist genau dann streng konvex, wenn die strikte Ungleichung gilt.

Beweis. Seien $x', x'' \in I$, $x' < x''$, und sei $0 < t < 1$. Wir setzen $x := (1-t)x' + tx''$. Dann gilt $t = \frac{x - x'}{x'' - x'}$ und $1 - t = \frac{x'' - x}{x'' - x'}$.

„$\Rightarrow$" Aus der Konvexitätsbedingung (5.4) folgt, dass

$$(x'' - x')f(x) \leq (x'' - x)f(x') + (x - x')f(x''),$$

also

$$(x'' - x)(f(x) - f(x')) \leq (x - x')(f(x'') - f(x)),$$

woraus sich die Bedingung (5.5) unmittelbar ergibt.

„$\Leftarrow$" Aus (5.5) folgt, dass

$$(1 - t)(f(x) - f(x')) \leq t(f(x'') - f(x)),$$

also die behauptete Konvexitätsbedingung

$$f(x) \leq (1 - t)f(x') + tf(x''). \qquad \square$$

5.8.4 Erster Konvexitätstest (Monotoniekriterium). *Sei* $f : I \to \mathbb{R}$ *eine auf I stetige Funktion, welche im Inneren $\mathring{I}$ von I differenzierbar ist. Dann gelten die folgenden Aussagen:*

(i) *f ist genau dann konvex auf I, wenn die Ableitung f' auf $\mathring{I}$ monoton wächst.*

(ii) *f ist genau dann streng konvex, wenn die Ableitung streng monoton wachsend ist.*

Beweis. (I) Zunächst folgt aus der Konvexitätsbedingung nach dem vorigen Lemma 5.8.3, dass

$$\frac{f(x) - f(x')}{x - x'} \leq \frac{f(x'') - f(x)}{x'' - x}$$

für alle $x', x'', x \in \mathring{I}$ mit $x' < x < x''$. Durch die separaten Grenzübergänge $x \to x'$ und $x \to x''$ folgt hieraus, dass

$$f'(x') \leq \frac{f(x'') - f(x')}{x'' - x'} \leq f'(x'')$$

gilt und damit die Monotonie von f' auf $\mathring{I}$.

(II) Sei f' monoton wachsend auf $\mathring{I}$. Nach dem Mittelwertsatz gibt es für alle $x', x'', x \in I$, $x' < x < x''$, Zwischenstellen $\xi', \xi'' \in I$ mit $x' < \xi' < x < \xi'' < x''$, so dass

$$\frac{f(x) - f(x')}{x - x'} = f'(\xi'), \quad \frac{f(x'') - f(x)}{x'' - x} = f'(\xi'').$$

Aus der Monotonie von f' folgt deshalb die Bedingung (5.5), und nach dem vorigen Lemma ist f deshalb konvex auf I.

(III) Wie in Teil (II) folgt aus der strengen Monotonie von f', dass f streng konvex ist.

(IV) Sei f streng konvex auf I. Dann gelten für alle $x' < x < x'' < y < x'''$ im Inneren von I die Ungleichungen

$$\frac{f(x) - f(x')}{x - x'} < \frac{f(x'') - f(x)}{x'' - x} < \frac{f(y) - f(x'')}{y - x''} < \frac{f(x''') - f(y)}{x''' - y}.$$

Durch Grenzübergang $x \to x'$ und $y \to x'''$ folgt, dass

$$f'(x') \le \frac{f(x'') - f(x')}{x'' - x'} < \frac{f(x''') - f(x'')}{x''' - x''} \le f'(x'''),$$

und damit die strenge Monotonie von f'.   □

Als Korollar folgt mit Hilfe des Monotonietests 5.3.12:

5.8.5 Zweiter Konvexitätstest (zweite-Ableitungskriterium). *Sei $f : I \to \mathbb{R}$ stetig auf I und zweimal differenzierbar im Inneren $\mathring{I}$ von I. Dann gelten die folgenden Aussagen:*

(i) *f ist genau dann konvex auf I, wenn $f''(x) \ge 0$ für alle $x \in \mathring{I}$ gilt.*

(ii) *Ist $f''(x) > 0$ für alle $x \in \mathring{I}$, so ist f streng konvex.*

5.8.6 Bemerkung. Eine konvexe Funktion besitzt nach dem Monotoniekriterium 5.8.4 keine Wendepunkte. Also durchstößt die Tangente den Graphen in keinem Punkt. Dies zeigen wir im folgenden Satz direkt aus der Konvexitätsdefinition:

5.8.7 Dritter Konvexitätstest (Tangentenkriterium). *Sei $f : I \to \mathbb{R}$ eine stetige Funktion, welche im Inneren $\mathring{I}$ von I differenzierbar ist. Dann gelten die folgenden Aussagen:*

(i) f *ist genau dann konvex auf I, wenn für alle $a \in \overset{\circ}{I}$ die Tangente τ_a eine* **Stützgerade** *ist, mit anderen Worten unterhalb des Graphen von f liegt, das heißt, für alle $x \in I$ gilt die Ungleichung*

$$f(x) \geq \tau_a(x) = f(a) + f'(a)(x - a).$$

(ii) f *ist genau dann streng konvex, wenn für alle $x \in I$, $x \neq a$ die strikte Ungleichung gilt.*

Beweis. (I) Ist f konvex, so gilt

$$\frac{f(a) - f(x')}{a - x'} \leq \frac{f(x'') - f(a)}{x'' - a}$$

für alle $x', x'', a \in I$ mit $x' < a < x''$. Durch Grenzübergang $x' \to a$ folgt, dass

$$f(x'') \geq f(a) + f'(a)(x'' - a)$$

für alle $x'' \in I$, $x'' > a$. Ähnlich folgt durch Grenzübergang $x'' \to a$, dass

$$f(x') \geq f(a) + f'(a)(x' - a)$$

für alle $x' \in I$, $x' < a$. Insgesamt ergibt sich die behauptete Ungleichung $f(x) \geq \tau_a(x)$ für alle $x \in I$.

(II) Sei $f(x) \geq \tau_a(x)$ für alle $x \in I$. Dann gilt für alle $x', x'', a \in I$ mit $x' < a < x''$, dass

$$\frac{f(a) - f(x')}{a - x'} \leq f'(a) \leq \frac{f(x'') - f(a)}{x'' - a},$$

und aus Lemma 5.8.3 folgt die Konvexität von f auf I.

(III) Gilt die strikte Ungleichung $f(x) > \tau_a(x)$ für alle $x \in I$, $x \neq a$, so folgt wie in Teil (II), dass f streng konvex ist.

(IV) Sei f streng konvex auf I. Angenommen, es gilt die Gleichheit

$$f(x) = f(a) + f'(a)(x - a)$$

für ein $a \in \overset{\circ}{I}$ und ein $x \in I$. Ohne Beschränkung der Allgemeinheit sei $a < x$. Dann gibt es nach dem Mittelwertsatz eine Zwischenstelle $a < \xi < x$ mit

$$f'(\xi) = \frac{f(x) - f(a)}{x - a} = f'(a)$$

im Widerspruch zur strengen Monotonie von f' auf $\overset{\circ}{I}$.   □

5.8.8 Beispiele. (i) Wir betrachten die **allgemeine Potenz** $f(x) = x^p$ für $x \geq 0$, welche für $p \in \mathbb{R}$, $p > 1$, streng konvex ist. Nehmen wir den Punkt $a = 1$, dann gilt $f(1) = 1$, $f'(1) = p$ und wir erhalten aus Satz 5.8.7 die Ungleichung

$$x^p \geq 1 + p(x - 1)$$

und hieraus

$$x \leq \frac{x^p}{p} - \frac{1}{p} + 1 = \frac{x^p}{p} + \frac{1}{q}$$

für alle $x \geq 0$, dabei ist $q := \frac{p}{p-1}$ der zu p **konjugierte Exponent**, das heißt, es gilt

$$\frac{1}{p} + \frac{1}{q} = 1.$$

Seien $a, b > 0$. Setzen wir $x = \frac{a}{b^{\frac{q}{p}}}$, so erhalten wir wegen $1 + \frac{q}{p} = q$ die überaus wichtige **Youngsche Ungleichung**

$$ab \leq \frac{a^p}{p} + \frac{b^q}{q}$$

für alle $a, b \geq 0$ und $p, q > 1$ mit $\frac{1}{p} + \frac{1}{q} = 1$. Der Spezialfall $p = q = 2$ heißt auch die **Cauchysche Ungleichung**. Sie ist gleichwertig mit der **Ungleichung zwischen dem arithmetischen und geometrischen Mittel**

$$\sqrt{ab} \leq \frac{a + b}{2}.$$

(ii) Aus der Youngschen Ungleichung erhält man für $2n$ reelle Zahlen $a_1, \ldots, a_n$, $b_1, \ldots, b_n \in \mathbb{R}$ und für $p, q > 1$ mit $\frac{1}{p} + \frac{1}{q} = 1$ die **Höldersche Ungleichung**

$$\sum_{k=1}^{n} |a_k b_k| \leq \left(\sum_{k=1}^{n} |a_k|^p \right)^{\frac{1}{p}} \left(\sum_{k=1}^{n} |b_k|^q \right)^{\frac{1}{q}} :$$

Dazu seien

$$A := \left(\sum_{k=1}^{n} |a_k|^p \right)^{\frac{1}{p}}, \quad B := \left(\sum_{k=1}^{n} |b_k|^q \right)^{\frac{1}{q}}.$$

Dann gilt

$$\frac{|a_k|}{A} \frac{|b_k|}{B} \leq \frac{1}{p} \left(\frac{|a_k|}{A} \right)^p + \frac{1}{q} \left(\frac{|b_k|}{B} \right)^q,$$

also

$$\sum_{k=1}^{n} \frac{|a_k b_k|}{AB} \leq \frac{1}{p} \sum_{k=1}^{n} \left(\frac{|a_k|}{A} \right)^p + \frac{1}{q} \sum_{k=1}^{n} \left(\frac{|b_k|}{B} \right)^q = 1.$$

Im Fall $p = q = 2$ ist dies die **Cauchy-Schwarzsche Ungleichung**

$$\left(\sum_{k=1}^{n} |a_k b_k|\right)^2 \leq \sum_{k=1}^{n} |a_k|^2 \cdot \sum_{k=1}^{n} |b_k|^2 .$$

Aus der Konvexitätsdefinition folgt durch vollständige Induktion die Jensensche Ungleichung, welche eine Quelle für viele weitere Ungleichungen ist:

5.8.9 Jensensche Ungleichung. *Sei* $f : I \to \mathbb{R}$ *eine konvexe Funktion. Für n Punkte* $x_1, \ldots, x_n \in I$ *und n nicht-negative Zahlen* $\lambda_1, \ldots, \lambda_n \geq 0$ *mit* $\lambda_1 + \cdots + \lambda_n = 1$ *gilt dann die Ungleichung*

$$f(\lambda_1 x_1 + \cdots + \lambda_n x_n) \leq \lambda_1 f(x_1) + \cdots + \lambda_n f(x_n).$$

Ist f *streng konvex, so besteht die Gleichheit genau dann, wenn alle* x_i *gleich sind.*

5.8.10 Beispiel. Der **Logarithmus** $f(x) = \log x$ ist für $x \in \mathbb{R}$, $x > 0$, streng konkav. Also gilt für alle $x_1, \ldots, x_n > 0$ und alle $\lambda_1, \ldots, \lambda_n \geq 0$ mit $\lambda_1 + \cdots + \lambda_n = 1$ die Ungleichung

$$\log(\lambda_1 x_1 + \cdots + \lambda_n x_n) \geq \lambda_1 \log x_1 + \cdots + \lambda_n \log x_n = \log\left(x_1^{\lambda_1} \cdot \ldots \cdot x_n^{\lambda_n}\right).$$

Aus der Monotonie des Logarithmus ergibt sich die **Ungleichung zwischen dem gewichteten arithmetischen und geometrischen Mittel**

$$a_1^{\lambda_1} \cdot \ldots \cdot a_n^{\lambda_n} \leq \lambda_1 a_1 + \cdots + \lambda_n a_n$$

für alle $a_1, \ldots, a_n \geq 0$ und $\lambda_1, \ldots, \lambda_n \geq 0$ mit $\lambda_1 + \cdots + \lambda_n = 1$. Für $\lambda_1 = \cdots = \lambda_n = \frac{1}{n}$ erhält man die **Ungleichung zwischen dem arithmetischen und geometrischen Mittel**

$$\sqrt[n]{a_1 \cdot \ldots \cdot a_n} \leq \frac{a_1 + \cdots + a_n}{n}.$$

6 Die elementaren transzendenten Funktionen

Nachdem jetzt der Apparat der Differentialrechnung bereitsteht, behandeln wir in diesem Kapitel die elementaren transzendenten Funktionen, das heißt Funktionen welche sich durch elementare Grenzprozesse ohne Zuhilfenahme des Integrals erklären lassen wie zum Beispiel die Exponentialfunktion, den Logarithmus, die allgemeine Potenz, die trigonometrischen Funktionen und deren Umkehrfunktionen, die Arcusfunktionen. Zwar haben wir in den Beispielen die meisten dieser Funktionen ausführlich behandelt, einige Definitionen, wie zum Beispiel die Reihendefinitionen der Exponentialfunktion und der trigonometrischen Funktionen Cosinus und Sinus, erschienen allerdings recht willkürlich und unmotiviert. Diese Beispiele dienten auch hauptsächlich, um die Definitionen und Sätze praktisch anzuwenden und einzuüben. Die Definition der allgemeinen Potenz hingegen war konstruktiv und ist in jeder Hinsicht überzeugend zu nennen.

Unabhängig davon erklären wir die elementaren transzendenten Funktionen jetzt ohne jeglichen Rückgriff auf das in den Beispielen Behandelte mit Hilfe des bisher bereitgestellten Calculusapparats beziehungsweise der Differentialgleichungsmethode. Hierdurch ergeben sich einerseits die Motivationen der Reihendefinitionen der Exponentialfunktion und der trigonometrischen Funktionen, welche sich als die „richtigen" erweisen, wobei, weil wir uns ausschließlich im Reellen bewegen; der Zusammenhang zwischen diesen Funktionen wird erst im Anhang C erläutert. Andererseits ergeben sich zum Teil neue Beweise für bekannte Tatsachen. Von besonderem Interesse ist hier, dass sich die Reihenentwicklungen mit Hilfe der Methode der unbestimmten Koeffizienten in viel einfacherer Weise herleiten lassen als durch Restgliedabschätzung in der Taylor-Entwicklung.

6.1 Die Exponentialfunktion

6.1.1 Heuristik. (I) Wir stellen uns die Aufgabe, eine Funktion f zu finden, welche die Differentialgleichung

$$f'(x) = f(x)$$

löst. Als Motivation für dieses Problem kann uns die in den Beispielen auf konstruktivem Weg erklärte allgemeine Exponentialfunktion $\exp_b : \mathbb{R} \to \mathbb{R}$,

$\exp_b(x) = b^x$, zur Basis $b > 0$ dienen: Ist sie differenzierbar, so gilt

$$\exp_b'(x) = (b^x)' = \lim_{h \to 0} \frac{b^{x+h} - b^x}{h} = b^x \lim_{h \to 0} \frac{b^h - 1}{h} = b^x \cdot d,$$

wobei $\lim_{h \to 0} \frac{b^h - 1}{h} = d = d(b) \in \mathbb{R}$. Der Nachweis der Existenz dieses Grenzwerts auf elementarem Weg ohne Verwendung des Logarithmus (siehe Beispiel 5.2.10 (iii)) sei dem Leser zur Übung überlassen. Wir suchen eine Basis $b = e$, das heißt eine Zahl $e \in \mathbb{R}$, mit $d = 1$ beziehungsweise

$$(e^x)' = e^x.$$

Dazu sei $\mu \in \mathbb{R}$ und sei $c := b^\mu$. Dann ist

$$(c^x)' = (b^{\mu x})' = b^{\mu x} \cdot d \cdot \mu = c^x \cdot d \cdot \mu = c^x,$$

falls $p = \frac{1}{\mu}$. Damit hätten wir unsere Aufgabe gelöst, falls wir $e := b^\mu = b^{\frac{1}{d}}$ setzen. Wir gehen jedoch anders vor:

(II) Mit zunächst noch unbestimmten, beziehungsweise unbekannten Koeffizienten a_k machen wir den **Potenzreihenansatz**

$$f(x) = \sum_{k=0}^{\infty} a_k x^k$$

zur Lösung der Gleichung $f'(x) = f(x)$. Nach Voraussetzung muss also gelten:

$$\sum_{k=0}^{\infty} (k+1)a_{k+1} x^k = \sum_{k=1}^{\infty} k a_k x^{k-1} = \sum_{k=0}^{\infty} a_k x^k.$$

Durch Koeffizientenvergleich erhalten wir für alle $k \in \mathbb{N}_0$ die Rekursionsformel

$$a_{k+1} = \frac{a_k}{k+1}.$$

Nehmen wir zusätzlich an, dass $f(0) = 1$ ist, dann haben wir den Rekursionsanfang $a_0 = 1$ und es ergeben sich die Werte $a_k = \frac{1}{k!}$ für $k \in \mathbb{N}_0$. Die somit erhaltene Potenzreihe

$$f(x) = \sum_{k=0}^{\infty} \frac{x^k}{k!}$$

konvergiert nach dem Quotientenkriterium für alle $x \in \mathbb{R}$. Außerdem ist die Potenzreihenentwicklung eindeutig, das heißt es gibt nur diese Potenzreihenlösung des **Anfangswertproblems**

$$f'(x) = f(x), \ f(0) = 1,$$

denn wir haben die Koeffizienten a_k eindeutig aus der Rekursionsformel berechnet. Deshalb definieren wir:

6.1.2 Definition. Die **Exponentialfunktion** $\exp : \mathbb{R} \to \mathbb{R}$ ist für alle $x \in \mathbb{R}$ definiert durch die **Eulersche Exponentialreihe**

$$\exp x = \sum_{k=0}^{\infty} \frac{x^k}{k!}.$$

6.1.3 Satz. *Die Exponentialfunktion ist in ganz $\mathbb{R}$ definiert, unendlich oft differenzierbar und es gilt*

$$\exp' x = \exp x.$$

Beweis. Nach dem Quotientenkriterium ist die Exponentialreihe $\sum_{k=0}^{\infty} \frac{x^k}{k!}$ für alle $x \in \mathbb{R}$ konvergent. Als Potenzreihe ist $\exp x$ deshalb für alle $x \in \mathbb{R}$ ∞-oft differenzierbar. Gliedweise Differentiation liefert

$$\exp' x = \sum_{k=1}^{\infty} \frac{x^{k-1}}{(k-1)!} = \sum_{k=0}^{\infty} \frac{x^k}{k!} = \exp x. \qquad \square$$

6.1.4 Satz. *Für alle $x, x' \in \mathbb{R}$ gilt die **Funktionalgleichung***

$$\exp(x + x') = \exp x \cdot \exp x'.$$

Beweis. Sei

$$g(x) := \exp x \cdot \exp(a - x)$$

für alle $x \in \mathbb{R}$ mit einer festen Konstanten $a \in \mathbb{R}$. Dann ist

$$g'(x) = \exp x \cdot \exp(a - x) - \exp x \cdot \exp(a - x) = 0$$

für alle $x \in \mathbb{R}$. Aus dem Identitätssatz für differenzierbare Funktionen 5.3.10 folgt, dass $g(x) \equiv \text{const}$, also $g(x) = g(0) = \exp a$. Also gilt

$$\exp x \cdot \exp(a - x) = \exp a$$

für alle $x, a \in \mathbb{R}$. Für $x, x' \in \mathbb{R}$ setzt man $a := x + x'$ und erhält

$$\exp x \cdot \exp x' = \exp x \cdot \exp(a - x) = \exp a = \exp(x + x'). \qquad \square$$

Die Kurvendiskussion der Exponentialfunktion sieht folgendermaßen aus:

6.1.5 Satz. *Die Exponentialfunktion ist positiv, streng monoton wachsend und streng konvex auf ganz $\mathbb{R}$. Außerdem gilt $\exp 0 = 1$ und*

$$\lim_{x \to +\infty} \exp x = +\infty, \quad \lim_{x \to -\infty} \exp x = 0.$$

Beweis. Sei $x \in \mathbb{R}$, $x \geq 0$. Dann ist $\exp x = \sum_{k=0}^{\infty} \frac{x^k}{k!} > 0$ und es gilt

$$\exp x = \sum_{k=0}^{\infty} \frac{x^k}{k!} > 1 + x \to +\infty \text{ für } x \to +\infty.$$

Für $x < 0$ ist nach der Funktionalgleichung $\exp x = \frac{1}{\exp(-x)} > 0$ und

$$\exp x = \frac{1}{\exp(-x)} \to 0 \text{ für } x \to -\infty.$$

Es gilt $\exp' x = \exp x > 0$, also ist $\exp x$ streng monoton wachsend. Wegen $\exp'' x = \exp x > 0$ ist $\exp x$ streng konvex. $\qquad\square$

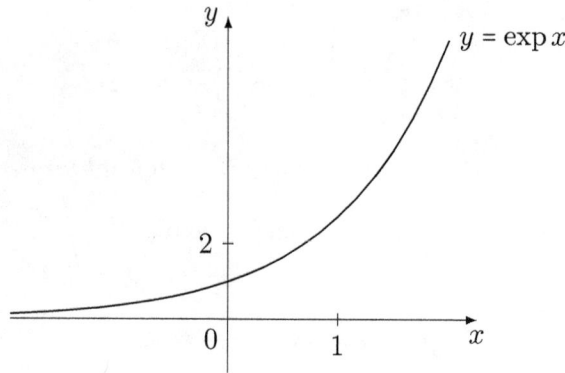

Abbildung 6.1: Die Exponentialfunktion

6.1.6 Lemma. *Für alle $n \in \mathbb{N}$ gilt*

$$\lim_{x \to +\infty} \frac{\exp x}{x^n} = +\infty, \quad \lim_{x \to -\infty} x^n \exp x = 0,$$

das heißt, für $x \to +\infty$ wächst die Exponentialfunktion rascher nach $+\infty$ als jedes Polynom und fällt für $x \to -\infty$ stärker gegen 0 als jede echt gebrochene rationale Funktion.

Beweis. Für $x > 0$ gilt

$$\frac{\exp x}{x^n} = \frac{1}{x^n} \sum_{k=0}^{\infty} \frac{x^k}{k!} > \frac{x}{(n+1)!} \to +\infty \text{ für } x \to +\infty,$$

und für $x < 0$ ist

$$x^n \exp x = (-1)^n \frac{(-x)^n}{\exp(-x)} \to 0 \text{ für } x \to -\infty. \qquad\square$$

6.1.7 Definition. Die **Eulersche Konstante** e definieren wir durch

$$e := \exp 1 = \sum_{k=0}^{\infty} \frac{1}{k!}.$$

6.1.8 Satz. *Für* $x = \frac{p}{q}$, $p \in \mathbb{Z}$, $q \in \mathbb{N}$, *gilt*

$$\exp x = e^x = \left(\sqrt[q]{e} \right)^p.$$

Beweis. (I) Sei $x = \frac{1}{q}$, $q \in \mathbb{N}$. Dann folgt aus der Funktionalgleichung, dass

$$e = \exp 1 = \exp\Big(\underbrace{\frac{1}{q} + \cdots + \frac{1}{q}}_{q-\text{mal}} \Big) = \left(\exp \frac{1}{q} \right)^q,$$

weshalb $\exp \frac{1}{q} = \sqrt[q]{e}$.

(II) Sei $x = \frac{p}{q}$, $p \in \mathbb{N}_0$, $q \in \mathbb{N}$. Dann gilt

$$\exp \frac{p}{q} = \exp\Big(\underbrace{\frac{1}{q} + \cdots + \frac{1}{q}}_{p-\text{mal}} \Big) = \left(\exp \frac{1}{q} \right)^p = \left(\sqrt[q]{e} \right)^p.$$

(III) Sei $x = \frac{p}{q}$, $p \in -\mathbb{N}$, $q \in \mathbb{N}$. Dann folgt

$$\exp \frac{p}{q} = \frac{1}{\exp \frac{-p}{q}} = \frac{1}{\left(\sqrt[q]{e} \right)^{-p}} = \left(\sqrt[q]{e} \right)^p. \qquad \Box$$

6.1.9 Bemerkung. Wegen Satz 6.1.8 ist die Potenz e^x zur Basis e mit einem rationalen Exponenten gleich der Eulerschen Exponentialreihe $\exp x$. Setzen wir

$$e^x := \exp x \text{ für alle } x \in \mathbb{R},$$

so ist die Funktion e^x aufgrund der Stetigkeit der Exponentialfunktion $\exp x$ für alle $x \in \mathbb{R}$ durch stetige Fortsetzung auf ganz $\mathbb{R}$ erklärt. Dies ist nach dem Folgenkriterium 4.4.3 konsistent mit der elementaren Grenzwertdefinition 2.3.9 der allgemeinen Potenz,

$$a^x := \lim_{n \to \infty} a^{x_n}$$

für $a, x \in \mathbb{R}$, $a > 0$, dabei ist $(x_n)_{n \in \mathbb{N}}$ eine beliebige Folge rationaler Zahlen $x_n = \frac{p_n}{q_n}$, $p_n \in \mathbb{Z}$, $q_n \in \mathbb{N}$, mit $x_n \to x$ für $n \to \infty$.

Die folgenden beiden Sätze liefern weitere Möglichkeiten, die Exponentialfunktion zu definieren (vergleiche Beispiel 3.2.15):

6.1.10 Satz. *Sei I ein beliebiges, nicht-ausgeartetes Intervall, welches den Ursprung 0 enthält. Dann ist die Exponentialfunktion die eindeutig bestimmte Lösung des **Anfangswertproblems***

$$f'(x) = f(x) \text{ für alle } x \in I, \ f(0) = 1.$$

Beweis. Sei g eine weitere Lösung des Anfangswertproblems in I. Dann löst

$$h(x) := \frac{g(x)}{\exp x}$$

in I die Differentialgleichung

$$h'(x) = \frac{\exp x \, g'(x) - g(x) \exp x}{\exp^2 x} = 0$$

mit der Anfangsbedingung $h(0) = 1$. Aus dem Identitätssatz für differenzierbare Funktionen folgt $h(x) \equiv \text{const} = h(0) = 1$, das heißt, es gilt

$$g(x) = \exp x \text{ für alle } x \in I.$$

Also muss jede Lösung mit $\exp x$ übereinstimmen.   □

6.1.11 Satz. *Die Funktionenfolge $(f_n)_{n \in \mathbb{N}}$,*

$$f_n(x) := \left(1 + \frac{x}{n}\right)^n \text{ für alle } x \in \mathbb{R},$$

*konvergiert **kompakt gleichmäßig** in $\mathbb{R}$ gegen $\exp x$, das heißt, ist $R \in \mathbb{R}$, $R > 0$, so gilt*

$$\lim_{n \to \infty} \left(1 + \frac{x}{n}\right)^n = \exp x \text{ gleichmäßig für alle } x \in \mathbb{R}, \ |x| \leq R.$$

Beweis. Nach dem Binomialsatz ist

$$\left(1 + \frac{x}{n}\right)^n = \sum_{k=0}^{n} \binom{n}{k} \left(\frac{x}{n}\right)^k$$

$$= \sum_{k=0}^{n} \frac{n(n-1) \cdot \ldots \cdot (n-k-1)}{k! n^k} x^k$$

$$= \sum_{k=0}^{\infty} g_{nk}(x)$$

für alle $n \in \mathbb{N}$ mit

$$g_{nk}(x) := \begin{cases} \dfrac{1(1 - \frac{1}{n}) \cdot \ldots \cdot (1 - \frac{k-1}{n})}{k!} x^k & \text{für } k \in \mathbb{N}_0,\ k \le n \\ 0 & \text{für } k > n. \end{cases}$$

Für festes k und alle $x \in \mathbb{R}$ mit $|x| \le R$ gilt:

$$|g_{nk}(x)| \le \frac{R^k}{k!} \text{ für alle } n \in \mathbb{N},$$

$$g_{nk}(x) \xrightarrow{\text{glm}} \frac{x^k}{k!} \text{ für } n \to \infty.$$

Sei $\varepsilon > 0$. Wegen $\sum\limits_{k=0}^{\infty} \frac{R^k}{k!} < +\infty$ gibt es ein $N \in \mathbb{N}$, so dass $\sum\limits_{k=N+1}^{\infty} \frac{R^k}{k!} < \frac{\varepsilon}{4}$. Dann sei $N' \in \mathbb{N}$ so gewählt, dass

$$\left| g_{nk}(x) - \frac{x^k}{k!} \right| < \frac{\varepsilon}{2N}$$

für alle $x \in \mathbb{R}$, $|x| \le R$, und alle $n \in \mathbb{N}$, $n \ge N'$. Dann folgt:

$$\left| \sum\limits_{k=0}^{\infty} g_{nk}(x) - \sum\limits_{k=0}^{\infty} \frac{x^k}{k!} \right| \le \sum\limits_{k=0}^{N} \left| g_{nk}(x) - \frac{x^k}{k!} \right| + 2 \sum\limits_{K+N+1}^{\infty} \frac{R^k}{k!}$$

$$< N \frac{\varepsilon}{2N} + 2 \frac{\varepsilon}{4} = \varepsilon.$$

Deshalb gilt für alle $x \in \mathbb{R}$, $|x| \le R$, die gleichmäßige Konvergenz

$$\left(1 + \frac{x}{n} \right)^n = \sum\limits_{k=0}^{\infty} g_k(n, x) \xrightarrow{\text{glm}} \sum\limits_{k=0}^{\infty} \frac{x^k}{k!} = \exp x \text{ für } n \to \infty. \qquad \Box$$

6.2 Die Hyperbelfunktionen

Die Exponentialfunktion kommt in der Mathematik und ihren Anwendungen so häufig in bestimmten Kombinationen vor, dass diese ihre eigenen Bezeichnungen erhalten:

6.2.1 Definition. Die Hyperbelfunktionen **Cosinus-**, **Sinus-**, **Tangens-** und

Cotangens-hyperbolicus werden für alle $x \in \mathbb{R}$ definiert durch

$$\cosh x := \frac{e^x + e^{-x}}{2} = \sum_{k=0}^{\infty} \frac{x^{2k}}{(2k)!},$$

$$\sinh x := \frac{e^x - e^{-x}}{2} = \sum_{k=0}^{\infty} \frac{x^{2k+1}}{(2k+1)!},$$

$$\tanh x := \frac{\sinh x}{\cosh x} = \frac{e^x - e^{-x}}{e^x + e^{-x}},$$

$$\coth x := \frac{\cosh x}{\sinh x} = \frac{e^x + e^{-x}}{e^x - e^{-x}} \quad \text{für } x \neq 0.$$

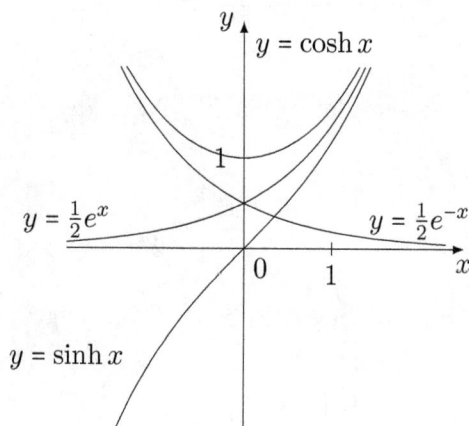

Abbildung 6.2: Cosinus-hyperbolicus und Sinus-hyperbolicus

6.2.2 Satz. *Die Hyperbelfunktionen sind unendlich oft differenzierbar und es gilt*

$$\cosh' x = \sinh x,$$

$$\sinh' x = \cosh x, \tanh' x = 1 - \tanh^2 x = \frac{1}{\cosh^2 x},$$

$$\coth' x = 1 - \coth^2 x = -\frac{1}{\sinh^2 x} \quad \text{für } x \neq 0.$$

Außerdem gelten für alle $x, x' \in \mathbb{R}$ die folgenden Funktionalgleichungen:

$$\cosh x + \sinh x = e^x, \ \cosh x - \sinh x = e^{-x},$$

$$\cosh^2 x - \sinh^2 x = 1,$$

$$\cosh(x + x') = \cosh x \cosh x' + \sinh x \sinh x',$$

$$\sinh(x + x') = \sinh x \cosh x' + \cosh x \sinh x'.$$

Die Kurvendiskussion der Hyperbelfunktionen ist wie folgt:

6.2.3 Satz. *Der Cosinus-hyperbolicus* $\cosh x$ *ist eine gerade Funktion (also achsensymmetrisch, das heißt, es gilt* $\cosh(-x) = \cosh x$ *für alle* $x \in \mathbb{R}$*), im Intervall* $(-\infty, 0]$ *streng monoton fallend von* $+\infty$ *nach* $\cosh 0 = 1$*, im Intervall* $[0, +\infty)$ *streng monoton wachsend von* $\cosh 0 = 1$ *nach* $+\infty$ *und streng konvex in* $\mathbb{R}$ *mit dem Minimum* 1 *an der Stelle* $x = 0$.

6.2.4 Satz. *Der Sinus-hyperbolicus* $\sinh x$ *ist eine ungerade Funktion (also punktsymmetrisch, das heißt, es gilt* $\sinh(-x) = -\sinh x$ *für alle* $x \in \mathbb{R}$*), streng monoton wachsend in* $\mathbb{R}$ *von* $-\infty$ *nach* $+\infty$*, im Intervall* $(-\infty, 0]$ *streng konkav und im Intervall* $[0, +\infty)$ *streng konvex mit dem Wendepunkt* $(0,0)$.

Wir skizzieren in Abbildung 6.3 noch die Hyperbelfunktionen $\tanh x$ und $\coth x$.

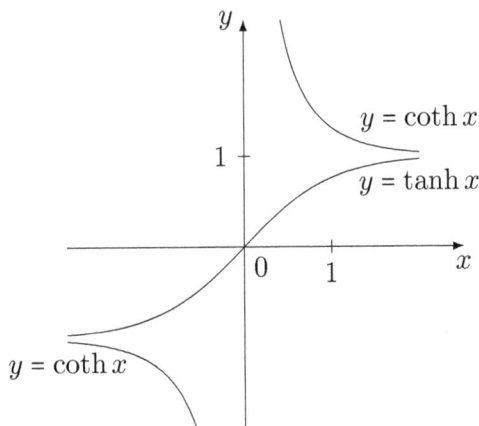

Abbildung 6.3: *Tangens-hyperbolicus und Cotangens-hyperbolicus*

6.2.5 Bemerkungen. (i)   Die Funktion $f(x) = a \cosh \frac{x}{a}$ hat die Gestalt einer **Kettenlinie**, das heißt einer an zwei symmetrisch zur y-Achse liegenden Punkten aufgehängten Kette mit dem Minimum $a > 0$.

(ii)   Wenn man $x = \cosh t$ und $y = \sinh t$ für $t \in \mathbb{R}$ als Koordinaten eines Punktes $(x, y) \in \mathbb{R}^2$ auffasst, so liegt dieser wegen $\cosh^2 t - \sinh^2 t = 1$ auf dem rechten Zweig der gleichseitigen Hyperbel $x^2 - y^2 = 1$. Mit Hilfe der Hyperbelfunktionen erhält man also eine Parameterdarstellung der Hyperbel, was deren Namensgebung erklärt (Abbildung 6.4).

(iii) Wir bemerken noch, dass der Sinus-hyperbolicus eine auf ganz $\mathbb{R}$ erklärte Inverse $\sinh^{-1}$ besitzt und es gilt

$$(\sinh^{-1} x)' = \frac{1}{\sqrt{1 + x^2}} \text{ für alle } x \in \mathbb{R}.$$

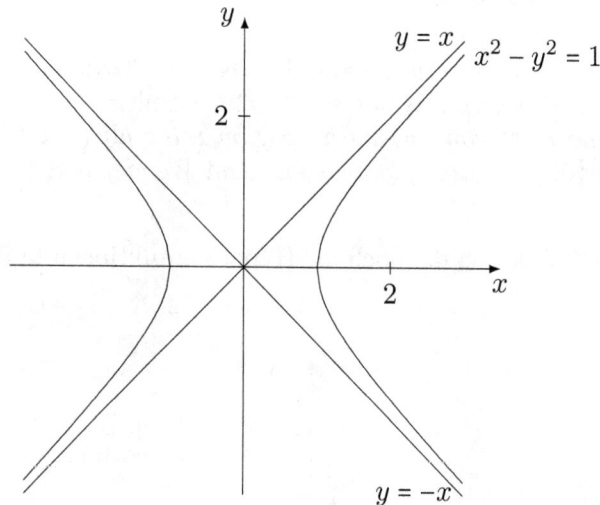

Abbildung 6.4: Hyperbel und Hyperbelfunktionen

6.3   Der Logarithmus

Die Exponentialfunktion $\exp x = e^x$ ist auf ganz $\mathbb{R}$ streng monoton wachsend und bildet die reellen Zahlen $\mathbb{R}$ auf das Intervall $(0, +\infty)$ ab. Deshalb definieren wir wie in Beispiel 4.6.7 (ii) (vergleiche auch die abstrakten Bemerkungen 0.3.11, 0.4.6):

6.3.1 Definition. Der **Logarithmus**

$$\log : (0, +\infty) \to \mathbb{R}$$

ist die Inverse der Exponentialfunktion, das heißt, für alle $x > 0$ und $y \in \mathbb{R}$ gilt

$$\log x := y \text{ genau dann, wenn } \exp y = x.$$

Es gelten die inversen Relationen

$$\exp(\log x) = e^{\log x} = x, \ \log(\exp y) = \log e^y = y.$$

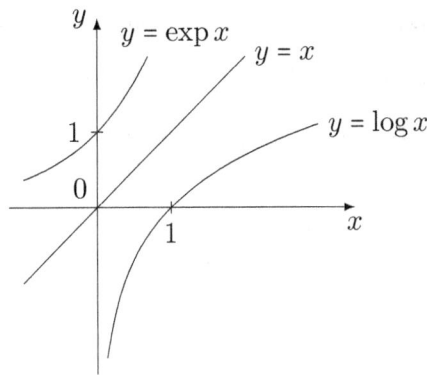

Abbildung 6.5: *Der Logarithmus als Umkehrfunktion der Exponentialfunktion*

Im folgenden Satz listen wir die wichtigsten Eigenschaften des Logarithmus auf:

6.3.2 Satz. *Der Logarithmus* $\log x$ *ist für alle* $x \in \mathbb{R}$, $x > 0$ *unendlich oft differenzierbar, streng monoton wachsend und streng konkav und es gilt*

$$\log' x = \frac{1}{x}.$$

Weiter ist $\log 1 = 0$ *sowie*

$$\lim_{x \to +\infty} \log x = +\infty, \ \lim_{x \to 0} \log x = -\infty.$$

Außerdem gilt für alle $x, x' > 0$ *die* **Funktionalgleichung**

$$\log(x \cdot x') = \log x + \log x'.$$

Beweis. (I) Da der Logarithmus die Umkehrfunktion der Exponentialfunktion ist und wegen $(\exp y)' = \exp y \neq 0$ für alle $y \in \mathbb{R}$, folgt aus der Umkehrformel, dass $\log x$ für alle $x > 0$ differenzierbar ist, sowie

$$\log' x = \frac{1}{(\exp y)'\big|_{y=\log x}} = \frac{1}{\exp(\log x)} = \frac{1}{x}.$$

(II) Aus $\lim\limits_{y \to +\infty} \exp y = +\infty$, $\lim\limits_{y \to -\infty} \exp y = 0$ folgen leicht die behaupteten Grenzwertbeziehungen für den Logarithmus bei $+\infty$ und 0.

(III) Seien $x, x' > 0$ und $y := \log x$, $y' := \log x'$. Dann ist $\exp y = x$, $\exp y' = x'$ und es gilt

$$x \cdot x' = \exp y \exp y' = \exp(y + y').$$

Für die Logarithmusfunktion erhalten wir daraus die Funktionalgleichung

$$\log(x \cdot x') = \log(\exp(y + y')) = y + y' = \log x + \log x'. \qquad \square$$

6.3.3 Satz. *Für alle* $x \in \mathbb{R}$, $-1 < x \leq 1$, *gilt die* **Mercatorsche Reihendarstellung**

$$\log(1 + x) = \sum_{k=1}^{\infty} (-1)^{k+1} \frac{x^k}{k}.$$

Beweis. (I) Für $x \in \mathbb{R}$, $|x| < 1$, sei

$$g(x) := \log(1 + x) - \sum_{k=1}^{\infty} (-1)^{k+1} \frac{x^k}{k}.$$

Die Potenzreihe $\sum_{k=1}^{\infty} (-1)^{k+1} \frac{x^k}{k}$ konvergiert für alle $x \in \mathbb{R}$, $|x| < 1$, stellt also eine in $\{ x \in \mathbb{R} \mid |x| < 1 \}$ differenzierbare Funktion dar und wir können gliedweise differenzieren. Da auch $\log(1 + x)$ für alle $x \in \mathbb{R}$, $|x| < 1$, differenzierbar ist, ist $g(x)$ differenzierbar. Es folgt

$$g'(x) = \frac{1}{1 + x} - \sum_{k=0}^{\infty} (-1)^k x^k = \frac{1}{1 + x} - \frac{1}{1 - (-x)} = 0$$

für alle $x \in \mathbb{R}$, $|x| < 1$. Wegen dem Identitätssatz 5.3.10 für differenzierbare Funktionen ist $g(x) \equiv \text{const} = g(0) = 0$, also gilt

$$\log(1 + x) = \sum_{k=1}^{\infty} (-1)^{k+1} \frac{x^k}{k} \text{ für alle } x \in \mathbb{R}, |x| < 1.$$

(II) Zu zeigen bleibt die Konvergenz und Stetigkeit der Reihe für $x = 1$. Nach dem Leibniz-Kriterium ist die Reihe $\sum_{k=1}^{\infty} (-1)^{k+1} \frac{x^k}{k}$ konvergent für $x = 1$. Nach dem Abelschen Stetigkeitssatz 4.9.4 konvergiert die Reihe $\sum_{k=1}^{\infty} (-1)^{k+1} \frac{x^k}{k}$ für $0 \leq x \leq 1$ gleichmäßig und stellt dort eine stetige Funktion dar. Also gilt insgesamt die behauptete Darstellung

$$\log(1 + x) = \sum_{k=1}^{\infty} (-1)^{k+1} \frac{x^k}{k} \text{ für alle } x \in \mathbb{R}, -1 < x \leq 1. \qquad \square$$

6.3.4 Bemerkungen. (i) Interessant ist die Darstellung der alternierenden Reihe

$$\log 2 = \sum_{k=1}^{\infty} \frac{(-1)^{k+1}}{k} = 1 - \frac{1}{2} + \frac{1}{3} - \frac{1}{4} + - \cdots.$$

Mercator verwendete seine Logarithmusreihe zur tatsächlichen numerischen Berechnung von Logarithmen. Eine erhebliche Verbesserung der Konvergenzgeschwindigkeit gelang **Gregory** durch Betrachtung der Reihe

$$\log \frac{1+x}{1-x} = 2 \sum_{k=0}^{\infty} \frac{x^{2k+1}}{2k+1} = 2\left(x + \frac{x^3}{3} + \frac{x^5}{5} + \cdots \right).$$

(ii) Wir haben die Reihenentwicklung des Logarithmus lediglich verifiziert. Man kann sie aus der Differentialgleichung

$$f'(x) = \frac{1}{x} \text{ für alle } x \in \mathbb{R}, \ x > 0$$

gewinnen, welche vom Logarithmus gelöst wird, ohne einen Potenzreihenansatz machen zu müssen: Wegen

$$f'(x) = \frac{1}{x} = \frac{1}{1-(1-x)} = \sum_{k=0}^{\infty} (1-x)^k$$

(geometrische Reihe) folgt durch gliedweise Integration (siehe Abschnitt 7.2), dass

$$f(x) = \sum_{k=0}^{\infty} (-1) \frac{(1-x)^{k+1}}{k+1} + \text{const} = - \sum_{k=1}^{\infty} \frac{(1-x)^k}{k} \text{ für alle } x \in \mathbb{R}, \ 0 < x < 2,$$

beziehungsweise

$$f(1+x) = \sum_{k=1}^{\infty} (-1)^{k+1} \frac{x^k}{k} \text{ für alle } x \in \mathbb{R}, \ |x| < 1.$$

6.4   Die allgemeine Potenz

6.4.1 Motivation. In Abschnitt 2.3 hatten wir die Potenz a^μ für rationale Exponenten $\mu = \frac{p}{q} \in \mathbb{Q}$ zur Basis $a > 0$ definiert durch $a^\mu := \sqrt[q]{a^p}$ und für allgemeine reelle Exponenten $\mu \in \mathbb{R}$ durch einen Grenzübergang. Es folgt, dass

$$a^\mu = (\exp(\log a))^\mu = \left(e^{\log a} \right)^\mu = e^{\mu \log a}$$

(vergleiche Beispiel 4.6.7 (iii)). Wir drehen jetzt den Spieß um und definieren:

6.4.2 Definition. Sei $a \in \mathbb{R}$, $a > 0$, und sei $\mu \in \mathbb{R}$ eine beliebige reelle Zahl. Dann erklären wir die **allgemeine Potenz** von a zum Exponenten μ durch

$$a^\mu := \exp(\mu \log a).$$

Sofort erhalten wir:

6.4.3 Lemma. *Für alle $a > 0$ und $\mu \in \mathbb{R}$ gilt die Beziehung*

$$\log a^{\mu} = \mu \log a.$$

Hieraus und aus den Funktionalgleichungen für die Exponentialfunktion und den Logarithmus ergeben sich die Potenzregeln:

6.4.4 Satz. *Für alle $a, b \in \mathbb{R}$, $a, b > 0$, und alle $\mu, \nu \in \mathbb{R}$ gelten die* **Potenzregeln**

(i) $a^{\mu} a^{\nu} = a^{\mu + \nu}$,

(ii) $a^{\mu} b^{\mu} = (a \cdot b)^{\mu}$,

(iii) $(a^{\mu})^{\nu} = a^{\mu \cdot \nu}$.

Setzen wir $0^{\mu} := 0$ für alle $\mu \in \mathbb{R}$, $\mu > 0$ und $0^0 := 1$, so gelten diese Regeln für alle $a, b \geq 0$ und alle $\mu, \nu \geq 0$.

6.4.5 Satz. *Die* **allgemeine Potenzfunktion** *x^{μ} zum Exponenten $\mu \in \mathbb{R}$ ist für alle $x > 0$ ∞-oft differenzierbar, für $\mu > 0$ streng monoton wachsend von 0 nach $+\infty$ und für $\mu < 0$ streng monoton fallend von $+\infty$ nach 0, für $\mu > 1$ und für $\mu < 0$ streng konvex und für $0 < \mu < 1$ streng konkav und es gilt*

$$(x^{\mu})' = \mu x^{\mu - 1}.$$

Beweis. Nach der Kettenregel ist $x^{\mu} = \exp(\mu \log x)$ für alle $x > 0$ differenzierbar und es gilt

$$(x^{\mu})' = \frac{\mu}{x} \exp(\mu \log x) = \mu \exp(-\log x) \exp(\mu \log x)$$

$$= \mu \exp\left((\mu - 1) \log x\right) = \mu x^{\mu - 1}. \qquad \square$$

6.4.6 Satz. *Für alle $\mu \in \mathbb{R}$ gilt die* **Newtonsche Binomialentwicklung**

$$(1 + x)^{\mu} = \sum_{k=0}^{\infty} \binom{\mu}{k} x^k$$

für alle $x \in \mathbb{R}$, $|x| < 1$, dabei sind

$$\binom{\mu}{k} := \frac{\mu(\mu - 1) \cdot \ldots \cdot (\mu - k + 1)}{k!}$$

für $k \in \mathbb{N}$ und $\binom{\mu}{0} := 1$ die **allgemeinen Binomialkoeffizienten.**

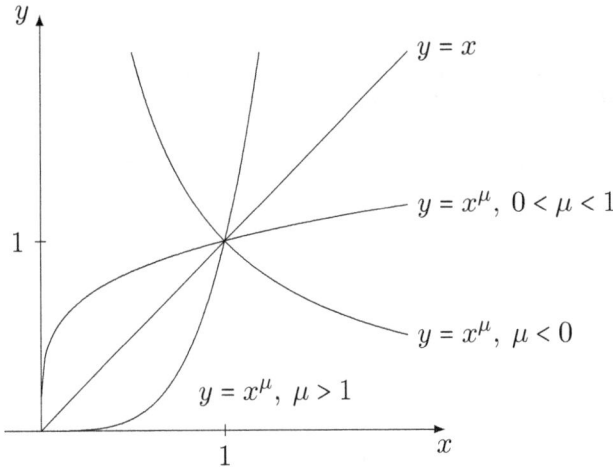

Abbildung 6.6: *Die allgemeine Potenzfunktion für verschiedene Exponenten μ*

Beweis. (I) Sei $f(x) := (1+x)^\mu$ für $x \in \mathbb{R}$, $|x| < 1$. Dann gilt

$$f'(x) = \mu(1+x)^{\mu-1} = \frac{\mu}{1+x} f(x). \tag{6.1}$$

Wir wollen diese Differentialgleichung mit der Anfangsbedingung $f(0) = 1$ durch Potenzreihenansatz

$$g(x) = \sum_{k=0}^{\infty} a_k x^k \text{ für } |x| < 1$$

mit den unbestimmten Koeffizienten a_k lösen. Differentiation und Einsetzen in (6.1) liefert

$$(1+x) \sum_{k=1}^{\infty} k a_k x^{k-1} = \mu \sum_{k=0}^{\infty} a_k x^k,$$

also

$$\sum_{k=0}^{\infty} (k+1) a_{k+1} x^k = \sum_{k=0}^{\infty} (\mu - k) a_k x^k.$$

Durch Koeffizientenvergleich erhält man aus dem Identitätssatz für Potenzreihen $(k+1)a_{k+1} = (\mu - k)a_k$ für $k \in \mathbb{N}_0$, das heißt, es gilt die Rekursionsformel

$$a_{k+1} = \frac{\mu - k}{k+1} a_k, \; a_0 = 1.$$

Hieraus berechnen sich die Koeffizienten a_k zu

$$a_k = \frac{\mu - (k-1)}{k} a_{k-1} = \frac{\mu - (k-1)}{k} \frac{\mu - (k-2)}{k-1} a_{k-2}$$

$$= \cdots = \frac{\mu(\mu-1) \cdot \ldots \cdot (\mu - k + 1)}{k!} = \binom{\mu}{k}.$$

Die erhaltene **Binomialreihe**

$$g(x) = \sum_{k=0}^{\infty} \binom{\mu}{k} x^k$$

ist wegen

$$\left| \frac{a_{k+1} x^{k+1}}{a_k x^k} \right| = \left| \frac{\mu - k}{k+1} \cdot x \right| \to |x| \text{ für } k \to \infty$$

nach dem Quotientenkriterium für $|x| < 1$ konvergent. Man überzeugt sich leicht, dass sie für alle $x \in \mathbb{R}$, $|x| < 1$ die Differentialgleichung (6.1) tatsächlich löst. Also ist die Binomialreihe die einzige Potenzreihenlösung der Differentialgleichung (6.1).

(II) Wir zeigen jetzt, dass die behauptete Identität $(1+x)^\mu = g(x)$ für alle $x \in \mathbb{R}$, $|x| < 1$ gilt: Dazu betrachten wir die Funktion

$$h(x) := \frac{g(x)}{(1+x)^\mu} = g(x)(1+x)^{-\mu}$$

und berechnen mit Hilfe von (I) für alle $|x| < 1$ deren Ableitung

$$h'(x) = g'(x)(1+x)^{-\mu} - g(x)\mu(1+x)^{-\mu-1}$$

$$= \frac{\mu}{1+x} g(x)(1+x)^{-\mu} - g(x)\mu(1+x)^{-\mu-1}$$

$$= 0.$$

Nach dem Identitätssatz für differenzierbare Funktionen gilt also $h(x) \equiv h(0) = 1$ für alle $x \in \mathbb{R}$, $|x| < 1$, womit die behauptete Identität $g(x) = (1+x)^\mu$ bewiesen ist, das heißt es gilt die Identität

$$(1+x)^\mu = \sum_{k=0}^{\infty} \binom{\mu}{k} x^k \text{ für alle } x \in \mathbb{R},\ |x| < 1. \qquad \square$$

6.4.7 Bemerkungen. (i)   Wir haben die **Methode der unbestimmten Koeffizienten** angewandt, um die Funktion $f(x) = (1+x)^\mu$ in eine Potenzreihe zu entwickeln. Wir rekapitulieren die Vorgehensweise: Zunächst macht

man den Potenzreihenansatz $g(x) = \sum_{k=0}^{\infty} a_k x^k$ mit unbestimmten, das heißt
zunächst unbekannten Koeffizienten a_k. Diese bestimmt man aus Eigenschaften der Funktion f wie zum Beispiel aus einem Anfangswertproblem,
das heißt einer Differentialgleichung, welche f löst, zusammen mit einer Anfangsbedingung. In diesem Fall sprechen wir auch von der **Differentialgleichungsmethode**. Anschließend weist man die Konvergenz der gefundenen
Potenzreihe nach. Diese stellt dann im Inneren ihres Konvergenzintervalls
eine ∞-oft differenzierbare Funktion g dar. Schließlich muss man sich noch
davon überzeugen, dass diese mit f übereinstimmt. Man zeigt dies zum
Beispiel durch Betrachtung der Differenz $h = f - g$ oder des Quotienten
$h = \frac{g}{f}$ aus der Differentialgleichung, welche jetzt auch von g gelöst wird, indem man nachweist, dass $h' \equiv 0$ gilt und schließt aus dem Identitätssatz für
differenzierbare Funktionen unter Benutzung der Anfangsbedingung, dass
$h \equiv \text{const} = h(0) = 0$ beziehungsweise 1 gilt, womit die gesuchte Reihenentwicklung, nämlich $f(x) = g(x) = \sum_{k=0}^{\infty} a_k x^k$ gezeigt wäre. Aufgrund des
Identitätssatzes für Potenzreihen ist die gefundene Reihenentwicklung die
einzig mögliche und stimmt daher mit der Taylor-Reihe überein.

(ii) Die Methode der unbestimmten Koeffizienten beziehungsweise die Differentialgleichungsmethode haben wir in 6.1 angewandt, um die einzige Lösung
des Anfangswertproblems $f'(x) = f(x)$, $f(0) = 1$ in Form der Potenzreihe
$f(x) = \exp x = \sum_{k=0}^{\infty} \frac{x^k}{k!}$ zu finden: Nicht nur ist die Exponentialfunktion die
einzige Potenzreihe, welche dieses Anfangswertproblem löst, sie ist sogar die
einzige differenzierbare Funktion mit dieser Eigenschaft.

(iii) Bei der Reihenentwicklung des Logarithmus sind wir in 6.3 einfacher vor-
gegangen und haben die Ableitung $f'(x) = \frac{1}{x}$ in eine geometrische Reihe
entwickelt und diese gliedweise integriert. Auch hier würde die Methode
der unbestimmten Koeffizienten rasch zum Ziel führen.

(iv) Wir bemerken noch, dass wir in Abschnitt 5.6 alle Reihenentwicklungen
durch Abschätzung des Lagrangeschen Restglieds in der Taylor-Formel für
etwas eingeschränkte Konvergenzintervalle gewonnen haben. Unter Zuhilfenahme des Integrals kommen wir in Abschnitt 8.6 hierauf noch einmal
zurück.

6.4.8 Bemerkung. Wir untersuchen jetzt die Binomialentwicklung in den Intervallendpunkten $x = \pm 1$: Für $\mu > 0$ und hinreichend große $k \in \mathbb{N}$ berechnen
wir

$$\left| \frac{a_{k+1}}{a_k} \right| = \left| \frac{\mu - k}{k + 1} \right| = 1 - \frac{\mu + 1}{k + 1} \leq 1 - \frac{c}{k}$$

mit $c := \frac{\mu}{2} + 1 > 1$. Aus dem Raabe-Kriterium 3.2.21 folgt die Konvergenz der Binomialreihe auch für $x = \pm 1$ und aus dem Abelschen Stetigkeitssatz ergibt sich für alle $\mu \in \mathbb{R}$, $\mu > 0$, die Darstellung

$$(1 + x)^{\mu} = \sum_{k=0}^{\infty} \binom{\mu}{k} x^k \text{ für alle } x \in \mathbb{R},\ |x| \leq 1.$$

6.5   Die Winkelfunktionen Cosinus und Sinus

6.5.1 Motivation. (I) Wir erinnern uns an die elementar-geometrische Bedeutung der **Winkelfunktionen** oder **trigonometrischen Funktionen** Cosinus und Sinus: Dazu denke man sich einen Punkt P mit den Koordinaten x und y in der Ebene, welcher den Abstand 1 zum Ursprung hat. Anhand der Darstellung in Abbildung 6.7 erkennt man, dass $x = \cos\alpha$ und $y = \sin\alpha$ gilt, und, da P

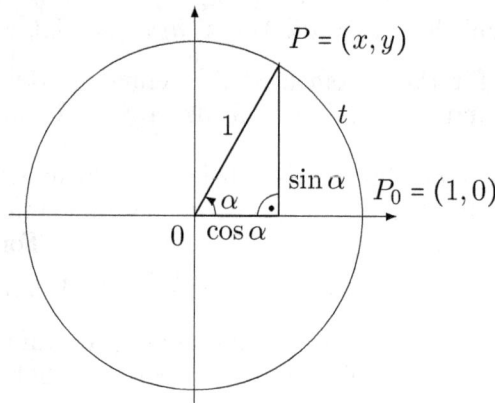

Abbildung 6.7: *Cosinus und Sinus am Einheitskreis*

auf dem Einheitskreis $\{ (x,y) \in \mathbb{R}^2 \mid x^2 + y^2 = 1 \}$ liegt, erhält man den Satz von Pythagoras

$$\cos^2\alpha + \sin^2\alpha = 1.$$

In der Analysis wird der Winkel jedoch nicht in Grad gemessen sondern im **Bogenmaß**: Einem Winkel α mit Scheitel im Ursprung, welcher von der x-Achse als Schenkel aus im mathematisch positiven Sinn abgetragen ist, entspricht die Länge t des Bogens von P_0 nach P, welchen er aus dem Einheitskreis herausschneidet. Der Begriff der Bogenlänge ist allerdings ganz und gar nicht elementar, was wir bei unseren heuristischen Betrachtungen ignorieren werden.

(II) Um zu einer analytischen Definition zu gelangen, wollen wir zunächst die funktionale Abhängigkeit der trigonometrischen Funktionen vom Winkel α beziehungsweise von der Bogenlänge t besser verstehen: Wir stellen uns vor, dass

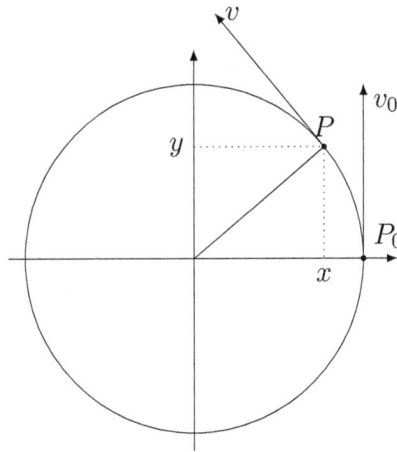

Abbildung 6.8: *Gleichförmige Bewegung eines Punktes auf dem Einheitskreis*

ein Teilchen im Punkt $P_0 = (1,0)$ mit der Geschwindigkeit $v_0 = (0,1)$ startet und dann eine gleichförmige Kreisbewegung um den Nullpunkt ausführt (vergleiche Abbildung 6.8. Hierzu sei $P = P(t) = (x(t), y(t))$ die Position des Teilchens in Abhängigkeit von der Bogenlänge t, und $v = v(t)$ sei der Geschwindigkeitsvektor, so dass $|v| = |v(t)| = 1$.

Zur Berechnung der Tangente, beziehungsweise des Geschwindigkeitsvektors $v = v(t)$ bemerke man, dass $(x,y) \mapsto (-y,x)$ eine Rotation um $90°$ im mathematisch positiven Sinn ist (vergleiche Abbildung 6.9). Damit ist $v(t) = (-y(t), x(t))$ die Tangente im Punkt $P = (x(t), y(t))$. Wenn $P = P(t)$ und $Q = Q(t+h)$ zwei

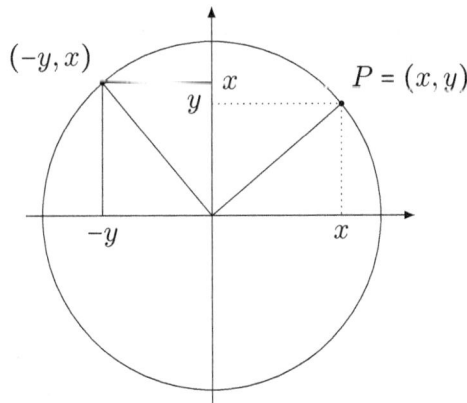

Abbildung 6.9: *Tangente und Geschwindigkeit*

benachbarte Punkte auf dem Einheitskreis sind, dann gilt $|Q - P| \approx |h|$. Genauer ist

$$\frac{Q - P}{h} \approx v(t) = (-y(t), x(t)),$$

also gilt

$$\frac{dP}{dt}(t) = v(t) \text{ für } t \in \mathbb{R}, \ P(0) = P_0,$$

oder, in Koordinaten geschrieben,

$$x'(t) = -y(t), \ y'(t) = x(t), \ x(0) = 1, \ y(0) = 0. \tag{6.2}$$

Nach den Überlegungen aus Teil (I) wird dieses **Anfangswertproblem** für die beiden Funktionen $x(t)$ und $y(t)$ anschaulich durch $x(t) = \cos t$ und $y(t) = \sin t$ gelöst, weshalb sie auch **Kreisfunktionen** heißen.

(III) Wir lösen das Anfangswertproblem (6.2) durch **Potenzreihenansatz**

$$x(t) = \sum_{n=0}^{\infty} a_n t^n, \ y(t) = \sum_{n=0}^{\infty} b_n t^n$$

mit den Anfangsbedingungen $a_0 = 1$, $b_0 = 0$. Eingesetzt in die Differentialgleichungen führt dies durch Koeffizientenvergleich auf die Rekursion

$$a_{n+1} = -\frac{b_n}{n+1}, \ b_{n+1} = -\frac{a_n}{n}, \ a_0 = 1, \ b_0 = 0,$$

welche durch

$$a_n = \begin{cases} \dfrac{(-1)^k}{(2k)!} & \text{für } n = 2k \\ 0 & \text{für } n = 2k + 1, \end{cases}$$

$$b_n = \begin{cases} \dfrac{(-1)^k}{(2k + 1)!} & \text{für } n = 2k + 1 \\ 0 & \text{für } n = 2k \end{cases}$$

gelöst wird. Für $\cos t$ und $\sin t$ erhalten wir also die Reihenentwicklungen

$$\cos t = \sum_{k=0}^{\infty} (-1)^k \frac{t^k}{(2k)!}, \ \sin t = \sum_{k=0}^{\infty} (-1)^k \frac{t^k}{(2k + 1)!},$$

welche die einzigen Potenzreihenlösungen des Anfangswertproblems (6.2) sind. In der Theorie der Differentialgleichungen wird gezeigt, dass das Anfangswertproblem eindeutig lösbar ist.

Wir kehren den Spieß um und definieren:

6.5.2 Definition. Für alle $x \in \mathbb{R}$ definieren wir die trigonometrischen Funktionen **Cosinus** und **Sinus** durch

$$\cos x := \sum_{k=0}^{\infty} (-1)^k \frac{x^{2k}}{(2k)!}, \ \sin x := \sum_{k=0}^{\infty} (-1)^k \frac{x^{2k+1}}{(2k+1)!}.$$

6.5.3 Satz. *Die Funktionen Cosinus und Sinus sind für alle $x \in \mathbb{R}$ unendlich oft differenzierbar und es gilt*

$$\cos' x = -\sin x, \ \sin' x = \cos x.$$

Weiterhin ist $\cos 0 = 1$, $\sin 0 = 0$, und für alle $x \in \mathbb{R}$ gelten die Formeln

$$\cos(-x) = \cos x, \ \text{das heißt,} \ \cos x \ \text{ist eine gerade Funktion,}$$
$$\sin(-x) = -\sin x, \ \text{das heißt,} \ \sin x \ \text{ist eine ungerade Funktion.}$$

Beweis. Beide Reihen konvergieren für alle $x \in \mathbb{R}$ absolut, da die Exponential-reihe $\exp|x|$ eine Majorante ist. Deshalb sind die Funktionen $\cos x$ und $\sin x$ für alle $x \in \mathbb{R}$ definiert. Als Potenzreihen sind sie ∞-oft differenzierbar. Gliedweise Differentiation führt sofort auf die Ableitungsformeln. $\square$

6.5.4 Korollar. *Die Funktionen $\cos x$ und $\sin x$ lösen für alle $x \in \mathbb{R}$ die **Schwingungsgleichung***

$$f''(x) = -f(x)$$

mit den Anfangsbedingungen $\cos 0 = 1$ und $\sin 0 = 0$.

6.5.5 Additionstheoreme. *Für alle $x, x' \in \mathbb{R}$ gilt*

$$\cos(x + x') = \cos x \cos x' - \sin x \sin x',$$
$$\sin(x + x') = \sin x \cos x' + \cos x \sin x'.$$

Beweis. Sei $a \in \mathbb{R}$. Wir betrachten die Funktion

$$g(x) := \cos x \cos(a - x) - \sin x \sin(a - x).$$

Dann ist $g'(x) = 0$ für alle $x \in \mathbb{R}$. Aus dem Identitätssatz für differenzierbare Funktionen folgt, dass $g(x) \equiv \text{const} = g(0) = \cos a$. Also gilt

$$\cos x \cos(a - x) - \sin x \sin(a - x) = \cos a \ \text{für alle } x, a \in \mathbb{R}.$$

Seien nun $x, x' \in \mathbb{R}$. Setzt man $a := x + x'$, dann erhält man das Additionstheorem für den Cosinus. Ähnlich erhält man das Additionstheorem für den Sinus. $\square$

6.5.6 Korollar. (i) *Für alle $x \in \mathbb{R}$ gilt der* **Satz von Pythagoras**

$$\cos^2 x + \sin^2 x = 1.$$

(ii) *Es gelten die* **Duplikationsformeln**

$$\cos 2x = \cos^2 x - \sin^2 x, \ \sin 2x = 2\cos x \sin x$$

sowie

$$\cos^2 \frac{x}{2} = \frac{1 + \cos x}{2}, \ \sin^2 \frac{x}{2} = \frac{1 - \cos x}{2}.$$

Beweis. Der Satz von Pythagoras folgt unmittelbar aus dem Additionstheorem für den Cosinus, indem $x' = -x$ gesetzt wird. Daraus folgt beispielsweise, dass

$$\cos 2x = \cos^2 x - \sin^2 x = \cos^2 x - (1 - \cos^2 x) = 2\cos^2 x - 1. \qquad \square$$

Wir suchen nun die erste positive Nullstelle der Cosinusfunktion:

6.5.7 Lemma. *Es ist* $\cos 0 = 1$, $\cos 2 < 0$, *und für* $0 < x \leq 2$ *ist* $\cos' x = -\sin x < 0$.

Beweis. (I) Wir berechnen

$$\cos x = \sum_{k=0}^{\infty} (-1)^k \frac{x^{2k}}{(2k)!}$$

$$= 1 - \frac{x^2}{2!} + \frac{x^4}{4!} - \frac{x^6}{6!}\left(1 - \frac{x^2}{7 \cdot 8}\right) - \frac{x^{10}}{10!}\left(1 - \frac{x^2}{11 \cdot 12}\right) - \cdots$$

$$= 1 - \frac{x^2}{2!} + \frac{x^4}{4!} - \sum_{k=1}^{\infty} \frac{x^{4k+2}}{(4k+2)!}\left(1 - \frac{x^2}{(4k+3)(4k+4)}\right).$$

Für $x = 2$ ist

$$1 - \frac{x^2}{2!} + \frac{x^4}{4!} = -\frac{1}{3}, \ 1 - \frac{x^2}{(4k+3)(4k+4)} > \frac{2}{3} > 0,$$

woraus $\cos 2 < 0$ folgt.

(II) Es ist

$$\sin x = \sum_{k=0}^{\infty} (-1)^k \frac{x^{2k+1}}{(2k+1)!}$$

$$= x\left(1 - \frac{x^2}{2 \cdot 3}\right) + \frac{x^5}{5!}\left(1 - \frac{x^2}{6 \cdot 7}\right) + \frac{x^9}{9!}\left(1 - \frac{x^2}{10 \cdot 11}\right) + \cdots$$

$$= \sum_{k=0}^{\infty} \frac{x^{4k+1}}{(4k+1)!}\left(1 - \frac{x^2}{(4k+2)(4k+3)}\right),$$

und für $0 < x \leq 2$ ist

$$1 - \frac{x^2}{(4k+2)(4k+3)} \geq \frac{1}{3} > 0. \qquad \square$$

6.5.8 Lemma. *Die Gleichung* $\cos x = 0$ *hat im Intervall* $0 \leq x \leq 2$ *genau eine Lösung.*

Beweis. Wegen $\cos 0 = 1$ und $\cos 2 < 0$ gibt es nach dem Zwischenwertsatz von Bolzano 4.5.5 eine Nullstelle $\xi \in (0,2)$ von $\cos x$. Wegen $\cos' x = -\sin x < 0$ für $0 < x \leq 2$ ist $\cos x$ im Intervall $[0,2]$ streng monoton fallend. Deshalb ist ξ eindeutig bestimmt. $\qquad \square$

6.5.9 Definition. Sei ξ die in Lemma 6.5.8 erklärte kleinste positive Nullstelle von $\cos x$. Dann setzen wir

$$\pi := 2\xi.$$

6.5.10 Lemma. *Die Funktionen Cosinus und Sinus besitzen die folgenden Werte:*

$$\cos 0 = 1, \ \cos \frac{\pi}{2} = 0, \ \cos \pi = -1, \ \cos 2\pi = 1,$$
$$\sin 0 = 0, \ \sin \frac{\pi}{2} = 1, \ \sin \pi = 0, \ \sin 2\pi = 0.$$

Beweis. Aus dem Satz von Pythagoras folgt, dass $\sin^2 \frac{\pi}{2} = 1$. Wegen $\frac{\pi}{2} \in (0,2)$ und $\sin x > 0$ für $x \in (0,2)$ ist $\sin \frac{\pi}{2} = +1$. Die weiteren Werte ergeben sich aus den Duplikationsformeln. $\qquad \square$

Aus den Additionstheoremen erhalten wir:

6.5.11 Lemma. *Für alle* $x \in \mathbb{R}$ *gelten die Beziehungen*

$$\cos\left(x + \frac{\pi}{2}\right) = -\sin x, \qquad\qquad \sin\left(x + \frac{\pi}{2}\right) = \cos x,$$
$$\cos(x + \pi) = -\cos x, \qquad\qquad \sin(x + \pi) = -\sin x,$$
$$\cos(x + 2\pi) = \cos x, \qquad\qquad \sin(x + 2\pi) = \sin x.$$

Wegen $\cos x > 0$ und $\sin x > 0$ für $x \in \left(0, \frac{\pi}{2}\right)$ folgt hieraus

6.5.12 Lemma. *Es gilt*

$$\cos x \begin{cases} > 0 & \text{für } x \in \left(-\dfrac{\pi}{2}, \dfrac{\pi}{2}\right), \\[2mm] < 0 & \text{für } x \in \left(\dfrac{\pi}{2}, \dfrac{3\pi}{2}\right) \end{cases}$$

und

$$\sin x \begin{cases} > 0 & \text{für } x \in (0, \pi), \\ < 0 & \text{für } x \in (\pi, 2\pi). \end{cases}$$

Damit können wir die Kurvendiskussion von Cosinus und Sinus abschließen:

6.5.13 Satz. (i)   *Die Funktion* $\cos x$ *ist im Intervall* $\left(-\frac{\pi}{2}, \frac{\pi}{2}\right)$ *positiv und streng konkav, in* $\left(\frac{\pi}{2}, \frac{3\pi}{2}\right)$ *negativ und streng konvex jeweils zwischen den Nullstellen* $-\frac{\pi}{2}$ *und* $\frac{\pi}{2}$ *beziehungsweise* $\frac{\pi}{2}$ *und* $\frac{3\pi}{2}$, *welche gleichzeitig Wendepunkte sind.*

(ii)   *Außerdem ist* $\cos x$ *im Intervall* $(0, \pi)$ *streng monoton fallend vom Maximum* $\cos 0 = 1$ *bis zum Minimum* $\cos \pi = -1$ *und in* $(\pi, 2\pi)$ *streng monoton wachsend vom Minimum* $\cos \pi = -1$ *bis zum Maximum* $\cos 2\pi = 1$.

(iii)   *Der Cosinus ist eine* 2π*-periodische Funktion und die Nullstellen sind von der Form*

$$\cos x = 0 \text{ genau dann, wenn } x = \left(k + \frac{1}{2}\right)\pi, \ k \in \mathbb{Z}.$$

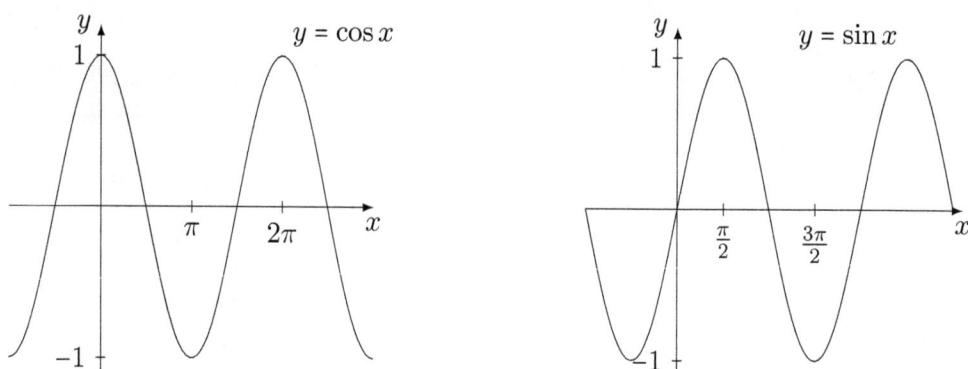

Abbildung 6.10: *Cosinus und Sinus*

6.5.14 Satz. (i)   *Die Funktion* $\sin x$ *ist im Intervall* $(0, \pi)$ *positiv und streng konkav, in* $(\pi, 2\pi)$ *negativ und streng konvex jeweils zwischen den Nullstellen* 0 *und* π *beziehungsweise* π *und* 2π, *welche gleichzeitig Wendepunkte sind.*

(ii)   *Außerdem ist* $\sin x$ *im Intervall* $\left(-\frac{\pi}{2}, \frac{\pi}{2}\right)$ *streng monoton wachsend vom Minimum* $\sin\left(-\frac{\pi}{2}\right) = -1$ *bis zum Maximum* $\sin \frac{\pi}{2} = 1$ *und in* $\left(\frac{\pi}{2}, \frac{3\pi}{2}\right)$ *streng monoton fallend vom Maximum* $\sin \frac{\pi}{2} = 1$ *bis zum Minimum* $\sin \frac{3\pi}{2} = -1$.

(iii) *Der Sinus ist eine 2π-periodische Funktion, und die Nullstellen sind von der Form*

$$\sin x = 0 \text{ genau dann, wenn } x = k\pi, \ k \in \mathbb{Z}.$$

6.6 Tangens und Cotangens

6.6.1 Definition. Wir definieren die Funktionen **Tangens** und **Cotangens** durch

$$\tan x := \frac{\sin x}{\cos x} \text{ für } x \neq (k + \frac{1}{2})\pi, \ k \in \mathbb{Z},$$

$$\cot x := \frac{\cos x}{\sin x} \text{ für } x \neq k\pi, \ k \in \mathbb{Z}.$$

Aus der Quotientenregel erhalten wir sofort:

6.6.2 Satz. *Die Funktionen $\tan x$ und $\cot x$ sind in ihren Definitionsbereichen unendlich oft differenzierbar und es gilt*

$$\tan' x = 1 + \tan^2 x = \frac{1}{\cos^2 x} \text{ für } x \neq \left(k + \frac{1}{2}\right)\pi, \ k \in \mathbb{Z},$$

$$\cot' x = -(1 + \cot^2 x) = -\frac{1}{\sin^2 x} \text{ für } x \neq k\pi, \ k \in \mathbb{Z}.$$

6.6.3 Additionstheoreme. *Es seien $x, x' \in \mathbb{R}$. Dann gilt*

$$\tan(x + x') = \frac{\tan x + \tan x'}{1 - \tan x \tan x'} \text{ für } x, x', x + x' \neq (k + \frac{1}{2})\pi, \ k \in \mathbb{Z},$$

$$\cot(x + x') = \frac{\cot x \cot x' - 1}{\cot x + \cot x'} \text{ für } x, x', x + x' \neq k\pi, \ k \in \mathbb{Z}.$$

Beweis. Aus den Additionstheoremen für Cosinus und Sinus erhalten wir zum Beispiel für $x, x', x + x' \neq (k + \frac{1}{2})\pi$, $k \in \mathbb{Z}$, das Additionstheorem für den Tangens

$$\tan(x + x') = \frac{\sin(x + x')}{\cos(x + x')} = \frac{\sin x \cos x' + \cos x \sin x'}{\cos x \cos x' - \sin x \sin x'} = \frac{\tan x + \tan x'}{1 - \tan x \tan x'}. \qquad \square$$

Aus Lemma 6.5.11 erhalten wir:

6.6.4 Lemma. *Für alle $x \in \mathbb{R}$, $x \neq \left(k + \frac{1}{2}\right)\pi$ und $x \neq k\pi$, $k \in \mathbb{Z}$, gilt*

$$\tan\left(x + \frac{\pi}{2}\right) = -\cot x, \ \cot\left(x + \frac{\pi}{2}\right) = -\tan x,$$

$$\tan(x + \pi) = \tan x, \ \cot(x + \pi) = \cot x.$$

6.6.5 Satz. *Die Funktion* $\tan x$ *ist* π-*periodisch, im Intervall* $\left(-\frac{\pi}{2}, \frac{\pi}{2}\right)$ *streng monoton wachsend von* $-\infty$ *bis* $+\infty$, *im Intervall* $\left(-\frac{\pi}{2}, 0\right]$ *streng konkav und in* $\left[0, \frac{\pi}{2}\right)$ *streng konvex mit* $\tan 0 = 0$, *das heißt, 0 ist gleichzeitig Nullstelle und Wendepunkt.*

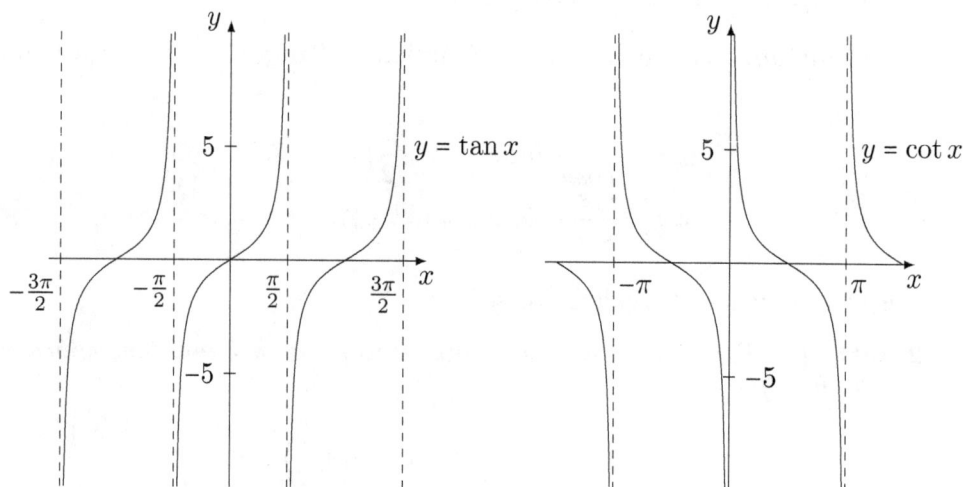

Abbildung 6.11: *Tangens und Cotangens*

6.6.6 Satz. *Die Funktion* $\cot x$ *ist* π-*periodisch, im Intervall* $(0, \pi)$ *streng monoton fallend von* $+\infty$ *bis* $-\infty$, *im Intervall* $\left(0, \frac{\pi}{2}\right]$ *streng konvex und in* $\left[\frac{\pi}{2}, \pi\right)$ *streng konkav mit* $\cot \frac{\pi}{2} = 0$, *das heißt,* $\frac{\pi}{2}$ *ist gleichzeitig Nullstelle und Wendepunkt.*

6.7　Die Arcusfunktionen

6.7.1 Bemerkung. Die Arcusfunktionen sind die inversen trigonometrischen Funktionen. Um sie zu definieren, listen wir einige Monotonieeigenschaften der trigonometrischen Funktionen auf:

(i)　$\sin x$ ist im Intervall $\left[-\frac{\pi}{2}, \frac{\pi}{2}\right]$ monoton wachsend von $\sin\left(-\frac{\pi}{2}\right) = -1$ nach $\sin \frac{\pi}{2} = 1$.

(ii)　$\cos x$ ist im Intervall $[0, \pi]$ monoton fallend von $\cos 0 = 1$ nach $\cos \pi = -1$.

(iii)　$\tan x$ ist im Intervall $\left(-\frac{\pi}{2}, \frac{\pi}{2}\right)$ monoton wachsend von $-\infty$ nach $+\infty$.

(iv)　$\cot x$ ist im Intervall $(0, \pi)$ monoton fallend von $+\infty$ nach $-\infty$.

Daher können wir definieren:

6.7.2 Definition. Der **Arcussinus** ist die Inverse des Sinus auf $\left[-\frac{\pi}{2}, \frac{\pi}{2}\right]$, das heißt, für alle $x \in [-1, +1]$ und $y \in \left[-\frac{\pi}{2}, \frac{\pi}{2}\right]$ gilt

$$\arcsin x := y \text{ genau dann, wenn } x = \sin y.$$

Der **Arcuscosinus** ist die Inverse des Cosinus auf $[0, \pi]$, das heißt, für alle $x \in [-1, +1]$ und $y \in [0, \pi]$ gilt

$$\arccos x := y \text{ genau dann, wenn } x = \cos y.$$

Der **Arcustangens** ist die Inverse des Tangens auf $\left(-\frac{\pi}{2}, \frac{\pi}{2}\right)$, das heißt, für alle $x \in \mathbb{R}$ und alle $y \in \left(-\frac{\pi}{2}, \frac{\pi}{2}\right)$

$$\arctan x := y \text{ genau dann, wenn } x = \tan y.$$

Der **Arcuscotangens** ist die Inverse des Cotangens auf $(0, \pi)$, das heißt, für alle $x \in \mathbb{R}$ und alle $y \in (0, \pi)$ gilt

$$\text{arccot } x := y \text{ genau dann, wenn } x = \cot y.$$

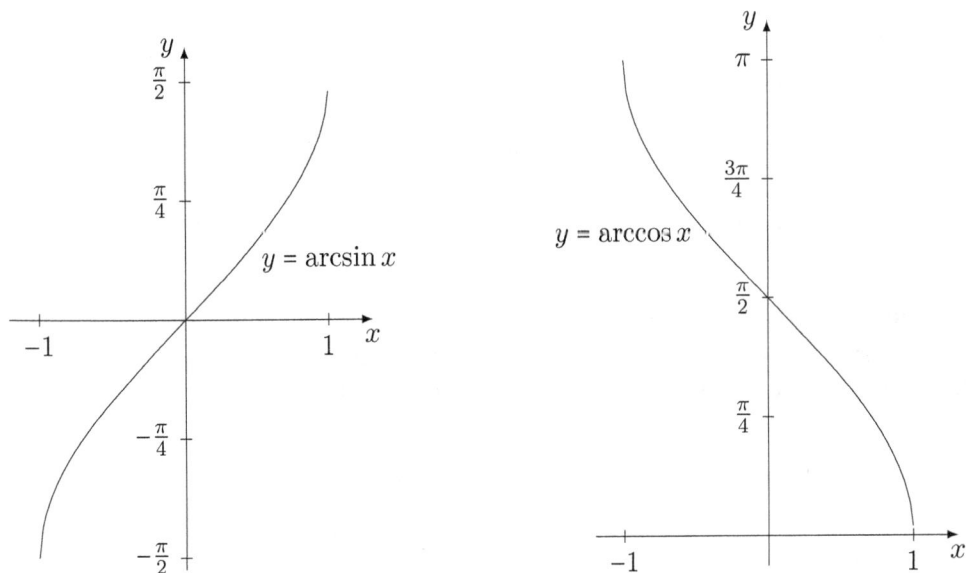

Abbildung 6.12: *Arcussinus und Arcuscosinus*

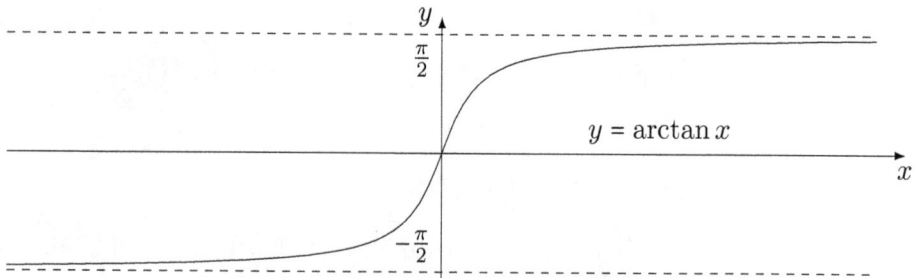

Abbildung 6.13: *Arcustangens*

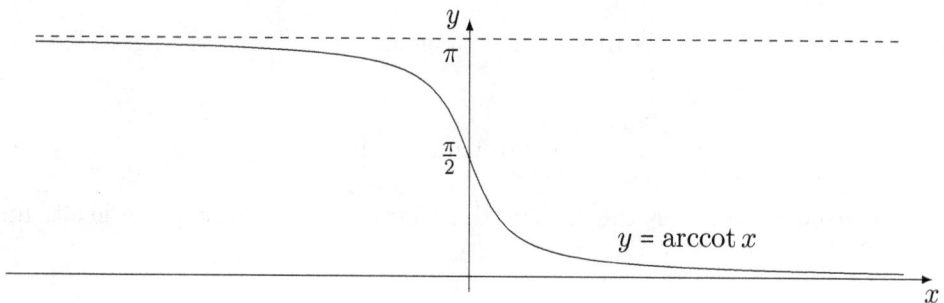

Abbildung 6.14: *Arcuscotangens*

6.7.3 Satz. *Die Arcusfunktionen sind in ihren Definitionsbereichen unendlich oft differenzierbar und es gilt*

$$\arcsin' x = \frac{1}{\sqrt{1 - x^2}}, \ \arccos' x = -\frac{1}{\sqrt{1 - x^2}} \ \textit{für alle } x \in \mathbb{R}, \ |x| < 1,$$

$$\arctan' x = \frac{1}{1 + x^2}, \ \textrm{arccot}' x = -\frac{1}{1 + x^2} \ \textit{für alle } x \in \mathbb{R}.$$

Beweis. (I) Sei $|x| < 1$ und $y := \arcsin x$. Dann ist $x = \sin y$ und $|y| < \frac{\pi}{2}$ und außerdem ist $\sin' y = \cos y > 0$. Also ist die Arcussinusfunktion als Umkehrfunktion der Sinusfunktion im Intervall $(-1, 1)$ differenzierbar und es gilt

$$\arcsin' x = \frac{1}{\cos y\big|_{y=\arcsin x}} = \frac{1}{\sqrt{1 - \sin^2 y}\Big|_{y=\arcsin x}}$$

$$= \frac{1}{\sqrt{1 - \sin^2(\arcsin x)}} = \frac{1}{\sqrt{1 - x^2}}.$$

(II) Sei $x \in \mathbb{R}$ und $y := \arctan x$. Dann gilt $x = \tan y$ für $|y| < \frac{\pi}{2}$ und es ist

$\tan' y = \frac{1}{\cos^2 y} > 0$. Es folgt

$$\arctan' x = \frac{1}{\tan' y\big|_{y=\arctan x}} = \frac{1}{1 + \tan^2 y}\bigg|_{y=\arctan x} = \frac{1}{1 + \tan^2(\arctan x)} = \frac{1}{1 + x^2}.$$

(III) Die Ableitungen des Arcuscosinus und des Arcustangens erhält man ähnlich oder aus den folgenden Funktionalgleichungen.   □

6.7.4 Satz. *Es gelten die **Funktionalgleichungen***

$$\arcsin x + \arccos x = \frac{\pi}{2} \ \text{für alle } x \in \mathbb{R}, \ |x| \le 1,$$

$$\arctan x + \text{arccot } x = \frac{\pi}{2} \ \text{für alle } x \in \mathbb{R}.$$

Beweis. Für $x \in \mathbb{R}$, $|x| \le 1$, sei $y := \arccos x$, so dass $0 \le y \le \pi$. Dann ist

$$x = \cos y = \cos(-y) = \sin\left(\frac{\pi}{2} - y\right).$$

Wegen $-\frac{\pi}{2} \le \frac{\pi}{2} - y \le \frac{\pi}{2}$ folgt

$$\arcsin x = \frac{\pi}{2} - y = \frac{\pi}{2} - \arccos x. \qquad\qquad □$$

Wir wollen jetzt Reihenentwicklungen für die Arcusfunktionen angeben:

6.7.5 Satz. *Für alle $x \in \mathbb{R}$, $|x| < 1$, gilt die Reihenentwicklung*

$$\arcsin x = \sum_{k=0}^{\infty} (-1)^k \binom{-\frac{1}{2}}{k} \frac{x^{2k+1}}{2k+1}.$$

Beweis. Für $|x| < 1$ gilt die Binomialentwicklung

$$\arcsin' x = \frac{1}{\sqrt{1-x^2}} = (1-x^2)^{-\frac{1}{2}} = \sum_{k=0}^{\infty} \binom{-\frac{1}{2}}{k} (-1)^k x^{2k}.$$

Nun ist die formal integrierte Reihe

$$f(x) := \sum_{k=0}^{\infty} (-1)^k \binom{-\frac{1}{2}}{k} \frac{x^{2k+1}}{2k+1}$$

nach dem Quotientenkriterium für $|x| < 1$ konvergent und es ist

$$f'(x) = \sum_{k=0}^{\infty} \binom{-\frac{1}{2}}{k}(-1)^k x^{2k} = (1-x^2)^{-\frac{1}{2}} = \frac{1}{\sqrt{1-x^2}} = \arcsin' x,$$

das heißt, es gilt

$$(f(x) - \arcsin x)' = 0.$$

Nach dem Identitätssatz für differenzierbare Funktionen ist deshalb für $|x| < 1$

$$f(x) - \arcsin x = f(0) - \arcsin 0 = 0. \qquad \square$$

6.7.6 Satz. *Für alle* $x \in \mathbb{R}$, $|x| \leq 1$, *gilt die* **Reihenentwicklung von Gregory**

$$\arctan x = \sum_{k=0}^{\infty}(-1)^k \frac{x^{2k+1}}{2k+1}.$$

Beweis. (I) Für $|x| < 1$ folgt aus der Konvergenz der geometrischen Reihe, dass

$$\arctan' x = \frac{1}{1+x^2} = \frac{1}{1-(-x^2)} = \sum_{k=0}^{\infty}(-1)^k x^{2k}.$$

Sei

$$f(x) := \sum_{k=0}^{\infty}(-1)^k \frac{x^{2k+1}}{2k+1}$$

für $|x| < 1$. Dann konvergiert $f(x)$ im angegebenen Intervall und es gilt

$$f'(x) = \sum_{k=0}^{\infty}(-1)^k x^{2k} = \arctan' x$$

für $|x| < 1$, also

$$(f(x) - \arctan x)' = 0,$$

weshalb $f(x) - \arctan x = f(0) - \arctan 0 = 0$ für $|x| < 1$.

(II) Nach dem Leibniz-Kriterium konvergiert die Reihe $\sum\limits_{k=0}^{\infty}(-1)^k\frac{x^{2k+1}}{2k+1}$ auch für $x = \pm 1$. Der Abelsche Stetigkeitssatz liefert die Stetigkeit der Reihe auch in den Punkten $x = \pm 1$. Also gilt die Reihenentwicklung des Arcustangens auch für alle $x \in \mathbb{R}$, $|x| \leq 1$. $\qquad \square$

6.7.7 Bemerkungen. (i)   Es gilt

$$\frac{\pi}{4} = \arctan 1 = \sum_{k=0}^{\infty}\frac{(-1)^k}{2k+1} = 1 - \frac{1}{3} + \frac{1}{5} - \frac{1}{7} + -\cdots.$$

Zur numerischen Berechnung von π ist diese Reihe allerdings ungeeignet.

(ii) Aufgrund der Funktionalgleichungen haben wir gleichzeitig Potenzreihenentwicklungen für die Arcuscosinus- und Arcuscotangensfunktionen gefunden.

(iii) Die Koeffizienten der Arcussinusreihe lassen sich auch folgendermaßen schreiben:

$$\binom{-\frac{1}{2}}{k} = \frac{(-\frac{1}{2})(-\frac{1}{2}-1)(-\frac{1}{2}-2)\cdot\ldots\cdot(-\frac{1}{2}-k+1)}{k!}$$

$$= \frac{(-1)^k 1\cdot 3\cdot 5\cdot\ldots\cdot(2k-1)}{2^k k!}.$$

Wenn wir noch mit $2\cdot 4\cdot 6\cdot\ldots\cdot(2k) = 2^k k!$ erweitern, erhalten wir

$$\binom{-\frac{1}{2}}{k} = \frac{(-1)^k (2k)!}{2^{2k} k! k!} = \frac{(-1)^k}{2^{2k}}\binom{2k}{k},$$

so dass

$$\arcsin x = \sum_{k=0}^{\infty}\binom{2k}{k}\frac{x^{2k+1}}{2^{2k}(2k+1)} \quad \text{für alle } x \in \mathbb{R},\ |x| < 1.$$

6.8 Polarkoordinaten

6.8.1 Satz und Definition. *Jeder Punkt der Ebene* $(x,y) \in \mathbb{R}^2$ *mit* $(x,y) \neq (0,0)$ *lässt sich eindeutig in der Form*

$$x = r\cos\varphi,\ y = r\sin\varphi$$

mit den **Polarkoordinaten** $r, \varphi \in \mathbb{R}$, $r > 0$ *und* $-\pi < \varphi \leq \pi$ *darstellen.* r *heißt* **Radius** *und* φ **Argument** *des Punktes* (x,y).

Beweis. (I) Es sei

$$r := \sqrt{x^2 + y^2} \quad \text{für } (x,y) \in \mathbb{R}^2,\ (x,y) \neq 0.$$

Wegen $\left|\frac{x}{r}\right| \leq 1$ setzen wir

$$\varphi := \arccos\frac{x}{r}.$$

Dann gilt $0 \leq \varphi \leq \pi$. Für $y \geq 0$ ist wegen

$$\frac{y}{r} = \sqrt{1 - \left(\frac{x}{r}\right)^2} = \sqrt{1 - \cos^2\varphi} = \sin\varphi$$

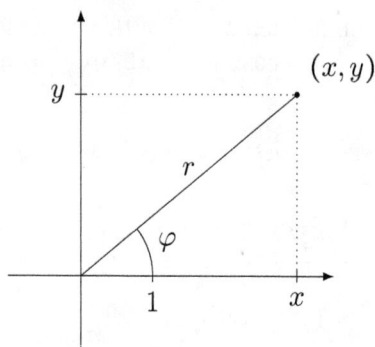

Abbildung 6.15: *Argument und Radius eines Punktes in der Ebene*

die Polarkoordinatendarstellung gezeigt. Im Fall $y < 0$ haben wir $-\frac{y}{r} = \sin\varphi$, weshalb dann die Darstellung

$$x = r\cos\varphi = r\cos(-\varphi) = r\cos\psi$$
$$y = -r\sin\varphi = r\sin(-\varphi) = r\sin\psi$$

mit $\psi = -\varphi$, $-\pi < \psi < 0$ gilt.

(II) Zu zeigen ist die Eindeutigkeit der Darstellung: Seien

$$x = r\cos\varphi, \qquad\qquad y = r\sin\varphi,$$
$$x = r'\cos\varphi', \qquad\qquad y = r'\sin\varphi'$$

zwei Darstellungen mit $r, r' > 0$ und $-\pi < \varphi, \varphi' \leq \pi$. Dann folgt

$$r = \sqrt{x^2 + y^2} = r'$$

und daher

$$\cos\varphi = \cos\varphi', \ \sin\varphi = \sin\varphi'.$$

Ist $\sin\varphi \geq 0$, so folgt aus der zweiten Gleichung, dass $0 \leq \varphi, \varphi' \leq \pi$ und aus der ersten Gleichung, dass $\varphi = \varphi'$ gilt. Im Fall $\sin\varphi < 0$ ist $-\pi < \varphi, \varphi' < 0$, also wiederum $\varphi = \varphi'$. $\qquad\qquad\square$

7 Integralrechnung

7.1 Stammfunktionen

Man kann die Integrationstheorie unter **zwei Aspekten** sehen, nämlich einerseits als Umkehrung der Differentiation und andererseits unter dem Aspekt der Berechnung von Flächeninhalten. Zunächst wollen wir Integrale unter dem ersten Aspekt betrachten.

7.1.1 Integration als Umkehroperation der Differentiation. Sei $f : I \to \mathbb{R}$ eine reelle Funktion. Gesucht ist eine differenzierbare Funktion $F : I \to \mathbb{R}$ mit $F'(x) = f(x)$ für $x \in I$, das heißt, zu vorgegebenem f ist eine Lösung der Differentialgleichung

$$y'(x) = f(x) \text{ für } x \in I$$

gesucht. Dabei ist $I \subset \mathbb{R}$ in diesem Kapitel immer ein beliebiges, nicht-ausgeartetes Intervall.

Wir betrachten zunächst die folgenden Beispiele:

7.1.2 Beispiele. (i)   Sei $n \in \mathbb{N}$ und sei $f(x) = x^n$ für $x \in \mathbb{R}$. Dann ist $F(x) = \frac{x^{n+1}}{n+1}$ eine solche Funktion.

(ii)   Sei $f(x) = e^x$, $x \in \mathbb{R}$, dann löst $F(x) = e^x$ unser Problem.

(iii)   Sei $f(x) = \frac{1}{x}$, $x > 0$, dann ist $F(x) = \log x$ ein solche Funktion.

(iv)   Sei $f(x) = \sum\limits_{k=0}^{\infty} a_k x^k$ eine für $|x| < R$ konvergente Potenzreihe. Dann konvergiert $F(x) = \sum\limits_{k=0}^{\infty} \frac{a_k}{k+1} x^{k+1}$ für $|x| < R$, wir können gliedweise differenzieren und deshalb gilt $F'(x) = f(x)$.

7.1.3 Definition. Seien $f, F : I \to \mathbb{R}$ Funktionen auf einem Intervall $I \subset \mathbb{R}$. Wenn die Funktion F in I die Ableitung f besitzt, das heißt, wenn die Beziehung $F'(x) = f(x)$ für alle $x \in I$ gilt, so heißt F eine **Stammfunktion** oder ein **unbestimmtes Integral** von f, in Zeichen

$$F(x) = \int f(x)\, dx \text{ für } x \in I.$$

7.1.4 Bemerkung. Die Existenz einer Stammfunktion F zu einer gegebenen stetigen Funktion f kann wie folgt mit Hilfe des Weierstraßschen Approximationssatzes 4.8.8 gezeigt werden. Wenn uns das Riemann-Integral zur Verfügung steht, beweisen wir diese Tatsache noch einmal im ersten Hauptsatz der Differential- und Integralrechnung 8.5.1 und geben dann eine Interpretation der Stammfunktion an, die über das rein Formale hinausgeht.

7.1.5 Satz. *Jede stetige Funktion $f : I \to \mathbb{R}$ besitzt eine Stammfunktion.*

Beweis. Sei $a \in I$ und sei $J \subset I$ ein kompaktes, nicht-ausgeartetes Intervall mit $a \in J$. Aufgrund des Weierstraßschen Approximationssatzes 4.8.8 gibt es eine Folge $(P_k)_{k \in \mathbb{N}}$, $P_k(x) = \sum\limits_{\ell=0}^{n_k} a_\ell^{(k)} x^\ell$, von Polynomen mit

$$f(x) = \lim_{k \to \infty} P_k(x) \text{ gleichmäßig für } x \in J.$$

Seien

$$F_k(x) := \sum_{\ell=0}^{n_k} \frac{a_\ell^{(k)}}{\ell + 1} x^{\ell+1} + C_k$$

unbestimmte Integrale von $P_k(x)$ für $k \in \mathbb{N}$ und seien die Konstanten C_k so gewählt, dass

$$F_k(a) = 0 \text{ für } k \in \mathbb{N}$$

gilt. Dann konvergiert die Folge $(F_k)_{k \in \mathbb{N}}$ im Punkt a und die Folge $(F_k')_{k \in \mathbb{N}}$, $F_k' = P_k$, konvergiert auf J gleichmäßig. Deshalb sind die Voraussetzungen von Satz 5.5.1 erfüllt. Also konvergiert die Folge $(F_k)_{k \in \mathbb{N}}$ gleichmäßig gegen eine in J differenzierbare Funktion F und es gilt

$$F'(x) = \lim_{k \to \infty} P_k(x) = f(x),$$

das heißt F ist eine Stammfunktion von f auf J und deshalb auch auf I. $\square$

7.1.6 Lemma. *Für zwei Stammfunktionen F_1 und F_2 von f gilt*

$$F_1(x) - F_2(x) = const \text{ in } I.$$

Beweis. Die Differenz $F = F_1 - F_2$ ist in I differenzierbar und es gilt $F'(x) = F_1'(x) - F_2'(x) = 0$ für alle $x \in I$. Aus dem Identitätssatz für differenzierbare Funktionen folgt, dass

$$F_1(x) - F_2(x) = F(x) = const \text{ für alle } x \in I.$$ $\square$

7.1.7 Bemerkung. Die Relation

$$F(x) = \int f(x)\,dx \text{ für } x \in I$$

bedeutet lediglich, dass die Beziehung

$$F'(x) = f(x) \text{ für } x \in I$$

gilt. Wegen Lemma 7.1.6 erhält man alle Stammfunktionen von f aus einer einzigen durch Addition einer beliebigen Konstanten C. Also gilt auch die Relation

$$F(x) = \int f(x)\,dx + C \text{ für } x \in I.$$

7.2 Grundintegrale

Da jede Ableitungsregel $F'(x) = f(x)$ gleichbedeutend ist mit einer Integrationsregel, nämlich $F(x) = \int f(x)\,dx$, können wir sofort eine Tabelle von Stammfunktionen von einigen elementaren Funktionen angeben:

7.2.1 Grundintegrale. (i) $\displaystyle\int (x-a)^n\,dx = \frac{(x-a)^{n+1}}{n+1}$ *für* $x \neq a$, $n \in \mathbb{Z}$, $n \neq -1$ *oder für alle* $x \in \mathbb{R}$, $n \in \mathbb{N}_0$ *und alle* $a \in \mathbb{R}$.

(ii) $\displaystyle\int \frac{dx}{x-a} = \log|x-a|$ *für* $x \neq a$.

(iii) $\displaystyle\int x^\mu\,dx = \frac{x^{\mu+1}}{\mu+1}$ *für* $x > 0$, $\mu \in \mathbb{R}$, $\mu \neq -1$.

(iv) $\displaystyle\int e^{ax}\,dx = \frac{e^{ax}}{u}$ *für* $a \in \mathbb{R}$, $a \neq 0$.

(v) $\displaystyle\int a^x\,dx = \int e^{\log a\,x}\,dx = \frac{a^x}{\log a}$ *für* $a > 0$.

(vi) $\displaystyle\int \sin x\,dx = -\cos x$, $\displaystyle\int \cos x\,dx = \sin x$.

(vii) $\displaystyle\int \frac{dx}{\cos^2 x} = \tan x$ *für* $x \neq \left(k + \frac{1}{2}\right)\pi$, $k \in \mathbb{Z}$,

$\displaystyle\int \frac{dx}{\sin^2 x} = -\cot x$ *für* $x \neq k\pi$, $k \in \mathbb{Z}$.

(viii) $\displaystyle\int \cot x\,dx = \log \sin x$ *für* $\sin x > 0$,

$\displaystyle\int \tan x\,dx = -\log \cos x$ *für* $\cos x > 0$.

(ix) $\displaystyle\int \frac{dx}{\sqrt{1-x^2}} = \arcsin x$ *für* $|x| < 1$.

(x) $\displaystyle\int \frac{dx}{1+x^2} = \arctan x$.

(xi) $\displaystyle\int \frac{dx}{\sqrt{1+x^2}} = \log\left(x + \sqrt{1+x^2}\right)$ *für alle* $x \in \mathbb{R}$.

(xii) $\displaystyle\int \frac{dx}{1-x^2} = \frac{1}{2}\log\left|\frac{x+1}{x-1}\right|$ *für* $|x| \neq 1$.

(xiii) $\displaystyle\int \frac{dx}{\sqrt{x^2-1}} = \log\left|x + \sqrt{x^2-1}\right|$ *für* $|x| > 1$.

(xiv) $\displaystyle\int \sinh x \, dx = \cosh x$,

$\displaystyle\int \cosh x \, dx = \sinh x$.

(xv) $\displaystyle\int \tanh x \, dx = \log\cosh x$,

$\displaystyle\int \coth x \, dx = \log|\sinh x|$ *für* $x \neq 0$.

Beweis von (xi). Für alle $x \in \mathbb{R}$ gilt $x + \sqrt{1+x^2} > x + |x| \geq 0$. Nach der Kettenregel ist

$$\left(\log(x + \sqrt{1+x^2})\right)' = \frac{1}{x + \sqrt{1+x^2}}\left(1 + \frac{2x}{2\sqrt{1+x^2}}\right) = \frac{1}{\sqrt{1+x^2}}. \qquad \Box$$

Wir erwähnen noch

7.2.2 Satz. *Die Funktion* f *sei in* I *positiv und differenzierbar. Dann gilt*

$$\int \frac{f'(x)}{f(x)} \, dx = \log f(x).$$

$\frac{f'}{f}$ *heißt die* **logarithmische Ableitung** *von* f.

Beweis. Die Funktion $\log f$ ist in I erklärt und differenzierbar. Durch Anwendung der Kettenregel folgt

$$(\log f(x))' = \frac{f'(x)}{f(x)} \text{ für } x \in I. \qquad \Box$$

7.2.3 Satz. *Wenn die Potenzreihe* $f(x) = \sum\limits_{k=0}^{\infty} a_k x^k$ *für* $|x| < R$ *konvergiert, dann gilt dort*

$$\int f(x)\, dx = \sum_{k=0}^{\infty} \frac{a_k}{k+1} x^{k+1}.$$

Beweis. Nach dem Quotientenkriterium besitzt die Potenzreihe $\sum\limits_{k=0}^{\infty} \frac{a_k}{k+1} x^{k+1}$ denselben Konvergenzradius wie $\sum\limits_{k=0}^{\infty} a_k x^k$. Deshalb ist sie dort differenzierbar und es gilt

$$\left(\sum_{k=0}^{\infty} \frac{a_k}{k+1} x^{k+1} \right)' = \sum_{k=0}^{\infty} a_k x^k \ \text{ für } \ x \in I. \qquad \square$$

7.3   Partielle Integration und Substitution

7.3.1 Satz. *Wenn die Funktionen f und g in I differenzierbar sind und wenn die Funktion $f' \cdot g$ in I eine Stammfunktion besitzt, dann hat auch $f \cdot g'$ eine Stammfunktion in I und es gilt die* **partielle Integrationsregel**

$$\int f(x) g'(x)\, dx = f(x) g(x) - \int f'(x) g(x)\, dx.$$

Beweis. Sei

$$F(x) = f(x) g(x) - \int f'(x) g(x)\, dx.$$

Dann ist $F(x)$ in I differenzierbar und es gilt

$$F'(x) = f'(x) g(x) + f(x) g'(x) - f'(x) g(x) = f(x) g'(x).$$

Also ist F eine Stammfunktion von $f \cdot g'$, $F(x) = \int f(x) g'(x)\, dx$ und es gilt

$$\int f(x) g'(x)\, dx = f(x) g(x) - \int f'(x) g(x)\, dx. \qquad \square$$

7.3.2 Bemerkung. Die partielle Integrationsregel ist lediglich eine Version der Produktregel

$$(fg)' = fg' + f'g.$$

Das Integral $\int f(x) g'(x)\, dx$ wird partiell gelöst, der Faktor g' wird integriert.

7.3.3 Beispiele. (i) Für $n \in \mathbb{N}_0$ sei

$$I_n := \int x^n e^x dx.$$

Dann folgt durch partielle Integration mit $f(x) = x^n$, $g'(x) = e^x$ die Rekursionsformel

$$I_n = \int x^n e^x dx = x^n e^x - n \int x^{n-1} e^x dx = x^n e^x - n I_{n-1}.$$

Durch sukzessive Anwendung dieser Formel wird das Integral I_n auf das Integral $I_0 = \int e^x dx = e^x$ zurückgeführt.

(ii) Für $n \in \mathbb{N}_0$ sei

$$I_n := \int x^n \cos x \, dx, \quad J_n := \int x^n \sin x \, dx.$$

Dann folgt durch partielle Integration mit $f(x) = x^n$, $g'(x) = \cos x$, dass

$$I_n = \int x^n \cos x \, dx = x^n \sin x - n \int x^{n-1} \sin x \, dx = x^n \sin x - n J_{n-1}$$

beziehungsweise mit $f(x) = x^n$, $g'(x) = \sin x$, dass

$$J_n = -x^n \cos x + n \int x^{n-1} \cos x \, dx = -x^n \cos x + n I_{n-1}.$$

Damit werden die Integrale I_n und J_n zurückgeführt auf

$$I_0 := \int \cos x \, dx = \sin x, \quad J_0 := \int \sin x \, dx = -\cos x.$$

7.3.4 Beispiele. (i) Für $n = 2, 3, \ldots$ betrachten wir das Integral

$$I_n(x) := \int \cos^n x \, dx.$$

Durch partielle Integration mit $f(x) = \cos^{n-1} x$, $g'(x) = \cos x$ folgt mit Hilfe des Satzes von Pythagoras, dass

$$I_n(x) = \int \cos^n x \, dx$$

$$= \cos^{n-1} x \sin x + (n-1) \int \cos^{n-2} x \sin^2 x \, dx$$

$$= \cos^{n-1} x \sin x + (n-1) \int \cos^{n-2} x (1 - \cos^2 x) \, dx$$

$$= \cos^{n-1} x \sin x + (n-1) I_{n-2}(x) - (n-1) I_n(x),$$

also gilt die Rekursion

$$I_n(x) = \frac{1}{n} \cos^{n-1} x \sin x + \frac{n-1}{n} I_{n-2}(x).$$

(ii) Für $n = 2, 3, \ldots$ betrachten wir das Integral

$$J_n(x) := \int \sin^n x \, dx.$$

Durch partielle Integration mit $f(x) = \sin^{n-1} x$, $g'(x) = \sin x$ folgt

$$J_n(x) = -\sin^{n-1} x \cos x + (n-1) \int \sin^{n-2} x \cos^2 x \, dx$$

$$= -\sin^{n-1} x \cos x + (n-1) J_{n-2} - (n-1) J_n,$$

also

$$J_n(x) = -\frac{1}{n} \sin^{n-1} x \cos x + \frac{n-1}{n} J_{n-2}(x).$$

7.3.5 Satz. *Die Funktion $f : I \to J$ sei in I differenzierbar und $g : J \to \mathbb{R}$ besitze eine Stammfunktion im Intervall J. Dann besitzt die Funktion $(g \circ f) \cdot f' : I \to \mathbb{R}$ eine Stammfunktion im Intervall I und es gilt für alle $t \in I$ die* **Substitutionsregel**

$$\int g(x) \, dx \Big|_{x=f(t)} = \int g(f(t)) \, f'(t) \, dt.$$

Beweis. Sei $G(x) = \int g(x) \, dx$. Dann ist $G'(x) = g(x)$ für $x \in J$. Weiterhin gilt nach der Kettenregel

$$(G \circ f)'(t) = (G(f(t)))' = G'(f(t)) \cdot f'(t) = g(f(t)) \cdot f'(t) = ((g \circ f) \cdot f')(t)$$

für $t \in I$. Das heißt, die Funktion $G \circ f$ ist eine Stammfunktion von $(g \circ f) \cdot f'$ im Intervall I und es gilt

$$\int g(x) \, dx \Big|_{x=f(t)} = G(x) \Big|_{x=f(t)} = G(f(t)) = \int g(f(t)) f'(t) \, dt. \qquad \square$$

7.3.6 Bemerkung. Ist f außerdem streng monoton, so ist $f(I) \subset J$ ein Intervall, die Umkehrfunktion $f^{-1} : f(I) \to I$ existiert (vergleiche den Hauptsatz über monotone Funktionen 4.6.4) und für alle $x \in f(I)$ gilt die Regel

$$\int g(x) \, dx = \int g(f(t)) f'(t) \, dt \Big|_{t=f^{-1}(x)}.$$

Wir zeigen noch die folgende Version der Substitutionsregel:

7.3.7 Satz. *Die Funktion $f : I \to J = f(I)$ sei in I differenzierbar mit $f'(t) \neq 0$ für $t \in I$ und $g : J \to \mathbb{R}$ sei eine reelle Funktion. Besitzt die Funktion $(g \circ f) \cdot f' : I \to \mathbb{R}$ eine Stammfunktion in I, so besitzt die Funktion g eine Stammfunktion in J und es gilt für alle $x \in J$ die* **Substitutionsregel**

$$\int g(x) \, dx = \int g(f(t)) f'(t) \, dt \Big|_{t=f^{-1}(x)}.$$

Beweis. Wegen $f'(t) \neq 0$ für $t \in I$ ist f nach dem Monotonietest 5.3.12 eine auf I streng monotone Funktion. $f(I) = J$ ist ein Intervall und aufgrund der Umkehrformel 5.2.7 ist $f^{-1} : f(I) \to I$ differenzierbar und es gilt $(f^{-1})'(x) = \frac{1}{f'(f^{-1}(x))}$ für $x \in J$. Sei $F(t) = \int g(f(t))f'(t)\, dt$. Dann ist $F'(t) = g(f(t))f'(t)$ für $t \in I$. Weiterhin gilt nach der Kettenregel

$$(F \circ f^{-1})'(x) = F'(f^{-1}(x))(f^{-1})'(x)$$

$$= g(f(f^{-1}(x)))f'(f^{-1}(x))\frac{1}{f'(f^{-1}(x))} = g(x)$$

für $x \in J$. Also ist $F \circ f^{-1}$ eine Stammfunktion von g im Intervall J und es gilt

$$\int g(x)\, dx = F(f^{-1}(x)) = \int g(f(t))f'(t)\, dt\Big|_{t=f^{-1}(x)}. \qquad \square$$

7.3.8 Bemerkungen. (i) In der Leibnizschen Schreibweise lautet die Substitutionsregel

$$\int g\, dx = \int g\frac{dx}{dt}dt = \int gf'\, dt.$$

(ii) Die Substitutionsregel ist lediglich eine Version der Kettenregel:

$$(g(f(t)))' = g'(f(t)) \cdot f'(t).$$

7.3.9 Beispiele. (i) Wir berechnen

$$\int \frac{dx}{\sqrt{1-x^2}} \text{ für } |x| < 1$$

durch Substitution $x = \sin t$ für $|t| < \frac{\pi}{2}$: Es gilt

$$t = \arcsin x, \quad \frac{dx}{dt} = \cos t$$

$$\sqrt{1-x^2} = \sqrt{1-\sin^2 t} = \sqrt{\cos^2 t} = \cos t.$$

Hieraus folgt

$$\int \frac{dx}{\sqrt{1-x^2}}\Big|_{x=\sin t} = \int \frac{\cos t}{\cos t}dt = t,$$

also

$$\int \frac{dx}{\sqrt{1-x^2}} = t\Big|_{t=\arcsin x} = \arcsin x.$$

(ii) Wir berechnen

$$\int \sqrt{1-x^2}\,dx \text{ für } |x| < 1$$

durch Substitution $x = \sin t$ für $|t| < \frac{\pi}{2}$. Es gilt

$$\int \sqrt{1-x^2}\,dx\Big|_{x=\sin t} = \int \cos^2 t\,dt.$$

Durch partielle Integration folgt

$$\int \cos^2 t\,dt = \cos t \sin t + \int \sin^2 t\,dt$$

$$= \cos t \sin t + \int (1 - \cos^2 t)\,dt$$

$$= t + \cos t \sin t - \int \cos^2 t\,dt,$$

also

$$\int \cos^2 t\,dt = \frac{1}{2}(t + \cos t \sin t)$$

und hieraus

$$\int \sqrt{1-x^2}\,dx\Big|_{x=\sin t} = \frac{1}{2}(t + \cos t \sin t).$$

Also gilt

$$\int \sqrt{1-x^2}\,dx = \frac{1}{2}(t + \cos t \sin t)\Big|_{t=\arcsin x} = \frac{1}{2}\left(\arcsin x + x\sqrt{1-x^2}\right).$$

7.3.10 Beispiele. (i) Wir berechnen

$$\int \frac{dx}{\sqrt{1+x^2}} \text{ für } x \in \mathbb{R}$$

durch Substitution $x = \sinh t$ für $t \in \mathbb{R}$: Wegen $\cosh^2 t - \sinh^2 t = 1$ gilt

$$t = \sinh^{-1} x, \quad \frac{dx}{dt} = \cosh t, \quad \sqrt{1+x^2} = \cosh t.$$

Hieraus folgt

$$\int \frac{dx}{\sqrt{1+x^2}}\Big|_{x=\sinh t} = \int \frac{\cosh t}{\cosh t}\,dt = t,$$

also

$$\int \frac{dx}{\sqrt{1+x^2}} = t\Big|_{t=\sinh^{-1} x} = \sinh^{-1} x.$$

Laut 7.2.1 (xi) ist $\int \frac{dx}{\sqrt{1+x^2}} = \log\left(x + \sqrt{1+x^2}\right)$, was auch so folgt: Es gilt $x = \sinh t = \frac{e^t - e^{-t}}{2}$ genau dann, wenn $e^{2t} - 2e^t x = 1$, also ist $e^t = x + \sqrt{1+x^2}$, das heißt $t = \log(x + \sqrt{1+x^2})$.

Damit ist zum Beispiel

$$\int_0^1 \frac{dx}{\sqrt{1+x^2}} = \sinh^{-1} 1 - \sinh^{-1} 0 = \sinh^{-1} 1 = \log(1 + \sqrt{2}).$$

(ii) Wir berechnen

$$\int \sqrt{1+x^2}\, dx \text{ für } x \in \mathbb{R}$$

durch Substitution $x = \sinh t$ für $t \in \mathbb{R}$: Es gilt

$$\int \sqrt{1+x^2}\, dx \Big|_{x=\sinh t} = \int \cosh^2 t\, dt.$$

Durch partielle Integration folgt

$$\int \cosh^2 t\, dt = \cosh t \sinh t - \int \sinh^2 t\, dt$$

$$= \cosh t \sinh t + \int (1 - \cosh^2 t)\, dt$$

$$= t + \cosh t \sinh t - \int \cosh^2 t\, dt,$$

also

$$\int \cosh^2 t\, dt = \frac{1}{2}(t + \cosh t \sinh t)$$

und hieraus

$$\int \sqrt{1+x^2}\, dx \Big|_{x=\sinh t} = \frac{1}{2}(t + \cosh t \sinh t).$$

Also gilt

$$\int \sqrt{1+x^2}\, dx = \frac{1}{2}(t + \cosh t \sinh t)\Big|_{t=\sinh^{-1} x}$$

$$= \frac{1}{2}\left(\sinh^{-1} x + x \cosh(\log(x + \sqrt{1+x^2}))\right).$$

Zum Beispiel gilt

$$\int_0^1 \frac{dx}{\sqrt{1+x^2}} = \frac{1}{2}\left(\log(1 + \sqrt{2}) + \cosh(\log(1 + \sqrt{2}))\right).$$

7.4   Integration rationaler Funktionen

7.4.1 Weg zur Integration. Seien $P(x)$ und $Q(x)$ zwei reelle Polynome vom Grad m beziehungsweise n und seien $x_1, \ldots, x_k$ die paarweise verschiedenen Nullstellen von $Q(x)$. Wir wollen die **rationale Funktion**

$$R : \mathbb{R} \smallsetminus \{\, x_1, \ldots, x_k \,\} \to \mathbb{R}, \ R(x) := \frac{P(x)}{Q(x)}$$

integrieren. Der Weg zur Integration besteht aus den folgenden Schritten:

(i)   **Nullstellensuche und Kürzen.** Nachdem die Nullstellen des Nennerpolynoms $Q(x)$ gefunden sind, prüft man, ob $P(x)$ und $Q(x)$ gemeinsame Nullstellen haben und kürzt gemeinsame Faktoren. Ohne Beschränkung der Allgemeinheit gehen wir im Folgenden davon aus, dass keine der $x_1, \ldots, x_k$ Nullstellen von $P(x)$ sind.

(ii) **Divisionsalgorithmus.** Man dividiert $P(x)$ durch $Q(x)$, so dass der Grad des Restpolynoms $P_2(x)$ kleiner als der Grad n des Nennerpolynoms ist:

$$R(x) = \frac{P(x)}{Q(x)} = P_1(x) + \frac{P_2(x)}{Q(x)}.$$

Wir können dann ohne Beschränkung der Allgemeinheit davon ausgehen, dass $m < n$ gilt und dass der führende Koeffizient von $Q(x)$ gleich 1 ist.

(iii) **Produktdarstellung von $Q(x)$.** Man faktorisiert das Nennerpolynom $Q(x)$ in Ausdrücke der Form $(x - x_i)^{\nu_i}$, $(x^2 + b_j x + c_j)^{\mu_j}$. Dabei sind die x_i die reellen Nullstellen und die Terme $(x^2 + b_j x + c_j)$ sind irreduzibel.

(iv) Die **Partialbruchzerlegung** von $R(x) = \frac{P(x)}{Q(x)}$ ist dann eine Summe von Ausdrücken der Form

$$\frac{A_i^{(1)}}{x - x_i} + \frac{A_i^{(2)}}{(x - x_i)^2} + \cdots + \frac{A_i^{(\nu_i)}}{(x - x_i)^{\nu_i}}$$

und

$$\frac{B_j^{(1)} x + C_j^{(1)}}{x^2 + b_j x + c_j} + \frac{B_j^{(2)} x + C_j^{(2)}}{(x^2 + b_j x + c_j)^2} + \cdots + \frac{B_j^{(\mu_j)} x + C_j^{(\mu_j)}}{(x^2 + b_j x + c_j)^{\mu_j}},$$

dabei sind $(x - x_i)^{\nu_i}$ und $(x^2 + b_j x + c_j)^{\mu_j}$ die Faktoren aus (iii).

7.4.2 Integration. Zunächst betrachten wir das Beispiel

$$R(x) = \frac{x^2 + 2x + 7}{x^3 + x^2 - 2} = \frac{2}{x - 1} - \frac{x + 3}{x^2 + 2x + 2}$$

und integrieren wie folgt:

$$
\begin{aligned}
\int R(x)\,dx &= \int \frac{x^2 + 2x + 7}{x^3 + x^2 - 2}\,dx \\
&= 2 \int \frac{dx}{x - 1} - \int \frac{x + 3}{x^2 + 2x + 2}\,dx \\
&= 2\log|x - 1| - \int \frac{x + 1}{(x + 1)^2 + 1}\,dx - 2 \int \frac{dx}{(x + 1)^2 + 1} \\
&= 2\log|x - 1| - \frac{1}{2}\log((x + 1)^2 + 1) - 2\arctan(x + 1).
\end{aligned}
$$

Die einzelnen Partialbrüche aus 7.4.1 (iv) werden wie folgt integriert:

(a) $\displaystyle \int \frac{dx}{x - c} = \log|x - c|.$

(b) $\displaystyle \int \frac{dx}{(x - c)^\nu} = \frac{1}{(1 - \nu)(x - c)^{\nu - 1}}$ für $\nu > 1$.

(c) $\displaystyle \int \frac{dx}{x^2 + bx + c} = \int \frac{dx}{\left(x + \frac{b}{2}\right)^2 + \frac{4c - b^2}{4}}$

$$
\begin{aligned}
&= \frac{4}{4c - b^2} \int \frac{dx}{\left(\frac{2x + b}{\sqrt{4c - b^2}}\right)^2 + 1} \\
&= \frac{2}{\sqrt{4c - b^2}} \arctan \frac{2x + b}{\sqrt{4c - b^2}}.
\end{aligned}
$$

(d) $\displaystyle \int \frac{x}{x^2 + bx + c}\,dx = \frac{1}{2} \int \frac{2x + b}{x^2 + bx + c}\,dx - \frac{b}{2} \int \frac{dx}{x^2 + bx + c}$

$$
= \frac{1}{2}\log|x^2 + bx + c| - \frac{b}{\sqrt{4c - b^2}} \arctan \frac{2x + b}{\sqrt{4c - b^2}}.
$$

(e) $\displaystyle \int \frac{dx}{(x^2 + bx + c)^\mu} = \frac{1}{(\mu - 1)(4c - b^2)} \frac{2x + b}{(x^2 + bx + c)^{\mu - 1}}$

$$
+ \frac{2(2\mu - 3)}{(\mu - 1)(4c - b^2)} \int \frac{dx}{(x^2 + bx + c)^{\mu - 1}}
$$

für $\mu > 1$, denn es gilt

$$\int \frac{dx}{(x^2 + bx + c)^{\mu-1}} = \int \frac{dx}{\left(\left(x + \frac{b}{2}\right)^2 + \frac{4c-b^2}{4}\right)^{\mu-1}}$$

$$= \left(\frac{4}{4c-b^2}\right)^{\mu-1} \int \frac{dx}{\left(\left(\frac{2x+b}{\sqrt{4c-b^2}}\right)^2 + 1\right)^{\mu-1}}$$

$$= \left(\frac{4}{4c-b^2}\right)^{\mu-\frac{3}{2}} \int \frac{dt}{(t^2+1)^{\mu-1}}\bigg|_{t=\frac{2x+b}{\sqrt{4c-b^2}}} .$$

Wir berechnen durch partielle Integration, dass

$$\int \frac{dt}{(t^2+1)^{\mu-1}} = \frac{t}{(t^2+1)^{\mu-1}} + 2(\mu-1) \int \frac{t^2}{(t^2+1)^{\mu}} dt.$$

Wegen

$$\frac{t^2}{(t^2+1)^{\mu}} = \frac{1}{(t^2+1)^{\mu-1}} - \frac{1}{(t^2+1)^{\mu}}$$

gilt

$$(2\mu-3) \int \frac{dt}{(t^2+1)^{\mu-1}} = -\frac{t}{(t^2+1)^{\mu-1}} + 2(\mu-1) \int \frac{dt}{(t^2+1)^{\mu}},$$

und deshalb folgt

$$\int \frac{dx}{(x^2 + bx + c)^{\mu-1}}$$

$$= \frac{1}{2\mu-3} \left(\frac{4}{4c-b^2}\right)^{\mu-\frac{3}{2}} \left(-\frac{2x+b}{\sqrt{4c-b^2}} \frac{1}{\left(\left(\frac{2x+b}{\sqrt{4c-b^2}}\right)^2 + 1\right)^{\mu-1}} \right.$$

$$\left. +2(\mu-1) \int \frac{dt}{(t^2+1)^{\mu}}\bigg|_{t=\frac{2x+b}{\sqrt{4c-b^2}}} \right)$$

$$= \frac{1}{2\mu-3} \left(\frac{4}{4c-b^2}\right)^{\mu-\frac{3}{2}} \left(-\frac{1}{\sqrt{4c-b^2}} \left(\frac{4c-b^2}{4}\right)^{\mu-1} \frac{2x+b}{\left(\frac{2x+b}{2}\right)^2 + \frac{4c-b^2}{4}} \right.$$

$$\left. +2(\mu-1) \left(\frac{4c-b^2}{4}\right)^{\mu-1/2} \int \frac{dx}{(x^2 + bx + c)^{\mu}} \right)$$

$$= \frac{1}{2(2\mu - 3)} \left(-\frac{2x + b}{(x^2 + bx + c)^{\mu-1}} + (\mu - 1)(4c - b^2) \int \frac{dx}{(x^2 + bx + c)^\mu} \right).$$

Daraus ergibt sich die behauptete Rekursionsformel.

(f) Für $\mu > 1$ gilt

$$\int \frac{x}{(x^2 + bx + c)^\mu} \, dx = \frac{1}{2} \int \frac{2x + b}{(x^2 + bx + c)^\mu} dx - \frac{b}{2} \int \frac{1}{(x^2 + bx + c)^\mu} dx$$

$$= -\frac{1}{2(\mu - 1)} \frac{1}{(x^2 + bx + c)^{\mu-1}} - \frac{b}{2} \int \frac{dx}{(x^2 + bx + c)^\mu}.$$

7.4.3 Satz über die Integration rationaler Funktionen. *Es sei $R(x) = \frac{P(x)}{Q(x)}$ eine rationale Funktion. $Q(x)$ sei durch die Produktdarstellung*

$$Q(x) = (x - x_1)^{\nu_1} \cdot \ldots \cdot (x - x_k)^{\nu_k} \cdot (x^2 + b_1 x + c_1)^{\mu_1} \cdot \ldots \cdot (x^2 + b_\ell x + c_\ell)^{\mu_\ell}$$

gegeben, dabei sind $x_1, \ldots, x_k$ die paarweise verschiedenen Nullstellen von $Q(x)$ mit den Vielfachheiten $\nu_1, \ldots, \nu_k \in \mathbb{N}$. Weiter sind $x^2 + b_1 x + c_1, \ldots, x^2 + b_\ell x + c_\ell$ paarweise verschiedene quadratische Polynome, welche keine reelle Nullstellen besitzen, das heißt, es gilt $4c_1 - b_1^2, \ldots, 4c_\ell - b_\ell^2 > 0$, und $\mu_1, \ldots, \mu_\ell \in \mathbb{N}$. Dann gilt eine Darstellung der Form

$$\int R(x) \, dx = S(x) + \sum_{i=1}^{k} A_i \log |x - x_i|$$

$$+ \sum_{j=1}^{\ell} \left(B_j \log |x^2 + b_j x + c_j| + C_j \arctan \frac{2x + b_j}{\sqrt{4c_j - b_j^2}} \right).$$

Dabei ist $S(x)$ eine rationale Funktion, welche echt gebrochen ist, falls $R(x)$ es ist, und $A_1, \ldots, A_k, B_1, \ldots, B_\ell, C_1, \ldots, C_\ell \in \mathbb{R}$.

7.5   Klassen elementar integrierbarer Funktionen

Wir behandeln jetzt einige Integrale, die sich durch Substitution auf Integrale rationaler Funktionen zurückführen lassen:

7.5.1 Integrale vom Typ $\int R(x^{\mu_1}, \ldots, x^{\mu_k}) \, dx$. Es sei $R(x_1, \ldots, x_k)$ eine rationale Funktion in den Variablen $x_1, \ldots, x_k$, das heißt

$$R(x_1, \ldots, x_k) = \frac{P(x_1, \ldots, x_k)}{Q(x_1, \ldots, x_k)},$$

wobei P und Q Polynome in den Variablen $x_1, \ldots, x_k$ sind, also

$$P(x_1, \ldots, x_k) = \sum_{\alpha_1 + \cdots + \alpha_k \leq m} a_{\alpha_1, \ldots, \alpha_k} x_1^{\alpha_1} \cdot \ldots \cdot x_k^{\alpha_k} = \sum_{|\alpha| \leq m} a_\alpha x^\alpha,$$

$$Q(x_1, \ldots, x_k) = \sum_{|\alpha| \leq n} b_\alpha x^\alpha.$$

Ferner seien $\mu_1, \ldots, \mu_k$ rationale Zahlen, ohne Beschränkung der Allgemeinheit sei $\mu_i = \frac{p_i}{q}$, $p_i \in \mathbb{Z}$, $q \in \mathbb{N}$, $i = 1, \ldots, k$. Dann lässt sich das Integral durch die Substitution $x = t^q$ rationalisieren:

$$\int R(x^{\mu_1}, \ldots, x^{\mu_k}) \, dx \Big|_{x=t^q} = \int R(t^{p_1}, \ldots, t^{p_k}) q t^{q-1} \, dt,$$

der Integrand der rechten Seite ist eine rationale Funktion in t.

7.5.2 Integrale vom Typ $\int R(x, \sqrt{ax^2 + 2bx + c}) \, dx$. Es sei $R(x, y)$ eine rationale Funktion in den beiden Variablen x und y. Dann lässt sich das Integral $I = \int R(x, \sqrt{ax^2 + 2bx + c}) \, dx$ wie folgt rationalisieren:

1. Fall: $a = 0$, $b = 0$. In diesem Fall ist $I = \int R(x, \sqrt{c}) \, dx$ bereits ein Integral einer rationalen Funktion.

2. Fall: $a = 0$, $b \neq 0$. Dann ist $I = \int R(x, \sqrt{2bx + c}) \, dx$. Die Substitution $t = \sqrt{2bx + c}$, das heißt $x = \frac{t^2 - c}{2b}$, $dx = \frac{t}{b} dt$, führt zu

$$I(x) \Big|_{x=x(t)} = \int R\left(\frac{t^2 - c}{2b}, t\right) \frac{t}{b} dt,$$

das heißt zu einem Integral mit rationalem Integranden in t.

3. Fall: $a \neq 0$. Es ist

$$ax^2 + 2bx + c = a\left(x^2 + 2\frac{b}{a} + \frac{c}{a}\right) = a\left(\left(x + \frac{b}{a}\right)^2 + \frac{d}{a^2}\right),$$

dabei ist $d = ac - b^2$.

(i) $d = 0$. Dann ist

$$ax^2 + 2bx + c = a\left(x + \frac{b}{a}\right)^2,$$

also $a > 0$ und

$$\sqrt{ax^2 + 2bx + c} = \pm\sqrt{a}\left(x + \frac{b}{a}\right).$$

Deshalb ist

$$I = \int R\left(x, \pm\sqrt{a}\left(x + \frac{b}{a}\right)\right) dx$$

ein Integral einer rationalen Funktion.

(ii) $d \neq 0$. Dann ist

$$ax^2 + 2bx + c = a\left(\left(x + \frac{b}{a}\right)^2 + \frac{d}{a^2}\right).$$

Wir substituieren $x + \frac{b}{a} = \frac{\sqrt{|d|}}{|a|}t$ und betrachten

$$ax^2 + 2bx + c = a\left(\pm\frac{d}{a^2}t^2 + \frac{d}{a^2}\right) = \frac{d}{a}(1 \pm t^2),$$

also

$$\sqrt{ax^2 + 2bx + c} = \pm\sqrt{\frac{|d|}{|a|}} \cdot \sqrt{\pm 1 \pm t^2},$$

das heißt

$$I(x)\Big|_{x=x(t)} = \int R\left(-\frac{b}{a} + \frac{\sqrt{|d|}}{|a|}t, \pm\sqrt{\left|\frac{d}{a}\right|}\sqrt{\pm 1 \pm t^2}\right)\sqrt{\left|\frac{d}{a}\right|}\,dt$$

$$= \int S\left(t, \sqrt{\pm 1 \pm t^2}\right)dt,$$

wobei $S(x, y)$ eine rationale Funktion ist. Zu untersuchen sind die **drei Normaltypen**:

Typ 1: $I_1(x) = \int S\left(x, \sqrt{1 + x^2}\right)dx,$

Typ 2: $I_2(x) = \int S\left(x, \sqrt{1 - x^2}\right)dx,$

Typ 3: $I_3(x) = \int S\left(x, \sqrt{x^2 - 1}\right)dx.$

Zu Typ 1: Setzen wir $y = \sqrt{1 + x^2}$, so ist $y^2 - x^2 = 1$, also $(y - x)(y + x) = 1$. Setzt man $y + x = t$, so folgt $y - x = \frac{1}{t}$, also

$$y = \frac{1}{2}\left(t + \frac{1}{t}\right), \quad x = \frac{1}{2}\left(t - \frac{1}{t}\right).$$

Die Substitution $x = \frac{1}{2}(t - \frac{1}{t})$ liefert

$$I_1(x)\Big|_{x=x(t)} = \int S\left(\frac{1}{2}\left(t - \frac{1}{t}\right), \frac{1}{2}\left(t + \frac{1}{t}\right)\right) \cdot \frac{1}{2}\left(1 + \frac{1}{t^2}\right)dt,$$

also ein Integral einer rationalen Funktion.

Zu Typ 2: Zur Rationalisierung von $T_2(x)$ substituieren wir $x = \frac{1-t^2}{1+t^2}$. Dann gilt

$$1 - x^2 = \frac{(1+t^2)^2 - (1-t^2)^2}{(1+t^2)^2} = \frac{2 \cdot 2t^2}{(1+t^2)^2},$$

also

$$I_2(x)\Big|_{x=x(t)} = \int S\left(\frac{1-t^2}{1+t^2}, \pm\frac{2t}{1+t^2}\right) \frac{-4t}{(1+t^2)^2} dt.$$

Zu Typ 3: Die Substitution $x = \frac{1}{t}$ führt auf den zweiten Normaltyp:

$$I_3(x)\Big|_{x=x(t)} = \int S\left(\frac{1}{t}, \pm\frac{1}{t}\sqrt{1-t^2}\right) \frac{-1}{t^2} dy,$$

also auf ein Integral einer rationalen Funktion.

7.5.3 Integrale vom Typ $\int R(\cos x, \sin x)\, dx$. Es sei $R(x,y)$ rational in den Variablen x und y. Bei Substitution $y = \cos x$ erhalten wir

$$x = \arccos y, \ \sin^2 x = 1 - y^2,$$

also

$$\frac{dx}{dy} = -\frac{1}{\sqrt{1-y^2}}.$$

Dann ist

$$I = \int R(y, \sqrt{1-y^2}) \frac{-dy}{\sqrt{1-y^2}}$$

ein Integral vom Typ 2: aus 7.5.2. Substituieren wir nun $y = \frac{1-t^2}{1+t^2}$, also

$$t = \sqrt{\frac{1-y}{1+y}} = \sqrt{\frac{1-\cos x}{1+\cos x}} = \sqrt{\frac{2\sin^2\frac{x}{2}}{2\cos^2\frac{x}{2}}} = \tan\frac{x}{2},$$

dann lautet die endgültige Substitution $x = 2\arctan t$ beziehungsweise $t = \tan\frac{x}{2}$.

Das kann man auch direkt einsehen:

$$\cos x = \frac{\cos 2\frac{x}{2}}{1} = \frac{\cos^2\frac{x}{2} - \sin^2\frac{x}{2}}{\cos^2\frac{x}{2} + \sin^2\frac{x}{2}} = \frac{1-t^2}{1+t^2},$$

$$\sin x = \frac{\sin 2\frac{x}{2}}{1} = \frac{2\sin\frac{x}{2}\cos\frac{x}{2}}{\cos^2\frac{x}{2} + \sin^2\frac{x}{2}} = \frac{2t}{1+t^2}.$$

Somit ist

$$I(x)\Big|_{x(t)} = \int R\left(\frac{1-t^2}{1+t^2}, \frac{2t}{1+t^2}\right) \frac{2}{1+t^2} dt.$$

7.5.4 Beispiel.

$$\int \frac{dx}{\sin x}\bigg|_{x=2\arctan t} = \int \frac{1}{\frac{2t}{1+t^2}} \cdot \frac{2}{1+t^2}\, dt = \int \frac{dt}{t} = \log|t| \,.$$

Deshalb ist

$$\int \frac{dx}{\sin x} = \log|t|\big|_{t=\tan\frac{x}{2}} = \log\left|\tan\frac{x}{2}\right| \,.$$

8   Das Riemannsche Integral

In diesem Kapitel wollen wir den Integralbegriff unter dem Flächeninhaltsaspekt definieren. Im Hauptsatz der Differential- und Integralrechnng werden wir den Zusammenhang mit dem Begriff der Stammfunktion beziehungsweise des unbestimmten Integrals, das heißt dem Aspekt der Umkehrung der Differentiation, herstellen.

8.1   Das Riemann-Darbouxsche Integral

8.1.1 Berechnung des Flächeninhalts. Sei $I = [a, b]$, $a < b$, ein kompaktes Interval. Sei $f : I \to [0, +\infty)$ eine stetige, nicht-negative Funktion. Wir fragen nach dem Inhalt der Fläche zwischen der x-Achse und dem Graphen von f. Man wird

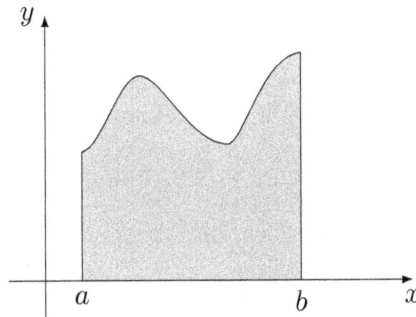

Abbildung 8.1: *Fläche zwischen Graph und x-Achse*

versuchen, den Inhalt angenähert anzugeben, indem man auf Bekanntes, zum Beispiel den Inhalt eines Rechtecks, zurückgreift. Dazu teilen wir das Intervall $[a, b]$ in n Teilintervalle auf:

$$a = x_0 < x_1 < \cdots < x_n = b,$$

nehmen aus jedem Intervall $[x_{k-1}, x_k]$ einen Zwischenpunkt $\xi_k \in [x_{k-1}, x_k]$ für $k = 1, \ldots, n$ und bilden die Näherungssumme

$$\sum_{k=1}^{n} f(\xi_k)(x_k - x_{k-1}).$$

Wir erwarten, dass die Näherungssummen bei unbegrenzter Verfeinerung der Einteilung von $[a, b]$ gegen den gesuchten Flächeninhalt konvergieren.

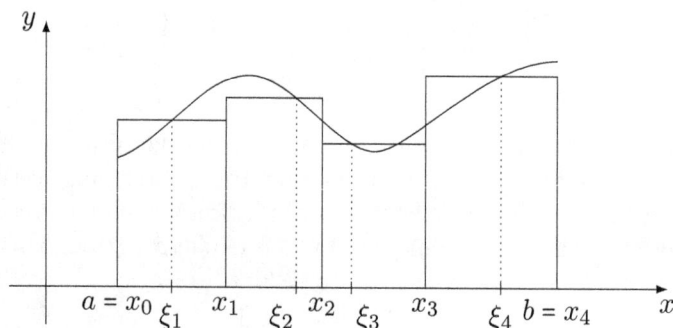

Abbildung 8.2: *Annäherung der Fläche durch Rechtecke*

8.1.2 Definition. Sei $I = [a, b]$, $a < b$, ein kompaktes Intervall. Seien x_0, $x_1, \ldots, x_n \in I$ $n + 1$ Punkte in I mit $a = x_0 < x_1 < \cdots < x_{n-1} < x_n = b$, so dass I in n kompakte Teilintervalle

$$I_k := [x_{k-1}, x_k]$$

für $k = 1, \ldots, n$ aufgeteilt wird. Dann heißt das Tupel $\pi := (x_0, x_1, \ldots, x_n)$ eine **Partition** oder **Zerlegung** von I, wir schreiben

$$\pi : a = x_0 < x_1 < \cdots < x_n = b.$$

8.1.3 Bemerkung. Äquivalent ist es, die Menge der Teilintervalle

$$\{ I_k = [x_{k-1}, x_k] \mid k = 1, \ldots, n \}$$

als Partition π zu bezeichnen oder die Menge der disjunkten Teilintervalle

$$\{ [x_{k-1}, x_k) \mid k = 1, \ldots, n - 1 \} \cup \{ [x_{n-1}, x_n] \},$$

welche eine Partition oder Klasseneinteilung von I im Sinne des Anhangs A bilden.

8.1.4 Lemma. *Es sei $\pi : a = x_0 < x_1 < \cdots < x_n = b$ eine Partition von $I = [a, b]$, $a < b$. Dann sind die Teilintervalle **nicht überlappend**, das heißt, je zwei Teilintervalle I_k und I_ℓ haben für $k \neq \ell$ höchstens Randpunkte gemeinsam und es gilt*

$$|I| = \sum_{k=1}^{n} |I_k|.$$

Beweis. $|I| = b - a = x_n - x_0 = \sum_{k=1}^{n} (x_k - x_{k-1}) = \sum_{k=1}^{n} |I_k|.$ $\square$

8.1.5 Beispiele. Sei $I = [a, b]$, $a < b$, ein kompaktes Intervall und sei $n \in \mathbb{N}$.

(i) Wir setzen $h := \frac{b-a}{n}$ und teilen das Intervall $[a, b]$ durch die Punkte $x_k := a + kh$ für $k = 0, 1, \ldots, n$ in n gleiche Teile auf. Die Partition

$$\pi : a < a + h < a + 2h < \cdots < a + nh = b$$

heißt **äquidistant**.

(ii) Sei $h := \frac{1}{2^n}$. Dann wird das Intervall $[a, b]$ durch die Punkte $x_k := a + \frac{k}{2^n}$ für $k = 0, 1, 2, \ldots, 2^n$ in 2^n Teilintervalle der Länge $\frac{1}{2^n}$ eingeteilt.

(iii) Sei $0 < a < b$ und sei $q := \sqrt[n]{\frac{b}{a}}$. Dann wird das Intervall $[a, b]$ durch die Punkte $x_k := aq^k$ für $k = 0, 1, \ldots, n$ in **geometrischer Progression** in n Teilintervalle eingeteilt.

$$\pi : a < aq < aq^2 < \cdots < aq^n = b$$

ist ein Beispiel einer nicht äquidistanten Partition.

8.1.6 Definition. Es sei $\pi : a = x_0 < x_1 < \cdots < x_n = b$ eine Partition des kompakten Intervalls $I = [a, b]$, $a < b$, und $f : I \to \mathbb{R}$ sei eine beschränkte Funktion, das heißt, es gibt ein $M > 0$, so dass $|f(x)| \le M$ für alle $x \in I$. Wir setzen

$$M_k := \sup_{x \in I_k} f(x), \ m_k := \inf_{x \in I_k} f(x)$$

für $k = 1, \ldots, n$. Dann definieren wir die **Riemannschen** oder **Riemann-Dar-bouxschen Ober-** und **Untersummen** von f bezüglich π durch

$$S(\pi, f) := \sum_{k=1}^{n} M_k |I_k|, \ s(\pi, f) := \sum_{k=1}^{n} m_k |I_k|.$$

8.1.7 Bemerkungen. (i) Für alle $k = 1, \ldots, n$ ist $m_k \le M_k$. Damit gilt

$$s(\pi, f) \le S(\pi, f).$$

(ii) Sei

$$M := \sup_{x \in I} f(x), \ m := \inf_{x \in I} f(x).$$

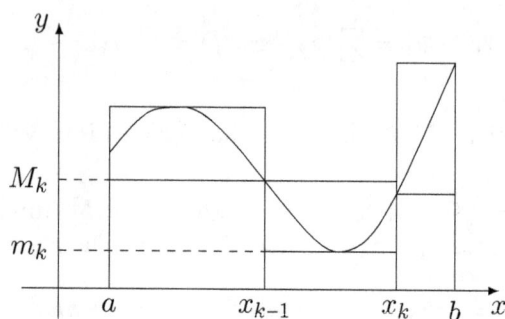

Abbildung 8.3: *Ober- und Untersumme*

Dann ist $m \le m_k \le M_k \le M$ für alle $k = 1, \ldots, n$ und daher ist

$$s(\pi, f) = \sum_{k=1}^{n} m_k \, |I_k| \ge m \sum_{k=1}^{n} |I_k| = m \, |I| \,,$$

$$S(\pi, f) = \sum_{k=1}^{n} M_k \, |I_k| \le M \sum_{k=1}^{n} |I_k| = M \, |I| \,.$$

Also gilt

$$m \, |I| \le s(\pi, f) \le S(\pi, f) \le M \, |I| \,.$$

(iii) Wir suchen einen Zusammenhang zwischen Ober- und Untersummen: Für alle $k = 1, \ldots, n$, gilt

$$m_k(f) = \inf_{x \in I_k} \left(f(x) \right) = - \sup_{x \in I_k} (-f(x)) = -M_k(-f).$$

Daher folgt, dass

$$s(\pi, f) = \sum_{k=1}^{n} m_k(f) \, |I_k| = - \sum_{k=1}^{n} M_k(-f) \, |I_k| = -S(\pi, -f).$$

Wir können uns deshalb bei den folgenden Überlegungen auf Obersummen beschränken.

8.1.8 Beispiele. Sei $h = \frac{b-a}{n}$. Wir betrachten die äquidistante Partition

$$\pi : a < a + h < a + 2h < \cdots < a + nh = b.$$

(i) Sei $f(x) := x$. Mit Hilfe der Formel $\sum_{k=1}^{n} k = \frac{n(n+1)}{2}$ berechnet sich die Unter-

summe $s(\pi, f)$ wie folgt:

$$s(\pi, f) = ah + (a + h)h + (a + 2h)h + \cdots + (a + (n - 1)h)h$$

$$= \left(na + \frac{(n - 1)n}{2} h \right) h = \left(a + \frac{n - 1}{n} \frac{b - a}{2} \right) (b - a).$$

Es gilt

$$s(\pi, x) \to \frac{a + b}{2} (b - a) = \frac{b^2 - a^2}{2} \text{ für } n \to \infty.$$

Der Grenzwert ist gleich dem Inhalt des Trapezes zwischen dem Graphen von f und der x-Achse und ist gleich der Differenz der Werte der Funktion $F(x) = \frac{x^2}{2}$ an den Stellen b und a.

(ii) Wir berechnen die Obersumme $S(\pi, f)$ von $f(x) := x^2$ mit Hilfe der Formel $\sum_{k=1}^{n} k^2 = \frac{n(n+1)(2n+1)}{6}$:

$$S(\pi, x^2) = (a + h)^2 h + (a + 2h)^2 h + (a + 3h)^2 h + \cdots + (a + nh)^2 h$$

$$= \left(na^2 + n(n + 1)ah + \frac{n(n + 1)(2n + 1)}{6} h^2 \right) h$$

$$= \left(a^2 + \left(1 + \frac{1}{n} \right) a(b - a) + \left(1 + \frac{1}{n} \right) \left(2 + \frac{1}{n} \right) \frac{(b - a)^2}{6} \right) (b - a).$$

Es gilt

$$S(\pi, x^2) \to \left(ab + \frac{(b - a)^2}{3} \right) (b - a) = \frac{b^3 - a^3}{3} \text{ für } n \to \infty.$$

Der Grenzwert ist gleich der Differenz der Werte der Funktion $F(x) := \frac{x^3}{3}$ an den Stellen b und a.

8.1.9 Beispiel. Sei $0 < a < b$ und sei $q = \sqrt[n]{\frac{b}{a}}$. Wir betrachten die geometrische Progression

$$\pi : a < aq < aq^2 < \cdots < aq^n = b$$

und berechnen die Obersumme $S(\pi, f)$ von $f(x) := x^p$ für $p \in \mathbb{N}$ mit Hilfe der geometrischen Summenformel:

$$
\begin{aligned}
S(\pi, f) &= (aq)^p(aq - a) + (aq^2)^p(aq^2 - a) + \cdots + (aq^n)^p(aq^n - aq^{n-1}) \\
&= a^{p+1}q^p(q - 1)\left(1 + q^{p+1} + \cdots + q^{(n-1)(p+1)}\right) \\
&= a^{p+1}q^p(q - 1)\frac{1 - q^{n(p+1)}}{1 - q^{p+1}} \\
&= q^p\frac{1 - q}{1 - q^{p+1}}(b^{p+1} - a^{p+1}).
\end{aligned}
$$

Wegen $\lim\limits_{x \to 1}\frac{1-x^{p+1}}{1-x} = (x^p)'\big|_{x=1} = p + 1$ ergibt sich

$$
S(\pi, f) \to \frac{b^{p+1} - a^{p+1}}{p + 1} \quad \text{für } n \to \infty.
$$

8.1.10 Definition. Ist $\pi : a = x_0 < x_1 < \cdots < x_n = b$ eine Partition von $I = [a, b]$, $a < b$, dann heißt

$$
|\pi| := \max_{1 \le k \le n}|I_k| = \max_{1 \le k \le n}(x_k - x_{k-1})
$$

die **Feinheit** der Partition π.

8.1.11 Heuristik. Wir wollen die Änderung der Obersumme $S(\pi, f)$ beim Übergang zu einer feineren Partition π' untersuchen, das heißt, es gilt $|\pi'| < |\pi|$: Es ist

$$
S(\pi, f) = \sum_{k=1}^{n} M_k|I_k|, \ S(\pi', f) = \sum_{\ell=1}^{n} M'_\ell|I_\ell|'.
$$

Anschaulich ist klar, dass für diejenigen Teilintervalle I'_ℓ von π', die in einem Teilintervall I_k von π liegen

$$
\sum M'_\ell|I'_\ell| \le M_k|I_k|
$$

gilt. Diejenigen Teilintervalle von π', die nicht ganz in einem Teilintervall von π liegen, ergeben einen Störterm, der klein gemacht werden kann, wenn nur $|\pi'|$ klein genug ist. Im folgenden technischen Hilfssatz betrachten wir zwei beliebige Partitionen π und π'; π' ist nicht notwendig feiner als π:

8.1.12 Lemma. *Sei $I = [a, b]$, $a < b$, ein kompaktes Intervall, $f : I \to \mathbb{R}$ eine beschränkte Funktion und $\pi : a = x_0 < x_1 < \cdots < x_n = b$ und $\pi' : a = x'_0 < x'_1 < \cdots < x'_{n'} = b$ seien zwei Partitionen von I. Dann gilt*

$$
S(\pi', f) \le S(\pi, f) + (n - 1)(M - m)|\pi'|,
$$

dabei ist

$$
M = \sup_{x \in I} f(x), \ m = \inf_{x \in I} f(x).
$$

Beweis. (I) Ohne Beschränkung der Allgemeinheit sei $m = 0$, sonst betrachten wir die Funktion $g(x) := f(x) - m$, $x \in I$. Seien

$$M_k := \sup_{x \in I_k} f(x), \ M'_\ell := \sup_{x \in I'_\ell} f(x),$$

$I_k = [x_{k-1}, x_k]$, $I'_\ell = [x'_{\ell-1}, x'_\ell]$ für $k = 1, \ldots, n$, $\ell = 1, \ldots, n'$ und sei

$$S(\pi, f) = \sum_{k=1}^n M_k |I_k|, \ S(\pi', f) = \sum_{\ell=1}^{n'} M'_\ell |I'_\ell|.$$

(II) Wir betrachten ein festes I'_ℓ, $\ell = 1, \ldots, n'$. Es können genau zwei Fälle eintreten:

1. Fall: Es gibt ein eindeutig bestimmtes Intervall I_k, $k \in \{1, \ldots, n\}$, mit $I'_\ell \subset I_k$. In diesem Fall vereinbaren wir:

$$\ell \text{ gehört zur Klasse } \mathcal{A}.$$

2. Fall: Das Intervall I'_ℓ enthält einen der Punkte $x_1, \ldots, x_{n-1}$ der Partition des Intervalls $I = [a, b]$ im Inneren. In diesem Fall vereinbaren wir:

$$\ell \text{ gehört zur Klasse } \mathcal{B}.$$

(III) Die Anzahl der Elemente in $\mathcal{B}$ ist $\leq n - 1$ und deshalb gilt

$$\sum_{\ell \in \mathcal{B}} |I'_\ell| \leq (n-1) \cdot |\pi'|.$$

Außerdem gilt für festes $k \in \{1, \ldots, n\}$, dass

$$\bigcup_{\substack{\ell \in \mathcal{A} \\ I'_\ell \subset I_k}} I'_\ell \subset I_k$$

und deshalb folgt

$$\sum_{\substack{\ell \in \mathcal{A} \\ I'_\ell \subset I_k}} |I'_\ell| \leq |I_k|.$$

Jetzt können wir die zu beweisende Ungleichung herleiten: Es ist

$$S(\pi', f) = \sum_{\ell=1}^{n'} M'_\ell |I'_\ell| = \sum_{\ell \in \mathcal{A}} M'_\ell |I'_\ell| + \sum_{\ell \in \mathcal{B}} M'_\ell |I'_\ell|$$

$$= \sum_{k=1}^n \sum_{I'_\ell \subset I_k} M'_\ell |I'_\ell| + \sum_{\ell \in \mathcal{B}} M'_\ell |I'_\ell| \leq \sum_{k=1}^n M_k \sum_{I'_\ell \subset I_k} |I'_\ell| + M \sum_{\ell \in \mathcal{B}} |I'_\ell|$$

$$\leq \sum_{k=1}^n M_k |I_k| + M(n-1) |\pi'| = S(\pi, f) + M(n-1) |\pi'|,$$

weil $M'_\ell \leq M_k$ für $I'_\ell \subset I_k$ und $M'_\ell \leq M$ für alle ℓ, $\ell = 1, \ldots, n'$, gilt. $\square$

8.1.13 Definition. Sei $I = [a,b]$, $a < b$, ein kompaktes, nicht-ausgeartetes Intervall und sei $f : I \to \mathbb{R}$ eine beschränkte Funktion. Dann definieren wir das **untere** beziehungsweise **obere Riemann-** oder **Riemann-Darboux-Integral** von f über I durch

$$s(f) = \underline{\int_I} f(x)\,dx := \sup_\pi s(\pi, f), \quad S(f) = \overline{\int_I} f(x)\,dx := \inf_\pi S(\pi, f).$$

8.1.14 Bemerkungen. (i) $s(f), S(f)$ existieren, denn für jede Partition π von I gilt

$$m\,|I| \le s(\pi, f) \le S(\pi, f) \le M\,|I|.$$

(ii) Die noch zu beweisende Ungleichung

$$s(f) \le S(f)$$

ist nicht offensichtlich! Sie ist äquivalent dazu, dass jede Obersumme größer oder gleich jeder Untersumme ist: $s(\pi, f) \le S(\pi', f)$ für alle Partitionen π und π'.

8.1.15 Satz. *Sei* $I = [a,b]$, $a < b$, *ein kompaktes Intervall,* $f : I \to \mathbb{R}$ *eine beschränkte Funktion und* $(\pi_k)_{k\in\mathbb{N}}$ *eine* **ausgezeichnete Partitionsfolge**, *das heißt, es gilt*

$$|\pi_k| \to 0 \ \textit{für } k \to \infty.$$

Dann ist

$$S(f) = \lim_{k\to\infty} S(\pi_k, f), \quad s(f) = \lim_{k\to\infty} s(\pi_k, f).$$

Beweis. Nach Definition von $S(f) := \inf_\pi S(\pi, f)$ gibt es eine Partitionsfolge $(\pi'_k)_{k\in\mathbb{N}}$ mit $\lim_{k\to\infty} S(\pi'_k, f) = S(f)$. Nach Lemma 8.1.12 gilt die Ungleichung

$$S(\pi_k, f) \le S(\pi'_\ell, f) + (n' - 1)(M - m)\,|\pi_k|.$$

Für $k \to \infty$ erhalten wir

$$\limsup_{k\to\infty} S(\pi_k, f) \le S(\pi'_\ell, f),$$

also für $\ell \to \infty$, dass

$$\limsup_{k\to\infty} S(\pi_k, f) \le S(f).$$

Nach Definition von $S(f)$ ist $S(\pi_k, f) \ge S(f)$ für alle $k \in \mathbb{N}$, also gilt auch

$$\liminf_{k\to\infty} S(\pi_k, f) \ge S(f).$$

Aus dem $\liminf = \limsup$-Kriterium 2.5.6 folgt die Existenz des Grenzwerts $\lim_{k\to\infty} S(\pi_k, f)$ und die Gleichheit $\lim_{k\to\infty} S(\pi_k, f) = S(f)$. $\qquad\square$

8.1.16 Satz. *Sei* $I = [a, b]$, $a < b$, *ein kompaktes Intervall und* $f : I \to \mathbb{R}$ *eine beschränkte Funktion. Dann gilt für je zwei Partitionen* π, π' *von* I, *dass*

$$s(\pi, f) \le s(f) \le S(f) \le S(\pi', f).$$

Beweis. Es ist nur die mittlere Ungleichung zu zeigen: Sei $(\pi_k)_{k \in \mathbb{N}}$ eine ausgezeichnete Partitionsfolge. Wegen Satz 8.1.15 ist dann

$$S(f) = \lim_{k \to \infty} S(\pi_k, f), \quad s(f) = \lim_{k \to \infty} s(\pi_k, f)$$

und für jedes $k \in \mathbb{N}$ gilt

$$s(\pi_k, f) \le S(\pi_k, f).$$

Der Grenzübergang $k \to \infty$ liefert die behauptete Ungleichung $s(f) \le S(f)$. $\square$

8.1.17 Definition. Sei $I = [a, b]$, $a < b$, ein kompaktes Intervall und $f : I \to \mathbb{R}$ eine beschränkte Funktion. Dann heißt f über I **Riemann-integrierbar**, wenn

$$s(f) = \underline{\int_I} f(x)\, dx = \overline{\int_I} f(x)\, dx = S(f).$$

In diesem Fall heißt der gemeinsame Wert das **Riemann-Integral** von f über I, in Zeichen

$$\int_I f(x)\, dx = \int_a^b f(x)\, dx := s(f) = S(f).$$

8.1.18 Bemerkung. Ist $I = [a, b]$, $a < b$, so setzen wir

$$\int_b^a f(x)\, dx := -\int_a^b f(x)\, dx.$$

Es stellt sich die Frage, Integrabilitätskriterien beziehungsweise Klassen von integrierbaren Funktionen zu finden, denn nicht jede beschränkte Funktion ist Riemann-integrierbar, wie das folgende Beispiel zeigt:

8.1.19 Beispiel. Für die **Dirichletsche Sprungfunktion** $\chi : [0, 1] \to \mathbb{R}$,

$$\chi(x) := \begin{cases} 0 & \text{für } x \in [0, 1] \cap \mathbb{Q} \\ 1 & \text{für } x \in [0, 1] \setminus \mathbb{Q}, \end{cases}$$

gilt: Jede Obersumme ist gleich 1 und jede Untersumme ist gleich 0, da die rationalen Zahlen in $[0, 1]$ dicht liegen. Somit ist

$$\underline{\int_{[0,1]}} \chi(x)\, dx = 0 \ne 1 = \overline{\int_{[0,1]}} \chi(x)\, dx.$$

χ ist jedoch Lebesgue-integrierbar, das Lebesgue-Integral, welches in der Maßtheorie erklärt wird, hat den Wert 0.

8.2   Die Riemannsche Definition

8.2.1 Definition. Sei $I = [a, b]$, $a < b$, ein kompaktes Intervall, $f : I \to \mathbb{R}$ eine beschränkte Funktion und $\pi : a = x_0 < x_1 < \cdots < x_n = b$ eine Partition von I. Dann ist

$$\omega_k = \omega(I_k, f) := \sup_{x, x' \in I_k} |f(x) - f(x')|$$

die **Oszillation** oder **Schwankung** von f über I_k. Wir definieren die **Oszillations-** oder **Schwankungssumme** von f über I bezüglich π durch

$$\omega(\pi) = \omega(\pi, f) := \sum_{k=1}^{n} \omega_k |I_k|.$$

8.2.2 Lemma. *Sei $I = [a, b]$, $a < b$, ein kompaktes Intervall, $f : I \to \mathbb{R}$ eine beschränkte Funktion und $\pi : a = x_0 < x_1 < \cdots < x_n = b$ eine Partition von I. Dann gilt*

$$\omega(I, f) = M - m = \sup_I f - \inf_I f$$

und

$$\omega(\pi, f) = \sum_{k=1}^{n} (M_k - m_k) |I_k| = S(\pi, f) - s(\pi, f).$$

8.2.3 Riemannsches Integrabilitätskriterium. *Sei $I = [a, b]$, $a < b$, ein kompaktes Intervall und $f : I \to \mathbb{R}$ eine beschränkte Funktion. Dann ist f genau dann Riemann-integrierbar, wenn es zu jedem $\varepsilon > 0$ eine Partition $\pi = \pi_\varepsilon$ von I gibt mit*

$$\omega(\pi, f) = S(\pi, f) - s(\pi, f) < \varepsilon.$$

Beweis. „$\Leftarrow$" Angenommen, zu jedem $\varepsilon > 0$ gibt es eine Zerlegung $\pi = \pi_\varepsilon$ mit $S(\pi, f) - s(\pi, f) < \varepsilon$. Wegen

$$s(\pi, f) \le \underline{\int_I} f(x) \, dx \le \overline{\int_I} f(x) \, dx \le S(\pi, f)$$

folgt dann

$$0 \le \overline{\int_I} f(x) \, dx - \underline{\int_I} f(x) \, dx < \varepsilon$$

für alle $\varepsilon > 0$, also die Gleichheit

$$\overline{\int_I} f(x) \, dx = \underline{\int_I} f(x) \, dx,$$

das heißt f ist Riemann-integrierbar.

„$\Rightarrow$" Sei f über I Riemann-integrierbar und sei $(\pi_k)_{k\in\mathbb{N}}$ eine ausgezeichnete Partitionsfolge, das heißt, es gilt $|\pi_k| \to 0$ für $k \to 0$. Dann gilt nach Satz 8.1.15, dass

$$\int_I f(x)\, dx = s(f) = \lim_{k\to\infty} s(\pi_k, f)$$
$$= S(f) = \lim_{k\to\infty} S(\pi_k, f),$$

also

$$\lim_{k\to\infty} \left(S(\pi_k, f) - s(\pi_k, f) \right) = 0.$$

Zu jedem $\varepsilon > 0$ gibt es also ein $k = k(\varepsilon)$ mit

$$S(\pi_k, f) - s(\pi_k, f) < \varepsilon. \qquad \square$$

Aus dem Beweis des Riemannschen Integrationskriteriums ergibt sich die folgende Verschärfung:

8.2.4 Satz. *Sei $I = [a, b]$, $a < b$, ein kompaktes Intervall und sei $f : I \to \mathbb{R}$ eine beschränkte Funktion. Wenn für eine ausgezeichnete Partitionsfolge $(\pi_k)_{k\in\mathbb{N}}$ von I die Relation*

$$\lim_{k\to\infty} \omega(\pi_k, f) = 0 \tag{8.1}$$

gilt, dann ist f Riemann-integrierbar. Ist umgekehrt f Riemann-integrierbar, dann gilt die Limesrelation (8.1) für jede ausgezeichnete Partitionsfolge $(\pi_k)_{k\in\mathbb{N}}$.

8.2.5 Beispiele. Wir betrachten äquidistante Partitionen der Form

$$\pi : a < a + h < a + 2h < \cdots < a + nh = b.$$

(i) Sei $f(x) := x$. Dann gilt

$$\omega(\pi, f) = h^2 + h^2 + \cdots + h^2 = nh^2 = \frac{(b-a)^2}{n} \to 0 \text{ für } n \to \infty.$$

Deshalb ist die Funktion $f(x) := x$ Riemann-integrierbar. Beispiel 8.1.8 (i) liefert, dass

$$\int_a^b x\, dx = \frac{b^2 - a^2}{2}.$$

(ii) Sei $p \in \mathbb{N}$ und sei $f(x) := x^p$. Dann ist die Oszillationssumme $\omega(\pi, f)$ eine Teleskopsumme:

$$\omega(\pi, f) = ((a+h)^p - h^p)\, h + ((a+2h)^p - (a+h)^p)\, h + \cdots$$
$$+ ((a+nh)^p - (a+(n-1)h)^p)\, h$$
$$= ((a+nh)^p - h^p)\, h$$
$$= \left(b^p - \frac{(b-a)^p}{n^p}\right) \frac{b-a}{n} \to 0 \text{ für } n \to \infty.$$

Daher ist die p-te Potenz $f(x) = x^p$ Riemann-integrierbar und aus Beispiel 8.1.9 folgt, dass

$$\int_a^b x^p \, dx = \frac{b^{p+1} - a^{p+1}}{p+1}.$$

(iii) Sei $f(x) := \sin x$. Dann lässt sich die Oszillationssumme folgendermaßen abschätzen:

$$\omega(\pi, f) \le |\sin(a+h) - \sin a|\, h + |\sin(a+2h) - \sin(a+h)|\, h + \cdots$$
$$+ |\sin(a+nh) - \sin(a+(n-1)h)|\, h.$$

Sei $\varepsilon > 0$. Weil $\sin x$ gleichmäßig stetig ist, gibt es ein $\delta > 0$, so dass $|\sin x - \sin x'| < \varepsilon$ für $|x - x'| < \delta$. Ist $h < \delta$, so folgt

$$\omega(\pi, f) < n\varepsilon h = \varepsilon(b-a).$$

Daher ist $\sin x$ Riemann-integrierbar.

8.2.6 Definition. Sei $I = [a, b]$, $a < b$, ein kompaktes Intervall, $f : I \to \mathbb{R}$ eine beschränkte Funktion und $\pi : a = x_0 < x_1 < \cdots < x_n = b$ eine Partition von I. Seien ferner Zwischenstellen $\xi_1, \dots, \xi_n$, $\xi_k \in I_k$ für $k = 1, \dots, n$, gewählt. Dann heißt

$$\sigma(\pi, f) = \sigma(\pi, f, \xi_k) := \sum_{k=1}^n f(\xi_k)\, |I_k|$$

eine **Riemannsche Approximations-** oder **Zwischensumme**.

8.2.7 Riemannsche Definition des Integrals. *Sei $I = [a, b]$, $a < b$, ein kompaktes Intervall und $f : I \to \mathbb{R}$ eine beschränkte Funktion. Dann ist f genau dann über I Riemann-integrierbar, wenn für jede ausgezeichnete Partitionsfolge $(\pi_k)_{k \in \mathbb{N}}$ und jede Wahl der Zwischenstellen $\xi_1 = \xi_1^{(k)}, \dots, \xi_n = \xi_{n_k}^{(k)}$, $\xi_\ell^{(k)} \in I_\ell^{(k)}$ für $\ell = 1, \dots, n = n_k$, die Riemannsche Summenfolge*

$$\sigma(\pi_k, f) = \sigma(\pi_k, f, \xi_\ell^{(k)}) = \sum_{\ell=1}^n f\left(\xi_\ell^{(k)}\right) |I_\ell|$$

konvergiert. In diesem Fall haben alle Summenfolgen denselben Grenzwert und es gilt

$$\lim_{k\to\infty} \sigma(\pi_k, f) = \int_I f(x)\, dx.$$

Beweis. „$\Rightarrow$" Sei f Riemann-integrierbar, $(\pi_k)_{k\in\mathbb{N}}$ eine ausgezeichnete Zerlegungsfolge und $\xi_1 = \xi_1^{(k)}, \ldots, \xi_n = \xi_{n_k}^{(k)}$, $\xi_\ell^{(k)} \in I_\ell^{(k)}$. Dann gilt

$$m_\ell^{(k)} \le f(\xi_\ell^{(k)}) \le M_\ell^{(k)}, \ m_\ell^{(k)} = \inf_{x\in I_\ell^{(k)}} f(x), \ M_\ell^{(k)} = \sup_{x\in I_\ell^{(k)}} f(x),$$

also

$$s(\pi_k, f) \le \sigma(\pi_k, f) \le S(\pi_k, f).$$

Wegen

$$\int_I f(x)\, dx = \lim_{k\to\infty} s(\pi_k, f) = \lim_{k\to\infty} S(\pi_k, f)$$

folgt

$$\lim_{k\to\infty} \sigma(\pi_k, f) = \int_I f(x)\, dx$$

aus dem Vergleichsprinzip.

„$\Leftarrow$" Sei $(\sigma(\pi_k, f))_{k\in\mathbb{N}}$ konvergent für jede Wahl der $\xi_\ell^{(k)} \in I_\ell^{(k)}$. Wegen

$$m_\ell^{(k)} = \inf_{x\in I_\ell^{(k)}} f(x), \ M_\ell^{(k)} = \sup_{x\in I_\ell^{(k)}} f(x)$$

gibt es dann $\xi_\ell^{(k)} \in I_\ell^{(k)}$, $\xi'^{(k)}_\ell \in I_\ell^{(k)}$ mit

$$0 \le M_\ell^{(k)} - f(\xi_\ell^{(k)}) < \frac{1}{k}, \ 0 \le f(\xi'^{(k)}_\ell) - m_\ell^{(k)} < \frac{1}{k}.$$

Also gibt es zu jedem $k \in \mathbb{N}$ Zwischensummen $\sigma(\pi_k, f, \xi_\ell^{(k)})$, $\sigma(\pi_k, f, \xi'^{(k)}_\ell)$ mit

$$0 \le S(\pi_k, f) - \sigma(\pi_k, f, \xi_\ell^{(k)}) \le \frac{|I|}{k}, \ 0 \le \sigma(\pi_k, f, \xi'^{(k)}_\ell) - s(\pi_k, f) \le \frac{|I|}{k}.$$

Wegen

$$\lim_{k\to\infty} S(\pi_k, f) = \overline{\int_I} f(x)\, dx, \ \lim_{k\to\infty} s(\pi_k, f) = \underline{\int_I} f(x)\, dx$$

folgt daraus durch Grenzübergang $k \to \infty$, dass

$$\lim_{k\to\infty} \sigma(\pi_k, f, \xi_\ell^{(k)}) = \overline{\int_I} f(x)\, dx, \ \lim_{k\to\infty} \sigma(\pi_k, f, \xi'^{(k)}_\ell) = \underline{\int_I} f(x)\, dx.$$

Laut Annahme ist die gemischte Folge

$$\sigma(\pi_1, f, \xi_\ell^{(1)}), \ \sigma(\pi_1, f, \xi'_\ell^{(1)}), \ \sigma(\pi_2, f, \xi_\ell^{(2)}), \ \sigma(\pi_2, f, \xi'_\ell^{(2)}), \dots$$

aber konvergent. Somit gilt

$$\underline{\int_I} f(x)\, dx = \overline{\int_I} f(x)\, dx. \qquad \qquad \square$$

8.2.8 Beispiel. Wir betrachten die äquidistante Partition

$$\pi : a < a + h < a + 2h < \cdots < a + nh = b$$

und wollen das Integral $\int_a^b \sin x\, dx$ bestimmen. Hierzu betrachten wir als Stütz-punkte die rechten Intervallenden $a + h, \dots, a + nh = b$ und berechnen die Riemannsche Approximationssumme

$$\sigma(\pi, f) = \sigma(\pi, f, a + kh) = (\sin(a + h) + \sin(a + 2h) + \cdots + \sin(a + nh))\, h.$$

Durch Multiplikation mit $2 \sin \frac{h}{2}$ ergibt sich aus der trigonometrischen Formel $2 \sin x \sin x' = \cos(x - x') - \cos(x + x')$ eine Teleskopsumme:

$$\frac{2 \sin \frac{h}{2}}{h} \sigma(\pi, f) = \left(\cos\left(a + \frac{h}{2}\right) - \cos\left(a + \frac{3h}{2}\right) \right)$$

$$+ \left(\cos\left(a + \frac{3h}{2}\right) - \cos\left(a + \frac{5h}{2}\right) \right)$$

$$+ \cdots + \left(\cos\left(a + \frac{2n - 1}{2}h\right) - \cos\left(a + \frac{2n + 1}{2}h\right) \right)$$

$$= \cos\left(a + \frac{h}{2}\right) - \cos\left(a + \frac{2n + 1}{2}h\right)$$

$$= \cos\left(a + \frac{h}{2}\right) - \cos\left(b + \frac{h}{2}\right) \to \cos a - \cos b \ \text{für } h \to 0.$$

Zusammen mit der in Beispiel 8.2.5 (iii) bewiesenen Riemann-Integrierbarkeit von $\sin x$ ergibt sich

$$\int_a^b \sin x\, dx = \cos a - \cos b.$$

8.3   Klassen integrierbarer Funktionen

In diesem und im folgenden Abschnitt ist I immer ein kompaktes, nicht-ausgeartetes Intervall.

8.3.1 Satz. *Jede monotone Funktion $f : I \to \mathbb{R}$ ist Riemann-integrierbar.*

Beweis. Ohne Beschränkung der Allgemeinheit sei f auf I monoton nicht fallend (andernfalls gehe man von f zu $-f$ über). Sei $\pi : a = x_0 < x_1 < \cdots < x_n = b$ eine Partition von I. Dann ist

$$\omega(\pi, f) = \sum_{\ell=1}^{n} (f(x_\ell) - f(x_{\ell-1}))(x_\ell - x_{\ell-1})$$

$$\leq |\pi| \sum_{\ell=1}^{n} (f(x_\ell) - f(x_{\ell-1})) = |\pi| \, (f(b) - f(a))$$

als Teleskopsumme. Also gilt $\lim_{k \to \infty} \omega(\pi_k, f) = 0$ für jede ausgezeichnete Partitionsfolge $(\pi_k)_{k \in \mathbb{N}}$. $\square$

8.3.2 Definition. Sei $f : [a, b] \to \mathbb{R}$, $a < b$, und sei $\pi : a = x_0 < x_1 < \cdots < x_n = b$ eine Partition von I. Dann heißt

$$V(\pi, f) := \sum_{k=1}^{n} |f(x_k) - f(x_{k-1})|$$

die **Variation** von f bezüglich π und

$$V_f = V_a^b(f) := \sup_{\pi} V(\pi, f)$$

die **Totalvariation** von f auf I. Ist $V_f < +\infty$, so heißt f von **beschränkter Variation**, in Zeichen

$$f \in BV = BV(I).$$

Analog zum Beweis von Satz 8.3.1 zeigt man:

8.3.3 Satz. *Jede Funktion $f \in BV(I)$ ist Riemann integrierbar.*

8.3.4 Satz. *Jede stetige Funktion f ist Riemann-integrierbar.*

Beweis. Sei $\varepsilon > 0$. Weil I ein kompaktes Intervall ist, ist f gleichmäßig stetig auf I. Daher gibt es ein $\delta > 0$, so dass

$$|f(x) - f(x')| < \varepsilon \text{ für alle } x, x' \in I, \ |x - x'| < \delta.$$

Ist π eine Partition von I mit $|\pi| < \delta$, so gilt $\omega(I_\ell, f) < \varepsilon$ für $\ell = 1, \ldots, n$ und es folgt

$$\omega(\pi, f) = \sum_{\ell=1}^{n} \omega(I_\ell, f) |I_\ell| \leq \varepsilon \sum_{\ell=1}^{n} |I_\ell| = \varepsilon |I|.$$

Ist also $(\pi_k)_{k \in \mathbb{N}}$ eine ausgezeichnete Partitionsfolge, so gilt $\lim_{k \to \infty} \omega(\pi_k, f) = 0$ und deshalb ist f Riemann-integrierbar. $\square$

8.3.5 Satz. *Sei $f : I \to \mathbb{R}$ eine beschränkte Funktion, die bis auf endlich viele Punkte stetig ist. Dann ist f Riemann-integrierbar.*

Beweis. Wir beweisen nur den Fall, dass der rechte Endpunkt b ein Unstetigkeitspunkt von f ist.

(I) Sei $\varepsilon > 0$ vorgegeben und sei

$$J := [a, b - \varepsilon].$$

Da J ein kompaktes Intervall ist, ist f gleichmäßig stetig auf J. Daher gibt es ein $\delta = \delta(\varepsilon) > 0$, so dass $|f(x) - f(x')| < \varepsilon$ für alle $x, x' \in J$, $|x - x'| < \delta$.

(II) Sei $\pi : a = x_0 < x_1 < \cdots < x_n = b$ eine Partition von I mit $|\pi| < \delta$. Dann gilt entweder

$$I_\ell \subset J \text{ oder } I_\ell \cap [b - \varepsilon, b] \neq \varnothing.$$

Im ersten Fall schreiben wir $\ell \in \mathcal{A}$, im zweiten $\ell \in \mathcal{B}$.

Ist $\ell \in \mathcal{A}$, so ist $\omega(I_\ell, f) \leq \varepsilon$. Folglich gilt

$$\sum_{\ell \in \mathcal{A}} \omega(I_\ell, f) |I_\ell| \leq \varepsilon \sum_{\ell \in \mathcal{A}} |I_\ell| \leq \varepsilon |I|.$$

Ist $\ell \in \mathcal{B}$, so ist $\omega(I_\ell, f) \leq 2M$, dabei ist $M = \sup_{x \in I} |f(x)|$. Also gilt

$$\sum_{\ell \in \mathcal{B}} \omega(I_\ell, f) |I_\ell| \leq 2M \sum_{\ell \in \mathcal{B}} |I_\ell| \leq 2M(\varepsilon + \delta).$$

(III) Für die Schwankungssumme $\omega(\pi, f)$ ergibt sich nun:

$$\omega(\pi, f) = \sum_{\ell=1}^{n} \omega(I_\ell, f) |I_\ell| = \sum_{\ell \in \mathcal{A}} \omega(I_\ell, f) |I_\ell| + \sum_{\ell \in \mathcal{B}} \omega(I_\ell, f) |I_\ell| \leq \varepsilon |I| + 2M(\varepsilon + \delta).$$

Daher gilt für jede ausgezeichnete Partitionsfolge $(\pi_k)_{k \in \mathbb{N}}$, dass $\lim\limits_{k \to \infty} \omega(\pi_k, f) = 0$ und deshalb ist f Riemann-integrierbar. $\qquad\square$

8.4   Eigenschaften integrierbarer Funktionen

8.4.1 Satz. *Sind $f, g : I \to \mathbb{R}$ beschränkt und Riemann-integrierbar, dann sind es auch die Funktionen $f + g$, $f \cdot g$, $|f|$, $f^+ = \max\{f, 0\}$, $f^- = (-f)^+$, $\max\{f, g\}$ und $\min\{f, g\}$. Ist $|f| \geq c > 0$, dann ist auch $\frac{1}{f}$ Riemann-integrierbar. Ferner gilt für alle $\alpha, \beta \in \mathbb{R}$ die **Linearitätsrelation***

$$\int_I (\alpha f(x) + \beta g(x)) \, dx = \alpha \int_I f(x) \, dx + \beta \int_I g(x) \, dx.$$

Beweis. (I) Integrierbarkeit von $f \cdot g$: Sei $|f|, |g| \leq M < +\infty$. Dann gilt für $x, x' \in I$:

$$|(f \cdot g)(x) - (f \cdot g)(x')| \leq |f(x)g(x) - f(x')g(x)| + |f(x')g(x) - f(x')g(x')|$$
$$\leq M(|f(x) - f(x')| + |g(x) - g(x')|).$$

Ist $\pi : a = x_0 < x_1 < \cdots < x_n = b$ eine Partition von I, dann ist

$$\omega(I_\ell, f \cdot g) \leq M(\omega(I_\ell, f) + \omega(I_\ell, g))$$

und daher

$$\omega(\pi, f \cdot g) \leq M(\omega(\pi, f) + \omega(\pi, g)).$$

Ist $(\pi_k)_{k \in \mathbb{N}}$ eine ausgezeichnete Partitionsfolge, dann folgt aus Satz 8.2.4, dass

$$\omega(\pi_k, f \cdot g) \leq M(\omega(\pi_k, f) + \omega(\pi_k, g)) \to 0 \text{ für } k \to \infty.$$

Wiederum folgt aus Satz 8.2.4, dass $f \cdot g$ Riemann-integrierbar ist.

(II) Für $x, x' \in I$ gilt

$$\left| \frac{1}{f(x)} - \frac{1}{f(x')} \right| = \frac{|f(x') - f(x)|}{|f(x)f(x')|} \leq \frac{1}{c^2} |f(x) - f(x')|$$

und es folgt die Riemann-Integrierbarkeit von $\frac{1}{f}$.

(III) Linearität des Integrals: Die Integrierbarkeit der Funktion $\alpha f + \beta g$ ist klar. Sei $(\pi_k)_{k \in \mathbb{N}}$ eine ausgezeichnete Partitionsfolge und seien $\xi_1^{(k)}, \ldots, \xi_{n_k}^{(k)}, \xi_\ell^{(k)} \in I_\ell^{(k)}$, beliebig gewählte Zwischenstellen. Dann gilt

$$\int_I (\alpha f(x) + \beta g(x)) \, dx = \lim_{k \to \infty} \sum_{\ell=1}^{n_k} (\alpha f(\xi_\ell^{(k)}) + \beta g(\xi_\ell^{(k)})) \left| I_\ell^{(k)} \right|$$

$$= \alpha \lim_{k \to \infty} \sum_{\ell=1}^{n_k} f(\xi_\ell^{(k)}) \left| I_\ell^{(k)} \right| + \beta \lim_{k \to \infty} \sum_{\ell=1}^{n_k} g(\xi_\ell^{(k)}) \left| I_\ell^{(k)} \right|$$

$$= \alpha \int_I f(x) \, dx + \beta \int_I g(x) \, dx$$

wegen der Riemannschen Definition des Integrals, Satz 8.2.7.

(IV) Die Integrierbarkeit der übrigen Funktionen beweise der Leser zur Übung. $\qquad \square$

8.4.2 Satz. *Ist $f : I \to \mathbb{R}$ beschränkt und Riemann-integrierbar, $g : f(I) \to \mathbb{R}$ Lipschitz-stetig, das heißt, es gilt*

$$|g(y) - g(y')| \leq L |y - y'|$$

für alle $y, y' \in f(I)$, so ist auch $g \circ f : I \to \mathbb{R}$ Riemann-integrierbar.

Beweis. Wegen

$$|g(f(x)) - g(f(x'))| \le L\,|f(x) - f(x')|$$

ist

$$\omega(I_\ell, g \circ f) \le L\omega(I_\ell, f)$$

für jedes $\ell = 1, \dots, n$, dabei ist $\pi : a = x_0 < x_1 < \cdots < x_n = b$ eine Partition von I. Daher folgt

$$\omega(\pi, g \circ f) \le L\omega(\pi, f).$$

Ist $(\pi_k)_{k \in \mathbb{N}}$ eine ausgezeichnete Partitionsfolge, so folgt die Behauptung unmittelbar wie im Beweis von Satz 8.3.1. $\qquad\square$

8.4.3 Bemerkung. Satz 8.4.2 gilt auch, wenn g lediglich gleichmäßig stetig auf $f(I)$ ist.

8.4.4 Satz. *Für jede beschränkte und Riemann-integrierbare Funktion $f : I \to \mathbb{R}$ gilt die **Dreiecksungleichung für Integrale***

$$\left| \int_I f(x)\,dx \right| \le \int_I |f(x)|\,dx.$$

Beweis. Sei $(\pi_k)_{k \in \mathbb{N}}$ eine ausgezeichnete Partitionsfolge von I und $\xi_1^{(k)}, \dots, \xi_{n_k}^{(k)}$, $\xi_\ell^{(k)} \in I_\ell^{(k)}$, seien beliebig gewählte Zwischenstellen. Dann gilt

$$\left| \sigma(\pi_k, f, \xi_\ell^{(k)}) \right| = \left| \sum_{\ell=1}^{n_k} f(\xi_\ell^{(k)}) \left| I_\ell^{(k)} \right| \right| \le \sum_{\ell=1}^{n_k} \left| f(\xi_\ell^{(k)}) \right| \left| I_\ell^{(k)} \right| = \sigma(\pi_k, |f|, \xi_\ell^{(k)}).$$

Durch Grenzübergang $k \to \infty$ folgt die Behauptung. $\qquad\square$

8.4.5 Mittelwertsatz der Integralrechnung. *Sei $f : I \to \mathbb{R}$ beschränkt und Riemann-integrierbar mit $m \le f(x) \le M$ für alle $x \in I$. Dann folgen durch Integration die Ungleichungen*

$$m\,|I| \le \int_I f(x)\,dx \le M\,|I|.$$

*Das **Integralmittel***

$$\mu := \frac{1}{|I|} \int_I f(x)\,dx$$

genügt also den Ungleichungen

$$m \le \mu \le M.$$

Ist f stetig, so gibt es nach dem Zwischenwertsatz ein $\xi \in I$ mit $\mu = f(\xi)$, das heißt, es gilt

$$\int_I f(x)\,dx = f(\xi)\,|I|.$$

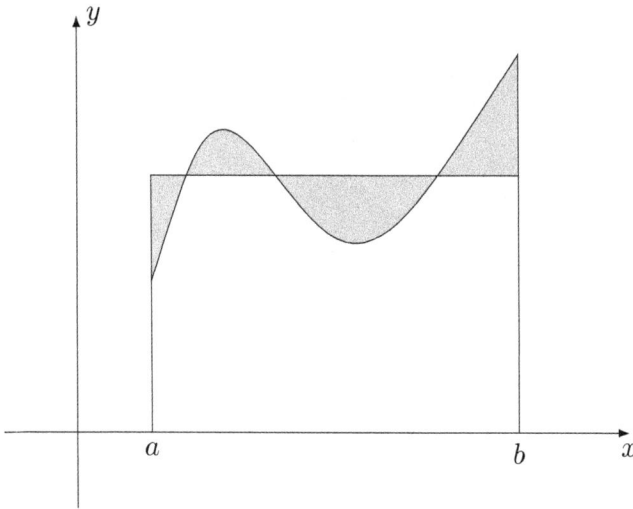

Abbildung 8.4: *Zum Integralmittel*

8.4.6 Erweiterter Mittelwertsatz der Integralrechnung. *Die Funktionen* $f, p : I \to \mathbb{R}$ *seien beschränkt und Riemann-integrierbar, p sei nicht-negativ: $p(x) \geq 0$ für $x \in I$, und es sei $m \leq f(x) \leq M$ für $x \in I$. Dann gelten die Ungleichungen*

$$m \int_I p(x)\,dx \leq \int_I f(x)p(x)\,dx \leq M \int_I p(x)\,dx,$$

das heißt, es gibt ein $\mu \in [m, M]$ mit

$$\int_I f(x)p(x)\,dx = \mu \int_I p(x)\,dx.$$

Beweis. Sei $\pi : a = x_0 < x_1 < \cdots < x_n = b$ eine Partition von I und $\xi_1, \ldots, \xi_n$, $\xi_\ell \in I_\ell$, seien beliebig gewählte Zwischenwerte. Dann gilt

$$m \leq f(\xi_\ell) \leq M$$

für alle $1 \leq \ell \leq n$. Es folgt

$$m \sum_{\ell=1}^{n} p(\xi_\ell)\,|I_\ell| \leq q \sum_{\ell=1}^{n} f(\xi_\ell)p(\xi_\ell)\,|I_\ell| \leq M \sum_{\ell=1}^{p} p(\xi_\ell)\,|I_\ell|,$$

das heißt

$$m\sigma(\pi, p, \xi_\ell) \leq \sigma(\pi, f \cdot p, \xi_\ell) \leq M\sigma(\pi, p, \xi_\ell).$$

Ist $(\pi_k)_{k\in\mathbb{N}}$ eine ausgezeichnete Partitionsfolge, dann folgt aus Satz 8.2.4, dass

$$m \lim_{k\to\infty} \sigma(\pi_k, p, \xi_\ell^{(k)}) \le \lim_{k\to\infty} \sigma(\pi_k, f\cdot p, \xi_\ell^{(k)}) \le M \lim_{k\to\infty} \sigma(\pi_k, p, \xi_\ell^{(k)}),$$

also

$$m \int_I p(x)\,dx \le \int_I f(x)p(x)\,dx \le M \int_I p(x)\,dx. \qquad \square$$

8.4.7 Korollar. *Ist f stetig, dann gibt es ein $\xi \in I$ mit*

$$\int_I f(x)p(x)\,dx = f(\xi) \int_I p(x)\,dx.$$

Beweis. Da I kompakt ist, gibt es $x^+, x^- \in I$ mit

$$f(x^+) = \sup_I f = M, \; f(x^-) = \inf_I f = m.$$

Also gibt es ein $\xi \in I$ mit

$$f(\xi) = \mu \in [m, M]. \qquad \square$$

8.4.8 Lemma. *Sei $f : I \to \mathbb{R}$ eine Funktion, die bis auf endlich viele Punkte identisch verschwindet. Dann ist f Riemann-integrierbar und es gilt*

$$\int_I f(x)\,dx = 0.$$

Beweis. Sei $\varepsilon > 0$ vorgegeben. Seien $c_1, \ldots, c_q$ die Punkte mit $f(c_1), \ldots, f(c_q) \ne 0$. Sei $\pi : a = x_0 < x_1 < \cdots < x_n = b$ eine Partition von I mit $|\pi| < \varepsilon$ und seien $\xi_1 \in I_1, \ldots, \xi_n \in I_n$ beliebig gewählte Zwischenstellen.

Ein Teilintervall $I_\ell, \ell = 1, \ldots, n$, enthält entweder keinen der Punkte $c_1, \ldots, c_q$, in welchem Fall $f(\xi_\ell) = 0$ ist, oder I_ℓ enthält wenigstens einen der Punkte $c_1, \ldots, c_q$. Der letzte Fall kann aber höchstens $2q$-mal auftreten. Für die Riemannsche Approximationssumme $\sigma(\pi, f, \xi_\ell)$ ergibt sich:

$$|\sigma(\pi, f, \xi_\ell)| \le \sum_{\ell=1}^{n} |f(\xi_\ell)|\,|I_\ell| \le 2qM\varepsilon,$$

dabei ist $|f(x)| \le M$ für $x \in I$.

Daher gilt für jede ausgezeichnete Partitionsfolge $(\pi_k)_{k\in\mathbb{N}}$ und jede Wahl der Zwischenstellen $\xi_1^{(k)}, \ldots, \xi_{n_k}^{(k)}$, dass $\lim_{k\to\infty} \sigma(\pi_k, f, \xi_\ell^{(k)}) = 0$. Wegen Satz 8.2.7 ist f daher Riemann-integrierbar über I und es gilt $\int_I f(x)\,dx = 0$. $\qquad \square$

8.4.9 Satz. *Sei $f : I \to \mathbb{R}$ eine beschränkte, Riemann-integrierbare Funktion und $g : I \to \mathbb{R}$ stimme bis auf endlich viele Punkte mit f überein. Dann ist auch g beschränkt und Riemann-integrierbar und es gilt*

$$\int_I g(x)\, dx = \int_I f(x)\, dx.$$

Beweis. Weil die Funktion

$$h(x) := f(x) - g(x) \text{ für } x \in I$$

bis auf endlich viele Punkte identisch 0 ist, folgt aus Lemma 8.4.8 unmittelbar die Behauptung. $\square$

8.4.10 Lemma. *Seien $J \subset I \subset \mathbb{R}$ kompakte, nicht-ausgeartete Intervalle.*

(i) *Sei $f : I \to \mathbb{R}$ beschränkt und Riemann-integrierbar über I. Dann ist auch f Riemann-integrierbar über J, das heißt, die Restriktion*

$$f\big|_J : J \to \mathbb{R}, \; f\big|_J(x) = f(x) \text{ für alle } x \in J,$$

ist Riemann-integrierbar über J. Außerdem ist die Funktion

$$f_J : I \to \mathbb{R}, \; f_J(x) := \begin{cases} f(x) & \text{für } x \in J \\ 0 & \text{für } x \in I \smallsetminus J, \end{cases}$$

Riemann-integrierbar über I und es gilt

$$\int_J f(x)\, dx := \int_J f\big|_J(x)\, dx = \int_I f_J(x)\, dx.$$

(ii) *Sei umgekehrt $g : J \to \mathbb{R}$ beschränkt und Riemann-integrierbar über J. Dann ist auch die Erweiterung*

$$\hat{g} : I \to \mathbb{R}, \; \hat{g}(x) := \begin{cases} g(x) & \text{für } x \in J \\ 0 & \text{für } x \in I \smallsetminus J, \end{cases}$$

Riemann-integrierbar über I und es gilt

$$\int_I g(x)\, dx := \int_I \hat{g}(x)\, dx = \int_J g(x)\, dx.$$

Als Korollar folgt:

8.4.11 Additivität des Integrationsbereichs. *Es seien $I_1, \ldots, I_n$ nicht-über-lappende, kompakte Intervalle und sei $I := \bigcup\limits_{k=1}^{n} I_k$ ein kompaktes Intervall. Ferner sei $f : I \to \mathbb{R}$ eine beschränkte, Riemann-integrierbare Funktion. Dann gilt*

$$\int_I f(x)\,dx = \sum_{k=1}^{n} \int_{I_k} f(x)\,dx.$$

8.4.12 Bemerkung. In Satz 8.4.11 gilt auch die Umkehrung: Sind $f_k : I \to \mathbb{R}$ beschränkte, Riemann-integrierbare Funktionen für $k = 1, \ldots, n$, dann ist auch die Funktion

$$f : I \to \mathbb{R}, \ f(x) := \begin{cases} f_k(x) & \text{für } x \in (a_k, b_k), \ k = 1, \ldots, n \\ \text{beliebig} & \text{sonst,} \end{cases}$$

Riemann-integrierbar über I und es gilt

$$\int_I f(x)\,dx = \sum_{k=1}^{n} \int_{I_k} f_k(x)\,dx.$$

8.5 Der Hauptsatz der Differential- und Integralrechnung

Wir betrachten jetzt die Integration als Umkehroperation der Differentiation: Gegeben sei eine Funktion $f : I \to \mathbb{R}$. Gesucht ist eine Stammfunktion F von f, das heißt eine in I differenzierbare Funktion F mit $F'(x) = f(x)$ für alle $x \in I$. Im folgenden ersten Hauptsatz der Differential- und Integralrechnung geben wir einen neuen Beweis der Existenz einer Stammfunktion F zu einer stetigen Funktion f (vergleiche Satz 7.1.5) und stellen gleichzeitig den Zusammenhang zwischen dem formalen Aspekt der Integration als Umkehroperation der Differentiation und dem Aspekt der Flächeninhaltsberechnung, das heißt dem Riemann-Integral, her:

8.5.1 Erster Hauptsatz der Differential- und Integralrechnung. *Die Funktion f sei im kompakten Intervall $[a, b]$, $a < b$, beschränkt und Riemann-integrierbar und an der Stelle $x_0 \in [a, b]$ stetig. Dann ist die Funktion*

$$F(x) := \int_c^x f(t)\,dt$$

für $c \in [a, b]$ in x_0 differenzierbar und es gilt

$$F'(x_0) = f(x_0).$$

Ist also insbesondere f im Intervall $[a, b]$ stetig, so ist F in $[a, b]$ differenzierbar und es gilt

$$F'(x) = f(x) \text{ für alle } x \in [a, b].$$

Beweis. Sei $x \in [a, b]$, $x \neq x_0$. Dann gilt

$$F(x) - F(x_0) = \int_c^x f(t)\, dt - \int_c^{x_0} f(t)\, dt = \int_{x_0}^x f(t)\, dt.$$

Wegen $f(x_0) = \frac{1}{x - x_0} \int_{x_0}^x f(x_0)\, dt$ folgt hieraus, dass

$$\frac{F(x) - F(x_0)}{x - x_0} - f(x_0) = \frac{1}{x - x_0} \int_{x_0}^x (f(t) - f(x_0))\, dt.$$

Für $\varepsilon > 0$ sei $\delta > 0$ so gewählt, dass $|f(x) - f(x_0)| < \varepsilon$ für $|x - x_0| < \delta$. Dann gilt für $x \in [a, b]$, $|x - x_0| < \delta$, $x \neq x_0$:

$$\left| \frac{F(x) - F(x_0)}{x - x_0} - f(x_0) \right| < \varepsilon,$$

das heißt, F ist in x_0 differenzierbar und es gilt $F'(x_0) = f(x_0)$. $\qquad\square$

Der Zusammenhang zwischen dem Riemann-Integral und dem Begriff der Stammfunktion stellt sich also folgendermaßen dar:

8.5.2 Bemerkungen. (i) Der erste Hauptsatz besagt unter der Voraussetzung der Stetigkeit von f, dass die Funktion

$$F(x) = \int_c^x f(t)\, dt \text{ für } x \in [a, b]$$

eine Stammfunktion von f ist.

(ii) Ist umgekehrt F eine Stammfunktion einer stetigen Funktion f, dann gibt es nach Lemma 7.1.6 eine Konstante C mit

$$F(x) = \int_c^x f(x)\, dx + C.$$

(iii) Durch Einsetzen von $x = b$ und $c = a$ folgt insbesondere, dass

$$F(b) = \int_a^b f(x)\, dx + C, \; C = F(a),$$

das heißt, es gilt die Beziehung

$$\int_a^b f(x)\, dx = F(b) - F(a),$$

welche wir unter schwächeren Voraussetzungen beweisen wollen:

8.5.3 Zweiter Hauptsatz der Differential- und Integralrechnung. *Sei* $F : [a,b] \to \mathbb{R}$ *eine differenzierbare Funktion auf einem kompakten Intervall* $[a,b]$, $a < b$. *Die Ableitung* $f := F' : [a,b] \to \mathbb{R}$ *sei beschränkt und Riemann-integrierbar über* $[a,b]$. *Dann gilt*

$$\int_a^b f(t)\, dt = F(x)\Big|_a^b := F(b) - F(a).$$

Beweis. Aufgrund der Differenzierbarkeit von F in $[a,b]$ ist F stetig in $[a,b]$. Es sei $\pi : a = t_0 < t_1 < \cdots < t_n = b$ eine Partition von $[a,b]$. Dann schreiben wir $F(b) - F(a)$ als Teleskopsumme:

$$F(b) - F(a) = \sum_{k=1}^n \left(F(t_k) - F(t_{k-1}) \right).$$

Nach dem Mittelwertsatz der Differentialrechnung gilt

$$F(t_k) - F(t_{k-1}) = F'(\xi_k)(t_k - t_{k-1})$$

mit Zwischenstellen $\xi_k \in (t_{k-1}, t_k)$ für $k = 1, \ldots, n$. Es folgt

$$F(b) - F(a) = \sum_{k=1}^n f(\xi_k)(t_k - t_{k-1}) = \sigma(\pi, f, \xi_k).$$

Ist also $(\pi_\ell)_{\ell \in \mathbb{N}}$ eine ausgezeichnete Partitionsfolge und sind die Zwischenstellen $\xi_1^{(\ell)}, \ldots, \xi_{n_\ell}^{(\ell)}$ gemäß dem Mittelwertsatz gewählt, dann folgt aufgrund der Integrierbarkeit von f, dass

$$F(b) - F(a) = \sigma(\pi_\ell, f, \xi_k^{(\ell)}) \to \int_a^b f(t)\, dt \text{ für } \ell \to \infty. \qquad \square$$

8.5.4 Bemerkung. Der zweite Hauptsatz gilt allgemeiner, wenn F lediglich in (a,b) differenzierbar und in $[a,b]$ stetig ist, und wenn es eine in $[a,b]$ beschränkte und Riemann-integrierbare Funktion $f : [a,b] \to \mathbb{R}$ gibt mit $F'(x) = f(x)$ für $x \in (a,b)$.

8.5.5 Beispiele. (i)   Es gilt $\int x^n dx = \frac{x^{n+1}}{n+1}$. Damit ist

$$\int_a^b x^n dx = \frac{x^{n+1}}{n+1}\bigg|_a^b = \frac{b^{n+1} - a^{n+1}}{n+1}.$$

(ii)   Es gilt $\int \cos x\, dx = \sin x$. Damit ist

$$\int_0^{\frac{\pi}{2}} \cos x\, dx = \sin x\Big|_0^{\frac{\pi}{2}} = 1, \quad \int_0^{\pi} \cos x\, dx = \sin x\Big|_0^{\pi} = 0.$$

(iii) Es gilt $\int \sin x \, dx = -\cos x$. Damit ist

$$\int_0^{\frac{\pi}{2}} \sin x \, dx = -\cos x \Big|_0^{\frac{\pi}{2}} = 1, \qquad \int_0^{\pi} \sin x \, dx = -\cos x \Big|_0^{\pi} = 2.$$

8.6 Integralformeln

8.6.1 Satz. *Wenn f und g in $[a,b]$, $a < b$, stetig differenzierbar sind, so gilt die partielle Integrationsformel*

$$\int_a^b f(x)g'(x) \, dx = f(x)g(x) \Big|_a^b - \int_a^b f'(x)g(x) \, dx.$$

Beweis. Aus dem zweiten Hauptsatz der Differential- und Integralrechnung und der Produktregel folgt

$$f(x)g(x) \Big|_a^b = \int_a^b (f(x)g(x))' \, dx = \int_a^b f(x)g'(x) \, dx + \int_a^b f'(x)g(x) \, dx. \quad \square$$

8.6.2 Beispiele. (i) In Beispiel 7.3.4 (i) wurde gezeigt, dass

$$\int \cos^n x \, dx = \frac{1}{n} \cos^{n-1} x \sin x + \frac{n-1}{n} \int \cos^{n-2} x \, dx.$$

Damit gilt die Rekursionsformel

$$I_n := \int_0^{\frac{\pi}{2}} \cos^n x \, dx = \frac{n-1}{n} I_{n-2},$$

$$I_1 = 1, \ I_0 = \frac{\pi}{2}.$$

(ii) In Beispiel 7.3.4 (ii) wurde die Rekursion

$$\int \sin^n x \, dx = -\frac{1}{n} \sin^{n-1} x \cos x + \frac{n-1}{n} \int \sin^{n-2} x \, dx$$

gezeigt. Damit gilt die Rekursionsformel

$$J_n := \int_0^{\frac{\pi}{2}} \sin^n x \, dx = \frac{n-1}{n} J_{n-2},$$

$$J_1 = 1, \ J_0 = \frac{\pi}{2}.$$

Es folgt, dass

$$J_n = I_n \text{ für } n \in \mathbb{N}_0.$$

(iii) Für gerades n ergibt sich

$$I_{2n} = \frac{2n-1}{2n} I_{2n-2} = \frac{2n-1}{2n} \cdot \frac{2n-3}{2n-2} \cdot \ldots \cdot \frac{3}{4} \cdot \frac{1}{2} \cdot I_0 = \frac{\pi}{2} \prod_{k=1}^{n} \frac{2k-1}{2k}$$

und für ungerades n folgt

$$I_{2n+1} = \frac{2n}{2n+1} I_{2n-1} = \frac{2n}{2n+1} \cdot \frac{2n-2}{2n-1} \cdot \ldots \cdot \frac{4}{5} \cdot \frac{2}{3} \cdot I_1 = \prod_{k=1}^{n} \frac{2k}{2k+1}.$$

(iv) Für das endliche **Wallissche Produkt** (vergleiche Beispiel 2.4.11) ergibt sich

$$a_n = \frac{2 \cdot 2}{1 \cdot 3} \cdot \frac{4 \cdot 4}{3 \cdot 5} \cdot \ldots \cdot \frac{2n \cdot 2n}{(2n-1)(2n+1)} = \prod_{k=1}^{n} \frac{(2k)^2}{(2k-1)(2k+1)} = \frac{\pi}{2} \frac{I_{2n+1}}{I_{2n}}.$$

Wir zeigen, dass das (unendliche) Wallissche Produkt gleich $\frac{\pi}{2}$ ist:

$$\prod_{k=1}^{\infty} \frac{(2k)^2}{(2k-1)(2k+1)} = \frac{\pi}{2}.$$

Zu zeigen ist also, dass

$$\lim_{n \to \infty} \frac{I_{2n+1}}{I_{2n}} = 1:$$

Wegen $I_{2n+2} \leq I_{2n+1} \leq I_{2n}$ folgt, dass

$$\frac{2n+1}{2n+2} = \frac{I_{2n+2}}{I_{2n}} \leq \frac{I_{2n+1}}{I_{2n}} \leq 1,$$

und hieraus folgt mit Hilfe des Einschließungskriteriums die Behauptung. Wir formen das Wallissche Produkt wie folgt um:

$$a_n = \frac{2 \cdot 2}{1 \cdot 1} \cdot \frac{4 \cdot 4}{3 \cdot 3} \cdot \ldots \cdot \frac{2n \cdot 2n}{(2n-1)(2n-1)} \cdot \frac{1}{2n+1} = \frac{(2^n n!)^4}{((2n)!)^2 (2n+1)}$$

und erhalten die Grenzwertbeziehung

$$\lim_{n \to \infty} \frac{(2^n n!)^2}{(2n)! \sqrt{2n+1}} = \sqrt{\frac{\pi}{2}}.$$

8.6.3 Satz. *Die Funktion $g : [c,d] \to \mathbb{R}$ sei in $[c,d]$ stetig und $f : [a,b] \to [c,d]$ sei in $[a,b]$ stetig differenzierbar. Dann gilt die **Substitutions-** oder **Transformationsformel***

$$\int_{f(a)}^{f(b)} g(x)\, dx = \int_a^b g(f(t)) \cdot f'(t)\, dt.$$

Beweis. Da die Funktion g in $[c,d]$ stetig ist, besitzt sie eine Stammfunktion $G(x) = \int g(x)\,dx$ und es gilt $G'(x) = g(x)$ für $x \in [c,d]$. Aus dem ersten Hauptsatz der Differential- und Integralrechnung folgt

$$\int_{f(a)}^{f(b)} g(x)\,dx = G\left(f(b)\right) - G\left(f(a)\right) = (G \circ f)\,(b) - (G \circ f)\,(a).$$

Weil die Funktion $G \circ f : [a,b] \to \mathbb{R}$ in $[a,b]$ stetig differenzierbar ist, gilt nach der Kettenregel

$$(G \circ f)'(t) = (G(f(t)))' = G'\left(f(t)\right) \cdot f'(t) = g\left(f(t)\right) \cdot f'(t).$$

Also folgt wiederum aus dem ersten Hauptsatz, dass

$$\int_{f(a)}^{f(b)} g(x)\,dx = (G \circ f)\,(b) - (G \circ f)\,(a)$$

$$= \int_a^b (G \circ f)'\,(t)\,dt = \int_a^b g(f(t)) \cdot f'(t)\,dt. \qquad \Box$$

8.6.4 Bemerkungen. (i) Ist f streng monoton wachsend in $I = [a,b]$, so gilt $f(I) = [f(a), f(b)]$. Deshalb lässt sich die Transformationsformel in diesem Fall auch in der Form

$$\int_{f(I)} g(y)\,dy = \int_I g\left(f(x)\right) \cdot f'(x)\,dx.$$

schreiben. Genauso lässt sich die Transformationsformel im Fall, dass f streng monoton fallend in $[a,b]$ ist, in der Form

$$\int_I g\left(f(t)\right) \cdot f'(t)\,dt = \int_{f(a)}^{f(b)} g(x)\,dx = -\int_{f(I)} g(x)\,dx$$

schreiben. Zusammenfassend: Ist $f : I \to f(I)$ streng monoton, also bijektiv, so lautet die Transformationsformel

$$\int_{f(I)} g(x)\,dx = \int_I g(f(t))\,|f'(t)|\,dt.$$

(ii) Im Fall $f'(x) \neq 0$ kann die Transformationsformel direkt, ohne den Hauptsatz der Differential- und Integralrechnung, bewiesen werden. Man betrachte dazu Riemannsche Approximationssummen und wende den Mittelwertsatz der Differentialrechnung an.

8.6.5 Beispiel. Mit Hilfe von Beispiel 7.3.9 (ii) berechnen wir die Fläche des Einheitskreises:

$$2 \int_{-1}^1 \sqrt{1 - x^2}\,dx = 2 \cdot \frac{1}{2} \left(\arcsin x + x\sqrt{1 - x^2} \right)\Big|_{-1}^1 = \frac{\pi}{2} - \left(-\frac{\pi}{2}\right) = \pi.$$

8.6.6 Definition. Sei $f : I \to \mathbb{R}$ an der Stelle $x = a$ differenzierbar und $h \in \mathbb{R}$, dabei ist I ein beliebiges, nicht-ausgeartetes Intervall mit $a \in I$. Dann setzen wir

$$df = df(a) : \mathbb{R} \to \mathbb{R}, \ df(h) = df(a, h) := f'(a) \cdot h.$$

Diese Linearform heißt das **Differential** von f an der Stelle a.

8.6.7 Bemerkungen. (i) Für $f(x) = x$ gilt

$$dx(a, h) = 1 \cdot h = h,$$

kurz

$$dx(h) = h.$$

Also gilt

$$df(a, h) = f'(a) \cdot h = f'(a) \cdot dx(h),$$

kurz

$$df(a) = f'(a) \, dx.$$

(ii) Also können die partielle Integrationsformel und die Substitutionsformel wie folgt formuliert werden:

$$\int_a^b f(x) \, dg(x) = f(x)g(x)\Big|_a^b - \int_a^b g(x) \, df(x)$$

und

$$\int_{f(a)}^{f(b)} g(y) \, dy = \int_a^b g\left(f(x)\right) df(x),$$

beziehungsweise

$$\int f \, dg = fg - \int g \, df$$

und

$$\int g \, dy \Big|_{y=f(x)} = \int g \circ f \, df.$$

Als Anwendung der partiellen Integrationsformel beweisen wir die Taylorsche Formel mit dem Integral-Restglied:

8.6.8 Satz. *Sei $f : I \to \mathbb{R}$ n-mal stetig differenzierbar auf einem beliebigen, nicht-ausgearteten Intervall $I \subset \mathbb{R}$ und sei $a \in I$. Dann gilt die* **Taylorsche** *Formel*

$$f(x) = \sum_{k=0}^{n-1} \frac{f^{(k)}(a)}{k!}(x-a)^k + \int_a^x \frac{(x-t)^{n-1}}{(n-1)!} f^{(n)}(t) \, dt$$

$$= T^{(n-1)}f(a, x) + R_n(a, x)$$

für alle $x \in I$. Dabei ist

$$R_n(a, x) := \int_a^x \frac{(x - t)^{n-1}}{(n - 1)!} f^{(n)}(t)\, dt$$

*das **Integral-Restglied**.*

Beweis durch vollständige Induktion. (I) Nach dem zweiten Hauptsatz der Differential- und Integralrechnung ist

$$f(x) - f(a) = \int_a^x f'(t)\, dt.$$

Damit ist der Induktionsanfang gesichert.

(II) Sei die Behauptung für ein $n \in \mathbb{N}$ wahr. Dann folgt durch partielle Integration, dass

$$\int_a^x \frac{(x - t)^{n-1}}{(n - 1)!} f^{(n)}(t)\, dt = -\frac{(x - t)^n}{n!} f^{(n)}(t)\Big|_a^x + \int_a^x \frac{(x - t)^n}{n!} f^{(n+1)}(t)\, dt$$

$$= f^{(n)}(a)\frac{(x - a)^n}{n!} + \int_a^x \frac{(x - t)^n}{n!} f^{(n+1)}(t)\, dt.$$

Hieraus ergibt sich die Induktionsbehauptung. $\qquad\qquad\qquad\qquad\square$

8.6.9 Bemerkungen. (i) Nach dem Mittelwertsatz der Integralrechnung folgt, dass

$$R_n(a, x) = \int_a^x \frac{(x - t)^{n-1}}{(n - 1)!} f^{(n)}(t)\, dt$$

$$= \frac{(x - \xi)^{n-1}}{(n - 1)!} f^{(n)}(\xi)(x - a)$$

$$= \frac{(1 - \vartheta)^{n-1}}{(n - 1)!} f^{(n)}(a + \vartheta(x - a))(x - a)^n$$

mit einer Zwischenstelle $\xi = a + \vartheta(x - a)$ für ein $\vartheta \in (0, 1)$. Dies ist die **Cauchysche** Form des **Restglieds**.

(ii) Ähnlich ist nach dem erweiterten Mittelwertsatz beziehungsweise dessen Korollar 8.4.7

$$R_n(a, x) = f^{(n)}(\xi) \int_a^x \frac{(x - t)^{n-1}}{(n - 1)!}\, dt = \frac{f^{(n)}(\xi)}{n!}(x - a)^n,$$

dabei ist $\xi = a + t(x - a)$ für ein $t \in (0, 1)$. Als Korollar erhalten wir also unter der Voraussetzung $f \in C^n(I)$ die Taylorsche Formel mit dem **Lagrangeschen Restglied**, welche wir in Satz 5.6.10 bereits unter geringeren Regularitätsannahmen bewiesen hatten.

8.6.10 Beispiele. (i) Wir kommen noch einmal auf die Taylor-Reihe

$$Tf(1,x) = \sum_{k=1}^{\infty} \frac{(-1)^{k+1}}{k}(x-1)^k$$

des **Logarithmus** $f(x) = \log x$ zurück (siehe Beispiel 5.6.14 (ii), Satz 6.3.3 und Bemerkung 6.3.4 (ii)) und schätzen das Cauchysche Restglied ab:

$$
\begin{aligned}
|R_n(1,x)| &= \left| \frac{(1-\vartheta)^{n-1}(-1)^{n+1}}{(1+\vartheta(x-1))^n}(x-1)^n \right| \\
&\leq \frac{|x-1|^n}{1-|x-1|}\left(\frac{1-\vartheta}{1-\vartheta|x-1|} \right)^{n-1} \\
&\leq \frac{|x-1|^n}{1-|x-1|} \to 0
\end{aligned}
$$

für $n \to \infty$, falls $|x-1| < 1$. Damit haben wir die Entwicklung

$$\log x = Tf(1,x) = \sum_{k=1}^{\infty} \frac{(-1)^{k+1}}{k}(x-1)^k \text{ für } 0 < x < 2$$

gezeigt, beziehungsweise es gilt die Reihenentwicklung

$$\log(1+x) = \sum_{k=1}^{\infty} \frac{(-1)^{k+1}}{k}x^k \text{ für } |x| < 1.$$

(ii) Betrachten wir nochmals die Taylorreihe

$$Tf(1,x) = \sum_{k=0}^{\infty} \binom{\mu}{k}(x-1)^k$$

der **allgemeinen Potenz** $f(x) = x^\mu$ (siehe Beispiel 5.6.14 (iii), Satz 6.4.6). Das Cauchysche Restglied kann für $|x-1| < 1$ wie folgt abgeschätzt werden:

$$
\begin{aligned}
|R_n(1,x)| &= \left| \frac{(1-\vartheta)^{n-1}}{(n-1)^n}\mu \cdot \ldots \cdot (\mu-n+1)(1+\vartheta(x-1))^{\mu-n}(x-1)^n \right| \\
&\leq \mu\binom{\mu-1}{n-1}|x-1|^n(1+\vartheta(x-1))^{\mu-1}\left(\frac{1-\vartheta}{1-\vartheta|x-1|} \right)^{n-1} \\
&\leq C\binom{\mu-1}{n-1}q^{n-1} \to 0
\end{aligned}
$$

für $n \to \infty$. Dabei ist $C = C(\mu, x)$ und $q = |x - 1| < 1$ (vergleiche 5.6.14 (iii)). Daher gilt

$$x^\mu = Tf(1, x) = \sum_{k=0}^{\infty} \binom{\mu}{k}(x - 1)^k \text{ für } 0 < x < 2,$$

beziehungsweise es gilt die **Binomialentwicklung**

$$(1 + x)^\mu = \sum_{k=0}^{\infty} \binom{\mu}{k}x^k \text{ für } |x| < 1.$$

8.7 Uneigentliche Integrale

Unser nächstes Ziel besteht darin, Integrale über nicht-kompakte Intervalle zu erklären.

8.7.1 Definition. (i) Sei $I = [a, b)$, $a \in \mathbb{R}$, $b \in \mathbb{R} \cup \{+\infty\}$, $a < b$, ein halboffenes, eventuell unbeschränktes Intervall. Sei $f : I \to \mathbb{R}$ auf jedem kompakten Teilintervall $J = [a, c]$, $a < c < b$, beschränkt und Riemann-integrierbar. Dann definieren wir das **uneigentliche Integral** von f über I durch

$$\int_a^b f(x)\,dx := \lim_{c \to b^-} \int_a^c f(x)\,dx,$$

falls der Grenzwert existiert. In diesem Fall heißt das Integral **konvergent**. Es heißt **absolut konvergent**, wenn das Integral von $|f|$ über I existiert.

(ii) Analog ist das uneigentliche Integral über das halboffene Intervall $I = (a, b]$, $a \in \mathbb{R} \cup \{-\infty\}$, $b \in \mathbb{R}$, $a < b$, definiert durch

$$\int_a^b f(x)\,dx := \lim_{c \to a^+} \int_c^b f(x)\,dx.$$

(iii) Im Fall $I = (a, b)$, $a \in \mathbb{R} \cup \{-\infty\}$, $b \in \mathbb{R} \cup \{+\infty\}$, $a < b$, definieren wir

$$\int_a^b f(x)\,dx := \int_a^c f(x)\,dx + \int_c^b f(x)\,dx,$$

falls für ein, und damit jedes, $c \in (a, b)$ die beiden uneigentlichen Integrale auf der rechten Seite konvergieren.

8.7.2 Folgenkriterium. *Es sei* $I = [a,b)$, $a \in \mathbb{R}$, $b \in \mathbb{R} \cup \{+\infty\}$, $a < b$, *ein halboffenes Intervall und f sei eine auf I erklärte Funktion, die auf jedem kompakten Teilintervall $J = [a,c]$, $a < c < b$, beschränkt und Riemann-integrierbar ist. Dann konvergiert das uneigentliche Integral $\int_a^b f(x)\,dx$ genau dann, wenn der Grenzwert*

$$\lim_{k \to \infty} \int_a^{c_k} f(x)\,dx$$

für jede Folge $(c_k)_{k \in \mathbb{N}}$ in I mit $c_k \to b$ für $k \to \infty$ existiert.

8.7.3 Bemerkung. Der Grenzwert ist unabhängig von der Wahl der Folge $(c_k)_{k \in \mathbb{N}}$, wie man durch Betrachten der gemischten Folge $c_1, c_1', c_2, c_2', \ldots$ erkennt.

8.7.4 Beispiel. Sei $f(x) := \frac{1}{x}$ für $0 < x \leq 1$. Dann ist $\int_0^1 f(x)\,dx$ nicht definiert:

$$\int_{\frac{1}{k}}^1 \frac{1}{x}\,dx = \sum_{\ell=1}^{k-1} \int_{\frac{1}{\ell+1}}^{\frac{1}{\ell}} \frac{1}{x}\,dx \geq \sum_{\ell=1}^{k-1} \ell\left(\frac{1}{\ell} - \frac{1}{\ell+1}\right) = \sum_{\ell=1}^{k-1} \frac{1}{\ell+1} \to +\infty$$

für $k \to \infty$.

8.7.5 Satz. *Es sei I ein halboffenes oder offenes Intervall und f sei eine auf I erklärte Funktion, welche auf jedem kompakten Teilintervall $J \subset I$ beschränkt und Riemann-integrierbar ist. Ferner gelte für jedes kompakte Intervall $J \subset I$ eine Ungleichung der Form*

$$\int_J |f(x)|\,dx \leq M < +\infty$$

mit einer festen, von J unabhängigen Konstanten M. Dann konvergiert das uneigentliche Integral

$$\int_I f(x)\,dx.$$

Beweis. Wir betrachten nur den Fall, dass $I = [a,b)$, $a \in \mathbb{R}$, $b \in \mathbb{R} \cup \{+\infty\}$, $a < b$, ein halboffenes Intervall ist. Sei $(c_k)_{k \in \mathbb{N}}$ eine monoton wachsende Folge in I mit $c_k \uparrow b$ für $k \to \infty$. Dann ist die Folge $\left(\int_a^{c_k} |f(x)|\,dx\right)_{k \in \mathbb{N}}$ monoton wachsend und beschränkt und deshalb nach dem Monotonieprinzip konvergent. Daher gibt es zu jedem $\varepsilon > 0$ ein $N = N(\varepsilon)$, so dass

$$0 \leq \int_{c_N}^{c_k} |f(x)|\,dx = \int_a^{c_k} |f(x)|\,dx - \int_a^{c_N} |f(x)|\,dx < \varepsilon \text{ für alle } k \in \mathbb{N}, \, k \geq N.$$

Sei nun $(c_\ell')_{\ell \in \mathbb{N}}$ eine beliebige Folge in I mit $c_\ell' \to c$ für $k \to \infty$. Dann gibt es ein $N' \in \mathbb{N}$ mit

$$c_\ell' \geq c_N \text{ für } \ell \geq N'.$$

Außerdem gibt es zu jedem $\ell \geq N'$ ein $k \geq N$ mit

$$c_k \geq c'_\ell, \ c_k \geq c'_{N'}.$$

Daraus ergibt sich im Fall $c'_{N'} \leq c'_\ell$, dass

$$\left| \int_a^{c'_\ell} f(x)\,dx - \int_a^{c'_N} f(x)\,dx \right| = \left| \int_{c'_{N'}}^{c'_\ell} f(x)\,dx \right|$$

$$\leq \int_{c'_{N'}}^{c'_\ell} |f(x)|\,dx \leq \int_{c_N}^{c_k} |f(x)|\,dx < \varepsilon$$

für $\ell \geq N'$. Der Fall $c'_\ell > c'_{N'}$ folgt genauso. Daher ist $\left(\int_a^{c'_\ell} f(x)\,dx \right)_{\ell \in \mathbb{N}}$ eine Cauchy-Folge, also konvergent. Somit existiert nach dem Folgenkriterium das uneigentliche Integral $\int_a^b f(x)\,dx$. $\qquad\square$

8.8 Das Integralkriterium und Anwendungen

Sei $f : [0, +\infty) \to \mathbb{R}$ eine Funktion und sei $a_k = f(k)$ für $k \in \mathbb{N}_0$. Unter geeigneten Bedingungen an f wollen wir die unendliche Reihe $\sum\limits_{k=0}^{\infty} a_k$ als eine Approximation für das uneigentliche Integral $\int_0^\infty f(x)\,dx$ ansehen. Auf diese Weise werden wir einen Zusammenhang zwischen der Theorie der unendlichen Reihen und der Integrationstheorie herstellen. Mit Hilfe der Technik der partiellen Integration werden wir uns einen tieferen Einblick verschaffen.

8.8.1 Integralkriterium. *Sei $f : [0, +\infty) \to [0, +\infty)$ eine nicht-negative, monoton fallende Funktion und sei $a_k := f(k)$ für alle $k \in \mathbb{N}_0$. Dann gelten die Ungleichungen*

$$0 \leq \sum_{k=1}^{n} a_k \leq \int_0^n f(x)\,dx \leq \sum_{k=0}^{n-1} a_k \text{ für alle } n \in \mathbb{N}.$$

Insbesondere konvergiert die Reihe $\sum\limits_{k=0}^{\infty} a_k$ genau dann, wenn das uneigentliche Integral $\int_0^\infty f(x)\,dx$ konvergiert.

Beweis. Für alle $k \in \mathbb{N}_0$ gilt

$$0 \leq a_{k+1} \leq f(x) \leq a_k \text{ für alle } k \leq x \leq k+1.$$

Integration über x von k bis $k+1$ und anschließende Summation über k von 0 bis $n-1$ ergibt die behaupteten Ungleichungen. Die Reihe $\sum\limits_{k=0}^{\infty} a_k$ konvergiert also genau dann, wenn $\int_0^\infty f(x)\,dx$ existiert. $\qquad\square$

8.8.2 Zusatz zum Integralkriterium. *Die Folge* $(c_n)_{n \in \mathbb{N}}$,

$$c_n := \sum_{k=0}^{n-1} a_k - \int_0^n f(x)\,dx$$

ist immer monoton wachsend und beschränkt und daher konvergent und es gilt

$$0 \le \lim_{n \to \infty} c_n \le a_0 - \liminf_{n \to \infty} a_n.$$

Beweis. Es gilt

$$c_n = c_{n+1} - a_n + \int_n^{n+1} f(x)\,dx \le c_{n+1} \text{ für alle } n \in \mathbb{N}.$$

Außerdem ist

$$0 \le c_n := \sum_{k=1}^{n} a_k - \int_0^n f(x)\,dx + a_0 - a_n \le a_0 - a_n \le a_0.$$

Aus dem Monotonieprinzip folgt die Existenz des Grenzwertes $\lim_{n \to \infty} c_n$ sowie die behauptete Abschätzung. $\qquad \square$

8.8.3 Beispiele. (i)   Die **Zeta-Reihe** $\zeta(\mu) = \sum_{k=1}^{\infty} \frac{1}{k^{\mu}}$ konvergiert für $\mu > 1$ und
divergiert für $\mu \le 1$.

(ii)   Die Reihe $\sum_{k=2}^{\infty} \frac{1}{k(\log k)^{\mu}}$ konvergiert für $\mu > 1$ und divergiert für $\mu \le 1$. Hierzu
berechne man für $\mu > 1$:

$$\int_2^n \frac{dx}{x(\log x)^{\mu}} = \frac{(\log x)^{1-\mu}}{1-\mu}\Big|_2^n \to \frac{1}{(\mu-1)(\log 2)^{\mu-1}} \text{ für } n \to \infty.$$

(iii)   Wir betrachten die **harmonische Reihe** $\sum_{k=1}^{\infty} \frac{1}{k}$: Der Limes

$$C = \lim_{n \to \infty} \left(\sum_{k=1}^{n-1} \frac{1}{k} - \int_1^n \frac{1}{x}\,dx \right) = \lim_{n \to \infty} \left(\sum_{k=1}^{n} \frac{1}{k} - \log n \right)$$

wird **Eulersche** oder **Euler-Mascheronische** Konstante genannt.

(iv) Für den Wert der ζ-Reihe erhalten wir für $\mu > 1$ die Abschätzung

$$0 \le \zeta(\mu) - \frac{1}{\mu - 1} \le 1.$$

Außerdem gilt für $0 < \mu < 1$, dass

$$0 \le \lim_{n \to \infty} \left(\sum_{k=1}^{n-1} \frac{1}{k^\mu} - \int_1^n \frac{1}{x^\mu} dx \right) = \lim_{n \to \infty} \left(\sum_{k=1}^n \frac{1}{k^\mu} - \frac{n^{1-\mu}}{1-\mu} + \frac{1}{1-\mu} \right) \le 1.$$

In diesem Fall wächst die Reihe wie $n^{1-\mu}$ für $n \to \infty$.

8.8.4 Bemerkung. Sei $f : [0, +\infty) \to [0, +\infty)$ eine nicht-negative, monoton wachsende Funktion. Dann gelten die Ungleichungen

$$0 \le \sum_{k=0}^{n-1} a_k \le \int_0^n f(x)\, dx \le \sum_{k=1}^n a_k \text{ für alle } n \in \mathbb{N}.$$

Die Folge $(c_n)_{n \in \mathbb{N}}$,

$$c_n := \sum_{k=1}^n a_k - \int_0^n f(x)\, dx,$$

wächst monoton und es gelten die Ungleichungen

$$0 \le c_n \le a_n - a_0 \text{ für alle } n \in \mathbb{N}.$$

Sie wächst höchstens so stark wie a_n für $n \to \infty$.

8.8.5 Beispiel. Wir betrachten die Funktion $f(x) = \log x$ für $x \ge 1$. Wegen $\int \log x\, dx = x \log x - x$ folgt, dass

$$c_n = \sum_{k=2}^n \log k - \int_1^n \log x\, dx = \log n! - (x \log x - x)\Big|_1^n$$

$$= \log n! - n \log n + n - 1 = \log \frac{n! e^n}{n^n} - 1.$$

Im Folgenden werden wir zeigen, dass der Grenzwert

$$\lim_{n \to \infty} \frac{n! e^n}{n^n \sqrt{n}}$$

existiert und wir werden ihn berechnen. Hierzu betrachten wir das Integral $\int_1^n \log x\, dx = \int_1^n \log x \cdot 1\, dx$ und integrieren mehrfach partiell, bis wir ein für $n \to \infty$ konvergierendes Integral der Form $\int_1^n \frac{g(x)}{x^\mu} dx$ mit $\mu > 1$ und einer beschränkten Funktion g erhalten.

8.8.6 Lemma. *Sei* $f : [0, n] \to \mathbb{R}$ *stetig differenzierbar. Dann gilt die Formel*

$$\sum_{k=0}^{n} a_k = \int_0^n f(x) \, dx + \frac{a_0 + a_n}{2} + R_0$$

mit dem Restglied

$$R_0 := \int_0^n f'(x) \left(x - [x] - \frac{1}{2} \right) dx,$$

dabei ist $[x] = \max \{ k \in \mathbb{N} \mid k \leq x \}$ *die Gaußsche Klammer- beziehungsweise Treppenfunktion.*

Beweis. Für alle $k \in \mathbb{N}_0$ betrachten wir das Integral

$$\int_k^{k+1} f(x) \, dx = \int_0^1 f(x + k) \cdot 1 \, dx$$

$$= f(x + k) \left(x - \frac{1}{2} \right) \Big|_0^1 = \int_0^1 f'(x + k) \left(x - \frac{1}{2} \right) dx$$

$$= \frac{f(k) + f(k + 1)}{2} - \int_k^{k+1} f'(x) \left(x - k - \frac{1}{2} \right) dx.$$

Weil $k = [x]$ gilt, folgt die behauptete Identität durch Summation über k von 0 bis $n - 1$.   □

Um die weiteren partiellen Integrationen durchführen zu können, definieren wir:

8.8.7 Definition. Die **Bernoullischen Polynome** $B_n(x)$ auf dem Intervall $[0, 1]$ sind für alle $x \in [0, 1]$ rekursiv definiert durch

$$B_0(x) \equiv 1 =: B_0, \ B_n(x) := n \int_0^x B_{n-1}(t) \, dt + B_n \text{ für alle } n \in \mathbb{N}, \qquad (8.2)$$

dabei sind die **Bernoullischen Zahlen** B_n für $n \in \mathbb{N}$ so gewählt, dass gilt $\int_0^1 B_n(x) \, dx = 0$.

8.8.8 Bemerkungen. (i) $B_0(x) = 1, \ B_1(x) = x - \frac{1}{2}, \ B_2(x) = x^2 - x + \frac{1}{6}, \ B_3(x) = x^3 - \frac{3}{2} x^2 + \frac{1}{2} x.$

(ii) $B_0 = 1, \ B_1 = -\frac{1}{2}, \ B_2 = \frac{1}{6}, \ B_3 = 0.$

(iii) $|B_1(x)| \leq \frac{1}{2}, \ |B_2(x)| \leq \frac{1}{6}, \ |B_3(x)| < \frac{1}{20}.$

(iv) $B_n(0) = B_n(1) = B_n$ für $n \geq 2.$

(v) Die Funktionen $\widetilde{B}_n(x) = (-1)^n B_n(1-x)$ genügen der Rekursion (8.2). Also gilt

$$(-1)^n B_n(1-x) = B_n(x) \text{ für } x \in [0,1].$$

(vi) $B_{2k+1} = 0$ für $k \in \mathbb{N}$.

Durch vollständige Induktion über $m \in \mathbb{N}_0$ erhält man, indem man im Induktionsschritt zweimal partiell integriert:

8.8.9 Satz. *Sei* $f : [0,n] \to \mathbb{R}$ *eine* $2m+1$-*mal stetig differenzierbare Funktion. Dann gilt die* **Eulersche Summenformel**

$$\sum_{k=0}^{n} a_k = \int_0^n f(x)\,dx + \frac{a_0 + a_n}{2} + \sum_{k=1}^{m} \frac{B_{2k}}{(2k)!} f^{(2k-1)}(x)\Big|_0^n + R_m$$

mit dem Restglied

$$R_m := \frac{1}{(2m+1)!} \int_0^n f^{(2m+1)}(x) B_{2m+1}(x - [x])\,dx.$$

8.8.10 Beispiel. Wir betrachten erneut die Funktion $f(x) = \log x$ für $x \geq 1$. Wegen $\int \log x\,dx = x\log x - x$ folgt aus der Eulerschen Summenformel für $m = 1$, dass

$$\log n! = \sum_{k=1}^{n} \log k = \int_1^n \log x\,dx + \frac{\log 1 + \log n}{2} + \frac{B_2}{2!}\frac{1}{x}\Big|_1^n + R_1$$

$$= n\log n - n + 1 + \frac{\log n}{2} + \frac{1}{12}\left(\frac{1}{n} - 1\right) + R_1,$$

dabei ist

$$R_1 = \frac{1}{3} \int_1^n \frac{B_3(x - [x])}{x^3}\,dx.$$

Daraus ergibt sich die Beziehung

$$\log \frac{n! e^n}{n^n \sqrt{n}} = C + \tilde{R}_1$$

mit

$$C = \frac{11}{12} + \frac{1}{3} \int_1^\infty \frac{B_3(x - [x])}{x^3}\,dx,$$

$$\tilde{R}_1 = \frac{1}{12n} + \frac{1}{3} \int_n^\infty \frac{B_3(x - [x])}{x^3}\,dx$$

und es gilt

$$\left|\tilde{R}_1\right| < \frac{1}{12n} + \frac{1}{120}\frac{1}{x^2}\Big|_n^\infty = \frac{1}{12n} + \frac{1}{120n^2}.$$

Also gilt die Grenzwertbeziehung

$$\lim_{n\to\infty}\left(\log\frac{n!e^n}{n^n\sqrt{n}}\right) = C.$$

Im Folgenden zeigen wir, dass der Grenzwert gleich $\log\sqrt{2\pi}$ ist, indem wir die Folge $(c_n)_{n\in\mathbb{N}}$ mit

$$c_n := \frac{n!e^n}{n^n\sqrt{n}}$$

betrachten und deren Grenzwert berechnen. Dazu ziehen wir die Limesrelation

$$\lim_{n\to\infty}\frac{(2^n n!)^2}{(2n)!\sqrt{2n+1}} = \sqrt{\frac{\pi}{2}} \tag{8.3}$$

aus Beispiel 8.6.2 (iv) heran, welche gerade besagt, dass $\frac{\pi}{2}$ der Wert des Wallisschen Produkts ist. In (8.3) setzen wir die Beziehungen

$$n! = c_n\frac{n^n\sqrt{n}}{e^n}, \ (2n)! = c_{2n}\frac{(2n)^{2n}\sqrt{2n}}{e^{2n}}$$

ein und erhalten

$$\sqrt{\frac{\pi}{2}} = \lim_{n\to\infty}\frac{2^{2n}c_n^2 n^{2n}n}{e^{2n}}\cdot\frac{e^{2n}}{c_{2n}(2n)^{2n}\sqrt{2n}}\cdot\frac{1}{\sqrt{2n+1}}$$

$$= \lim_{n\to\infty}\frac{c_n^2}{c_{2n}}\cdot\frac{1}{\sqrt{4+\frac{2}{n}}} = \frac{C}{2}.$$

Hieraus ergibt sich die Stirlingsche Formel, welche wir in vereinfachter Form bereits in 3.2.20 kennengelernt hatten:

8.8.11 Satz. *Es gilt die* **Stirlingsche Formel**

$$\lim_{n\to\infty}\frac{n!e^n}{n^n\sqrt{n}} = \sqrt{2\pi},$$

beziehungsweise

$$\lim_{n\to\infty}\frac{n!}{\left(\frac{n}{e}\right)^n\sqrt{2\pi n}} = 1,$$

das heißt, es gilt die asymptotische Gleichheit

$$n! \cong \sqrt{2\pi n}\left(\frac{n}{e}\right)^n.$$

Genauer gilt die Beziehung

$$n! = \sqrt{2\pi n}\left(\frac{n}{e}\right)^n \exp\left(\frac{1}{12n} + \frac{c}{120n^2}\right)$$

mit einer Zahl $c = c(n)$, $|c| < 1$.

8.9 Grenzwertsätze

In diesem Abschnitt behandeln wir das Problem der Vertauschung von Integration und Grenzübergang:

8.9.1 Satz. *Sei $(f_k)_{k\in\mathbb{N}}$ eine Folge beschränkter, Riemann-integrierbarer Funktionen auf einem kompakten Intervall I. Außerdem gelte die Relation*

$$f(x) := \lim_{k\to\infty} f_k(x)$$

gleichmäßig auf I, das heißt, für alle $\varepsilon > 0$ gibt es ein $N \in \mathbb{N}$ mit

$$|f(x) - f_k(x)| < \varepsilon \text{ für alle } k \in \mathbb{N}, \ k \ge N \text{ und alle } x \in I.$$

Dann ist f beschränkt und Riemann-integrierbar auf I und es gilt

$$\int_I f(x)\,dx = \lim_{k\to\infty} \int_I f_k(x)\,dx.$$

Beweis. (I) f ist beschränkt, denn für $\varepsilon = 1$ ist

$$|f(x) - f_N(x)| < 1$$

für alle $x \in I$ und $N = N(1) \in \mathbb{N}$. Es folgt die gleichmäßige Beschränktheit der Folge $(f_k)_{k\in\mathbb{N}}$.

(II) Sei $\varepsilon > 0$. Dann gibt es ein $N \in \mathbb{N}$ mit

$$f_k(x) - \varepsilon \le f(x) \le f_k(x) + \varepsilon \text{ für alle } k \in \mathbb{N}, \ k \ge N \text{ und } x \in I.$$

Ist $\pi : a = x_0 < x_1 < \cdots < x_n = b$ eine Partition von I, dann folgt

$$m_\ell^{(k)} - \varepsilon \le m_\ell \le m_\ell^{(k)} + \varepsilon, \ m_\ell = \inf_{I_\ell} f, \ m_\ell^{(k)} = \inf_{I_\ell} f_k,$$

also auch

$$s(\pi, f_k) - \varepsilon |I| \le s(\pi, f) \le s(\pi, f_k) + \varepsilon |I|\,.$$

Also ist

$$s(f_k) - \varepsilon |I| \le s(f) \le s(f_k) + \varepsilon |I|\,,$$

das heißt

$$s(f) = \lim_{k \to \infty} s(f_k) = \lim_{k \to \infty} \int_I f_k(x)\,dx.$$

Genauso ist

$$S(f) = \lim_{k \to \infty} S(f_k) = \lim_{k \to \infty} \int_I f_k(x)\,dx.$$

Also gilt $s(f) = S(f)$, das heißt, f ist Riemann-integrierbar und es gilt

$$\int_I f(x)\,dx = \lim_{k \to \infty} \int_I f_k(x)\,dx. \qquad \square$$

Als Korollar ergibt sich:

8.9.2 Gliedweise Integration von Reihen. *Es sei* $\sum\limits_{k=0}^{\infty} f_k(x)$ *eine gleichmäßig konvergente Reihe beschränkter, Riemann-integrierbarer Funktionen auf einem kompakten Intervall* $I \subset \mathbb{R}$. *Dann stellt sie eine über* I *beschränkte, Riemann-integrierbare Funktion dar und es gilt*

$$\int_I \sum_{k=0}^{\infty} f_k(x)\,dx = \sum_{k=0}^{\infty} \int_I f_k(x)\,dx.$$

8.9.3 Bemerkung. Es gilt der **Satz von Arzelà**: Ist $(f_k)_{k \in \mathbb{N}}$ eine Folge gleichmäßig beschränkter, Riemann-integrierbarer Funktionen über einem kompakten Intervall I, das heißt ist

$$|f_k(x)| \le M < +\infty \text{ für alle } k \in \mathbb{N} \text{ und alle } x \in I,$$

gilt

$$\lim_{k \to \infty} f_k(x) = f(x)$$

punktweise für alle $x \in I$ und ist f Riemann-integrierbar über I, so gilt

$$\int_I f(x)\,dx = \lim_{k \to \infty} \int_I f_k(x)\,dx.$$

Der Beweis ist elementar.

8.9.4 Bemerkung. Ist $(f_k)_{k \in \mathbb{N}}$ eine Folge stetiger Funktionen auf I, so ist die Grenzfunktion f stetig, also Riemann-integrierbar, und der Beweis von Satz 8.9.1 vereinfacht sich wie folgt: Wegen der gleichmäßigen Konvergenz gibt es zu jedem $\varepsilon > 0$ ein $N = N(\varepsilon)$ mit $|f_k(x) - f(x)| \leq \varepsilon$ für alle $k \in \mathbb{N}$, $k \geq N$ und $x \in I$. Daraus folgt

$$\left| \int_I f_k(x)\,dx - \int_I f(x)\,dx \right| \leq \int_I |f_k(x) - f(x)|\,dx \leq \varepsilon \int_I dx = \varepsilon\,|I|$$

und somit gilt

$$\int_I f(x)\,dx = \lim_{k \to \infty} \int_I f_k(x)\,dx.$$

8.9.5 Bemerkung. Satz 8.9.1 wird im Allgemeinen falsch, wenn nur die punktweise Konvergenz der Folge $(f_k)_{k \in \mathbb{N}}$ verlangt wird: Sei $I = [0,1]$,

$$f_k(x) := \begin{cases} k^2 x & \text{für } 0 \leq x \leq \frac{1}{2k} \\ k^2(\frac{1}{k} - x) & \text{für } \frac{1}{2k} \leq x \leq \frac{1}{k} \\ 0 & \text{für } \frac{1}{k} \leq x \leq 1 \end{cases}.$$

Dann gilt für festes $x \in [0,1]$ $f_k(x) \to 0$, also $f(x) = \lim_{k \to \infty} f_k(x) = 0$ für $x \in [0,1]$, $\int_I f_k(x)\,dx = \frac{1}{4}$ für alle k und $\int_I f(x)\,dx = 0$.

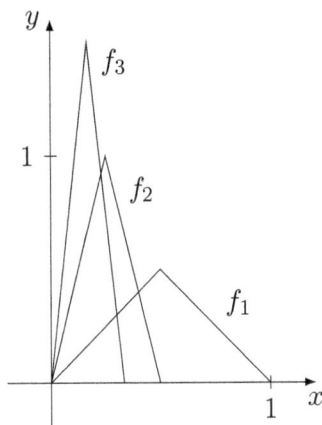

Abbildung 8.5: *Vertauschung von Integration und Limes, Bemerkung 8.9.5*

8.9.6 Satz von der majorisierten Konvergenz. *Es sei I ein halboffenes oder offenes Intervall und $(f_k)_{k \in \mathbb{N}}$ sei eine Folge von Funktionen auf I, welche auf jedem kompakten Teilintervall $J \subset I$ beschränkt und Riemann-integrierbar sind*

*und auf jedem kompakten Teilintervall $J \subset I$ gleichmäßig gegen eine Funktion f
konvergieren. Außerdem gelte für alle $x \in I$ und alle $k \in \mathbb{N}$*

$$|f_k(x)| \le F(x), \quad \int_I F(x)\,dx < +\infty,$$

*mit einer in jedem kompakten Teilintervall $J \subset I$ beschränkten, Riemann-inte-
grierbaren Funktion F. Dann gilt*

$$\int_I f(x)\,dx = \lim_{k \to \infty} \int_I f_k(x)\,dx.$$

Beweis. Wir betrachten nur den Fall, dass $I = [a, b)$, $a \in \mathbb{R}$, $b \in \mathbb{R} \cup \{+\infty\}$, $a < b$,
ein halboffenes Intervall ist. Wegen $|f_k(x)| \le F(x)$ gilt auch $|f(x)| \le F(x)$ für
alle $x \in I$. Somit existieren laut Satz 8.7.5 die uneigentlichen Integrale $\int_I f_k(x)\,dx$
und $\int_I f(x)\,dx$ für alle $k \in \mathbb{N}$.

Sei $\varepsilon > 0$ und sei $(c_\ell)_{\ell \in \mathbb{N}}$ eine monoton wachsende Folge in I mit $c_\ell \uparrow b$ für $\ell \to \infty$.
Sei $N = N(\varepsilon)$ so gewählt, dass

$$\int_a^b F(x)\,dx - \int_a^{c_\ell} F(x)\,dx < \varepsilon$$

für alle $\ell \in \mathbb{N}$, $\ell \ge N$ gilt. Für $m \ge \ell \ge N$ und $k \in \mathbb{N}$ gilt dann

$$\left| \int_a^{c_m} f_k(x)\,dx - \int_a^{c_\ell} f_k(x)\,dx \right| \le \int_a^b F(x)\,dx - \int_a^{c_\ell} F(x)\,dx < \varepsilon.$$

Der Grenzübergang $m \to \infty$ ergibt

$$\left| \int_a^b f_k(x)\,dx - \int_a^{c_N} f_k(x)\,dx \right| < \varepsilon$$

für $k \in \mathbb{N}$. Genauso gilt

$$\left| \int_a^b f(x)\,dx - \int_a^{c_N} f(x)\,dx \right| < \varepsilon.$$

Wegen Satz 8.9.1 gibt es ein $N' \in \mathbb{N}$ mit

$$\left| \int_a^{c_N} f_k(x)\,dx - \int_a^{c_N} f(x)\,dx \right| < \varepsilon$$

für alle $k \in \mathbb{N}$, $k \geq N'$. Also gilt für $k \geq N'$

$$\left| \int_a^b f_k(x)\, dx - \int_a^b f(x)\, dx \right| \leq \left| \int_a^b f_k(x)\, dx - \int_a^{c_N} f_k(x)\, dx \right|$$

$$+ \left| \int_a^{c_N} f_k(x)\, dx - \int_a^{c_N} f(x)\, dx \right|$$

$$+ \left| \int_a^{c_N} f(x)\, dx - \int_a^b f(x)\, dx \right|$$

$$< 3\varepsilon$$

und somit

$$\int_a^b f(x)\, dx = \lim_{k\to\infty} \int_a^b f_k(x)\, dx. \qquad \square$$

8.9.7 Korollar. *Es sei $I \subset \mathbb{R}$ ein halboffenes oder offenes Intervall und $(f_k)_{k\in\mathbb{N}}$ sei eine Folge nicht-negativer Funktionen, die in jedem kompakten Teilintervall $J \subset I$ beschränkt und Riemann-integrierbar sind und auf jedem kompakten Teilintervall $J \subset I$ gleichmäßig gegen eine Funktion f konvergieren. Außerdem gelte für alle $x \in I$ und alle $k \in \mathbb{N}$*

$$0 \leq f_k(x) \leq f(x), \quad \int_I f_k(x)\, dx \leq M < +\infty.$$

Dann gilt

$$\int_I f(x)\, dx = \lim_{k\to\infty} \int_I f_k(x)\, dx.$$

Beweis. Es sei $J \subset I$ ein kompaktes Intervall. Dann gilt wegen Satz 8.9.1

$$\int_J f(x)\, dx = \lim_{k\to\infty} \int_J f_k(x)\, dx$$

und wegen $\int_J f_k(x)\, dx \leq \int_I f_k(x)\, dx \leq M$ für $k \in \mathbb{N}$ ist

$$\int_J f(x)\, dx \leq M.$$

Nach Satz 8.9.6 folgt wegen $0 \leq f_k(x) \leq f(x)$ auch

$$\int_I f(x)\, dx = \lim_{k\to\infty} \int_I f_k(x)\, dx. \qquad \square$$

A   Mengensysteme, Relationen und Partitionen

A.1   Mengensysteme

Dass der intuitive Mengenbegriff zu logischen Widersprüchen (Antinomien) führen kann, zeigt die folgende Bemerkung:

A.1.1 Russellsche Antinomie. Die „Menge" $\mathcal{X}$ aller Mengen X, die sich nicht
selbst enthalten,

$$\mathcal{X} = \{\, X \mid X \notin X \,\},$$

ist keine Menge, denn die Aussage $\mathcal{X} \in \mathcal{X}$ ist nicht entscheidbar: Einerseits führt
die Annahme $\mathcal{X} \in \mathcal{X}$ aufgrund der Definition von $\mathcal{X}$ zu $\mathcal{X} \notin \mathcal{X}$. Andererseits folgt
aus $\mathcal{X} \notin \mathcal{X}$ wiederum $\mathcal{X} \in \mathcal{X}$. In beiden Fällen kommen wir zu einem Widerspruch.

Ähnlich ist nicht jede grammatikalisch richtige Wortzusammenstellung, wie zum
Beispiel „viereckiger Kreis", sinnvoll. Über den Satz „Ich irre mich jetzt" mag der
Leser philosophieren. B. Russell schreibt 1901 „that in mathematics we never
know what we are talking about nor whether what we are saying is true".

A.1.2 Definition. Die Menge aller Teilmengen einer Menge X,

$$\mathcal{P}(X) := \{\, A \mid A \subset X \,\},$$

heißt die **Potenzmenge** von X.

A.1.3 Beispiele. (i) Für die Menge $X = \{\, 5, 6, 7 \,\}$ ist

$$\mathcal{P}(\{\, 5, 6, 7 \,\}) = \{\, \varnothing, \{\, 5 \,\}, \{\, 6 \,\}, \{\, 7 \,\}, \{\, 5, 6 \,\}, \{\, 5, 7 \,\}, \{\, 6, 7 \,\}, \{\, 5, 6, 7 \,\} \,\}.$$

(ii) $\mathcal{P}(\varnothing) = \{\, \varnothing \,\}, \mathcal{P}(\mathcal{P}(\varnothing)) = \{\, \varnothing, \{\, \varnothing \,\} \,\},$
$\mathcal{P}(\mathcal{P}(\mathcal{P}(\varnothing))) = \{\, \varnothing, \{\, \varnothing \,\}, \{\, \{\, \varnothing \,\} \,\}, \{\, \varnothing, \{\, \varnothing \,\} \,\} \,\}.$

A.1.4 Bemerkung. Die Menge der natürlichen Zahlen $\mathbb{N} = \{\, 1, 2, 3, \ldots \,\}$ lässt
sich dadurch erklären, dass man

$$1 := \{\, \varnothing \,\}, \; 2 := \{\, \{\, \varnothing \,\} \,\}, \; 3 := \{\, \{\, \{\, \varnothing \,\} \,\} \,\}, \ldots$$

setzt. Genauer lassen sich die natürlichen Zahlen durch die Setzung $1 := \{\, \varnothing \,\}$
und die Angabe des Konstruktionsschritts,

wenn n gegeben ist, dann ist der Nachfolger n' von n definiert durch

$$n' := \{\, n \,\},$$

rekursiv konstruieren (vergleiche Abschnitt 1.1). Sie werden dann zur Menge $\mathbb{N}$ der natürlichen Zahlen zusammengefasst.

Wenn man anstelle zweier Mengen X und Y ein **System** oder eine **Familie** $\mathcal{S}$ von Mengen betrachtet, das heißt eine Menge von Mengen, dann lassen sich die Definitionen 0.1.9 (i) und (ii) verallgemeinern:

A.1.5 Definition. (i) Die **Vereinigung** der Mengen A eines Systems $\mathcal{S}$ ist die Menge

$$\bigcup_{A \in \mathcal{S}} A := \{\, x \mid x \in A \text{ für ein } A \in \mathcal{S} \,\} = \{\, x \mid \text{ es gibt ein } A \in \mathcal{S} \text{ mit } x \in A \,\}.$$

(ii) Der **Durchschnitt** der Mengen $A \in \mathcal{S}$ ist die Menge

$$\bigcap_{A \in \mathcal{S}} A := \{\, x \mid x \in A \text{ für alle } A \in \mathcal{S} \,\} = \{\, x \mid \text{ für alle } A \in \mathcal{S} \text{ gilt } x \in A \,\}.$$

A.1.6 Bemerkung. Ist $\mathcal{S}$ ein System von Mengen, dann setzen wir

$$X := \bigcup_{A \in \mathcal{S}} A$$

und können damit $\mathcal{S}$ als Teilsystem von $\mathcal{P}(X)$ ansehen. Jedes abstrakte Mengensystem $\mathcal{S}$ ist somit ein System von Teilmengen einer Menge X. Insbesondere ist $\mathcal{C}A = \mathcal{C}_X(A) = X \smallsetminus A$ für $A \in \mathcal{S}$.

A.1.7 Lemma. *Sei $\mathcal{S}$ ein Mengensystem, und sei A eine weitere Menge. Dann gelten die* **Distributivgesetze**

$$A \cup \bigcap_{B \in \mathcal{S}} B = \bigcap_{B \in \mathcal{S}} A \cup B, \quad A \cap \bigcup_{B \in \mathcal{S}} B = \bigcup_{B \in \mathcal{S}} A \cap B$$

und die **de Morganschen Regeln**

$$\mathcal{C}\left(\bigcup_{A \in \mathcal{S}} A \right) = \bigcap_{A \in \mathcal{S}} \mathcal{C}A, \quad \mathcal{C}\left(\bigcap_{A \in \mathcal{S}} A \right) = \bigcup_{A \in \mathcal{S}} \mathcal{C}A.$$

Beweis. Wir zeigen die Inklusion

$$\mathcal{C}\left(\bigcup_{A \in \mathcal{S}} A \right) \subset \bigcap_{A \in \mathcal{S}} \mathcal{C}A,$$

die weiteren Behauptungen beweise der Leser zur Übung: Wir betrachten ein beliebiges $x \in \mathcal{C}(\bigcup_{A \in S} A)$, das heißt, es gilt $x \notin \bigcup_{A \in S} A$. Dann kann es kein $A \in S$ geben mit $x \in A$. Also gilt $x \notin A$ für alle $A \in \mathcal{A}$, das heißt $x \in \mathcal{C}A$ für alle $A \in S$ und deshalb $x \in \bigcap_{A \in S} \mathcal{C}A$. Damit ist die behauptete Inklusion $\mathcal{C}\left(\bigcup_{A \in S} A \right) \subset \bigcap_{A \in S} \mathcal{C}A$ bewiesen. $\square$

A.2 Indizierte Familien

A.2.1 Definition. Seien X und Λ Mengen. Eine **indizierte Familie von Elementen** von X ist eine Abbildung a von Λ in X mit $\lambda \mapsto a(\lambda)$. Wir schreiben

$$a_\lambda := a(\lambda) \text{ für } \lambda \in \Lambda$$

und nennen λ einen **Index** und Λ die zugehörige **Indexmenge**. Die Abbildung $a = \{ (\lambda, a_\lambda) \mid \lambda \in \Lambda \}$ wird als indizierte Familie mit

$$a = (a_\lambda) = (a_\lambda)_{\lambda \in \Lambda}$$

bezeichnet.

A.2.2 Bemerkung. Ist $a = (a_\lambda)_{\lambda \in \Lambda}$ eine indizierte Familie von Elementen von X, so ist

$$\mathrm{Im}(a) = \{ a_\lambda \in X \mid \lambda \in \Lambda \}$$

diejenige Teilmenge von X, welche aus allen Elementen dieser Familie besteht.

A.2.3 Beispiele. (i) Sei n eine natürliche Zahl. Wird der **n-te Abschnitt** von $\mathbb{N}$, das heißt die Menge

$$\mathbb{N}_n := \{ i \in \mathbb{N} \mid 1 \leq i \leq n \}$$

der natürlichen Zahlen von 1 bis n, als Indexmenge verwendet, so heißt eine Familie $a = (a_i)_{i \in \mathbb{N}_n}$ auch ein **n-Tupel** (**endliche Folge** oder **Liste**) von Elementen von X, in Zeichen

$$
\begin{aligned}
(a_i)_{i \in \mathbb{N}_n} &= (a_i)_{i=1}^n && \text{(als endliche Folge)} \\
&= (a_1, a_2, \ldots, a_n) && \text{(als n-Tupel)} \\
&= a_1, a_2, \ldots, a_n && \text{(als „Liste“)}.
\end{aligned}
$$

(ii) Insbesondere ist ein geordnetes Paar (x, y) zweier Elemente $x, y \in X$ äquivalent zu dem 2-Tupel

$$a : \{ 1, 2 \} \to X, \ a_1 := x, \ a_2 := y,$$

das heißt, es gilt

$$a = (a_1, a_2) \;,,=`` \; (x, y) = \{\, \{\, x \,\}, \{\, x, y \,\} \,\}.$$

Deshalb unterscheiden wir künftig nicht zwischen einem geordneten Paar und dem zugehörigen 2-Tupel.

(iii) Verwendet man die Menge $\mathbb{N}$ der natürlichen Zahlen als Indexmenge, so heißt eine Familie $(a_n)_{n \in \mathbb{N}}$ eine **(unendliche) Folge** in X, in Zeichen

$$
\begin{aligned}
(a_n)_{n \in \mathbb{N}} = (a_n)_{n=1}^{\infty} & \qquad \text{(als Folge)} \\
= (a_1, a_2, a_3, \dots) & \qquad \text{(als ,,∞-Tupel``)} \\
= a_1, a_2, a_3, \dots & \qquad \text{(als ,,Liste``)}.
\end{aligned}
$$

A.2.4 Beispiele. (i) Die Folge

$$a : \mathbb{N} \to \mathbb{N}, \; n \mapsto a(n) = a_n := 2n$$

listet die geraden, die Folge

$$b : \mathbb{N}_0 \to \mathbb{N}, \; n \mapsto b(n) = b_n := 2n + 1$$

die ungeraden natürlichen Zahlen auf.

(ii) Sei $p \in \mathbb{N}$, $p \neq 1$. Dann ist

$$c : \mathbb{N}_0 \to \mathbb{N}, \; n \mapsto c(n) = c_n := pn + 1$$

die Folge der natürlichen Zahlen, welche bei Division durch p den Rest 1 lassen.

A.2.5 Definition. (i) Sei $\mathcal{S}$ ein Mengensystem. Eine **indizierte Mengenfamilie** $(A_\lambda)_{\lambda \in \Lambda}$ ist eine indizierte Familie von Elementen von $\mathcal{S}$, das heißt eine Abbildung von Λ in $\mathcal{S}$ mit $\lambda \mapsto A_\lambda \in \mathcal{S}$.

(ii) Seien X und Λ Mengen. Dann verstehen wir unter einer **indizierten Familie von Teilmengen** von X $(A_\lambda)_{\lambda \in \Lambda}$ eine indizierte Familie von Elementen von $\mathcal{S} = \mathcal{P}(X)$, das heißt eine Abbildung von Λ in $\mathcal{P}(X)$ mit $\lambda \mapsto A_\lambda \subset X$.

Wir formulieren abschließend einige Gesetze für indizierte Mengenfamilien:

A.2.6 Lemma. *Seien $(A_\lambda)_{\lambda \in \Lambda}$ und $(B_\mu)_{\mu \in M}$ zwei indizierte Mengenfamilien. Dann gelten die **Distributivgesetze**:*

$$\left(\bigcap_{\lambda \in \Lambda} A_\lambda \right) \cup \left(\bigcap_{\mu \in M} B_\mu \right) = \bigcap_{(\lambda, \mu) \in \Lambda \times M} (A_\lambda \cup B_\mu),$$

$$\left(\bigcup_{\lambda \in \Lambda} A_\lambda \right) \cap \left(\bigcup_{\mu \in M} B_\mu \right) = \bigcup_{(\lambda, \mu) \in \Lambda \times M} (A_\lambda \cap B_\mu).$$

A.2.7 Lemma. *Sei* $(A_\lambda)_{\lambda \in \Lambda}$ *eine indizierte Mengenfamilie. Dann gelten die* *de Morganschen Regeln:*

$$\mathcal{C}\left(\bigcup_{\lambda \in \Lambda} A_\lambda\right) = \bigcap_{\lambda \in \Lambda} \mathcal{C}A_\lambda, \quad \mathcal{C}\left(\bigcap_{\lambda \in \Lambda} A_\lambda\right) = \bigcup_{\lambda \in \Lambda} \mathcal{C}A_\lambda.$$

A.3 Äquivalenzrelationen und Partitionen

A.3.1 Definition. Sei X eine nicht-leere Menge. Eine **Partition** oder **Klasseneinteilung** von X ist ein System $\pi \subset \mathcal{P}(X)$ von nicht-leeren Teilmengen von X, so dass:

(i) Die Mengen $A \in \pi$ sind **paarweise disjunkt**, das heißt, für alle $A, B \in \pi$ gilt
$$A \cap B = \varnothing \text{ genau dann, wenn } A \neq B.$$

(ii) $X = \bigcup_{A \in \pi} A.$

A.3.2 Bemerkung. Also gilt entweder $A = B$ oder $A \cap B = \varnothing$. π ist genau dann eine Partition von X, wenn X die **disjunkte Vereinigung** der Mengen $A \in \pi$ ist, in Zeichen
$$X = \biguplus_{A \in \pi} A.$$

A.3.3 Beispiele. (i) Die Menge der ganzen Zahlen $\mathbb{Z}$ zerfällt in die Mengen

$$G := \{\, n \in \mathbb{Z} \mid n = 2 \cdot q,\ q \in \mathbb{Z}\,\}, \quad U := \{\, n \in \mathbb{Z} \mid n = 2 \cdot q + 1,\ q \in \mathbb{Z}\,\}$$

der geraden und der ungeraden ganzen Zahlen.

(ii) Sei $p \in \mathbb{N}$, $p \neq 1$. Ist n eine ganze Zahl, dann ergibt sich durch Division durch p die eindeutige Darstellung

$$n = p \cdot q + r \text{ mit } q, r \in \mathbb{Z},\ 0 \leq r \leq p - 1.$$

Dabei ist r der Rest der Division von n durch p. Hieraus erhalten wir die Einteilung von $\mathbb{Z}$ in die p **Restklassen**

$$[0] := \{\, n = p \cdot q \mid q \in \mathbb{Z}\,\},$$
$$[1] := \{\, n = p \cdot q + 1 \mid q \in \mathbb{Z}\,\},$$
$$\vdots$$
$$[p-1] := \{\, n = p \cdot q + (p-1) \mid q \in \mathbb{Z}\,\}.$$

A.3.4 Definition. Eine **Äquivalenzrelation** $\sim$ auf einer Menge X ist eine reflexive, symmetrische und transitive Relation auf X, das heißt, für alle $x, y, z \in X$ gilt

(i) $x \sim x$ (**Reflexivität**),

(ii) $x \sim y \Rightarrow y \sim x$ (**Symmetrie**),

(iii) $x \sim y,\ y \sim z \Rightarrow x \sim z$ (**Transitivität**).

A.3.5 Beispiele. (i) Die **Allrelation** $X^2 := \{\,(x, y) \mid x, y \in X\,\}$, das heißt, für alle $x, y \in X$ gilt $x \sim y$.

(ii) Die **Identität** $\mathrm{id}_X := \{\,(x, x) \mid x \in X\,\}$, das heißt, es gilt $x \sim y :\Leftrightarrow x = y$.

A.3.6 Beispiele. (i)   Sei G die Menge der geraden ganzen Zahlen. Dann wird durch

$$n \sim m :\Leftrightarrow n - m \in G$$

auf $\mathbb{Z}$ eine Äquivalenzrelation erklärt.

(ii) Sei $p \in \mathbb{N}$, $p \neq 1$. Dann wird auf $\mathbb{Z}$ eine Äquivalenzrelation erklärt durch

$$n \sim m :\Leftrightarrow n - m = p \cdot q \text{ für ein } q \in \mathbb{Z}.$$

(iii) Sei $f : X \to Y$ eine Abbildung. Dann wird durch

$$x \sim x' :\Leftrightarrow f(x) = f(x')$$

eine Äquivalenzrelation auf X erklärt.

A.3.7 Satz. (i)   *Ist π eine Partition von X, so wird durch*

$$x \sim y :\Leftrightarrow x, y \in A \text{ für ein } A \in \pi \tag{A.1}$$

eine Äquivalenzrelation $\sim$ auf X erklärt, das heißt, zwei Elemente $x, y \in X$ sind genau dann äquivalent, wenn sie derselben Teilmenge $A \in \pi$ angehören.

(ii) *Ist $\sim$ eine Äquivalenzrelation auf X, so ist*

$$\pi := \{\,A_x \mid x \in X\,\} \text{ mit } A_x := \{\,y \in X \mid y \sim x\,\} \text{ für } x \in X \tag{A.2}$$

eine Partition von X.

(iii) *Durch* (A.1) *wird eine bijektive Abbildung*

$$f : \{ \, \pi \mid \pi \; Partition \; von \; X \, \} \to \{ \, \sim \mid \sim \; \ddot{A}quivalenzrelation \; von \; X \, \},$$

$$\pi \mapsto \sim \; definiert \; durch \; (A.1)$$

erklärt. Die Inverse f^{-1} ist die Zuordnung

$$\sim \mapsto \pi \; definiert \; durch \; (A.2).$$

A.3.8 Bemerkungen. (i) Die Mengen $A_x = [x] = \{ \, y \in X \mid y \sim x \, \}$ für $x \in X$ heißen **Äquivalenzklassen** oder **Restklassen** und x heißt **Repräsentant** von A_x (dabei ist x ein beliebiges Element der entsprechenden Äquivalenzklasse). Eine Teilmenge von X, welche aus jeder Äquivalenzklasse genau einen Repräsentanten enthält, heißt ein **Repräsentantensystem** der Äquivalenzrelation.

(ii) Die Menge

$$X/_\sim := \{ \, A_x \mid x \in X \, \},$$

das heißt die zur Äquivalenzrelation $\sim$ gehörende Partition π, heißt auch **Quotientenmenge** von $\sim$. Den Übergang von einer Menge X und einer Äquivalenzrelation $\sim$ zur Quotientenmenge $X/_\sim$ kann man so auffassen, dass dabei alle zu einer Äquivalenzklasse gehörenden Elemente „identifiziert", das heißt als „gleich" angesehen und zu einem neuen Objekt zusammengefasst werden.

A.3.9 Beispiele. (i) Der Allrelation $X^2 = \{ \, (x,y) \mid x,y \in X \, \}$ entspricht die **gröbste** Partition $\pi = \{ \, X \, \}$ von X in nur eine Klasse.

(ii) Der Identität $\mathrm{id}_X = \{ \, (x,x) \mid x \in X \, \}$ entspricht die **feinste** Partition $\pi = \{ \, \{ \, x \, \} \mid x \in X \, \}$ von X.

A.3.10 Beispiele. (i) Die Menge $\mathbb{Z}$ der ganzen Zahlen zerfällt bezüglich der Äquivalenzrelation

$$n \sim m \; :\Leftrightarrow \; n - m \in G$$

in die Äquivalenzklassen G und U (vergleiche die Beispiele A.3.3 (i) und A.3.6 (i)). Die Menge $\{ \, 1,2 \, \}$ ist ein Repräsentatensystem von $\sim$.

(ii) Sei $p \in \mathbb{N}$, $p \neq 1$. Dann zerfällt die Menge $\mathbb{Z}$ bezüglich der Äquivalenzrelation

$$n \sim m \; :\Leftrightarrow \; n - m = p \cdot q \; \text{für ein } q \in \mathbb{Z}$$

in die Restklassen $[0], [1], \ldots, [p-1]$ (vergleiche die Beispiele A.3.3 (ii) und A.3.6 (ii)). Die Menge $\{ \, 0,1,\ldots,p-1 \, \}$ der Reste ist ein Repräsentantensystem für $\sim$.

Beweis von Satz A.3.7. (I) Es ist zu zeigen, dass die durch (A.1) gegebene Relation reflexiv, symmetrisch und transitiv ist:

(a) Sei $x \in X$. Wegen $X = \bigcup_{A \in \pi} A$ gibt es ein $A \in \pi$ mit $x \in A$. Somit folgt aus (A.1), dass $x \sim x$. Also ist $\sim$ reflexiv.

(b) Für alle $x, y \in X$ mit $x \sim y$, gibt es ein $A \in \pi$, so dass $x, y \in A$. Per definitionem gilt dann auch $y \sim x$, also ist $\sim$ symmetrisch.

(c) Für beliebige Elemente $x, y, z \in X$ gilt: Sind $x \sim y$ und $y \sim z$, so gibt es Mengen $A, B \in \pi$, so dass $x, y \in A$ und $y, z \in B$. Da der Durchschnitt der Mengen A und B nicht-leer ist, sind sie gleich. Also liegen x und z in derselben Menge $A = B$, sind also äquivalent. Die Relation $\sim$ ist deshalb transitiv.

(II) Wir zeigen, dass die durch (A.2) definierte Menge π eine Partition ist:

(a) Zu zeigen ist, dass $A_x \cap A_y \neq \varnothing \Rightarrow A_x = A_y$: Sei $A_x \cap A_y \neq \varnothing$. Dann folgt aus $z \in A_x$ und $z \in A_y$, dass $z \sim x$ und $z \sim y$. Aus der Transitivität von $\sim$ erhält man $x \sim y$.

Wir zeigen, dass $A_x \subset A_y$: Für jedes $z \in A_x$ gilt $z \sim x$, also wegen $x \sim y$ auch $z \sim y$, und demnach gilt $z \in A_y$. Analog folgert man $A_y \subset A_x$. Somit ist $A_x = A_y$.

(b) Die Relation $\sim$ ist reflexiv, also gilt $x \sim x$ für alle $x \in X$. Somit ist $x \in A_x \neq \varnothing$. Demnach gilt

$$X = \bigcup_{x \in X} \{x\} \subset \bigcup_{x \in X} A_x \subset X,$$

und folglich

$$X = \bigcup_{x \in X} A_x.$$

(III) (a) Die Abbildung f ist injektiv, denn seien $\pi \neq \pi'$ zwei verschiedene Partitionen auf X, und seien $\sim := f(\pi)$ und $\sim' := f(\pi')$ die durch (A.1) definierten Äquivalenzrelationen. Dann gibt es wegen $\pi \neq \pi'$ ein $A \in \pi$ und ein $B \in \pi'$ mit $A \cap B \neq \varnothing$ und $A \neq B$, das heißt, es existiert ein $x \in A \cap B$ und ohne Beschränkung der Allgemeinheit ein $y \in A \setminus B$. Das bedeutet aber, dass $x \sim y$ und $x \not\sim' y$, also gilt $f(\pi) = \sim \neq \sim' = f(\pi')$.

(b) Wir zeigen, dass f surjektiv ist. Sei $\sim$ eine Äquivalenzrelation auf X, und sei durch (A.2) eine Partition π von X definiert. Zu zeigen ist, dass $f(\pi) = \sim$, das heißt (A.1) gilt: Dazu seien $x, y \in X$. Wegen (A.2) ist

$$x \sim y \Leftrightarrow x, y \in A_x,$$

das heißt

$$x \sim y \Leftrightarrow x, y \in A \text{ für ein } A \in \pi. \qquad \square$$

A.3.11 Beispiele. (i) Sei $f : X \to Y$ eine Abbildung und sei durch

$$x \sim x' \ :\Leftrightarrow \ f(x) = f(x')$$

eine Äquivalenzrelation auf X erklärt. Für $x \in X$ ist dann

$$A_x = \{ \, x' \in X \mid f(x') = f(x) \, \}$$

und der Quotientenraum ist gegeben durch

$$X/_\sim = \{ \, A_x \mid x \in X \, \}.$$

(ii) Wir betrachten das konkrete Beispiel der **Gaußschen Treppenfunktion**

$$[\ ] : \mathbb{R} \to \mathbb{Z}, \ x \mapsto [x] := \max \{ \, k \in \mathbb{Z} \mid k \le x \, \}.$$

Es gilt

$$[x] = [x'] \ \Leftrightarrow \ x, x' \in [k, k+1) \text{ für ein } k \in \mathbb{Z},$$

dabei ist $[k, k+1) = \{ \, x'' \in \mathbb{R} \mid k \le x'' < k+1 \, \}$. Daher ist

$$A_x = [[x], [x]+1) = \{ \, x' \in \mathbb{R} \mid [x] \le x' < [x]+1 \, \},$$

der Quotientenraum ist gegeben durch

$$X/_\sim = \{ \, [k, k+1) \mid k \in \mathbb{Z} \, \},$$

und die Menge $\mathbb{Z}$ der ganzen Zahlen bildet ein Repräsentantensystem für $\sim$. Es gilt

$$[\ ]\big|_{\mathbb{Z}} = \mathrm{id}_{\mathbb{Z}}.$$

(iii) Betrachten wir die **Sägezahnfunktion**

$$s : \mathbb{R} \to \mathbb{R}, \ s(x) := x - [x] \text{ für } x \in \mathbb{R}.$$

Dann gilt $s(x) = x$ für $0 \le x < 1$ und $s(x) = s(x+k)$ für alle $x \in \mathbb{R}$ und $k \in \mathbb{Z}$. Also ist

$$A_x = \{ \, x' \in X \mid x' = x + k \text{ für ein } k \in \mathbb{Z} \, \},$$

der Quotientenraum ist gegeben durch

$$X/_\sim = \{ \, A_x \mid x \in [0, 1) \, \},$$

und das Intervall $[0, 1)$ ist ein Repräsentantensystem für $\sim$. Die Restriktion $f\big|_{[0,1)}$ ist injektiv, als Abbildung auf das Bild sogar bijektiv mit

$$f\big|_{[0,1)} = \mathrm{id}_{[0,1)}.$$

A.3.12 Beispiele. (i) Auf der Menge $X = \mathbb{N}_0 \times \mathbb{N}_0$ ist durch

$$(m,n) \sim (k,\ell) \quad :\Leftrightarrow \quad m + \ell = n + k$$

eine Äquivalenzrelation gegeben. Die Äquivalenzklassen sind

$$\mathbf{0} := [(0,0)] = \{\, (0,0), (1,1), (2,2), \dots \}$$
$$\mathbf{1} := [(1,0)] = \{\, (1,0), (2,1), (3,2), \dots \}$$
$$\mathbf{2} := [(2,0)] = \{\, (2,0), (3,1), (4,2), \dots \}$$
$$\vdots$$
$$\mathbf{-1} := [(0,1)] = \{\, (0,1), (1,2), (2,3), \dots \}$$
$$\mathbf{-2} := [(0,2)] = \{\, (0,2), (1,3), (2,4), \dots \}$$
$$\vdots$$

Die Quotientenmenge ist $\mathbb{Z} = \{\, \dots, -\mathbf{2}, -\mathbf{1}, \mathbf{0}, \mathbf{1}, \mathbf{2}, \dots \}$. Auf diese Weise lassen sich die **ganzen Zahlen** $\mathbb{Z}$ konstruieren, wenn die natürlichen Zahlen $\mathbb{N}$ als bekannt vorausgesetzt werden (die Operation „+" ist auf $\mathbb{N}$ erklärt, aber „–" nicht immer).

(ii) Auf der Menge $X = \mathbb{Z} \times \mathbb{N}$ sei durch

$$(m,n) \sim (k,\ell) \quad :\Leftrightarrow \quad m \cdot \ell = n \cdot k.$$

eine Äquivalenzrelation definiert. Die Äquivalenzklassen sind

$$\frac{m}{n} := [(m,n)] = \{\, (k,\ell) \mid m \cdot \ell = n \cdot k \,\}.$$

Die Quotientenmenge ist $\mathbb{Q} = \{\, \frac{m}{n} \mid m \in \mathbb{Z},\ n \in \mathbb{N} \,\}$. So werden die **rationalen Zahlen** $\mathbb{Q}$ eingeführt, wenn die ganzen Zahlen $\mathbb{Z}$ als bekannt angenommen werden (die Operation „·" ist auf $\mathbb{Z}$ erklärt, aber „:" nicht immer).

A.3.13 Beispiel. Elemente der Menge $X := \mathbb{R}^2 \times \mathbb{R}^2$, also Paare (x, x') von Punkten $x = (x_1, x_2)$, $x' = (x_1', x_2') \in \mathbb{R}^2$, wollen wir **gerichtete Strecken** nennen. x heißt dann Anfangspunkt und x' Endpunkt der gerichteten Strecke (x, x'). Setzen wir

$$x' - x := (x_1' - x_1, x_2' - x_2),$$

dann wird durch

$$(x, x') \sim (x'', x''') \quad :\Leftrightarrow \quad x' - x = x''' - x'' \text{ für } (x, x'), (x'', x''') \in X,$$

auf X eine Äquivalenzrelation definiert. Anschaulich: Zwei gerichtete Strecken sind äquivalent, wenn man eine durch Parallelverschiebung der anderen erhält. Wir sagen dann, dass (x, x') und (x'', x''') verschiebungsgleich sind. $V := X/_\sim$

sei die zugehörige Quotientenmenge und $\overrightarrow{xx'} \in V$ bezeichne die Äquivalenzklasse, in der (x, x') liegt, das heißt, es ist

$$\overrightarrow{xx'} = \{ (x'', x''') \in X \mid x''' - x'' = x' - x \}.$$

Wir nennen $\overrightarrow{xx'}$ ein Parallelenfeld von gerichteten Strecken oder einen **geometrischen Vektor**. $\overrightarrow{xx'}$ enthält genau eine gerichtete Strecke der Form $(0, x'')$, nämlich $(0, x' - x)$. Eine gerichtete Strecke dieser Form heißt auch **Ortsvektor** und wird mit $\overrightarrow{x''} = (0, x'')$ bezeichnet. Die Ortsvektoren bilden also ein Repräsentantensystem für die geometrischen Vektoren.

Man identifiziert gerichtete Strecken, wenn sie parallel sind, und sieht sie dann als gleich an. Oft unterscheidet man nicht zwischen Punkten im Raum, Ortsvektoren, gerichteten Strecken und geometrischen Vektoren und bezeichnet alle diese oft einfach als Vektoren.

A.4 Ordnungsrelationen

A.4.1 Definition. Eine Relation $\leq$ auf einer Menge X heißt **Ordnung** oder **Halbordnung**, wenn sie reflexiv, anti-symmetrisch und transitiv ist, das heißt, wenn für alle $x, y, z \in X$ gilt

(i) $x \leq x$ (**Reflexivität**),

(ii) $x \leq y$, $y \leq x \Rightarrow x = y$ (**Anti-Symmetrie**),

(iii) $x \leq y$, $y \leq z \Rightarrow x \leq z$ (**Transitivität**).

A.4.2 Beispiele. (i)   Sei X eine Menge. Dann ist die Inklusion $\subset$ eine Ordnungsrelation auf $\mathcal{P}(X)$.

(ii) Die Zahlbereiche $\mathbb{N}, \mathbb{Z}, \mathbb{Q}$ und $\mathbb{R}$ sind durch die übliche Relation $\leq$ geordnet.

(iii) Eine Ordnung $\leq$ kann auf der Menge der komplexen Zahlen $\mathbb{C}$ wie folgt erklärt werden:

$$z = a + ib \leq z' = c + id :\Leftrightarrow a \leq c \text{ und } b \leq d.$$

(iv) Die Teilbarkeitsrelation $\mid$ auf $\mathbb{Z}$,

$$m \mid n \text{ (das heißt } m \text{ teilt } n) :\Leftrightarrow n = k \cdot m \text{ für ein } k \in \mathbb{Z}$$

ist eine Ordnung. In der Abbildung A.1 ist das Teilerdiagramm für die Menge T der Teiler von 60 zu sehen. $m, n \in T$ sind genau dann durch einen Pfeil miteinander verbunden, wenn $m \mid n$, und wenn es kein $k \in T$ mit $m \neq k \neq n$ gibt, für das gilt $m \mid k \mid n$.

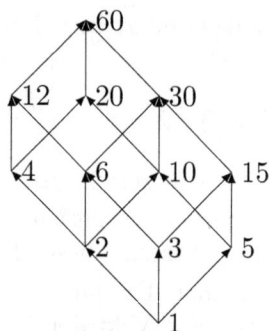

Abbildung A.1: *Teilerdiagramm für die Menge T der Teiler von 60*

A.4.3 Lemma und Definition. *Eine Relation $\leq$ auf X ist genau dann eine Ordnung, wenn die Relation $<$, gegeben durch*

$$x < y :\Leftrightarrow x \leq y,\ x \neq y$$

***exklusiv** und transitiv ist, das heißt, für alle $x, y, z \in X$ gelten folgende Aussagen:*

(i) *Es gilt höchstens eine der Aussagen*

$$x = y,\ x < y \ oder\ y < x\ \textbf{(Exklusivität)},$$

(ii) *$x < y,\ y < z \Rightarrow x < z$ **(Transitiviät)**.*

*In diesem Falle wird $<$ auch eine **Ordnung** genannt.*

Beweis. (I) „$\Rightarrow$" Zunächst zeigen wir, dass $<$ exklusiv und transitiv ist, wenn $\leq$ eine Ordnung ist:

(a) Wir beweisen, dass, wenn eine der Aussagen „$x = y$", „$x < y$" oder „$y < x$" als wahr angenommen wird, die jeweils anderen beiden Aussagen falsch sind:
   1. Fall: Angenommen $x = y$, dann ist offensichtlich $x \not< y$ und $y \not< x$.
   2. Fall: Gilt $x < y$, dann ist nach Definition $x \neq y$. Außerdem kann auch $y < x$ nicht gelten, denn sonst wäre $x \leq y$ und $y \leq x$, und somit $x = y$.
   3. Fall: Genauso folgt aus $y < x$, dass $x \neq y$ und $x \not< y$.

(b) Sind $x < y$ und $y < z$, so folgt, dass $x < z$ und hieraus $x \leq z$. Außerdem ist $x \neq z$, denn wegen $x \leq y$ und $y \leq z = x$ würde $x = y$ folgen, ein Widerspruch zur Annahme $x < y$. Insgesamt ist $x < z$, womit die Transitivität von $<$ bewiesen ist.

(II) „⇐" Wir beweisen, dass ≤ eine Ordnungsrelation ist, falls < exklusiv und transitiv ist:

(a) Wegen $x = x$ gilt auch $x \leq x$. Also ist die Relation ≤ reflexiv.

(b) Wenn $x \leq y$ und $y \leq x$, dann gilt $(x < y$ oder $x = y)$ und $(y < x$ oder $y = x)$. Da die Relation < exklusiv ist, kann aber nur der Fall $x = y$ eintreten.

(c) Wenn $x \leq y$ und $y \leq z$, dann gilt $(x < y$ oder $x = y)$ und $(y < z$ oder $y = z)$. In allen vier Fällen ist $x \leq z$. □

A.4.4 Definition. Eine **lineare** oder „vollständige" Ordnung auf einer Menge X ist eine **totale**, anti-symmetrische, transitive Relation ≤ auf X, das heißt, für alle $x, y, z \in X$ gilt

(i) $x \leq y$ oder $y \leq x$ (**Totalität**),

(ii) $x \leq y, y \leq x \Rightarrow x = y$ (**Anti-Symmetrie**),

(iii) $x \leq y, y \leq z \Rightarrow x \leq z$ (**Transitivität**).

A.4.5 Beispiel. Die Zahlbereiche $\mathbb{N}, \mathbb{Z}, \mathbb{Q}$ und $\mathbb{R}$ sind durch ≤ linear geordnet, dagegen kann $\mathbb{C}$ nicht linear geordnet werden.

A.4.6 Lemma und Definition. *Eine Relation ≤ auf X ist genau dann eine lineare Ordnung, wenn die Relation <, gegeben durch*

$$x < y :\Leftrightarrow x \leq y, x \neq y$$

trichotomisch und transitiv ist, das heißt, für alle $x, y, z \in X$ gelten folgende Aussagen:

(i) *Es gilt genau eine der Aussagen*

$$x = y, x < y \text{ oder } y < x \text{ (Trichotomie)},$$

(ii) $x < y, y < z \Rightarrow x < z$ *(Transitivität).*

*In diesem Falle wird < auch eine **lineare Ordnung** genannt.*

Beweis. (I) „⇒" Wir zeigen zuerst, dass < trichotomisch und transitiv ist, wenn ≤ eine lineare Ordnung ist: ≤ ist insbesondere eine Ordnung. Wegen Lemma A.4.3 ist die Relation < deshalb exklusiv und transitiv. Zu zeigen ist nur, dass eine der Aussagen „$x = y$", „$x < y$" oder „$y < x$" wahr ist. Da ≤ eine totale Relation ist, gilt $x \leq y$ oder $y \leq x$. Also gilt $x < y$ oder $x = y$, oder es gilt $y < x$ oder $y = x$. In jedem Fall ist die Aussage „$x = y$ oder $x < y$ oder $y < x$" wahr.

(II) „⇐" Sei < trichotomisch und transitiv. Dann ist < auch exklusiv. Nach Lemma A.4.3 ist somit ≤ eine Ordnungsrelation. Zu zeigen ist, dass eine der Aussagen „$x \leq y$" oder „$y \leq x$" wahr ist. Da < eine trichotomische Relation ist, gilt $x = y$, $x < y$ oder $y < x$. In allen Fällen ist die Aussage „$x \leq y$ oder $y \leq x$" wahr. Somit ist gezeigt, dass ≤ eine lineare Ordnung ist.   □

A.4.7 Definition. Eine Menge X mit Ordnungsrelation ≤ heißt **wohlgeordnet**, wenn jede nicht-leere Teilmenge $A \subset X$ ein **kleinstes Element** a besitzt, das heißt, es gibt ein $a \in A$ mit

$$a \leq x \text{ für alle } x \in A.$$

A.4.8 Beispiel. Die Menge $\mathbb{N}$ der natürlichen Zahlen ist wohlgeordnet, die Mengen $\mathbb{Z}$, $\mathbb{Q}$ und $\mathbb{R}$ dagegen nicht.

A.4.9 Lemma. *Jede wohlgeordnete Menge ist linear geordnet.*

Beweis. Seien $x, y \in X$. Dann besitzt $A := \{x, y\}$ ein kleinstes Element, also gilt $x \leq y$ oder $y \leq x$. Damit ist ≤ eine totale Ordnungsrelation, das heißt eine lineare Ordnung.   □

B   Konstruktion der reellen Zahlen

Ziel dieses Anhangs ist der Beweis des Postulats 2.1.1 beziehungsweise des Satzes von Dedekind B.4.5, nämlich dass es einen vollständigen Archimedisch angeordneten Körper $\mathbb{K} = \mathbb{R}$ gibt. Dabei setzen wir die rationalen Zahlen $\mathbb{Q}$ als Archimedisch angeordneten Körper als bekannt voraus.

B.1   Cauchy-Folgen in einem angeordneten Körper

In diesem Abschnitt beweisen wir einige Aussagen über Cauchy-Folgen in einem angeordneten Körper $\mathbb{K}$, welche nützlich sind bei der Konstruktion der reellen Zahlen $\mathbb{R}$ aus den rationalen Zahlen $\mathbb{Q}$.

B.1.1 Lemma. *Jede Cauchy-Folge $(a_n)_{n \in \mathbb{N}}$ ist beschränkt.*

B.1.2 Lemma. *Sei $(a_n)_{n \in \mathbb{N}}$ eine Cauchy-Folge. Dann ist jede Teilfolge $(a_{n_k})_{k \in \mathbb{N}}$ von $(a_n)_{n \in \mathbb{N}}$ eine Cauchy-Folge.*

B.1.3 Lemma. *Sei $(a_n)_{n \in \mathbb{N}}$ eine Cauchy-Folge und eine Teilfolge $(a_{n_k})_{k \in \mathbb{N}}$ konvergiere gegen $a \in \mathbb{K}$. Dann konvergiert $(a_n)_{n \in \mathbb{N}}$ gegen a.*

Beweis. Sei $\varepsilon > 0$. Man wähle $N \in \mathbb{N}$ so, dass

$$|a_n - a_m| < \frac{\varepsilon}{2}, |a_{n_k} - a| < \frac{\varepsilon}{2} \text{ für alle } n, m, k \in \mathbb{N}, \, n, m, k \geq N.$$

Wegen $m = n_k \geq N$ für $k \geq N$ folgt

$$|a_n - a| \leq |a_n - a_{n_k}| + |a_{n_k} - a| < \varepsilon$$

für $n, k \geq N$, also insbesondere

$$|a_n - a| < \varepsilon \text{ für } n \geq N. \qquad \square$$

B.1.4 Lemma. *Seien $(a_n)_{n \in \mathbb{N}}$ und $(b_n)_{n \in \mathbb{N}}$ Cauchy-Folgen. Dann gelten die folgenden Aussagen:*

(i) *$(|a_n|)_{n \in \mathbb{N}}$ ist eine Cauchy-Folge.*

(ii) *Ist $(a_n)_{n\in\mathbb{N}}$ keine Nullfolge, so gibt es ein $c \in \mathbb{K}$, $c > 0$, und ein $N \in \mathbb{N}$, so dass*

$$|a_n| \geq c > 0 \text{ für alle } n \in \mathbb{N},\ n \geq N.$$

(iii) $(a_n + b_n)_{n\in\mathbb{N}}$ *und* $(a_n \cdot b_n)_{n\in\mathbb{N}}$ *sind Cauchy-Folgen.*

(iv) *Sei $c > 0$, so dass $|b_n| \geq c$ für alle $n \in \mathbb{N}$, $n \geq N$ (für ein $N \in \mathbb{N}$). Dann ist $\left(\frac{a_n}{b_n}\right)_{n\in\mathbb{N}}$ eine Cauchy-Folge.*

Beweis von (ii). Weil $(a_n)_{n\in\mathbb{N}}$ keine Nullfolge ist, gibt es ein $\varepsilon > 0$ und eine Teilfolge $(a_{n_k})_{k\in\mathbb{N}}$ mit $|a_{n_k}| \geq \varepsilon$ für alle $k \in \mathbb{N}$. Da $(a_n)_{n\in\mathbb{N}}$ eine Cauchy-Folge ist, gibt es ein $N \in \mathbb{N}$ mit

$$|a_m - a_{n_k}| < \frac{\varepsilon}{2} \text{ für alle } m, k \in \mathbb{N},\ m, k \geq N.$$

Es folgt

$$|a_m| = (a_m - a_{n_N}) + a_{n_N} \geq -\frac{\varepsilon}{2} + \varepsilon = \frac{\varepsilon}{2} > 0$$

für alle $m \geq N$ wie behauptet. $\square$

Zur Übung beweise man:

B.1.5 Lemma. *Sei $(a_n)_{n\in\mathbb{N}}$ eine Cauchy-Folge und sei $(b_n)_{n\in\mathbb{N}}$ eine Folge mit $a_n - b_n \to 0$. Dann ist $(b_n)_{n\in\mathbb{N}}$ eine Cauchy-Folge.*

B.1.6 Definition. Eine Folge $(a_n)_{n\in\mathbb{N}}$ heißt vom **positiven** beziehungsweise **negativen Typ**, wenn es ein $c \in \mathbb{K}$, $c > 0$, und ein $N \in \mathbb{N}$ gibt mit

$$a_n > c \text{ beziehungsweise } a_n < -c \text{ für alle } n \geq N.$$

B.1.7 Lemma. *Sei $(a_n)_{n\in\mathbb{N}}$ eine Cauchy-Folge und keine Nullfolge. Dann ist $(a_n)_{n\in\mathbb{N}}$ entweder vom positiven oder vom negativen Typ.*

Beweis. Zunächst gibt es ein $\varepsilon > 0$ und eine Teilfolge $(a_{n_k})_{k\in\mathbb{N}}$ mit $|a_{n_k}| \geq \varepsilon$ für alle $k \in \mathbb{N}$. Weiter gibt es ein $N \in \mathbb{N}$ mit

$$|a_m - a_{n_N}| < \frac{\varepsilon}{2} \text{ für alle } m \in \mathbb{N},\ m \geq N.$$

Ist $a_{n_N} > 0$, dann folgt $a_{n_N} \geq \varepsilon$ und

$$a_m = (a_m - a_{n_N}) + a_{n_N} > -\frac{\varepsilon}{2} + \varepsilon = \frac{\varepsilon}{2} > 0 \text{ für alle } m \geq N,$$

das heißt, $(a_n)_{n\in\mathbb{N}}$ ist vom positiven Typ. Gilt $a_{n_N} < 0$, dann ist $a_{n_N} \leq -\varepsilon$ und es folgt

$$a_m = (a_m - a_{n_N}) + a_{n_N} < \frac{\varepsilon}{2} - \varepsilon = -\frac{\varepsilon}{2} < 0 \text{ für alle } m \geq N,$$

das heißt, $(a_n)_{n\in\mathbb{N}}$ ist vom negativen Typ. $\square$

B.1.8 Lemma. *Sei* $(a_n)_{n\in\mathbb{N}}$ *eine Cauchy-Folge vom positiven Typ und sei* $(b_n)_{n\in\mathbb{N}}$ *eine Folge mit* $a_n - b_n \to 0$. *Dann ist* $(b_n)_{n\in\mathbb{N}}$ *eine Cauchy-Folge vom positiven Typ.*

Beweis. Wegen Lemma B.1.5 ist $(b_n)_{n\in\mathbb{N}}$ eine Cauchy-Folge. Weil $(a_n)_{n\in\mathbb{N}}$ vom positiven Typ ist, gibt es ein $c \in \mathbb{Q}$, $c > 0$, und ein $N' \in \mathbb{N}$ mit $a_n > c$ für alle $n \geq N'$. Sei $\varepsilon := \frac{c}{2}$. Dann gibt es ein $N'' \in \mathbb{N}$:

$$|a_n - a_m| < \frac{c}{6} \text{ und } |b_n - b_m| < \frac{c}{6} \text{ für alle } n, m \in \mathbb{N}, \, n, m \geq N'',$$

und es gibt ein $N''' \in \mathbb{N}$, so dass

$$|a_n - b_n| < \frac{c}{6} \text{ für alle } n \in \mathbb{N}, \, n \geq N'''.$$

Sei $N := \max\{N', N'', N'''\}$. Dann folgt

$$b_n = (b_n - b_m) + (b_m - a_m) + (a_m - a_n) + a_n > -\frac{c}{6} - \frac{c}{6} - \frac{c}{6} + c = \frac{c}{2}$$

für alle $n \geq N$, das heißt, $(b_n)_{n\in\mathbb{N}}$ ist vom positiven Typ. $\qquad\square$

B.2 Definition der reellen Zahlen

B.2.1 Bemerkung. $\sqrt{2}$ ist durch die **Dezimalbruchentwicklung** aus 1.7.6

$$\sqrt{2} = \lim_{n\to\infty} x_n = \lim_{n\to\infty} d_0, d_1 d_2 \ldots d_n = d_0, d_1 d_2 \ldots$$

gegeben. Die Folge $(a_n)_{n\in\mathbb{N}_0}$ „repräsentiert" gewissermaßen $\sqrt{2}$. Andererseits wird $\sqrt{2}$ durch weitere Folgen „repräsentiert", zum Beispiel durch die Folge $(a'_n)_{n\in\mathbb{N}_0}$ der Dezimalzahlen mit n Stellen nach dem Komma mit

$$a'^2_n > 2 \text{ und } \left(a'_n - \frac{1}{10^n}\right)^2 \leq 2$$

für alle $n \in \mathbb{N}_0$. Es ist

$$a'_0 = 2, \, a'_1 = 1,5, \, a'_2 = 1,42, \ldots;$$

allgemein gilt

$$a'_n = a_n + \frac{1}{10^n}.$$

$(a_n - a'_n)_{n\in\mathbb{N}_0}$ ist eine Nullfolge. Daraus folgt, dass $(a'_n)_{n\in\mathbb{N}_0}$ ebenfalls eine Cauchy-Folge ist und es gilt

$$\sqrt{2} = \lim_{n\to\infty} a'_n.$$

B.2.2 Definition. Zwei Cauchy-Folgen rationaler Zahlen $(a_n)_{n\in\mathbb{N}}$ und $(b_n)_{n\in\mathbb{N}}$ heißen **äquivalent**, in Zeichen

$$(a_n)_{n\in\mathbb{N}} \sim (b_n)_{n\in\mathbb{N}},$$

wenn $(a_n - b_n)_{n\in\mathbb{N}}$ eine Nullfolge ist.

B.2.3 Lemma. *Die Relation $\sim$ auf der Menge X aller Cauchy-Folgen in $\mathbb{Q}$ ist eine Äquivalenzrelation, das heißt, es gelten die Beziehungen*

(i) $(a_n)_{n\in\mathbb{N}} \sim (a_n)_{n\in\mathbb{N}}$ *(Reflexivität)*.

(ii) $(a_n)_{n\in\mathbb{N}} \sim (b_n)_{n\in\mathbb{N}} \Rightarrow (b_n)_{n\in\mathbb{N}} \sim (a_n)_{n\in\mathbb{N}}$ *(Symmetrie)*.

(iii) $(a_n)_{n\in\mathbb{N}} \sim (b_n)_{n\in\mathbb{N}}, (b_n)_{n\in\mathbb{N}} \sim (c_n)_{n\in\mathbb{N}} \Rightarrow (a_n)_{n\in\mathbb{N}} \sim (c_n)_{n\in\mathbb{N}}$ *(Transitivität)*.

Beweis. Wir zeigen die Transitivität der Relation $\sim$: Seien $(a_n)_{n\in\mathbb{N}} \sim (b_n)_{n\in\mathbb{N}}$ und $(b_n)_{n\in\mathbb{N}} \sim (c_n)_{n\in\mathbb{N}}$, das heißt, $a_n - b_n \to 0$ und $b_n - c_n \to 0$ für $n \to \infty$. Dann gilt

$$a_n - c_n = (a_n - b_n) + (b_n - c_n) \to 0 \text{ für } n \to \infty,$$

das heißt $(a_n)_{n\in\mathbb{N}} \sim (c_n)_{n\in\mathbb{N}}$.   □

B.2.4 Definition. (i)   Eine **reelle Zahl** α ist ein Element der Quotientenmenge $X/_\sim$, das heißt, α ist eine Äquivalenzklasse bezüglich der Relation $\sim$.

$$\mathbb{R} := X/_\sim$$

ist die **Menge der reellen Zahlen**.

(ii) Wird α durch $(a_n)_{n\in\mathbb{N}}$ **repräsentiert**, das heißt, gilt $(a_n)_{n\in\mathbb{N}} \in \alpha$, dann ist

$$\alpha = [(a_n)_{n\in\mathbb{N}}] = \{ (b_n)_{n\in\mathbb{N}} \mid (b_n)_{n\in\mathbb{N}} \sim (a_n)_{n\in\mathbb{N}} \} = \{ (b_n)_{n\in\mathbb{N}} \mid b_n - a_n \to 0 \}.$$

B.2.5 Lemma. *Sei $\alpha = [(a_n)_{n\in\mathbb{N}}] \in \mathbb{R}$ und sei $a_n \to a \in \mathbb{Q}$ für $n \to \infty$. Dann gilt für alle $(b_n)_{n\in\mathbb{N}} \in \alpha$:*
$$b_n \to a \text{ für } n \to \infty.$$

Beweis. Es gilt $a_n \to a$ und $a_n - b_n \to 0$ für $n \to \infty$. Hieraus folgt, dass $b_n \to a$ für $n \to \infty$.   □

B.2.6 Definition. Eine reelle Zahl $\alpha \in \mathbb{R}$ heißt **rational** (genauer: **rational-reell**), falls $\alpha = [(a)_{n\in\mathbb{N}}]$ für ein $a \in \mathbb{Q}$ gilt, dabei ist $(a)_{n\in\mathbb{N}} = a, a, a, \dots$. Anderenfalls heißt α **irrational**.

B.2.7 Lemma. *Die **Inklusion***

$$i : \mathbb{Q} \to \mathbb{R}, \ a \mapsto i(a) := [(a)_{n \in \mathbb{N}}],$$

ist eine eineindeutige Abbildung auf die Menge $\widetilde{\mathbb{Q}}$ aller rationalen Zahlen in $\mathbb{R}$.

B.2.8 Bemerkung. Falls $\alpha = [(a)_{n \in \mathbb{N}}]$, $a \in \mathbb{Q}$, dann werden wir zunächst zwar noch zwischen $\alpha = [(a)_{n \in \mathbb{N}}] = i(a)$ und $a \in \mathbb{Q}$ unterscheiden, später werden wir aber die „neue" rationale Zahl α mit der „alten" rationalen Zahl a „**identifizieren**", mit anderen Worten, wir unterscheiden dann nicht zwischen α und a.

B.3 Der angeordnete Körper der reellen Zahlen

B.3.1 Definition. Seien $\alpha = [(a_n)_{n \in \mathbb{N}}]$, $\beta = [(b_n)_{n \in \mathbb{N}}]$ zwei reelle Zahlen. Dann ist

$$\alpha + \beta := [(a_n + b_n)_{n \in \mathbb{N}}]$$

die **Summe** und

$$\alpha \cdot \beta := [(a_n \cdot b_n)_{n \in \mathbb{N}}]$$

das **Produkt** von α und β.

B.3.2 Lemma. *Die Summe $\alpha + \beta$ und das Produkt $\alpha \cdot \beta$ zweier reeller Zahlen α und β sind wohldefiniert, das heißt von der Wahl der Darstellung unabhängig, mit anderen Worten, sind $(a_n)_{n \in \mathbb{N}}$, $(b_n)_{n \in \mathbb{N}}$, $(a'_n)_{n \in \mathbb{N}}$ und $(b'_n)_{n \in \mathbb{N}}$ Cauchy-Folgen rationaler Zahlen, so dass*

$$(a_n)_{n \in \mathbb{N}} \sim (a'_n)_{n \in \mathbb{N}}, \quad (b_n)_{n \in \mathbb{N}} \sim (b'_n)_{n \in \mathbb{N}},$$

dann sind $(a_n + b_n)_{n \in \mathbb{N}}$, $(a'_n + b'_n)_{n \in \mathbb{N}}$, $(a_n \cdot b_n)_{n \in \mathbb{N}}$ und $(a'_n \cdot b'_n)_{n \in \mathbb{N}}$ Cauchy-Folgen mit

$$(a_n + b_n)_{n \in \mathbb{N}} \sim (a'_n + b'_n)_{n \in \mathbb{N}} \ und \ (a_n \cdot b_n)_{n \in \mathbb{N}} \sim (a'_n \cdot b'_n)_{n \in \mathbb{N}}.$$

Der Beweis sei dem Leser zur Übung überlassen.

B.3.3 Satz. *Die reellen Zahlen bilden einen Körper mit Nullelement*

$$0 := [(0)_{n \in \mathbb{N}}]$$

und Einselement

$$1 := [(1)_{n \in \mathbb{N}}].$$

Für $\alpha = [(a_n)_{n \in \mathbb{N}}]$ ist

$$-\alpha := [(-a_n)_{n \in \mathbb{N}}]$$

das negative Element und für $\alpha \neq 0$ ist

$$\alpha^{-1} := \left[(a_n^{-1})_{n\in\mathbb{N}}\right]$$

das inverse Element, wobei $a_n^{-1} := 0$ gesetzt wird, falls $a_n = 0$ ist.

Beweis. Wir beweisen, dass $\alpha \cdot \alpha^{-1} = 1$ für alle $\alpha \in \mathbb{R}$, $\alpha \neq 0$ gilt: Wegen $\alpha = [(a_n)_{n\in\mathbb{N}}] \neq 0$, ist $(a_n)_{n\in\mathbb{N}}$ keine Nullfolge. Wegen Lemma B.1.4 (ii) gibt es deshalb ein $N \in \mathbb{N}$, so dass $a_n \neq 0$ für $n \geq N$. Im Falle $a_n = 0$ setzen wir $a_n^{-1} := 0$ für $n < N$. Dann folgt

$$[(a_n)_{n\in\mathbb{N}}] \cdot [(a_n^{-1})_{n\in\mathbb{N}}] = [(a_n \cdot a_n^{-1})_{n\in\mathbb{N}}] = [(1)_{n\in\mathbb{N}}] = 1,$$

das heißt $\alpha^{-1} = [(a_n^{-1})_{n\in\mathbb{N}}]$. $\qquad\qquad\square$

B.3.4 Bemerkung. Seien $a, b, c \in \mathbb{Q}$, dann gilt

$$i(a) + i(b) = [(a)_{n\in\mathbb{N}}] + [(b)_{n\in\mathbb{N}}] = [(a+b)_{n\in\mathbb{N}}] = i(a+b),$$
$$i(a) \cdot i(b) = [(a)_{n\in\mathbb{N}}] \cdot [(b)_{n\in\mathbb{N}}] = [(a\cdot b)_{n\in\mathbb{N}}] = i(a\cdot b),$$

also

$$a + b = c \iff i(a) + i(b) = i(c), \quad a \cdot b = c \iff i(a) \cdot i(b) = i(c),$$

das heißt, man rechnet in $\widetilde{\mathbb{Q}}$ genauso wie in $\mathbb{Q}$.

B.3.5 Definition. Sei $\alpha = [(a_n)_{n\in\mathbb{N}}] \in \mathbb{R}$. Dann setzen wir

(i) $\alpha > 0$, wenn $(a_n)_{n\in\mathbb{N}}$ vom **positiven Typ** ist, das heißt, es gibt ein $c \in \mathbb{Q}$, $c > 0$, und ein $N \in \mathbb{N}$ mit $a_n > c$ für $n \geq N$.

(ii) $\alpha < 0$, wenn $(a_n)_{n\in\mathbb{N}}$ vom **negativen Typ** ist, das heißt, es gibt ein $c \in \mathbb{Q}$, $c > 0$, und ein $N \in \mathbb{N}$ mit $a_n < -c$ für $n \geq N$.

B.3.6 Lemma. *Positivität und Negativität von $\alpha \in \mathbb{R}$ sind wohldefinierte Begriffe, das heißt, wenn $(a_n)_{n\in\mathbb{N}}$ vom positiven beziehungsweise negativen Typ ist und $(a_n)_{n\in\mathbb{N}} \sim (a_n')_{n\in\mathbb{N}}$ gilt, dann ist auch $(a_n')_{n\in\mathbb{N}}$ vom positiven beziehungsweise negativen Typ.*

Beweis. Folgt sofort aus Lemma B.1.8. $\qquad\qquad\square$

B.3.7 Lemma. *Sei $\alpha \in \mathbb{R}$. Dann gilt genau eine der Relationen*

$$\alpha < 0, \ \alpha = 0, \ \alpha > 0 \ \textit{(Trichotomie)}.$$

Das heißt, ist $(a_n)_{n\in\mathbb{N}}$ eine Cauchy-Folge in $\mathbb{Q}$ und keine Nullfolge, das heißt, ist $\alpha = [(a_n)_{n\in\mathbb{N}}] \neq 0$, dann ist $(a_n)_{n\in\mathbb{N}}$ entweder vom positiven oder vom negativen Typ.

Beweis. Folgt sofort aus Lemma B.1.7.   □

B.3.8 Definition und Satz. *Seien* $\alpha, \beta \in \mathbb{R}$. *Dann wird* $\mathbb{R}$ *durch die Setzung*

$$\alpha < \beta :\Leftrightarrow \beta - \alpha > 0$$

zu einem angeordneten Körper.

B.3.9 Bemerkung. Seien $a, b \in \mathbb{Q}$. Dann gilt

(i) $a < b \Leftrightarrow i(a) = [(a)_{n\in\mathbb{N}}] < [(b)_{n\in\mathbb{N}}] = i(b)$,

(ii) $|i(a)| = |[(a)_{n\in\mathbb{N}}]| = [(|a|)_{n\in\mathbb{N}}] = i(|a|)$,

das heißt, die Anordnungseigenschaften übertragen sich von $\mathbb{Q}$ auf $\tilde{\mathbb{Q}}$. Später schreiben wir einfach $|i(a)| = |a|$.

B.4   Der Dedekindsche Satz

In diesem Abschnitt wird gezeigt, dass $\mathbb{R}$ ein vollständiger, Archimedisch angeordneter Körper ist.

B.4.1 Lemma. *Sei* $\alpha = [(a_n)_{n\in\mathbb{N}}] \in \mathbb{R}$, *dann gilt*

$$a_n \to \alpha \ \text{für } n \to \infty \ \text{beziehungsweise } i(a_n) \to \alpha.$$

Beweis. Sei $\varepsilon \in \mathbb{R}$, $\varepsilon > 0$. Man wähle $\varepsilon' \in \mathbb{Q}$ so, dass $0 < i(\varepsilon') \le \varepsilon$ gilt. Dann wähle man $N \in \mathbb{N}$ so, dass

$$|a_n - a_m| < \frac{\varepsilon'}{2} \ \text{für alle } n, m \in \mathbb{N}, \ n, m \ge N.$$

Insbesondere gilt für jedes feste $m \ge N$

$$-\frac{\varepsilon'}{2} < a_n - a_m < \frac{\varepsilon'}{2} \ \text{für alle } n \ge m,$$

das heißt

$$\frac{\varepsilon'}{2} < a_n - a_m + \varepsilon' \ \text{für alle } n \ge m.$$

Also ist die Folge $(a_n - a_m + \varepsilon')_{n\in\mathbb{N}}$ vom positiven Typ, das heißt, für jedes $m \ge N$ gilt

$$\alpha - i(a_m) + i(\varepsilon') = [(a_n - a_m + \varepsilon')_{n\in\mathbb{N}}] > 0.$$

Analog ist

$$a_n - a_m - \varepsilon' < -\frac{\varepsilon'}{2} \text{ für } n \geq m,$$

also

$$\alpha - i(a_m) - i(\varepsilon') < 0.$$

Insgesamt ist

$$-\varepsilon \leq i(\varepsilon') < \alpha - i(a_m) < i(\varepsilon') \leq \varepsilon,$$

also

$$|\alpha - i(a_m)| < \varepsilon \text{ für alle } m \in \mathbb{N}, \ m \geq N,$$

das heißt

$$i(a_m) \to \alpha \text{ für } m \to \infty. \qquad \qquad \square$$

B.4.2 Korollar. $\mathbb{Q}$ *liegt dicht in* $\mathbb{R}$, *das heißt, zu jedem* $\alpha \in \mathbb{R}$ *gibt es eine Folge* $(a_n)_{n \in \mathbb{N}}$ *in* $\mathbb{Q}$ *mit* $a_n \to \alpha$ *für* $n \to \infty$ *(genauer:* $i(a_n) \to \alpha$*).*

Aus Satz 1.5.3 und Korollar B.4.2 folgt:

B.4.3 Satz. *Die reellen Zahlen bilden einen Archimedisch angeordneten Körper.*

B.4.4 Lemma. (i) *Eine Folge* $(a_n)_{n \in \mathbb{N}}$ *ist genau dann eine Cauchy-Folge in* $\mathbb{Q}$, *wenn* $(i(a_n))_{n \in \mathbb{N}}$ *eine Cauchy-Folge in* $\mathbb{R}$ *ist.*

(ii) *Eine Folge* $(a_n)_{n \in \mathbb{N}}$ *in* $\mathbb{Q}$ *konvergiert genau dann gegen ein* $a \in \mathbb{Q}$, *wenn die Folge* $(i(a_n))_{n \in \mathbb{N}}$ *in* $\mathbb{R}$ *gegen* $i(a)$ *konvergiert.*

B.4.5 Satz (Dedekind). $\mathbb{R}$ *ist ein vollständiger, Archimedisch angeordneter Körper, das heißt, jede reelle Cauchy-Folge* $(\alpha_n)_{n \in \mathbb{N}}$ *ist eine konvergente Folge, das heißt, sie besitzt einen Grenzwert* $\alpha \in \mathbb{R}$: $\alpha_n \to \alpha$ *für* $n \to \infty$.

Beweis. (I) Sei $(\alpha_n)_{n \in \mathbb{N}}$ eine Cauchy-Folge in $\mathbb{R}$. Wegen Korollar B.4.2 gibt es eine rationale Zahlenfolge $(a_n)_{n \in \mathbb{N}} \in \mathbb{Q}$ mit

$$|i(a_n) - \alpha_n| < \frac{1}{n} \text{ für alle } n \in \mathbb{N}, \text{ beziehungsweise } |i(a_n) - \alpha_n| < i\left(\frac{1}{n}\right).$$

Wir zeigen, dass $(a_n)_{n \in \mathbb{N}}$ eine Cauchy-Folge in $\mathbb{Q}$ ist: Sei $\varepsilon \in \mathbb{R}$, $\varepsilon > 0$. Wähle $N \in \mathbb{N}$ so, dass

$$|\alpha_n - \alpha_m| < \frac{\varepsilon}{3}, \ i\left(\frac{1}{n}\right) < \frac{\varepsilon}{3} \text{ für alle } n, m \in \mathbb{N}, \ n, m \geq N.$$

Dann folgt

$$|i(a_n) - i(a_m)| \leq |i(a_n) - \alpha_n| + |\alpha_n - \alpha_m| + |\alpha_m - i(a_m)| \leq \frac{\varepsilon}{3} + \frac{\varepsilon}{3} + \frac{\varepsilon}{3} = \varepsilon$$

für $n, m \geq N$. Also ist $(i(a_n))_{n \in \mathbb{N}}$ eine Cauchy-Folge in $\mathbb{R}$. Nach B.4.4 (i) ist $(a_n)_{n \in \mathbb{N}}$ eine Cauchy-Folge in $\mathbb{Q}$.

(II) Wenn wir $\alpha := [(a_n)_{n\in\mathbb{N}}]$ setzen, dann konvergiert $(i(a_n))_{n\in\mathbb{N}}$ nach Lemma B.4.1 gegen α. Wir zeigen, dass $\alpha_n \to \alpha$. Sei $\varepsilon \in \mathbb{R}$, $\varepsilon > 0$. Wähle $N \in \mathbb{N}$ so, dass

$$|i(a_n) - \alpha| < \frac{\varepsilon}{2}, \; i\left(\frac{1}{n}\right) < \frac{\varepsilon}{3} \text{ für alle } n \in \mathbb{N}, \; n \geq N.$$

Dann folgt für alle $n \geq N$:

$$|\alpha_n - \alpha| \leq |\alpha_n - i(a_n)| + |i(a_n) - \alpha| < \frac{\varepsilon}{2} + \frac{\varepsilon}{2} = \varepsilon. \qquad \square$$

B.5   Das Hilbertsche Programm

B.5.1 Bemerkungen. (i) Tatsächlich haben wir mit dem Dedekindschen Satz B.4.5 einen Existenzbeweis des Postulats 2.1.1 geführt. In den Abschnitten B.2–B.4 haben wir nämlich die reellen Zahlen $\mathbb{R}$ aus den rationalen Zahlen $\mathbb{Q}$ und damit letztlich aus den natürlichen Zahlen $\mathbb{N}$, konstruiert und so die Axiome der reellen Zahlen aus den Peanoschen Axiomen hergeleitet.

(ii) Nach D. Hilbert kann man ausgehend von den Axiomen der reellen Zahlen alle arithmetischen Eigenschaften und damit die gesamte Analysis gewinnen. Statt der Archimedischen Eigenschaft 2.1.4 und der Folgenvollständigkeit 2.1.5 fordert man aus ästhetischen Gründen das äquivalente Supremumsprinzip (vergleiche 2.4.17) oder das Axiom vom Dedekindschen Schnitt. Diese beiden Axiome lassen sich ohne Rückgriff auf die natürlichen Zahlen formulieren. Das Hilbertsche Programm besteht darin, zunächst die natürlichen Zahlen $\mathbb{N}$ aus den Körper- und Anordnungsaxiomen 2.1.2 und 2.1.3 zu definieren, und sie in $\mathbb{R}$ wiederzufinden, das heißt, Satz 1.4.13 wird, ohne Rückgriff auf die Peanoschen Axiome, neu bewiesen. Dies geschieht durch die Betrachtung von induktiven Mengen und sei hier kurz angedeutet:

B.5.2 Definition. Eine Teilmenge $A \subset \mathbb{R}$ der reellen Zahlen heißt **induktiv**, wenn

$$1 \in A, \; a \in A \Rightarrow a + 1 \in A.$$

B.5.3 Beispiele. Die Existenz induktiver Mengen ist gesichert, denn $\mathbb{R}$ selber ist induktiv, außerdem sind $\mathbb{R}^+ = \{\, a \in \mathbb{R} \mid a > 0 \,\}$ und $\{\, a \in \mathbb{R} \mid a \geq 1 \,\}$ induktiv.

B.5.4 Definition und Lemma. *Die Menge $\mathbb{N}$ der **natürlichen Zahlen** ist definiert als der Durchschnitt aller induktiven Mengen.*

Beweis. Der Durchschnitt induktiver Mengen ist induktiv (und damit nichtleer). $\qquad \square$

Sofort folgt:

B.5.5 Induktionsprinzip. Sei $A \subset \mathbb{N}$ eine induktive Menge natürlicher Zahlen. Dann gilt $A = \mathbb{N}$.

B.5.6 Satz. *Die Menge $\mathbb{N}$ der natürlichen Zahlen ist abgeschlossen unter den Operationen $+$ und $\cdot$, das heißt, für alle $n, m \in \mathbb{N}$ gilt*

$$n + m \in \mathbb{N} \ und \ n \cdot m \in \mathbb{N}.$$

Beweis. Für $n \in \mathbb{N}$ sind die Mengen

$$\{\, m \in \mathbb{N} \mid n + m \in \mathbb{N} \,\}, \ \{\, m \in \mathbb{N} \mid n \cdot m \in \mathbb{N} \,\}$$

induktiv, also nach dem Induktionsprinzip gleich $\mathbb{N}$.   □

B.5.7 Satz. *Die natürlichen Zahlen $\mathbb{N}$ genügen den Peanoschen Axiomen. Dabei ist*

$$' : \mathbb{N} \to \mathbb{N}, \ n' := n + 1,$$

die Nachfolgerabbildung.

B.5.8 Bemerkung. Ausgehend von den natürlichen Zahlen und den Axiomen der reellen Zahlen haben wir bereits in den Abschnitten 1.3–1.5 das Hilbertsche Programm ausgeführt.

C   Elementare komplexe Analysis

In diesem Steilkurs wird die komplexe Analysis soweit vorgestellt, wie Parallelen zur im Haupttext behandelten reellen Analysis einer Variablen bestehen. Auf die Besonderheiten, welche sich beispielsweise dadurch ergeben, dass jede komplex differenzierbare Funktion automatisch unendlich oft differenzierbar und sogar in eine Potenzreihe entwickelbar ist, kann hier nicht eingegangen werden. Der Leser sollte unbedingt den Abschnitt C.1 über komplexe Zahlen studieren, und zwar möglichst am Ende von Kapitel 2. Darüber hinaus gehören die komplexe Exponentialfunktion (Abschnitt C.6) und die Eulersche Formel (vergleiche Bemerkung C.6.4) zum Minimalkanon.

C.1   Komplexe Zahlen

C.1.1 Warum komplexe Zahlen? Die Gleichung $x^2 + 1 = 0$ besitzt keine reelle Wurzel, denn wäre x eine reelle Wurzel, dann würde $x^2 = -1$ im Widerspruch stehen zu $x^2 \geq 0$ für alle $x \in \mathbb{R}$. Lassen wir eine „imaginäre Wurzel" i zu, das heißt, es gilt $i^2 = -1$, ohne uns über die Existenz Gedanken zu machen, dann folgt für das Rechnen mit i, dass

$$i^{2k} = (-1)^k = \pm 1, \quad i^{2k+1} = i^{2k}i = \pm i$$

und somit für $x, y, x', y', \ldots \in \mathbb{R}$:

$$x + yi + x'i^2 + y'i^3 + \cdots = (x - x' + \cdots) + (y - y' + \cdots)i.$$

Wir werden also immer auf „komplexe Zahlen" der Form $x + yi$ geführt. Für das Rechnen mit komplexen Zahlen gilt

$$(x + yi)(x' + y'i) = (xx' - yy') + (xy' + yx')i,$$
$$(x + yi) + (x' + y'i) = (x + x') + (y + y')i.$$

C.1.2 Definition. Eine **komplexe Zahl** ist ein geordnetes Paar $z = (x, y) \in \mathbb{R}^2$ reeller Zahlen. x ist der **Realteil** von z und y ist der **Imaginärteil** von z, in Zeichen

$$\operatorname{Re} z := x, \; \operatorname{Im} z := y.$$

C.1.3 Definition. Auf der Menge $\mathbb{R}^2$ der komplexen Zahlen sind für alle $z = (x, y)$, $z' = (x', y')$ **Addition** und **Multiplikation** erklärt durch

$$z + z' = (x, y) + (x', y') := (x + x', y + y'),$$
$$z \cdot z' = (x, y) \cdot (x', y') := (xx' - yy', xy' + yx').$$

C.1.4 Satz und Definition. *Das **System der komplexen Zahlen** mit den Verknüpfungen* $+$ *und* $\cdot$ *bildet einen Körper, den wir mit* $\mathbb{C}$ *bezeichnen, das heißt* $\mathbb{C} = (\mathbb{R}^2, +, \cdot)$. *Dabei ist*

$$0 = (0, 0)$$

*die **Null**,*

$$-z = (-x, -y)$$

das zu $z = (x, y)$ ***negative Element**,*

$$1 = (1, 0)$$

*die **Eins** und das zu* $z = (x, y)$ ***inverse Element** ist*

$$z^{-1} = \left(\frac{x}{x^2 + y^2}, \frac{-y}{x^2 + y^2} \right).$$

Beweis. Wir überprüfen nur, dass $z^{-1} := \left(\frac{x}{x^2+y^2}, \frac{-y}{x^2+y^2} \right)$ das zu $z = (x, y)$ inverse Element ist: Es gilt

$$z \cdot z^{-1} = (x, y) \cdot \left(\frac{x}{x^2 + y^2}, \frac{-y}{x^2 + y^2} \right)$$
$$= \left(\frac{x^2}{x^2 + y^2} - \frac{-y^2}{x^2 + y^2}, \frac{-xy}{x^2 + y^2} + \frac{xy}{x^2 + y^2} \right)$$
$$= (1, 0) = 1. \qquad \qquad \square$$

C.1.5 Bemerkung. $\mathbb{C}$ ist kein angeordneter Körper, denn in einem angeordneten Körper $\mathbb{K}$ gilt aufgrund von 1.4.1 (iii), 1.4.4 (i) und (iii), dass $a^2 + 1 > 0$ für alle $a \in \mathbb{K}$. Wegen $i^2 + 1 = 0$ ist diese Eigenschaft vom Körper $\mathbb{C}$ verletzt, weshalb $\mathbb{C}$ also kein angeordneter Körper ist.

C.1.6 Definition. (i) Die **imaginäre Einheit** i ist definiert als

$$i := (0, 1).$$

(ii) Die zu $z = (x, y) = x + yi$ **konjugiert komplexe Zahl** ist

$$\overline{z} = (x, -y) = x - yi.$$

C.1.7 Lemma. *Für $z = x + yi, z' = x' + y'i \in \mathbb{C}$ gelten folgende Beziehungen:*

(i) $i^2 = -1$,

(ii) $\operatorname{Re} z = \dfrac{1}{2}(z + \overline{z})$, $\operatorname{Im} z = \dfrac{1}{2i}(z - \overline{z})$,

(iii) $\overline{z + z'} = \overline{z} + \overline{z'}$, $\overline{z \cdot z'} = \overline{z} \cdot \overline{z'}$,

(iv) $z \cdot \overline{z} = x^2 + y^2$.

Beweis. Wir führen nur den Beweis von $\overline{z \cdot z'} = \overline{z} \cdot \overline{z'}$ an:

$$\overline{z \cdot z'} = \overline{(xx' - yy', xy' + yx')} = (xx' - yy', -xy' - yx')$$
$$= (xx' - (-y)(-y'), x(-y') + (-y)x') = (x, -y) \cdot (x', -y') = \overline{z} \cdot \overline{z'}. \qquad \square$$

C.1.8 Definition und Satz. *Die **Euklidische Norm** oder der **Absolutbetrag** auf $\mathbb{C}$ ist die Abbildung $|\;| : \mathbb{C} \to \mathbb{R}$, definiert durch*

$$|z| := \sqrt{z \cdot \overline{z}} = \sqrt{x^2 + y^2}.$$

*Sie genügt für alle $z, z' \in \mathbb{C}$ den **Axiomen einer Norm**:*

(i) $|z| \geq 0$, *wobei* $|z| = 0 \Leftrightarrow z = 0$ *(**positive Definitheit**).*

(ii) $|z \cdot z'| = |z| \cdot |z'|$ *(**Multiplikativität**).*

(iii) $|z + z'| \leq |z| + |z'|$ *(**Dreiecksungleichung**).*

C.1.9 Lemma. *Für alle $z = x + yi$, $z' = x' + y'i \in \mathbb{C}$ gilt die **Cauchy-Schwarzsche Ungleichung***

$$\left|\operatorname{Re}(z \cdot \overline{z'})\right| \leq \left|z \cdot \overline{z'}\right| = |z| \cdot |z'|,$$

das heißt

$$|xx' + yy'| \leq \sqrt{x^2 + y^2}\,\sqrt{(x')^2 + (y')^2}.$$

Beweis der Dreiecksungleichung. Durch Verwendung der Cauchy-Schwarzschen Ungleichung folgt

$$|z + z'|^2 = (z + z')(\overline{z} + \overline{z'}) = |z|^2 + z\overline{z'} + \overline{z}z' + |z'|^2$$
$$= |z|^2 + 2\operatorname{Re}(z\overline{z'}) + |z'|^2$$
$$\leq |z|^2 + 2|z||z'| + |z'|^2 = (|z| + |z'|)^2. \qquad \square$$

C.1.10 Lemma. *Für $z \in \mathbb{C}$ gilt $z \cdot \overline{z} = |z|^2$, also*

$$z^{-1} = \frac{\overline{z}}{|z|^2}.$$

C.1.11 Bemerkung. Seien $x, x' \in \mathbb{R}$. Dann gilt

(i) $(x,0) + (x',0) = (x + x', 0)$, also $-(x,0) = (-x, 0)$,

(ii) $(x,0) \cdot (x',0) = (x \cdot x', 0)$, also $(x,0)^{-1} = \left(\dfrac{1}{x}, 0\right)$,

(iii) $\overline{(x,0)} = (x,0)$,

(iv) $|(x,0)| = |x|$.

Dies bedeutet, dass die Inklusion $\chi : \mathbb{R} \to \mathbb{C}$, $x \mapsto (x,0)$, eine strukturerhaltende Abbildung von $\mathbb{R}$ auf $\widetilde{\mathbb{R}} := \{ (x,0) \mid x \in \mathbb{R} \}$ ist. Damit ist $\widetilde{\mathbb{R}}$ ein Unterkörper von $\mathbb{C}$, der die Struktur von $\mathbb{R}$ hat. Wir „identifizieren" daher die reelle Zahl x mit der komplexen Zahl $(x,0)$.

C.1.12 Veranschaulichung. Komplexe Zahlen können in der **Gaußschen** (beziehungsweise **komplexen**) **Zahlenebene** veranschaulicht werden: Der komplexen Zahl $z = (x,y)$ entspricht ein Punkt (Vektor) in der Gaußschen Zahlenebene, die aufgespannt wird durch die reelle x-Achse und die imaginäre y-Achse (Abbildung C.1). Die konjugiert komplexe Zahl $\overline{z}$ erhält man durch Spiegelung des

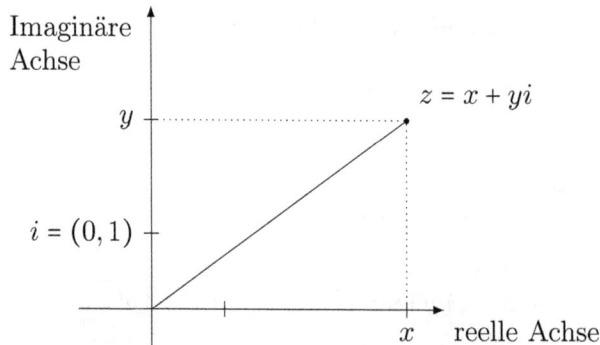

Abbildung C.1: Zahl in der Gaußschen Zahlenebene

Punktes z an der reellen Achse (Abbildung C.2). Die Addition zweier komplexer Zahlen entspricht der Vektoraddition (Abbildung C.3). Bei der Multiplikation der komplexen Zahlen $z = x + yi$ und $z' = x' + y'i$ werden die Längen der Vektoren z und z' multipliziert und die Winkel (zur reellen Achse) addiert (Abbildung C.4). Um dies zeigen, verwenden wir die Polarkoordinatendarstellung 6.8.1

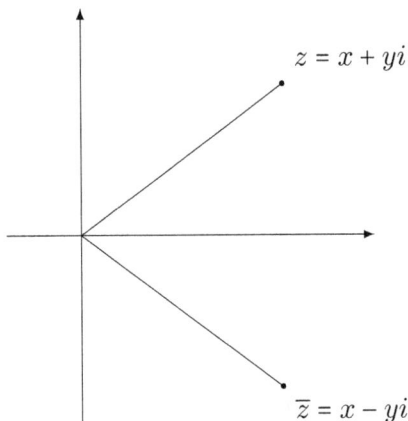

Abbildung C.2: *Konjugation einer Zahl durch Spiegelung*

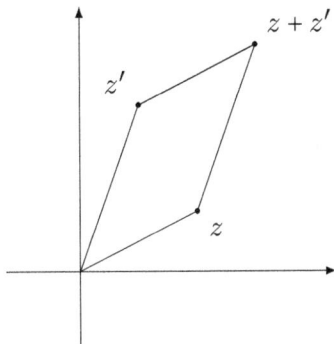

Abbildung C.3: *Addition zweier komplexer Zahlen*

für $z = (x, y) = r(\cos\varphi, \sin\varphi)$ und $z' = (x', y') = r'(\cos\psi, \sin\psi)$, $r = |z|$, $r' = |z'|$ und die Additionstheoreme 6.5.5 für Cosinus und Sinus:

$$z \cdot z' = |z| \cdot |z'| \cdot (\cos\varphi\cos\psi - \sin\varphi\sin\psi, \cos\varphi\sin\psi + \sin\varphi\cos\psi)$$
$$= |z| \cdot |z'| \cdot (\cos(\varphi + \psi), \sin(\varphi + \psi)).$$

C.1.13 Vollständigkeit von $\mathbb{C}$. *Ist $(a_n)_{n\in\mathbb{N}}$ eine Cauchy-Folge in $\mathbb{C}$, das heißt, für alle $\varepsilon > 0$ gibt es ein $N = N(\varepsilon) \in \mathbb{N}$ mit $|a_n - a_m| < \varepsilon$ für alle $n, m \in \mathbb{N}$, $n, m \geq N$. Dann ist $(a_n)_{n\in\mathbb{N}}$ konvergent in $\mathbb{C}$, das heißt, es gibt genau ein $a \in \mathbb{C}$ mit $\lim\limits_{n\to\infty} |a_n - a| = 0$. Wir schreiben $a = \lim\limits_{n\to\infty} a_n$ oder $a_n \to a$ für $n \to \infty$.*

Beweis. Für alle $z = x + iy \in \mathbb{C}$ gilt $|x|, |y| \leq \sqrt{x^2 + y^2} = |z|$. Deshalb sind die

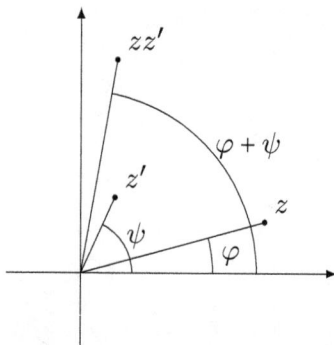

Abbildung C.4: *Multiplikation zweier komplexer Zahlen*

Folgen $(\operatorname{Re} a_n)_{n\in\mathbb{N}}$, $(\operatorname{Im} a_n)_{n\in\mathbb{N}}$ Cauchy-Folgen reeller Zahlen. Daher gibt es ein $a \in \mathbb{C}$ mit

$$\operatorname{Re} a_n \to \operatorname{Re} a, \ \operatorname{Im} a_n \to \operatorname{Im} a \text{ für } n \to \infty.$$

Es folgt, dass

$$|a_n - a|^2 = |\operatorname{Re} a_n - \operatorname{Re} a|^2 + |\operatorname{Im} a_n - \operatorname{Im} a|^2 \to 0,$$

und deshalb gilt $a = \lim\limits_{n\to\infty} a_n$. $\qquad\qquad\qquad\qquad\qquad\qquad\qquad\qquad$ $\square$

Ähnlich beweist man:

C.1.14 Weierstraßsches Auswahlprinzip. *Sei $(a_n)_{n\in\mathbb{N}}$ eine beschränkte Folge komplexer Zahlen, das heißt, es gilt $|a_n| \le c < +\infty$ für alle $n \in \mathbb{N}$. Dann gibt es ein $a \in \mathbb{C}$ und eine Teilfolge $(a_{n_k})_{k\in\mathbb{N}}$ von $(a_n)_{n\in\mathbb{N}}$ mit $a_{n_k} \to a$ für $k \to \infty$.*

C.2   Unendliche Reihen komplexer Zahlen

Unendliche Reihen kann man gleich im Komplexen betrachten, formal gesehen gibt es kaum Unterschiede zum Reellen. Beispielsweise konvergiert die **geometrische Reihe** $\sum\limits_{k=0}^{\infty} z^k$ für alle $z \in \mathbb{C}$ mit $|z| < 1$ absolut, das heißt, es gilt $\sum\limits_{k=0}^{\infty} |z|^k < +\infty$ und es gilt die **Summenformel**

$$\sum_{k=0}^{\infty} z^k = \frac{1}{1 - z}.$$

Eine Besonderheit bilden die Potenzreihen, die jetzt in einer Kreisscheibe statt in einem Intervall konvergieren:

C.2.1 Satz (Cauchy-Hadamard). *Sei* $(a_k)_{k=0}^{\infty}$ *eine Folge komplexer Zahlen und sei* $P(z) = \sum\limits_{k=0}^{\infty} a_k z^k$ *eine (formale) Potenzreihe in z. Weiter sei*

$$R := \frac{1}{\limsup\limits_{k \to \infty} \sqrt[k]{|a_k|}}.$$

Dann konvergiert $P(z)$ *für* $|z| < R$ *absolut und divergiert für* $|z| > R$*, weshalb* R *der* **Konvergenzradius** *von* $P(z)$ *heißt. Die Menge* $U_R(0) := \{\, z \in \mathbb{C} \mid |z| < R \,\}$ *heißt* **Konvergenzkreis** *der Potenzreihe* $P(z)$*.*

C.2.2 Beispiele. (i) $P(z) = \sum\limits_{k=0}^{\infty} z^k$ **(geometrische Reihe)**. Die geometrische Reihe konvergiert für $|z| < 1$ und divergiert für $|z| \geq 1$. Somit ist $R = 1$. In der Tat gilt $\frac{1}{R} = \lim\limits_{k \to \infty} \sqrt[k]{1} = 1$.

(ii) $P(z) = \exp z = \sum\limits_{k=0}^{\infty} \frac{z^k}{k!}$ **(Exponentialreihe)**. Nach dem Quotientenkriterium konvergiert die Reihe $P(z)$ für alle $z \in \mathbb{C}$, also ist $R = +\infty$.

(iii) $P(z) = \sum\limits_{k=0}^{\infty} \frac{z^k}{k}$. Wegen $\sqrt[k]{\frac{1}{k}} \to 1$ ist $R = 1$. Außerdem divergiert die Reihe für $z = +1$ **(harmonische Reihe)**. Hingegen konvergiert die Reihe $P(z)$ für alle z mit $|z| = 1$ und $z \neq +1$ (vergleiche Satz C.2.4).

Wie im Reellen beweist man durch partielle Summation:

C.2.3 Dirichletsches Konvergenzkriterium. *Sei* $(a_k)_{k \in \mathbb{N}}$ *eine Folge komplexer Zahlen mit beschränkten Partialsummen, das heißt* $|s_n| \leq c < +\infty$ *für alle* $n \in \mathbb{N}$*. Sei* $(b_k)_{k \in \mathbb{N}}$ *eine Folge reeller Zahlen mit* $b_k \downarrow 0$ *für* $k \to \infty$*, das heißt* $b_k \geq b_{k+1}$ *und* $b_k \to 0$*. Dann konvergiert die Reihe* $\sum\limits_{k=1}^{\infty} a_k b_k$*.*

C.2.4 Satz (Dirichlet). *Sei* $(a_k)_{k=0}^{\infty}$ *eine Folge in* $\mathbb{R}$ *mit* $a_k \downarrow 0$*. Dann konvergiert die Potenzreihe* $P(z) = \sum\limits_{k=0}^{\infty} a_k z^k$ *für* $|z| \leq 1$ *und* $z \neq 1$*.*

Beweis. Sei $s_n := \sum\limits_{k=0}^{n} z^k$. Dann gilt

$$|s_n| = \left| \sum_{k=0}^{n} z^k \right| = \left| \frac{1 - z^{n+1}}{1 - z} \right| \leq \frac{2}{|1 - z|} = c(z) < +\infty.$$

Die Behauptung folgt aus dem Dirichletschen Konvergenzkriterium. $\square$

C.3   Komplexe Polynome und rationale Funktionen

Polynome können gleich im Komplexen behandelt werden. Wiederum gilt beispielsweise der Identitätssatz, vergleiche Satz 4.2.2, und der Nullstellensatz, das heißt, jedes Polynom $P(z) = \sum_{k=0}^{n} a_k z^k$, $a_0, a_1, \ldots, a_n \in \mathbb{C}$, vom Grad n, das heißt $a_n \neq 0$, besitzt höchstens n Nullstellen, vergleiche Satz 4.2.9. Eine Besonderheit ist, dass im Komplexen jedes Polynom wenigstens eine Nullstelle besitzt. Es gilt der

C.3.1 Fundamentalsatz der Algebra. *Jedes Polynom P vom Grad $n \geq 1$ besitzt mindestens eine Nullstelle, das heißt, es gibt ein $z_0 \in \mathbb{C}$ mit $P(z_0) = 0$.*

Diese Aussage ist allerdings schwer zu zeigen, wir beweisen sie erst in Abschnitt C.9. Als Konsequenz ergibt sich:

C.3.2 Faktorisierungssatz für komplexe Polynome. *Sei P ein Polynom vom Grad $n \geq 1$ und seien $z_1, \ldots, z_k$ die paarweise verschiedenen Nullstellen. Dann besitzt P die **Linearfaktorzerlegung***

$$P(z) = a_n(z - z_1)^{\nu_1} \cdot \ldots \cdot (z - z_k)^{\nu_k},$$

*wobei $\nu_1, \ldots, \nu_k \in \mathbb{N}$ die **Vielfachheiten** der Nullstellen $z_1, \ldots, z_k$ sind. Es gilt*

$$\nu_1 + \cdots + \nu_k = n.$$

Beweis durch vollständige Induktion über n. (I) Im Fall $n = 1$ ist $P(z) = a_1 z + a_0 = a_1(z - z_1)$, $z_1 = -\frac{a_0}{a_1}$.

(II) Ist $P(z) = \sum_{k=0}^{n+1} a_k z^k$ ein Polynom vom Grad $n + 1$, $n \in \mathbb{N}$, dann gibt es eine komplexe Nullstelle $z_0 \in \mathbb{C}$. Es gilt die Darstellung

$$P(z) = \sum_{k=0}^{n+1} b_k(z - z_0)^k$$

mit $b_0 = P(z_0) = 0$ und $b_{n+1} = a_{n+1}$, das heißt

$$P(z) = (z - z_0) \sum_{k=1}^{n+1} b_k(z - z_0)^{k-1} = (z - z_0)Q(z)$$

mit einem Polynom $Q(z)$ vom Grad n und dem höchsten Koeffizienten a_{n+1}. Nach Induktionsvoraussetzung gilt

$$Q(z) = a_{n+1}(z - z_1)^{\nu_1} \cdot \ldots \cdot (z - z_k)^{\nu_k},$$

wobei $\nu_1 + \cdots + \nu_k = n$. Die Behauptung folgt. $\square$

C.3.3 Lemma. *Sei* $P(z) = \sum\limits_{k=0}^{n} a_k z^k$ *ein komplexes Polynom mit reellen Koeffizienten* $a_0, a_1, \ldots, a_n \in \mathbb{R}$. *Ist* $z_0 \in \mathbb{C}$ *eine komplexe Nullstelle von* P, *so auch* $\overline{z}_0$.

Beweis. Es gilt

$$0 = \overline{\sum_{k=0}^{n} a_k z_0^k} = \sum_{k=0}^{n} a_k \overline{z}_0^k. \qquad \square$$

C.3.4 Faktorisierungssatz für reelle Polynome. *Sei* P *ein Polynom mit reellen Koeffizienten vom Grad* $n \geq 1$ *und seien* $x_1, \ldots, x_k$ *die paarweise verschiedenen reellen Nullstellen von* P. *Dann gibt es eindeutig bestimmte über* $\mathbb{R}$ *irreduzible quadratische Polynome* $P_1, \ldots, P_\ell$, *das heißt, sie besitzen keine reellen Nullstellen, und welche jeweils einem Paar* $z_j, \overline{z}_j$ *verschiedener komplexer Nullstellen entsprechen,*

$$P_j(z) = (z - z_j)(z - \overline{z}_j) = z^2 - \operatorname{Re} z_j z + |z_j|^2,$$

und eindeutig bestimmte Zahlen $\nu_1, \ldots, \nu_k \in \mathbb{N}$, *so dass* P *die Darstellung*

$$P(z) = a_n(z - x_1)^{\nu_1} \cdot \ldots \cdot (z - x_k)^{\nu_k} P_1(z) \cdot \ldots \cdot P_\ell(z)$$

besitzt. Es gilt

$$\nu_1 + \cdots + \nu_k + 2\ell = n.$$

Wir betrachten noch **rationale Funktionen** $R : D \to \mathbb{C}$,

$$R(z) = \frac{P(z)}{Q(z)},$$

dabei sind P und Q zwei Polynome mit $Q(z) \not\equiv 0$ und R ist wenigstens außerhalb der Nullstellenmenge von Q erklärt.

C.3.5 Partialbruchdarstellung von 1/Q. *Sei* Q *ein Polynom vom Grad* $n \geq 1$ *und seien* $z_1, \ldots, z_k$ *die paarweise verschiedenen Nullstellen von* Q *mit den Vielfachheiten* $\nu_1, \ldots, \nu_k$, $\nu_1 + \cdots + \nu_k = n$. *Für alle* $z \in \mathbb{C} \setminus \{z_1, \ldots, z_k\}$ *gilt dann eine Darstellung der Form*

$$\frac{1}{Q(z)} = \frac{A_1^{(1)}}{z - z_1} + \cdots + \frac{A_1^{(\nu_1)}}{(z - z_1)^{\nu_1}} + \cdots + \frac{A_k^{(1)}}{z - z_k} + \cdots + \frac{A_k^{(\nu_k)}}{(z - z_k)^{\nu_k}}$$

mit komplexen Konstanten $A_1^{(1)}, \ldots, A_1^{(\nu_1)}, \ldots, A_k^{(1)}, \ldots, A_k^{(\nu_k)}$.

Beweis durch vollständige Induktion. Ohne Beschränkung der Allgemeinheit sei Q normiert.

(I) *Induktionsanfang:* Sei $n = 1$, und sei $Q(z) = z + a_0$. Dann gilt

$$\frac{1}{Q(z)} = \frac{1}{z + a_0} = \frac{1}{z - z_1}, \quad z_1 = -a_0.$$

(II) *Induktionsschluss:* Die Behauptung sei für alle normierten Polynome vom Grad $\leq n - 1$ wahr, $n \geq 2$. $Q(z)$ sei ein normiertes Polynom vom Grad $n \geq 2$.

1. Fall: $Q(z)$ besitzt nur eine Nullstelle z_1 der Vielfachheit $\nu_1 = n$. Dann gilt $Q(z) = (z - z_1)^n$, also

$$\frac{1}{Q(z)} = \frac{1}{(z - z_1)^n} = \frac{1}{(z - z_1)^{\nu_1}},$$

und die Behauptung ist wahr.

2. Fall: $Q(z)$ hat mindestens zwei verschiedene Nullstellen $z_1 \neq z_2$. Dann gilt

$$Q(z) = (z - z_1)(z - z_2)\tilde{Q}(z)$$

mit einem normierten Polynom $\tilde{Q}(z)$ vom Grad $n - 2$,

$$\tilde{Q}(z) = (z - z_1)^{\nu_1 - 1}(z - z_2)^{\nu_2 - 1}(z - z_3)^{\nu_3} \cdot \ldots \cdot (z - z_k)^{\nu_k}.$$

Es folgt

$$\frac{1}{Q(z)} = \frac{1}{\tilde{Q}(z)} \cdot \frac{1}{z - z_1} \cdot \frac{1}{z - z_2}$$

$$= \frac{1}{\tilde{Q}(z)} \cdot \left(\frac{1}{z - z_1} - \frac{1}{z - z_2} \right) \cdot \frac{1}{z_1 - z_2} = \frac{1}{Q_1(z)} + \frac{1}{Q_2(z)}$$

mit

$$Q_1(z) = (z_1 - z_2)(z - z_1)\tilde{Q}(z), \quad Q_2(z) = -(z_1 - z_2)(z - z_1)\tilde{Q}(z).$$

Q_1 und Q_2 sind Polynome vom Grad $n - 1$, die Nullstellen von Q_1 und Q_2 sind in der Menge $\{ z_1, \ldots, z_k \}$ der Nullstellen von Q enthalten und die Vielfachheiten der Nullstellen z_i betragen höchstens ν_k. Laut Induktionsannahme gilt aber

$$\frac{1}{Q_1(z)} = \sum_{j=1}^{\nu_1} \frac{B_1^{(j)}}{(z - z_1)^j} + \cdots + \sum_{j=1}^{\nu_k} \frac{B_k^{(j)}}{(z - z_k)^j},$$

$$\frac{1}{Q_2(z)} = \sum_{j=1}^{\nu_1} \frac{C_1^{(j)}}{(z - z_1)^j} + \cdots + \sum_{j=1}^{\nu_k} \frac{C_k^{(j)}}{(z - z_k)^j}$$

mit komplexen Konstanten $B_1^{(1)}, \ldots, B_k^{(\nu_k)}, C_1^{(1)}, \ldots, C_k^{(\nu_k)}$. Daher ist

$$\frac{1}{Q(z)} = \sum_{j=1}^{\nu_1} \frac{B_1^{(j)} + C_1^{(j)}}{(z - z_1)^j} + \cdots + \sum_{j=1}^{\nu_k} \frac{B_k^{(j)} + C_k^{(j)}}{(z - z_k)^j}$$

$$= \sum_{j=1}^{\nu_1} \frac{A_1^{(j)}}{(z - z_1)^j} + \cdots + \sum_{j=1}^{\nu_k} \frac{A_k^{(j)}}{(z - z_k)^j}$$

wie behauptet. $\qquad\qquad\qquad\qquad\qquad\qquad\qquad\qquad\qquad\qquad\qquad$ $\square$

C.3.6 Partialbruchzerlegung von R. *Sei $R = \frac{P}{Q}$ eine rationale Funktion. Sei Grad $P = m$, Grad $Q = n \geq 2$ und seien $z_1, \ldots, z_k$ die paarweise verschiedenen Nullstellen von Q mit den Vielfachheiten $\nu_1, \ldots, \nu_k, \nu_1 + \cdots + \nu_k = n$. Dann besitzt $R(z)$ für alle $z \in \mathbb{C} \smallsetminus \{ z_1, \ldots, z_k \}$ eine Darstellung der Form*

$$R(z) = S(z) + \frac{C_1^{(1)}}{z - z_1} + \cdots + \frac{C_1^{(\nu_1)}}{(z - z_1)^{\nu_1}} + \cdots + \frac{C_k^{(1)}}{z - z_k} + \cdots + \frac{C_k^{(\nu_k)}}{(z - z_k)^{\nu_k}}$$

mit komplexen Konstanten $C_1^{(1)}, \ldots, C_1^{(\nu_1)}, \ldots, C_k^{(1)}, \ldots, C_k^{(\nu_k)}$. Dabei ist S ein Polynom vom Grad $m - n$, falls $m \geq n$, und $S \equiv 0$, falls $m < n$. Ferner ist $C_1^{(\nu_1)} \neq 0$, falls $P(z_1) \neq 0$, $\ldots$, $C_k^{(\nu_k)} \neq 0$, falls $P(z_k) \neq 0$.

Beweis. (I) Für $i = 1, \ldots, k$ gilt die Darstellung

$$P(z) = \sum_{\ell=0}^{m} c_\ell (z - z_i)^\ell,$$

dabei ist $c_\ell = c_{\ell i}$ und $c_m \neq 0$. Aufgrund von Satz C.3.5 gilt deshalb

$$R(z) = \sum_{\ell=0}^{m} c_{\ell 1} (z - z_1)^\ell \left(\frac{A_1^{(1)}}{z - z_1} + \cdots + \frac{A_1^{(\nu_1)}}{(z - z_1)^{\nu_1}} \right)$$

$$+ \cdots + \sum_{\ell=0}^{m} c_{\ell k} (z - z_k)^\ell \left(\frac{A_k^{(1)}}{z - z_k} + \cdots + \frac{A_k^{(\nu_k)}}{(z - z_k)^{\nu_k}} \right)$$

$$= A_0 + A_1 z + \cdots + A_N z^N + \frac{C_1^{(1)}}{z - z_1} + \cdots + \frac{C_1^{(\nu_1)}}{(z - z_1)^{\nu_1}}$$

$$+ \cdots + \frac{C_k^{(1)}}{z - z_k} + \cdots + \frac{C_k^{(\nu_k)}}{(z - z_k)^{\nu_k}},$$

wie man durch Zusammenfassen gleicher Potenzen erkennt.

(II) Weiter gilt

$$C_i^{(\nu_i)} = \lim_{z \to z_i} (z - z_i)^{\nu_i} R(z)$$

$$= \frac{P(z_i)}{(z_i - z_1)^{\nu_1} \cdot \ldots \cdot (z_i - z_{i-1})^{\nu_{i-1}} \cdot (z_i - z_{i+1})^{\nu_{i+1}} \cdot \ldots \cdot (z_i - z_k)^{\nu_k}}.$$

Also ist $C_i^{(\nu_i)} \neq 0$, falls $P(z_i) \neq 0$.

(III) Zur Bestimmung des Grades N von S betrachten wir zunächst den Fall $m < n$. Dann gilt

$$R(z) = \frac{b_m z^m + \cdots + b_0}{a_n z^n + \cdots + a_0} = \frac{b_m z^{m-n} + \cdots + b_0 z^{-n}}{a_n + \cdots + a_0 z^{-n}} \to \frac{0}{1} = 0 \text{ für } |z| \to \infty.$$

Daher muss in diesem Fall $S(z) \equiv 0$ sein. Ist $m \geq n$, dann gilt

$$\frac{R(z)}{z^{m-n}} = \frac{b_m + \cdots + b_0 z^{-m}}{a_n + \cdots + a_0 z^{-n}} \to \frac{b_m}{a_n} \neq 0 \text{ für } |z| \to \infty.$$

Daher ist $N = m - n$ und $A_N = \frac{b_m}{a_n}$.   □

C.3.7 Satz. *Die Partialbruchzerlegung aus Satz C.3.6 ist eindeutig, das heißt, S und die Koeffizienten $C_1^{(1)}, \ldots, C_k^{(\nu_k)}$ sind durch R eindeutig bestimmt.*

Beweis. Die höchsten Koeffizienten A_N und $C_1^{(\nu_1)}, \ldots, C_k^{(\nu_k)}$ in der Darstellung von R sind im Beweis von Satz C.3.6 eindeutig berechnet worden. Die rationale Funktion

$$R_1(z) = R(z) - A_N z^N - \frac{C_1^{(\nu_1)}}{(z - z_1)^{\nu_1}} - \cdots - \frac{C_k^{(\nu_k)}}{(z - z_k)^{\nu_k}}$$

besitzt die Darstellung

$$R_1(z) = A_0 + A_1 z + \cdots + A_{N-1} z^{N-1} + \frac{C_1^{(1)}}{z - z_1} + \cdots + \frac{C_1^{(\nu_1-1)}}{(z - z_1)^{\nu_1-1}}$$

$$+ \cdots + \frac{C_k^{(1)}}{z - z_k} + \cdots + \frac{C_k^{(\nu_k-1)}}{(z - z_k)^{\nu_k-1}}.$$

In dieser Darstellung sind die höchsten Koeffizienten A_{N-1} und $C_1^{(\nu_1-1)}, \ldots,$ $C_k^{(\nu_k-1)}$ eindeutig bestimmt, das heißt, die zweithöchsten Koeffizienten der Darstellung von R sind eindeutig bestimmt. Durch wiederholte Anwendung dieses Verfahrens folgt die Eindeutigkeit aller Koeffizienten (falls $N = 0$, dann folgt $A_{N-1} = 0$, und $\nu_i = 1$ ergibt $C_i^{(\nu_i-1)} = 0$).   □

C.3.8 Bemerkung. Das in den Teilen (II) und (III) des Beweises von Satz C.3.6 beschriebene Verfahren ist für die wirkliche Berechnung der Koeffizienten geeignet. Allerdings ist es zweckmäßig, zunächst R nach dem Divisionsalgorithmus zu zerlegen, vergleiche Satz 4.2.11.

Als Spezialfall ergibt sich:

C.3.9 Satz. *Sei $m < n$ und sei $Q(z) = a_n(z - z_1) \cdot \ldots \cdot (z - z_n)$, das heißt, die Nullstellen von Q sind einfach. Dann gilt für $z \in \mathbb{C} \smallsetminus \{ z_1, \ldots, z_n \}$ die Darstellung*

$$R(z) = \frac{P(z)}{Q(z)} = \sum_{i=1}^{n} \frac{C_i}{z - z_i}$$

mit

$$C_i = \lim_{z \to z_i} (z - z_i) \frac{P(z)}{Q(z)} = \lim_{z \to z_i} \frac{P(z)}{\frac{Q(z) - Q(z_i)}{z - z_i}} = \frac{P(z_i)}{Q'(z_i)},$$

dabei ist Q' die komplexe Ableitung von Q.

C.4 Komplexe Funktionen

Betrachten wir nun **komplexe Funktionen**, das heißt **komplexwertige Funktionen**

$$f : D \to \mathbb{C}, \; z \mapsto w = f(x),$$

einer komplexen Variablen, das heißt, D ist eine Teilmenge komplexer Zahlen, $D \subset \mathbb{C}$. Zusätzlich zu den bereits behandelten **reellen Funktionen**, das heißt

$$D \subset \mathbb{R}, \; f : D \to \mathbb{R}, \; x \mapsto y = f(x),$$

betrachten wir gelegentlich auch die weiteren zwei Möglichkeiten, dass nämlich

$$D \subset \mathbb{R}, \; f : D \to \mathbb{C}, \; x \mapsto w = f(x),$$

das heißt **parametrische Kurven** in $\mathbb{C}$, falls $D = I \subset \mathbb{R}$ ein Intervall ist, sowie den Fall

$$D \subset \mathbb{C}, \; f : D \to \mathbb{R}, \; z \mapsto y = f(z).$$

Alle einschlägigen Definitionen und Sätze über reelle Funktionen, die wir in Kapitel 4 kennengelernt haben und welche keine Eigenschaften benützen, die den reellen Zahlen eigentümlich sind, wie zum Beispiel die Anordnung $\leq$, sind im neuen Kontext gültig, beziehungsweise haben ihre Entsprechungen und müssen oft nicht einmal umformuliert werden, außer dass vielleicht die Variable x in z und y in w umbenannt werden sollte. So ist zum Beispiel die p-te Wurzel $\sqrt[p]{z}$

einer komplexen Zahl zunächst noch nicht erklärt, im Reellen ist die p-te Wurzel $\sqrt[p]{x}$ nur für $x \geq 0$ erklärt, die Anordnung spielt also zunächst eine Rolle. Monotone Funktionen haben im Komplexen keine Entsprechung und der Weierstraßsche Satz vom Maximum lässt sich nicht unmittelbar übertragen.

Wir betrachten im Folgenden explizit nur komplexe Funktionen und formulieren nur einige besonders wichtige Aussagen.

C.4.1 Beispiele. (i) $f : \mathbb{C} \to \mathbb{C}$, $f(z) = c$, $c \in \mathbb{C}$ **(konstante Funktion)**.

(ii) $\mathrm{id}_\mathbb{C} : \mathbb{C} \to \mathbb{C}$, $\mathrm{id}_\mathbb{C}(z) = z$ **(Identität)**.

(iii) $|\,| : \mathbb{C} \to \mathbb{R}$, $|z| = \sqrt{z\bar{z}}$ **(Absolutbetrag)**.

(iv) $\ell : \mathbb{C} \to \mathbb{C}$, $\ell(z) = az + b$, $a, b \in \mathbb{C}$ **(affine** oder für $b = 0$ **lineare Funktion)**.

(v) $p : \mathbb{C} \to \mathbb{C}$, $p(z) = z^p$, $p \in \mathbb{N}$ **(p-te Potenz)**.

(vi) $q : \mathbb{C} \to \mathbb{C}$, $q(z) = az^2 + bz + c$, $a, b, c \in \mathbb{C}$, $a \neq 0$ **(quadratische Funktion)**.
Durch **quadratische Ergänzung** bringen wir q auf die Form

$$w = q(z) = az^2 + bz + c = a\left(\left(z + \frac{b}{2a}\right)^2 + \frac{4ac - b^2}{4a^2}\right).$$

Die Nullstellen berechnen sich immer zu $z_{1,2} = \frac{-b \pm \sqrt{b^2 - 4ac}}{2a}$. Zur Übung zeige man, dass die Gleichung $z^2 = c$ im Komplexen immer eine Lösung besitzt.

(vii) $P : \mathbb{C} \to \mathbb{C}$, $P(z) = \sum_{k=0}^{n} a_k z^k$, $a_1, \ldots, a_n \in \mathbb{C}$ **(Polynom)**.

Polynome oder genauer Polynomfunktionen haben wir bereits behandelt.

(viii) $f : D \to \mathbb{C}$, $f(z) = \sum_{k=0}^{\infty} a_k z^k$, $a_k \in \mathbb{C}$, $k \in \mathbb{N}_0$ **(Potenzreihe)**.

Nach Cauchy-Hadamard ist $D \supset \{\, |z| < R \,\}$, $R = \dfrac{1}{\limsup\limits_{k \to \infty} \sqrt[k]{|a_k|}}$.

(ix) $g : \{\, |z| < 1 \,\} \to \mathbb{C}$, $g(z) = \sum_{k=0}^{\infty} z^k$ **(geometrische Reihe)**.

(x) $\exp : \mathbb{C} \to \mathbb{C}$, $\exp(z) = \sum_{k=0}^{\infty} \frac{z^k}{k!}$ **(Exponentialfunktion)**.

(xi) $\cos : \mathbb{C} \to \mathbb{C}$, $\cos z = \sum_{k=0}^{\infty} (-1)^k \frac{z^{2k}}{(2k)!}$ **(Cosinus)**.

(xii) $\sin : \mathbb{C} \to \mathbb{C}$, $\sin z = \sum_{k=0}^{\infty} (-1)^k \dfrac{z^{2k+1}}{(2k+1)!}$ (**Sinus**).

C.4.2 Definition. Sei $f : D \to \mathbb{C}$ und sei $a \in \mathbb{C}$ ein **Häufungspunkt** von D, das heißt, es gibt eine Folge $(z_n)_{n \in \mathbb{N}}$, $z_n \in D$, $z_n \neq a$ mit $z_n \to a$ für $n \to \infty$. Dann heißt $c \in \mathbb{C}$ **Limes** oder **Grenzwert** von f an der Stelle a oder $f(z)$ **konvergiert** gegen c für $z \to a$, in Zeichen

$$c = \lim_{z \to a} f(z) \text{ oder } f(z) \to c \text{ für } z \to a,$$

wenn es zu jedem $\varepsilon > 0$ ein $\delta = \delta(\varepsilon) > 0$ gibt, so dass

$$|f(z) - c| < \varepsilon \text{ für alle } z \in D, \ |z - a| < \delta, \ z \neq a,$$

das heißt

$$f(z) \in U_\varepsilon(c) \subset \mathbb{C} \text{ für } z \in (U_\delta(a) \smallsetminus \{ a \}) \cap D \subset \mathbb{C}.$$

Seien $f, g : D \to \mathbb{C}$, und sei a ein Häufungspunkt von D. Dann gelten die **Grenzwertsätze**

$$\lim_{z \to a} (f + g)(z) = \lim_{z \to a} f(z) + \lim_{z \to a} g(z),$$
$$\lim_{z \to a} (f \cdot g)(z) = \lim_{z \to a} f(z) \cdot \lim_{z \to a} g(z).$$

Ist $\lim_{z \to a} g(z) \neq 0$, dann gilt

$$\lim_{z \to a} \frac{f}{g}(z) = \frac{\lim_{z \to a} f(z)}{\lim_{z \to a} g(z)}.$$

C.4.3 Definition. Sei $f : D \to \mathbb{C}$, und sei $a \in D$. Dann heißt f **stetig** im Punkt a, wenn es zu jedem $\varepsilon > 0$ ein $\delta = \delta(a, \varepsilon) > 0$ gibt mit

$$|f(z) - f(a)| < \varepsilon \text{ für alle } z \in D, \ |z - a| < \delta,$$

das heißt

$$f(z) \in U_\varepsilon(f(a)) \text{ für alle } z \in U_\delta(a) \cap D.$$

Die Summe $f + g$ und das Produkt $f \cdot g$ zweier in $a \in D$ stetiger Funktionen $f, g : D \to \mathbb{C}$ sind in a stetig. Ist $g(a) \neq 0$, dann ist der Quotient $\frac{f}{g} :$ $\{ z \in D \mid g(z) \neq 0 \} \to \mathbb{C}$ stetig in a. Außerdem gilt die

Kettenregel für stetige Funktionen. Die Komposition $g \circ f : D \to \mathbb{C}$, $(g \circ f)(z) = g(f(z))$, zweier Funktionen $f : D \to E$, $g : E \to \mathbb{C}$, welche im Punkt $a \in D$ beziehungsweise in $b = f(a) \in E$ stetig sind, ist stetig in a.

Die punktweise oder gleichmäßige Konvergenz einer Folge komplexer Funktionen $f_k : D \to \mathbb{C}$ sowie der Reihe $\sum_{k=0}^{\infty} f_k$ wird in offensichtlicher Weise erklärt. Beispielsweise gilt wiederum der Weierstraßsche M-Test. Wir notieren noch:

C.4.4 Satz. *Sei $(a_k)_{k=0}^{\infty}$ eine Folge komplexer Zahlen. Die Potenzreihe $\sum_{k=0}^{\infty} a_k z^k$ konvergiere für $|z| < R$, $R > 0$. Dann konvergiert sie für $|z| \leq R_0 < R$ gleichmäßig und stellt daher eine in $|z| < R$ stetige Funktion dar.*

C.4.5 Satz. *Sei $(a_k)_{k=0}^{\infty}$ eine Folge reeller Zahlen mit $a_k \downarrow 0$ für $k \to \infty$. Dann ist die Potenzreihe $\sum_{k=0}^{\infty} a_k z^k$ stetig für $|z| \leq 1$, $z \neq 1$.*

Beweis. Die Konvergenz der Potenzreihe $\sum_{k=0}^{\infty} a_k z^k$ für $|z| \leq 1$, $z \neq 1$ folgt aus dem Satz C.2.4 von Dirichlet. Wegen Satz C.4.4 ist sie für $|z| < 1$ stetig. Es bleibt die Stetigkeit für $|z| = 1$, $z \neq 1$ zu zeigen: Wir setzen

$$s_k := \sum_{\ell=n+1}^{k} z^\ell = \frac{z^{n+1} - z^{k+1}}{1 - z}$$

für $k \geq n + 1$, $n \in \mathbb{N}_0$, und $s_n := 0$. Dann folgt durch partielle Summation (vergleiche Satz 3.4.1) für $m > n$, $n \in \mathbb{N}_0$, dass

$$\sum_{k=n+1}^{m} a_k z^k = \sum_{k=n+1}^{m} a_k (s_k - s_{k-1}) = \sum_{k=n+1}^{m} a_k s_k - \sum_{k=n}^{m-1} a_{k+1} s_k$$

$$= \sum_{k=n+1}^{m} (a_k - a_{k+1}) s_k + a_{m+1} s_m.$$

Wegen $|s_k| \leq \frac{2}{|z-1|}$ für $|z| \leq 1$, $z \neq 1$ folgt, dass

$$\left| \sum_{k=n+1}^{m} a_k z^k \right| \leq \frac{2}{|z-1|} \left(\sum_{k=n+1}^{m} (a_k - a_{k+1}) + a_{m+1} \right) = \frac{2 a_{n+1}}{|z-1|}$$

für $|z| \leq 1$, $z \neq 1$. Sei $\varepsilon > 0$ vorgegeben und sei $\delta \in (0,1)$ fest gewählt. Wähle $N = N(\varepsilon)$ so, dass $a_N < \frac{\varepsilon \delta}{2}$. Wegen $a_n \leq a_N$ für alle $n \geq N$ folgt für alle $|z| \leq 1$ und $|z - 1| \geq \delta$, dass

$$\left| \sum_{k=n+1}^{m} a_k z^k \right| < \frac{2}{\delta} \cdot \frac{\varepsilon \delta}{2} = \varepsilon \text{ für alle } n, m \in \mathbb{N}, \ m > n > N.$$

Also ist die Reihe $\sum_{k=0}^{n} a_k z^k$ für $|z| \leq 1$, $|z - 1| \geq \delta$ gleichmäßig konvergent und stellt daher eine auf $\{ z \in \mathbb{C} \mid |z| \leq 1, \ z \neq 1 \}$ stetige Funktion dar. $\square$

C.4.6 Abelscher Stetigkeitssatz. *Sei* $(a_k)_{k=0}^{\infty}$ *eine Folge komplexer Zahlen und die Reihe* $\sum\limits_{k=0}^{\infty} a_k$ *sei konvergent. Dann ist die Potenzreihe* $\sum\limits_{k=0}^{\infty} a_k x^k$ *stetig im Intervall* $(-1, 1]$.

C.4.7 Abelscher Produktsatz. *Seien* $(a_k)_{k=0}^{\infty}$ *und* $(b_k)_{k=0}^{\infty}$ *Folgen komplexer Zahlen. Die Reihen* $\sum\limits_{k=0}^{\infty} a_k$, $\sum\limits_{k=0}^{\infty} b_k$ *und das Cauchyprodukt* $\sum\limits_{k=0}^{\infty} c_k$, $c_k = \sum\limits_{\ell=0}^{k} a_\ell b_{k-\ell}$, *seien konvergent. Dann gilt die* **Cauchysche Produktformel**

$$\left(\sum_{k=0}^{\infty} a_k\right)\left(\sum_{k=0}^{\infty} b_k\right) = \sum_{k=0}^{\infty} c_k.$$

C.5   Komplex differenzierbare Funktionen

Für eine reelle Funktion $f : D \to \mathbb{R}$ können wir die Differenzierbarkeit erklären, wenn $a \in D$ ein Häufungspunkt des Definitionsbereichs D ist. Der besseren Anschaulichkeit halber haben wir als Definitionsbereich aber nur Intervalle $D = I$ betrachtet. Einem reellen, offenen Intervall $I = (a, b)$, $a < b$, entspricht im Komplexen eine Kreisscheibe, $U_R(a) = \{ z \in \mathbb{C} \mid |z - a| < R \}$. Allgemeiner können wir für komplexe Funktionen $f : U \to \mathbb{C}$ die Differenzierbarkeit in einem Punkt a des Definitionsbereichs U erklären, wenn es eine Kreisscheibe $U_R(a)$ gibt mit $U_R(a) \subset U$, das heißt, wenn U eine offene Menge ist:

C.5.1 Definition. (i)   Sei $U \subset \mathbb{C}$ eine **offene** Menge, das heißt, zu jedem $a \in U$ gibt es eine offene Kreisscheibe $U_R(a) = \{ z \in \mathbb{C} \mid |z - a| < R \}$, so dass $U_R(a) \subset U$, und sei $f : U \to \mathbb{C}$ eine komplexe Funktion. Dann heißt f im Punkt $a \in U$ **komplex differenzierbar**, wenn

$$\lim_{z \to z_0} \frac{f(z) - f(a)}{z - a} = f'(a)$$

existiert. $f'(a)$ heißt **komplexe Ableitung** von f im Punkt a.

(ii) f heißt im Punkt $z_0 \in U$ **holomorph**, wenn es eine offene Umgebung $U(a)$ von a gibt, in der f komplex differenzierbar ist.

(iii) f heißt **holomorph** in U, falls f komplex differenzierbar für alle $z \in U$ ist.

C.5.2 Beispiele. (i)   Für $n \in \mathbb{N}$ ist $f(z) = z^n$ in $\mathbb{C}$ holomorph und es gilt für alle $z \in \mathbb{C}$:

$$(z^n)' = nz^{n-1}.$$

(ii)   Polynome

$$P(z) = a_0 + a_1 z + \cdots + a_n z^n, \ n \in \mathbb{N}, \ a_k \in \mathbb{C},$$

sind in $\mathbb{C}$ holomorph.

(iii) $f : \mathbb{C} \to \mathbb{C}$, $f(z) = \bar{z} = x - iy$ für $z = (x, y)$ ist nicht holomorph in $\mathbb{C}$, denn sei $z \in \mathbb{C}$ und $h \in \mathbb{C}$, $h \neq 0$. Dann gilt

$$\frac{(\bar{z} + \bar{h}) - \bar{z}}{h} = \frac{\bar{h}}{h} = \begin{cases} 1 & \text{für } h = t \in \mathbb{R} \\ -1 & \text{für } h = it. \end{cases}$$

Also existiert der Grenzwert des Differenzenquotienten nicht.

(iv) $f : \mathbb{C} \to \mathbb{C}$, $f(z) = |z| = \sqrt{\bar{z}z}$ ist stetig, aber in keinem Punkt $z \in \mathbb{C}$ komplex differenzierbar. Im Reellen ist $f(x) = |x|$ nur im Punkt $x = 0$ nicht differenzierbar.

Jede in U holomorphe Funktion $f : U \to \mathbb{C}$ besitzt die Darstellung

$$f(z) = f(z_0) + f'(z_0)(z - z_0) + \varphi(z_0, z)(z - z_0)$$

für $z_0, z \in U$, wobei

$$\varphi(z_0, z) = \begin{cases} \dfrac{f(z) - f(z_0)}{z - z_0} - f'(z_0) & \text{für } z \neq z_0 \\ 0 & \text{für } z = z_0 \end{cases}$$

eine in U stetige Funktion $\varphi : U \to \mathbb{C}$ definiert. Also ist jede in U holomorphe Funktion in U stetig.

Sind $f, g : U \to \mathbb{C}$ in U holomorph, so ist $f \cdot g$ in U holomorph und es gilt die **Produktregel**

$$(f \cdot g)'(z) = f'(z)g(z) + f(z)g'(z).$$

Gilt zusätzlich $g(z) \neq 0$ für alle $z \in U$, so ist auch $\frac{f}{g}$ holomorph in U und es gilt die **Quotientenregel**

$$\left(\frac{f}{g}\right)'(z) = \frac{g(z)f'(z) - g'(z)f(z)}{g^2(z)}.$$

Seien $U, V \subset \mathbb{C}$ offene Mengen und $f : U \to V$, $g : V \to \mathbb{C}$ holomorph. Dann ist die Funktion $g \circ f : U \to \mathbb{C}$ holomorph in U und es gilt die **Kettenregel**

$$(g \circ f)'(z) = g'(f(z))) \cdot f'(z).$$

Sei $I \subset \mathbb{R}$ ein Intervall. Sei $\gamma : I \to U$ stetig differenzierbar und sei $f : U \to \mathbb{C}$ in U holomorph. Dann ist $f \circ \gamma$ in I stetig differenzierbar und es gilt die Kettenregel

$$(f \circ \gamma)'(t) = f'(\gamma(t))\gamma'(t) \text{ für alle } t \in I.$$

C.5.3 Bemerkungen. (i) In der Funktionentheorie wird gezeigt: Ist f holomorph in U, so ist f in U unendlich oft komplex differenzierbar und sogar in einer Umgebung eines jeden Punktes in eine Potenzreihe entwickelbar. Es gibt also große Unterschiede zwischen reeller und komplexer Differenzierbarkeit.

(ii) Der komplexe Mittelwertsatz gilt nicht und damit sind die Folgerungen aus dem Mittelwertsatz wie die Vertauschbarkeit von Summation und Differentiation (Satz 5.5.2) und die Taylorsche Formel nicht unmittelbar auf das Komplexe übertragbar: $\mathbb{C}$ ist kein angeordneter Körper. Dass man wenigstens Potenzreihen gliedweise differenzieren kann, zeigen wir so:

C.5.4 Satz. *Wenn die Potenzreihe* $f(z) = \sum\limits_{k=0}^{\infty} a_k z^k$ *für* $|z| < R$, $R > 0$, *konvergiert, dann ist* $f(z)$ *in* $|z| < R$ *holomorph und es gilt*

$$f'(z) = \sum_{k=1}^{\infty} k a_k z^{k-1} \text{ für alle } z \in \mathbb{C}, |z| < R.$$

Beweis. Zunächst sei bemerkt, dass die Reihe $\sum\limits_{k=1}^{\infty} k a_k z^{k-1}$ für $|z| < R$ konvergiert und damit gleichmäßig konvergiert.

Sei $0 < R_0 < R$, $|z_0|, |z| < R_0$, $z \neq z_0$. Dann gilt

$$\frac{f(z) - f(z_0)}{z - z_0} = \frac{\sum\limits_{k=0}^{\infty} a_k z^k - \sum\limits_{k=0}^{\infty} a_k z_0^k}{z - z_0} = \sum_{k=0}^{\infty} a_k \frac{z^k - z_0^k}{z - z_0} = \sum_{k=0}^{\infty} a_k g_k(z_0, z),$$

wobei

$$g_k(z_0, z) = z^{k-1} + z^{k-2} z_0 + \cdots + z z_0^{k-2} + z_0^{k-1} = \sum_{l=1}^{k} z^{k-l} z_0^{l-1}.$$

Es gilt

$$\lim_{z \to z_0} g_k(z_0, z) = k z_0^{k-1}.$$

Es bleibt zu zeigen, dass

$$\lim_{z \to z_0} \sum_{k=1}^{\infty} a_k g_k(z_0, z) = \sum_{k=1}^{\infty} a_k k z_0^{k-1},$$

mit anderen Worten, dass die Funktion $\frac{f(z)-f(z_0)}{z-z_0}$ stetig in z_0 ist: Wegen

$$\sum_{k=1}^{\infty} |a_k g_k(z_0, z)| \le \sum_{k=1}^{\infty} |a_k| \cdot k R_0^{k-1} < +\infty$$

konvergiert die Reihe $\sum_{k=1}^{\infty} a_k g_k(z_0, z)$ gleichmäßig für $|z| < R$, $z \ne z_0$ (Weierstraß-scher M-Test 4.9.2) und ist deshalb stetig bei z_0, es gilt also

$$\lim_{z \to z_0} \frac{f(z) - f(z_0)}{z - z_0} = \lim_{z \to z_0} \sum_{k=1}^{\infty} a_k g_k(z_0, z) = \sum_{k=1}^{\infty} a_k k z_0^{k-1}. \qquad \square$$

Es folgt unmittelbar, dass jede Potenzreihe $f(z) = \sum_{k=0}^{\infty} a_k(z-a)^k$ in $|z-a| < R$ unendlich oft differenzierbar ist und es gilt

$$f(z) = \sum_{k=0}^{\infty} \frac{f^{(k)}(a)}{k!}(z-a)^k.$$

Ist $f(z) = \sum_{k=0}^{n} a_k z^k$ ein Polynom, dann gilt für jedes $a \in \mathbb{C}$ die Darstellung

$$f(z) = \sum_{k=0}^{n} \frac{f^{(k)}(a)}{k!}(z-a)^k.$$

C.5.5 Satz. *Ist* $f(z) = \sum_{k=0}^{\infty} a_k z^k$ *eine Potenzreihe, welche für* $|z| < R$, $R > 0$, *konvergiert und ist* $|a| < R$, *dann gilt für* $|z - a| < R - |a|$ *die Darstellung*

$$f(z) = \sum_{k=0}^{\infty} \frac{f^{(k)}(a)}{k!}(z-a)^k.$$

Natürlich gilt wiederum der Identitätssatz für Potenzreihen. Auch für holomorphe Funktionen gilt:

C.5.6 Identitätssatz für holomorphe Funktionen. *Sei* $G \subset \mathbb{C}$ *ein* **Gebiet**, *das heißt eine offene Menge, welche* **wegweise zusammenhängend** *ist, das heißt, zu je zwei Punkten* $z, z' \in G$ *gibt es einen* **parametrisierten Weg** γ *in* G, *welcher* z *und* z' *verbindet, das heißt eine stetige Funktion* $\gamma : [0, 1] \to \mathbb{C}$ *mit* $\gamma(t) \in G$ *für alle* $t \in [0, 1]$ *und* $\gamma(0) = z$ *und* $\gamma(1) = z'$. *Sei* $f : G \to \mathbb{C}$ *in* G *holomorph mit* $f'(z) = 0$ *für alle* $z \in G$. *Dann ist* f *in* G *konstant.*

Beweis. (I) Sei $z_0 \in G$. Sei $U_R(z_0) \subset G$. Wir zeigen: $f(z) = f(z_0)$ für alle $z \in U_R(z_0)$. Sei $z \in U_R(z_0)$. Setze

$$g(t) := f(z_0 + t(z - z_0)) \text{ für } t \in [0, 1].$$

Dann ist

$$g'(t) = f'(z_0 + t(z - z_0))(z - z_0) = 0$$

für $t \in [0, 1]$, also ist $g \equiv$ const und somit $g(t) = g(0)$ für alle $t \in [0, 1]$, also folgt $f(z) = f(z_0)$.

(II) **Kreiskettenverfahren:** Wir zeigen, dass f in ganz G konstant ist. Dazu seien $z, z' \in G$ und $\gamma : [0, 1] \to G$ sei eine stetige Funktion mit $\gamma(0) = z$, $\gamma(1) = z'$. Dann ist die Funktion

$$g(t) := f(\gamma(t)) \text{ für } t \in [0, 1]$$

stetig auf $[0, 1]$. Sei

$$A := \{ t \in [0, 1] \mid g(t) = g(0) \}.$$

Sei $t^* := \sup A$. Dann ist $t^* \in A$, denn ist $(t_n)_{n \in \mathbb{N}}$ eine Folge in A mit $t_n \to t^*$, dann folgt $g(t_n) \to g(t^*)$ für $n \to \infty$, und wegen $g(t_n) = g(0)$ für $n \in \mathbb{N}$ folgt aus der Stetigkeit von g, dass $g(t^*) = g(0)$. Es bleibt zu zeigen, dass $t^* = 1$ ist, denn dann ist $g(t) = f(z)$ für alle $t \in [0, 1]$, also $f(z) = f(z')$:

Angenommen $t^* < 1$. Wähle $R > 0$ so, dass $U_R(\gamma(t^*)) \subset G$. Wegen der Stetigkeit von γ gibt es ein $\delta = \delta(R) > 0$ mit

$$\gamma(t) \in U_R(\gamma(t^*)) \text{ für alle } |t - t^*| < \delta.$$

Also gibt es ein $t^{**} > t^*$ mit

$$|\gamma(t^{**}) - \gamma(t^*)| < R.$$

Wegen

$$f(z) = f(\gamma(t^*)) = f(z) \text{ für alle } z \in U_R(\gamma(t^*))$$

gilt also $g(t^{**}) = f(\gamma(t^{**})) = f(z)$ und deshalb ist $t^{**} \in A$, $t^{**} > t^*$, was der Definition von t^* widerspricht. $\qquad \square$

C.5.7 Bemerkung. Aus Satz C.5.6 folgt, dass die Differentialgleichung

$$f'(z) = 0$$

mit der Anfangsbedingung $f(z_0) = c \in \mathbb{C}$ die eindeutig bestimmte Lösung $f(z) \equiv c$ besitzt. Im Reellen folgt dies aus dem Identitätssatz 5.3.10 für differenzierbare Funktionen: Ist $f'(x) = 0$ für $x \in I$, so gilt

$$\frac{f(x) - f(x_0)}{x - x_0} = f'(\xi) = 0,$$

also $f(x) \equiv f(x_0) = c$ für alle $x \in I$.

C.6   Die Exponentialfunktion

C.6.1 Definition. Die **Exponentialfunktion** $\exp : \mathbb{C} \to \mathbb{C}$ ist für alle $z \in \mathbb{C}$ definiert durch

$$\exp z = \sum_{k=0}^{\infty} \frac{z^k}{k!}.$$

Wir schreiben auch $\exp z = e^z$.

C.6.2 Satz. *Die Exponentialfunktion ist in ganz $\mathbb{C}$ definiert, holomorph und es gilt*

$$\exp' z = \exp z.$$

*Für alle $z, z' \in \mathbb{C}$ gilt die **Funktionalgleichung***

$$\exp(z + z') = \exp z \cdot \exp z',$$

weshalb $\exp z \neq 0$ für alle $z \in \mathbb{C}$.

Beweis. Sei

$$g(z) := \exp z \cdot \exp(a - z) \text{ für alle } z \in \mathbb{C}$$

mit einer festen Konstanten $a \in \mathbb{C}$. Dann ist $g'(z) = 0$ für alle $z \in \mathbb{C}$. Aus dem Identitätssatz für holomorphe Funktionen folgt $g(z) \equiv \text{const} = g(0) = \exp a$. Also gilt

$$\exp z \cdot \exp(a - z) = \exp a \text{ für alle } z, a \in \mathbb{C}.$$

Seien nun $z, z' \in \mathbb{C}$. Setzt man $a := z + z'$, so erhält man die behauptete Funktionalgleichung. □

C.6.3 Satz. *Die Funktionenfolge $\left(\left(1 + \frac{z}{n} \right)^n \right)_{n \in \mathbb{N}}$ konvergiert **kompakt gleichmäßig** in $\mathbb{C}$ gegen die Exponentialfunktion, das heißt, ist $R > 0$ beliebig, so gilt*

$$\lim_{n \to \infty} \left(1 + \frac{z}{n} \right)^n = \exp z \text{ gleichmäßig für alle } |z| \leq R.$$

C.6.4 Bemerkung. Aus den Reihendefinitionen der komplexen Exponentialfunktion und der reellen Cosinus- und Sinusfunktionen ergibt sich für rein imaginäre z, das heißt für alle $z = it$, $t \in \mathbb{R}$, die **Eulersche Formel**

$$e^{it} = \sum_{n=0}^{\infty} \frac{(it)^n}{n!} = \sum_{k=0}^{\infty} (-1)^k \frac{t^{2k}}{(2k)!} + i \sum_{k=0}^{\infty} (-1)^k \frac{t^{2k+1}}{(2k+1)!}$$
$$= \cos t + i \sin t,$$

welche wir im folgenden Abschnitt noch einmal anschaulich herleiten.

C.7 Die trigonometrischen Funktionen

Zur Definition der Kreisfunktionen Cosinus und Sinus betrachten wir in der komplexen z-Ebene, $z = x + iy$, den Einheitskreis $\{\, z \in \mathbb{C} \mid |z| = 1 \,\}$ und stellen uns vor, dass ein Teilchen im Punkt $z_0 = (1,0) = 1$ mit der Geschwindigkeit $v_0 = (0,1) = i$ startet und dann eine gleichförmige Kreisbewegung um den Nullpunkt ausführt. Hierzu sei $z = z(t)$ die Position des Teilchens, wobei t die Länge des Bogens von 1 bis z ist und $v = v(t)$ sei der Geschwindigkeitsvektor (Abbildung C.5). Es gilt also $|v| = 1$. Zur Berechnung der Tangente, beziehungsweise des Geschwin-

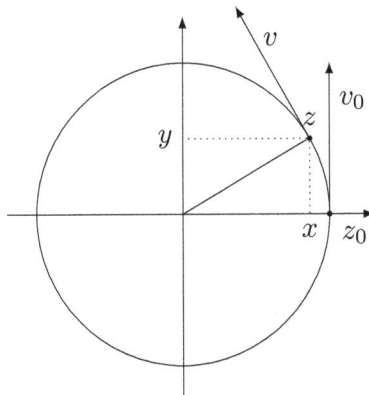

Abbildung C.5: *Herleitung der Kreisfunktionen*

digkeitsvektors $v = v(t)$ bemerke man, dass $z \mapsto iz$ eine Rotation um $90°$ im mathematisch positiven Sinn ist:

$$iz = i(x + iy) = -y + ix = (-y, x).$$

Damit ist $v = iz$ die Tangente und es gilt

$$\frac{dz}{dt}(t) = iz(t) \text{ für } t \in \mathbb{R},\ z(0) = 1.$$

Dieses Anfangswertproblem wird gelöst von

$$z(t) = e^{it}.$$

In der Theorie der Differentialgleichungen wird gezeigt, dass es nur diese Lösung gibt. Dies führt zu den Definitionen

$$x = \cos t := \operatorname{Re} e^{it} = \frac{1}{2}\left(e^{it} + e^{-it}\right) = \sum_{k=0}^{\infty}(-1)^k \frac{t^{2k}}{(2k)!},$$

$$y = \sin t := \operatorname{Im} e^{it} = \frac{1}{2i}\left(e^{it} - e^{-it}\right) = \sum_{k=0}^{\infty}(-1)^k \frac{t^{2k+1}}{(2k+1)!},$$

das heißt, es gilt die **Eulersche Formel**

$$e^{it} = \cos t + i \sin t \text{ für } t \in \mathbb{R}.$$

C.7.1 Definition. Für alle $z \in \mathbb{C}$ definieren wir die komplexen trigonometrischen Funktionen **Cosinus** und **Sinus** durch

$$\cos z := \frac{e^{iz} + e^{-iz}}{2} = \sum_{k=0}^{\infty} (-1)^k \frac{z^{2k}}{(2k)!},$$

$$\sin z := \frac{e^{iz} - e^{-iz}}{2i} = \sum_{k=0}^{\infty} (-1)^k \frac{z^{2k+1}}{(2k+1)!}.$$

C.7.2 Satz. *Die Funktionen Cosinus und Sinus sind für alle $z \in \mathbb{C}$ holomorph und es gilt*

$$\cos' z = -\sin z, \quad \sin' z = \cos z.$$

Für alle $z \in \mathbb{C}$ gelten die Formeln:

$$\cos(-z) = \cos z, \text{ das heißt, } \cos z \text{ ist eine gerade Funktion,}$$

$$\sin(-z) = -\sin z, \text{ das heißt, } \sin z \text{ ist eine ungerade Funktion,}$$

$$e^{iz} = \cos z + i \sin z \text{ (\textbf{Eulersche Formel}),}$$

$$\cos^2 z + \sin^2 z = 1 \text{ (\textbf{„Pythagoras"}).}$$

Weiterhin gelten für alle $z, z' \in \mathbb{C}$ die **Additionstheoreme:**

$$\cos(z + z') = \cos z \cos z' - \sin z \sin z',$$

$$\sin(z + z') = \sin z \cos z' + \cos z \sin z'.$$

Beweis. (I) Beide Reihen konvergieren für alle $z \in \mathbb{C}$, da die Reihe $\exp z$ für alle $z \in \mathbb{C}$ (absolut) konvergiert. Es ist $(e^{iz})' = ie^{iz}$. Also gilt

$$\cos' z = \left(\frac{e^{iz} + e^{-iz}}{2} \right)' = \frac{ie^{iz} - ie^{-iz}}{2} = -\frac{e^{iz} - e^{-iz}}{2i} = -\sin z,$$

$$\sin' z = \left(\frac{e^{iz} - e^{-iz}}{2i} \right)' = \frac{ie^{iz} + ie^{-iz}}{2i} = \frac{e^{iz} + e^{-iz}}{2} = \cos z.$$

(II) Der Satz von Pythagoras folgt so:

$$1 = e^{iz} e^{-iz} = (\cos z + i \sin z)(\cos(-z) + i \sin(-z))$$

$$= (\cos z + i \sin z)(\cos z - i \sin z)$$

$$= \cos^2 z + \sin^2 z.$$

(III) Das Additionsthoerem für Cosinus, aus welchem der Satz von Pythagoras durch Setzen von $z' = -z$ auch folgt, zeigt man beispielsweise so:

$$\cos(z + z') = \frac{e^{i(z+z')} + e^{-i(z+z')}}{2} = \frac{e^{iz}e^{iz'} + e^{-iz}e^{-iz'}}{2}$$

$$= \frac{e^{iz} + e^{-iz}}{2} \frac{e^{iz'} + e^{-iz'}}{2} - \frac{e^{iz} - e^{-iz}}{2i} \frac{e^{iz'} - e^{-iz'}}{2i}$$

$$= \cos z \cos z' - \sin z \sin z'.$$

$\square$

C.7.3 Korollar. *Die Funktionen* $\cos z$, $\sin z$ *und* e^{iz} *lösen für alle* $z \in \mathbb{C}$ *die Schwingungsgleichung*

$$f''(z) = -f(z).$$

C.7.4 Satz. *Die Exponentialfunktion hat die komplexe Periode* $2\pi i$. *Genauer gilt*

(i) $\exp(z + 2\pi i) = \exp z$ *für alle* $z \in \mathbb{C}$.

(ii) *Die Gleichung* $\exp z = \exp z'$ *ist für* $z, z' \in \mathbb{C}$ *genau dann erfüllt, wenn* $z - z' = 2k\pi i$ *für ein* $k \in \mathbb{Z}$.

Beweis. (I) Zunächst ist

$$\exp(2\pi i) = e^{2\pi i} = \cos 2\pi + i \sin 2\pi = 1.$$

Deshalb gilt für alle $z \in \mathbb{C}$

$$\exp(z + 2\pi i) = \exp z \exp(2\pi i) = \exp z.$$

(II) Für $z, z' \in \mathbb{C}$ sei $e^z = e^{z'}$. Wir setzen $z'' = x + iy := z - z'$, $x, y \in \mathbb{R}$. Dann ist

$$e^x e^{iy} = e^{z''} = e^{z-z'} = \frac{e^z}{e^{z'}} = 1.$$

Wegen

$$\left|e^{iy}\right|^2 = \left|\cos y + i \sin y\right|^2 = \cos^2 y + \sin^2 y = 1$$

gilt also

$$e^x = 1.$$

Deshalb ist $x = 0$, das heißt $z = iy$. Es folgt, dass

$$1 = e^{iy} = \cos y + i \sin y = \cos y.$$

Aus Satz 6.5.13 folgt, dass $y = 2k\pi$, $k \in \mathbb{Z}$ also

$$z - z' = z'' = iy = 2k\pi i, \ k \in \mathbb{Z}.$$

$\square$

C.7.5 Satz. *Die Funktionen* $\cos z$ *und* $\sin z$ *sind* 2π-*periodisch, das heißt, für alle* $z \in \mathbb{C}$ *gilt*

$$\cos(z + 2\pi) = \cos z, \quad \sin(z + 2\pi) = \sin z.$$

Die komplexen Nullstellen sind von der Form

$$\cos z = 0 \Leftrightarrow z = \left(k + \frac{1}{2}\right)\pi, \ k \in \mathbb{Z},$$

$$\sin z = 0 \Leftrightarrow z = k\pi, \ k \in \mathbb{Z}.$$

Beweis. (I) Beispielsweise ist

$$\cos(z + 2\pi) = \frac{e^{i(z+2\pi)} + e^{-i(z+2\pi)}}{2} = \frac{e^{iz} + e^{-iz}}{2} = \cos z.$$

(II) Sei $\cos z = 0$. Dann ist

$$\frac{e^{iz} + e^{-iz}}{2} = 0, \ \text{das heißt} \ e^{iz} = -e^{-iz},$$

also $e^{2iz} = -1 = e^{i\pi}$. Aus Satz C.7.4 folgt, dass $2iz - i\pi = 2k\pi i$ für ein $k \in \mathbb{Z}$, das heißt

$$z = \left(k + \frac{1}{2}\right)\pi, \ k \in \mathbb{Z}. \qquad \square$$

C.7.6 Satz und Definition. *Jede komplexe Zahl* $z \neq 0$ *lässt sich eindeutig in der Form*

$$z = r \cdot e^{i\varphi} = r(\cos\varphi + i\sin\varphi)$$

mit den **Polarkoordinaten** $r, \varphi \in \mathbb{R}$, $r = |z| \geq 0$ *und* $-\pi < \varphi \leq +\pi$ *darstellen.* r *heißt* **Radius** *und* $\varphi = \varphi(z)$ **Argument** *von* z, *in Zeichen*

$$\varphi(z) = \arg z.$$

C.7.7 Satz. *Sei*

$$\mathbb{C}' := \{ z \in \mathbb{C} \mid z \notin (-\infty, 0] \}$$

die **längs der negativen reellen Achse aufgeschnittene komplexe Ebene.** *Dann ist die Funktion*

$$\arg\big|_{\mathbb{C}'}\mathbb{C}' \to (-\pi, +\pi), \ z \mapsto \arg z,$$

stetig.

C.7.8 Bemerkung. Definiert man die Hyperbelfunktionen **Cosinus-** und **Sinus-hyperbolicus** für alle $z \in \mathbb{C}$ durch die Gleichungen

$$\cosh z := \frac{e^z + e^{-z}}{2},$$

$$\sinh z := \frac{e^z - e^{-z}}{2},$$

so gelten die Beziehungen

$$\cosh z = \frac{e^z + e^{-z}}{2} = \frac{e^{-i(iz)} + e^{i(iz)}}{2} = \cos iz,$$

$$\sinh z = \frac{\sin iz}{i}.$$

C.8   Der Logarithmus und die allgemeine Potenz

Wir wollen jetzt den komplexen Logarithmus $\log z$ erklären. Für $x \in \mathbb{R}$ wurde $\log x$ durch die Relation $e^{\log x} = x$ erklärt, das heißt, der reelle Logarithmus ist die Umkehrfunktion der Exponentialfunktion. Für komplexe Zahlen erweist sich die Polarkoordinatendarstellung als nützlich: Jede komplexe Zahl $z \neq 0$ kann man eindeutig schreiben als

$$z = re^{i\varphi} = e^{\log r + i\varphi}$$

mit $r = |z|$ und $\varphi = \arg z$, $-\pi < \varphi \leq \pi$. Wenn wir nun setzen:

$$\log z := \log r + i\varphi,$$

so erhalten wir

$$z = e^{\log z}.$$

Wir definieren deshalb:

C.8.1 Definition. Für $z \in \mathbb{C}$, $z \neq 0$ setzen wir

$$\log z := \log |z| + i \arg z.$$

C.8.2 Bemerkungen. (i) Die Definition schließt diejenige für reelle Zahlen ein, denn für $x \in \mathbb{R}$, $x > 0$, gilt $\arg x = 0$.

(ii) Für $x \in \mathbb{R}$, $x < 0$, ist

$$\log x = \log(-x) + i\pi.$$

C.8.3 Satz. *Der Logarithmus ist in der längs der negativen reellen Achse auf-
geschnittenen komplexen Ebene* $\mathbb{C}' = \{\, z \in \mathbb{C} \mid |\arg z| < \pi,\; z \neq 0 \,\}$ *holomorph und
es gilt*

$$\log' z = \frac{1}{z}.$$

Beweis. Sei $a \in \mathbb{C}'$. Dann ist $\log z \neq \log a$ für $z \neq a$. Wegen der Stetigkeit von
$\log z = \log|z| + i \arg z$ folgt

$$\frac{\log z - \log a}{z - a} = \frac{\log z - \log a}{e^{\log z} - e^{\log a}} = \frac{1}{\frac{e^{\log z} - e^{\log a}}{\log z - \log a}} \;\to\; \frac{1}{e^{\log a}} = \frac{1}{a}$$

für $z \to a$, $z \neq a$. $\qquad\qquad\qquad\qquad\qquad\qquad\qquad\qquad\qquad\qquad\square$

C.8.4 Satz. *Für* $|z| \leq 1$, $z \neq -1$, *gilt die Reihendarstellung*

$$\log(1 + z) = \sum_{k=0}^{\infty} (-1)^k \frac{z^{k+1}}{k+1}.$$

Beweis. (I) Für $|z| < 1$ sei

$$g(z) := \log(1 + z) - \sum_{k=0}^{\infty} (-1)^k \frac{z^{k+1}}{k+1}.$$

Die Reihe $\sum\limits_{k=0}^{\infty} (-1)^k \frac{z^{k+1}}{k+1}$ konvergiert für $|z| < 1$, stellt also eine in $|z| < 1$ holomorphe
Funktion dar. Da auch $\log(1 + z)$ für $|z| < 1$ holomorph ist, ist $g(z)$ holomorph
und wir können nach Satz C.5.4 gliedweise differenzieren. Es folgt

$$g'(z) = \frac{1}{1+z} - \sum_{k=0}^{\infty} (-1)^k z^k = \frac{1}{1+z} - \frac{1}{1-(-z)} = 0$$

für $|z| < 1$. Nach dem Identitätssatz C.5.6 für holomorphe Funktionen ist $g(z) \equiv
g(0) = 0$, also gilt

$$\log(1 + z) = \sum_{k=0}^{\infty} (-1)^k \frac{z^{k+1}}{k+1} \quad \text{für } |z| < 1.$$

(II) Zu zeigen bleibt die Konvergenz und Stetigkeit für $|z| = 1$, $z \neq -1$. Dazu
sei $z = r e^{i\varphi}$, $0 \leq r < 1$, $-\pi < \varphi \leq +\pi$. Nach Satz C.2.4 (Dirichlet) ist die Reihe

$\sum\limits_{k=0}^{\infty}(-1)^k\frac{z^{k+1}}{k+1}$ konvergent für $|z| \le 1$, $z \ne -1$, also für $r \in [0,1]$, $-\pi < \varphi < +\pi$. Auf die Reihe

$$\sum_{k=0}^{\infty}(-1)^k\frac{(e^{i\varphi})^{k+1}}{k+1}r^{k+1}$$

wenden wir jetzt den Abelschen Stetigkeitssatz C.4.6 an: Weil diese Reihe für $r = 1$ konvergiert, stellt sie eine für $r \in [0,1]$ stetige Funktion dar. Also gilt

$$\log(1 + e^{i\varphi}) = \sum_{k=0}^{\infty}(-1)^k\frac{(e^{i\varphi})^{k+1}}{k+1}$$

für $|\varphi| < \pi$.

Insgesamt ist damit die behauptete Darstellung

$$\log(1 + z) = \sum_{k=0}^{\infty}(-1)^k\frac{z^{k+1}}{k+1}$$

für $|z| \le 1$, $z \ne 1$ gezeigt. □

C.8.5 Bemerkung. Für $z \in \mathbb{C}'$ gilt

$$\log z = \log|z| + i\arg z.$$

Für $z = x+iy$, $x > 0$ kann die Argumentfunktion wegen $\tan\varphi = \frac{y}{x}$ folgendermaßen beschrieben werden:

$$\varphi = \arg z = \arctan\frac{y}{x}.$$

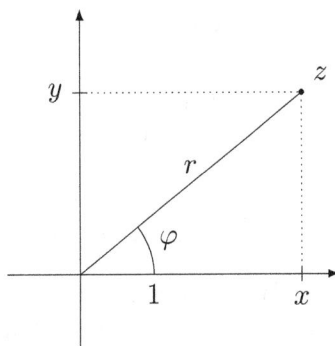

Abbildung C.6: *Argument einer komplexen Zahl*

C.8.6 Satz. *Für $z = x + iy$, $x > 0$, gilt*

$$\log z = \log |z| + i \arctan \frac{y}{x} = \frac{1}{2} \log(x^2 + y^2) + i \arctan \frac{y}{x}.$$

Beweis. Wegen $|z| = (x^2 + y^2)^{\frac{1}{2}}$ ist nur zu zeigen, dass

$$\arg z = \arctan \frac{y}{x}.$$

Sei $\varphi := \arg z$ und $r := |z|$. Dann gilt $z = re^{i\varphi}$, $-\pi < \varphi \leq +\pi$, beziehungsweise

$$x = r \cos \varphi, \quad y = r \sin \varphi.$$

Wegen $\cos \varphi = \frac{x}{r} > 0$ und $-\pi < \varphi \leq +\pi$ ist $|\varphi| < \frac{\pi}{2}$. Damit können wir schreiben

$$\frac{y}{x} = \frac{r \sin \varphi}{r \cos \varphi} = \tan \varphi \text{ beziehungsweise } \varphi = \arctan \frac{y}{x}. \qquad \square$$

C.8.7 Definition. Seien $\mu, z \in \mathbb{C}$, $z \neq 0$. Dann setzen wir

$$z^\mu := e^{\mu \log z}.$$

C.8.8 Satz. *Die Funktion z^μ ist in $\mathbb{C}'$ holomorph und es gilt*

$$(z^\mu)' = \mu z^{\mu-1}.$$

Beweis. $z^\mu = e^{\mu \log z}$ ist nach der Kettenregel in $\mathbb{C}'$ holomorph und es gilt

$$(z^\mu)' = e^{\mu \log z} \frac{\mu}{z} = \mu e^{\mu \log z} e^{-\log z} = \mu e^{(\mu-1) \log z} = \mu z^{\mu-1}. \qquad \square$$

C.8.9 Satz. *Für alle $\mu \in \mathbb{C}$ und $|z| < 1$ gilt die **Binomialentwicklung***

$$(1 + z)^\mu = \sum_{k=0}^{\infty} \binom{\mu}{k} z^k.$$

C.9 Der Fundamentalsatz der Algebra

Ziel dieses Paragraphen ist der Beweis des Fundamentalsatzes der Algebra, dass jedes nicht-konstante Polynom $P(z) = a_0 + a_1 z + \cdots + a_n z^n$, $n \in \mathbb{N}$, mit komplexen Koeffizienten $a_0, a_1, \ldots, a_n$ eine komplexe Wurzel besitzt.

Die explizite Bestimmung der Lösungen von Gleichungen n-ten Grades hat ganze Generationen von Mathematikern beschäftigt. In der Schule lernt man das Lösen quadratischer Gleichungen, aber auch die explizite Angabe der Lösungen von kubischen Gleichungen und Gleichungen 4. Grades ist möglich. Lange versuchte man, auch Gleichungen 5. Grades zu behandeln. Aber bis auf einige Spezialfälle sollte dieses Unterfangen erfolglos bleiben, denn der Mathematiker N. H. Abel konnte beweisen, dass im Allgemeinen das explizite Ausrechnen der Lösungen von Gleichungen 5. und höheren Grades nicht mehr möglich ist. Dennoch gibt es Lösungen, wie C. F. Gauß als erster in einem strengen Existenzbeweis zeigte.

Der folgende Beweis stammt von Argand und benutzt die Existenz der n-ten Einheitswurzeln, welche aus der Polarkoordinatendarstellung der komplexen Zahlen aus Abschnitt C.7 folgt:

C.9.1 Lemma. *Das **Kreisteilungspolynom** $z^n = 1$, $n \in \mathbb{N}$, besitzt die Lösungen*

$$z_k = e^{\frac{2k\pi i}{n}},$$

$k = 1, \ldots, n$. *Sie heißen die **n-ten Einheitswurzeln**.*

Beweis. Aufgrund der Periodizität der Exponentialfunktion gilt $z_k^n = e^{2k\pi i} = 1$. $\square$

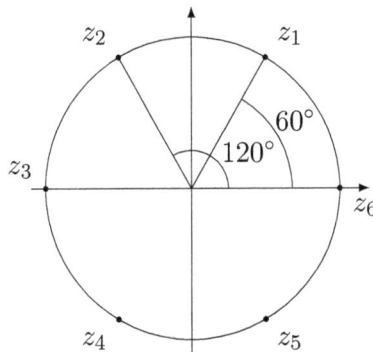

Abbildung C.7: Die sechsten Einheitswurzeln $z_1 = e^{\frac{\pi}{3}i}, \ldots, z_6 = e^{2\pi i}$.

C.9.2 Bemerkung. Die Gleichung $\exp z = 0$ ist nicht lösbar. Die Existenz von Nullstellen kann also nicht aus einer Potenzreihenentwicklung gefolgert werden.

Wir untersuchen jetzt das lokale Verhalten des Absolutbetrags $|P(z)|$. Wir zeigen, dass $|P(z)|$ in keinem Punkt $a \in \mathbb{C}$ ein lokales Minimum besitzen kann, es sei denn, dass $P(a) = 0$ gilt:

C.9.3 Lemma. *Sei* $P(z) = \sum\limits_{k=0}^{n} a_k z^k$ *ein nichtkonstantes Polynom mit* $P(a) \neq 0$.
Dann gibt es zu jedem $R > 0$ *ein* $z' \in U_R(a)$ *mit*

$$|P(z')| < |P(a)|.$$

Beweis. Ohne Beschränkung der Allgemeinheit sei $P(a) = 1$ (andernfalls betrachten wir das Polynom $P(z)/P(a)$). Dann gilt nach Lemma 4.2.4 die Darstellung

$$P(z) = \sum_{k=0}^{n} b_k(z-a)^k = 1 + b_k(z-a)^k + R(a,z),$$

wobei b_k der erste Koeffizient ist mit $b_k \neq 0$, und

$$R(a,z) = \sum_{\ell=k+1}^{n} b_\ell(z-a)^\ell.$$

Aufgrund von Satz C.7.6 gilt die Polarkoordinatendarstellung

$$b_k = |b_k|\, e^{i\vartheta}$$

mit $-\pi < \vartheta \leq \pi$. Außerdem sei $z - a = re^{i\varphi}$, $r \geq 0$, $-\pi < \varphi \leq \pi$. Dann gilt

$$P(z) = 1 + |b_k|\, r^k e^{i(\vartheta + k\varphi)} + R(a,z).$$

Es sei $z \in \mathbb{C}$ und $\varphi \in (-\pi, \pi]$ sei so gewählt, dass $\vartheta + k\varphi = \pm\pi$ gilt (wähle $\varphi = \frac{\pi - \vartheta}{k}$, falls $0 < \vartheta \leq \pi$, beziehungsweise $\varphi = \frac{-\pi - \vartheta}{k}$ für $-\pi < \vartheta \leq 0$). Wegen $e^{\pm i\pi} = -1$ gilt dann

$$P(z) = 1 - |b_k|\, r^k + R(a,z)$$

mit

$$|R(a,z)| \leq \gamma r^{k+1}$$

für $z \in U_R(a)$, das heißt $r = |z - a| < R$, wobei $\gamma \geq 0$ eine Konstante ist, die nicht von r abhängig ist. Wählen wir $R' \leq R$ so, dass

$$1 - |b_k|\, r^k > 0, \quad |b_k| - \gamma r > 0$$

für alle r, $0 \leq r \leq R'$, gilt, dann folgt durch Abschätzen mit der Dreiecksungleichung

$$|P(z)| \leq 1 - |b_k|\, r^k + \gamma r^{k+1} = 1 - r^k(|b_k| - \gamma r) < 1 = |P(a)|$$

für $z = z'$, $z' = a + re^{i\varphi}$ mit $r = R'$, $\varphi = \frac{\pi - \vartheta}{k}$ oder $\varphi = \frac{-\pi - \vartheta}{k}$.   □

Für Potenzreihen kann man dieses Lemma genauso beweisen. Das folgende Lemma involviert eine spezielle Eigenschaft der Polynome:

C.9.4 Lemma. *Sei* $P(z) = \sum\limits_{k=0}^{n} a_k z^k$ *ein Polynom vom Grad* $n \geq 1$. *Dann wächst* $|P(z)|$ *in allen Richtungen über jede Grenze.*

Beweis. Für $z \in \mathbb{C}$ ist

$$|P(z)| = \left| a_n z^n \left(1 + \frac{a_{n-1}}{a_n} \frac{1}{z} + \cdots + \frac{a_0}{a_n} \frac{1}{z^n} \right) \right|$$

$$\geq |a_n| |z|^n \left(1 - \left(\left| \frac{a_{n-1}}{a_n} \right| \frac{1}{|z|} + \cdots + \left| \frac{a_0}{a_n} \right| \frac{1}{|z|^n} \right) \right).$$

Wir wählen $R > 0$ so, dass

$$\left| \frac{a_{n-1}}{a_n} \right| \frac{1}{|z|} + \cdots + \left| \frac{a_0}{a_n} \right| \frac{1}{|z|^n} \leq \frac{1}{2}$$

gilt für alle $z \in \mathbb{C}$, $|z| \geq R$. Dann ist

$$|P(z)| \geq \frac{|a_n|}{2} |z|^n \quad \text{für } |z| \geq R. \qquad \square$$

C.9.5 Satz vom Minimum. $|P(z)|$ *nimmt auf* $\mathbb{C}$ *ein Minimum an, das heißt, es gibt ein* $a \in \mathbb{C}$, *so dass*

$$|P(a)| \leq |P(z)| \quad \text{für alle } z \in \mathbb{C}.$$

Beweis. Wir wählen $R > 0$ gemäß Lemma C.9.4 derart, dass

$$|P(z)| \geq \frac{|a_n|}{2} |z|^n \geq \frac{|a_n|}{2} R^n \geq |P(0)|$$

für alle $z \in \mathbb{C}$, $|z| \geq R$ gilt. Weil $|P(z)|$ für $|z| \leq R$ stetig ist, gibt es ein $a \in \mathbb{C}$ mit $|a| \leq R$ mit

$$|P(a)| \leq |P(z)| \quad \text{für alle } |z| \leq R,$$

und nach Wahl von R gilt die Ungleichung

$$|P(a)| \leq |P(0)| \leq |P(z)|$$

auch für alle $z \in \mathbb{C}$, $|z| \geq R$. $\qquad \square$

C.9.6 Bemerkung. Die Exponentialfunktion wächst nicht in jeder Richtung über alle Grenzen, denn es ist $e^x \to 0$ für $x \to -\infty$. Wegen $e^z \neq 0$ für alle $z \in \mathbb{C}$ nimmt ihr Betrag auf $\mathbb{C}$ kein Minimum an.

C.9.7 Fundamentalsatz der Algebra. *Jedes nicht-konstante Polynom* $P(z) = \sum_{k=0}^{n} a_k z^k$ *hat mindestens eine komplexe Nullstelle, das heißt, es gibt ein* $z_0 \in \mathbb{C}$ *mit* $P(z_0) = 0$.

Beweis. Nach dem Satz vom Minimum gibt es ein $a \in \mathbb{C}$ mit $|P(a)| \le |P(z)|$ für alle $z \in \mathbb{C}$. Wegen Lemma C.9.3 muss $|P(a)| = 0$ sein. □

C.10 Integration komplexer Funktionen

C.10.1 Definition. Seien $f, F : I \to \mathbb{C}$ Funktionen auf einem Intervall $I \subset \mathbb{R}$. Wenn die Funktionen $\operatorname{Re} F$ und $\operatorname{Im} F$ in I jeweils die Ableitungen $\operatorname{Re} f$ und $\operatorname{Im} f$ besitzen, das heißt, wenn die Beziehung

$$F'(x) = (\operatorname{Re} F)'(x) + i(\operatorname{Im} F)'(x)$$
$$= \operatorname{Re} f(x) + i \operatorname{Im} f(x)$$
$$= f(x)$$

für alle $x \in I$ gilt, so heißt F eine **Stammfunktion** oder ein **unbestimmtes Intgral** von f, in Zeichen

$$F(x) = \int f(x)\, dx \text{ für } x \in I.$$

C.10.2 Grundintegrale. (i) $\displaystyle\int (x-a)^n dx = \frac{(x-a)^{n+1}}{n+1}$ *für* $a \in \mathbb{C}$, $x \ne a$, $n \in \mathbb{Z}$, $n \ne -1$ *oder für alle* $x \in \mathbb{R}$, $n \in \mathbb{N}_0$ *und alle* $a \in \mathbb{C}$.

(ii) $\displaystyle\int \frac{dx}{x-a} = \log(x-a)$ *für* $\operatorname{Im} a \ne 0$.

(iii) $\displaystyle\int x^\mu dx = \frac{x^{\mu+1}}{\mu+1}$ *für* $x > 0$, $\mu \in \mathbb{C}$, $\mu \ne -1$.

(iv) $\displaystyle\int e^{ax} dx = \frac{e^{ax}}{a}$ *für* $a \in \mathbb{C}$, $a \ne 0$.

(v) $\displaystyle\int a^x dx = \int e^{(\log a)x} dx = \frac{a^x}{\log a}$ *für* $a \in \mathbb{C}'$.

Beweis. (I) Die Funktion $\frac{z^{n+1}}{n+1}$ ist in $\mathbb{C} \setminus \{0\}$ holomorph und es gilt $\left(\frac{z^{n+1}}{n+1}\right)' = z^n$. Da $x - a \ne 0$, so folgt nach der Kettenregel

$$\left(\frac{(x-a)^{n+1}}{n+1}\right)' = (x-a)^n \cdot 1 = (x-a)^n.$$

(II) $\log z$ ist in $\mathbb{C}' = \{ z \in \mathbb{C} \mid z \notin (-\infty, 0] \}$ holomorph und es gilt dort $\log' z = \frac{1}{z}$. Da $x - a \in \mathbb{C}'$ gilt, folgt unter Anwendung der Kettenregel

$$(\log(x - a))' = \frac{1}{x - a} \cdot 1 = \frac{1}{x - a}.$$

(III) $z^{\mu+1}$ ist in $\mathbb{C}'$ holomorph und es gilt $\left(z^{\mu+1}\right)' = (\mu + 1)z^\mu$. Nach der Kettenregel folgt

$$\left(\frac{x^{\mu+1}}{\mu + 1}\right)' = x^{\mu+1} \cdot 1 = x^{\mu+1}. \qquad \square$$

C.10.3 Satz. *Wenn die Potenzreihe* $f(x) = \sum\limits_{k=0}^{\infty} a_k x^k$, $a_k \in \mathbb{C}$, *für alle* $x \in \mathbb{R}$, $|x| < R$ *konvergiert, dann gilt dort*

$$\int f(x)\, dx = \sum_{k=0}^{\infty} \frac{a_k}{k + 1} x^{k+1}.$$

Beweis. Die beiden Potenzreihen $\sum\limits_{k=0}^{\infty} a_k x^k$ und $\sum\limits_{k=0}^{\infty} \frac{a_k}{k+1} x^{k+1}$ besitzen denselben Konvergenzradius, die Funktion $\sum\limits_{k=0}^{\infty} \frac{a_k}{k+1} z^{k+1}$ ist dort holomorph und es gilt

$$\left(\sum_{k=0}^{\infty} \frac{a_k}{k + 1} z^{k+1}\right)' = \sum_{k=0}^{\infty} a_k z^k.$$

Nach der Kettenregel folgt für alle $x \in \mathbb{R}$, $|x| < R$:

$$\left(\sum_{k=0}^{\infty} \frac{a_k}{k + 1} x^{k+1}\right)' = \left(\sum_{k=0}^{\infty} a_k x^k\right) \cdot 1 = \left(\sum_{k=0}^{\infty} a_k x^k\right). \qquad \square$$

C.10.4 Weg zur Integration rationaler Funktionen. Seien $P(z)$ und $Q(z)$ zwei komplexe Polynome vom Grad m und n und seien $z_1, \ldots, z_k$ die paarweise verschiedenen Nullstellen von $Q(z)$. Wir wollen die **rationale Funktion**

$$R : \mathbb{C} \smallsetminus \{ z_1, \ldots, z_k \} \to \mathbb{C}, \; R(z) := \frac{P(z)}{Q(z)},$$

integrieren. Der Weg zur Integration besteht aus den folgenden Schritten:

(i) **Nullstellensuche und Kürzen gemeinsamer Faktoren.** Man kann ohne Beschränkung der Allgemeinheit davon ausgehen, dass P und Q keine gemeinsamen Nullstellen haben.

(ii) **Divisionsalgorithmus**. Man dividiert $P(z)$ durch $Q(z)$, so dass der Grad des Restpolynoms $P_2(z)$ kleiner als der Grad n des Nennerpolynoms ist. Dann kann man ohne Beschränkung der Allgemeinheit davon ausgehen, dass $R(z)$ echt gebrochen ist und dass der führende Koeffizient von $Q(z)$ gleich 1 ist.

(iii) **Produktdarstellung von Q**. Für $Q(z)$ gilt die Produktdarstellung

$$Q(z) = (z - z_1)^{\nu_1} \cdot \ldots \cdot (z - z_k)^{\nu_k},$$

wobei $z_1, \ldots, z_k$ die paarweise verschiedenen (komplexen) Nullstellen von $Q(z)$ sind und $\nu_1, \ldots, \nu_k \in \mathbb{N}$ die zugehörigen algebraischen Vielfachheiten, $\nu_1 + \cdots + \nu_k = n \in \mathbb{N}$.

(iv) Die **Partialbruchzerlegung** von $R(z) = \frac{P(z)}{Q(z)}$ ist eine Summe von Ausdrücken der Form

$$\frac{C_i^{(1)}}{z - z_i} + \frac{C_i^{(2)}}{(z - z_i)^2} + \cdots + \frac{C_i^{(\nu_i)}}{(z - z_i)^{\nu_i}},$$

dabei sind $(z - z_i)^{\nu_i}$ die Faktoren aus (iii).

C.10.5 Integration rationaler Funktionen. *Es seien $z_i = x_i + iy_i$, $x_i, y_i \in \mathbb{R}$, $i = 1, \ldots, k$, die paarweise verschiedenen Nullstellen von Q. Außerdem sei $y_i = 0$ für $i = 1, \ldots, k - \ell$ und $b_i \neq 0$ für $i = k - \ell + 1, \ldots, k$. Dann gilt eine Darstellung der Form*

$$\int R(x) \, dx = T(x) + \sum_{i=1}^{k-\ell} c_i \log |x - x_i|$$

$$+ \sum_{j=k-\ell+1}^{k} c_j \left(\frac{1}{2} \log \left((x - x_j)^2 + y_j^2 \right) + i \arctan \frac{x - x_j}{y_j} \right).$$

Dabei ist T eine rationale Funktion, die für $m < n$ bei $x = \pm\infty$ verschwindet, das heißt, es gilt

$$\lim_{|x| \to \infty} T(x) = 0.$$

Beweis. Nach Satz C.3.6 gilt die Partialbruchdarstellung

$$R(x) = \sum_{k=0}^{N} A_k x^k + \sum_{i=1}^{k} \sum_{j=1}^{\nu_i} \frac{C_i^{(j)}}{(x - z_i)^j}$$

$$= \sum_{k=0}^{N} A_k x^k + \sum_{i=1}^{k} \sum_{j=2}^{\nu_i} \frac{C_i^{(j)}}{(x - z_i)^j} + \sum_{i=1}^{k} \frac{C_i^{(1)}}{x - z_i}.$$

Aufgrund von C.10.2 (i) ist

$$\int R(x)\, dx = \sum_{k=0}^{N} \frac{A_k}{k+1} x^{k+1} + \sum_{i=1}^{k} \sum_{j=2}^{\nu_i} \frac{C_i^{(j)}}{1-j} \frac{1}{(x-z_i)^{j-1}}$$

$$+ \sum_{i=1}^{k} C_i^{(1)} \int \frac{dx}{x - z_i}$$

$$= T(x) + \sum_{i=1}^{k} C_i^{(1)} \int \frac{dx}{x - z_i},$$

wobei $T(x)$ eine rationale Funktion ist mit $N = 0$ für $m < n$, also $\lim\limits_{|x| \to \infty} T(x) = 0$ für $m < n$.

Für $i = 1, \ldots, k - \ell$ ist

$$\int \frac{dx}{x - z_i} = \int \frac{dx}{x - x_i} = \log |x - x_i|,$$

und für $j = k - \ell + 1, \ldots, k$ berechnen wir

$$\int \frac{dx}{x - z_j} = \int \frac{x - \overline{z}_j}{(x - z_j)(x - \overline{z}_j)}\, dx$$

$$= \int \frac{x - a_j + i b_j}{(x - a_j)^2 + b_j^2}\, dx$$

$$= \frac{1}{2} \int \frac{2(x - a_j)}{(x - a_j)^2 + b_j^2}\, dx + i \int \frac{b_j}{(x - a_j)^2 + b_j^2}\, dx$$

$$= \frac{1}{2} \log\left((x - a_j)^2 + b_j^2\right) + i \arctan \frac{x - a_j}{b_j},$$

wobei im letzten Integral $t = \frac{x - a_j}{b_j}$ substituiert wurde.   □

C.10.6 Bemerkung. Die Konstanten $c_j = C_j^{(1)}$ heißen die **Residuen** von $R(z)$ im Punkt z_j.

C.11   Integration komplex-wertiger Funktionen

C.11.1 Definition. Sei $I \subset \mathbb{R}$ ein kompaktes Intervall und $f : I \to \mathbb{C}$ eine beschränkte, das heißt $|f| \le M < +\infty$, komplex-wertige Funktion. Dann ist f **Riemann-integrierbar** über I falls $\operatorname{Re} f$ und $\operatorname{Im} f$ Riemann-integrierbar sind und es ist

$$\int_I f(x)\, dx := \int_I \operatorname{Re} f(x)\, dx + i \int_I \operatorname{Im} f(x)\, dx.$$

Die meisten Hauptergebnisse über Riemann-Integrale reeller Funktionen lassen sich durch getrennte Betrachtung von Real- und Imaginärteil unmittelbar auf komplexwertige Funktionen übertragen. Eine Ausnahme bildet der Mittelwertsatz der Integralrechnung. Wir formulieren einige exemplarische Sätze über komplex-wertige Funktionen:

C.11.2 Satz. *Sei $I = [a,b] \subset \mathbb{R}$, $a < b$, ein kompaktes Intervall und sei $f : I \to \mathbb{C}$ eine beschränkte Funktion. Wenn für eine ausgezeichnete Partitionsfolge $(\pi_k)_{k \in \mathbb{N}}$ von I die Relation*

$$\lim_{k \to \infty} \omega(\pi_k, f) = 0 \qquad (\text{C.1})$$

gilt, dann ist f Riemann-integrierbar. Ist umgekehrt f Riemann-integrierbar, dann gilt die Limesrelation (C.1) für jede ausgezeichnete Partitionsfolge $(\pi_k)_{k \in \mathbb{N}}$.

C.11.3 Satz. *Sind $f, g : I \to \mathbb{C}$ beschränkt und Riemann-integrierbar, dann sind es auch die Funktionen*

$$f + g, \ f \cdot g, \ |f|.$$

*Ist $|f(x)| \geq c > 0$ für alle $x \in I$, dann ist auch $\frac{1}{f}$ Riemann-integrierbar. Ferner gilt für $\alpha, \beta \in \mathbb{C}$ die **Linearitätsrelation***

$$\int_I (\alpha f(x) + \beta g(x))\, dx = \alpha \int_I f(x)\, dx + \beta \int_I g(x)\, dx.$$

C.11.4 Satz. *Ist $f : I \to \mathbb{C}$ beschränkt und Riemann-integrierbar, $g : f(I) \to \mathbb{C}$ **Lipschitz-stetig**, das heißt, es gilt*

$$|g(z) - g(z')| \leq L\,|z - z'|$$

für alle $z, z' \in f(I)$, so ist auch $g \circ f : I \to \mathbb{C}$ Riemann-integrierbar.

C.11.5 Satz. *Für jede beschränkte und Riemann-integrierbare Funktion $f : I \to \mathbb{C}$ gilt die **Dreiecksungleichung für Integrale***

$$\left| \int_I f(x)\, dx \right| \leq \int_I |f(x)|\, dx.$$

C.11.6 Definition. Sei $f : I \to \mathbb{C}$, $a < b$. Sei $\pi : a = x_0 < x_1 < \cdots < x_n = b$ eine Partition von $I = [a,b]$, $a < b$. Dann heißt

$$V(\pi, f) = \sum_{k=1}^{n} |f(x_k) - f(x_{k-1})|$$

die **Variation** von f bezüglich π und

$$V_f = V_a^b(f) := \sup_\pi V(\pi, f)$$

die **Totalvariation** von f auf I oder die **Bogenlänge** des Weges f. Ist $V_f < +\infty$, so heißt f von **beschränkter Variation** oder **rektifizierbar**, in Zeichen

$$f \in BV = BV(I).$$

C.11.7 Satz. *Jede Funktion $f : I \to \mathbb{C}$ von beschränkter Variation ist Riemann-integrierbar.*

Literaturverzeichnis

Im Folgenden sind lediglich diejenigen Lehrbücher der Analysis aufgelistet, welche ich bei der Abfassung dieses Buches immer wieder herangezogen habe. Hervorzuheben sind die Bände [2], [8], [11], [13] und [17]. Unter den genannten Lehrbüchern stellen sie den heutigen Standard dar. Die Bände [9] und [15] sind hilfreich in den Übungen und bei der Prüfungsvorbereitung. Der Klassiker [3] ist auch heute noch empfehlenswert. [14] ist die deutsche Übersetzung des in Amerika als „Baby-Rudin" bekannten Lehrbuchs, welches dort den Standard schlechthin definiert.

[1] Appell, J.: Analysis in Beispielen und Gegenbeispielen. Dordrecht-Heidelberg-London-New York: Springer-Verlag 2009

[2] Barner, M. und Flohr, F.: Analysis I. 4. Auflage, Berlin-New York: Walter de Gruyter 1991

[3] Courant, R.: Vorlesungen über Differential- und Integralrechnung, Erster Band: Funktionen einer Veränderlichen. 3. Auflage, Berlin-Heidelberg-New York: Springer-Verlag 1969

[4] Courant, R. und John, F.: Introduction to Calculus and Analysis. Volume I. Berlin-Heidelberg-New York: Springer Verlag 1989

[5] Endl, K. und Luh, W.: Analysis I. Eine integrierte Darstellung. 8. Auflage, Wiesbaden: Aula-Verlag 1986

[6] Erwe, F.: Differential- und Integralrechnung, Erster Band: Differentialrechnung, Zweiter Band: Integralrechnung. Mannheim: Bibliographisches Institut 1971

[7] Fischer, H. und Kaul, H.: Mathematik für Physiker, Band 1: Grundkurs. 3. Auflage, Stuttgart: Teubner 1997

[8] Forster, O.: Analysis 1. Differential- und Integralrechnung einer Veränderlichen. 4. Auflage, Braunschweig/Wiesbaden: Vieweg & Sohn 1983

[9] Furlan, P.: Das gelbe Rechenbuch 1, 2. Dortmund: Verlag Martina Furlan 1996

[10] Heinz, E.: Differential- und Integralrechnung I. Vorlesungsausarbeitung. Mathematisches Institut der Universität Göttingen 1980/81

[11] Heuser, H.: Lehrbuch der Analysis, Teil 1. 10. Auflage, Stuttgart: Teubner 1993

[12] Hildebrandt, S.: Analysis 1. Berlin-Heidelberg-New York: Springer-Verlag 2002

[13] Königsberger, K.: Analysis 1. 2. Auflage, Berlin-Heidelberg-New York: Springer-Verlag 1992

[14] Rudin, W.: Analysis. München-Wien: Oldenbourg Verlag 1998

[15] Timmann, S.: Repetitorium der Analysis, Teil 1. Springe: Binomi 1993

[16] Tutschke, W.: Grundlagen der reellen Analysis, Band I: Differentialrechnung. Berlin: VEB Deutscher Verlag der Wissenschaften 1971

[17] Walter, W.: Analysis 1. 3. Auflage, Berlin-Heidelberg-New York: Springer-Verlag 1992

Schlagwortverzeichnis

www.ingramcontent.com/pod-product-compliance
Lightning Source LLC
Chambersburg PA
CBHW061927190326

41458CB00009B/2673